金属挤压加工实用技术手册

邓小民　著

合肥工业大学出版社

内容提要

本书系统地介绍了在铝合金挤压生产中，从业人员应该掌握的基础理论、挤压生产技术、挤压生产工艺、挤压制品质量控制以及模具的使用、维护与管理等知识。另外，本书在有关章节中还介绍了铜合金、稀有金属材料及钢铁材料挤压加工的有关知识。

本书主要供从事铝合金挤压生产的工程技术人员、实际操作人员学习使用，也可供大专院校材料成形及控制专业的师生以及从事其他金属挤压加工的工程技术人员和实际操作人员参考。

图书在版编目(CIP)数据

金属挤压加工实用技术手册/邓小民著．—合肥：合肥工业大学出版社，2013.5
ISBN 978-7-5650-1335-5

Ⅰ.①金… Ⅱ.①邓… Ⅲ.①金属—挤压—技术手册 Ⅳ.①TG37-62

中国版本图书馆 CIP 数据核字(2013)第 113049 号

金属挤压加工实用技术手册

邓小民 著　　责任编辑 汤礼广

出　版	合肥工业大学出版社	版　次	2013 年 5 月第 1 版
地　址	合肥市屯溪路 193 号	印　次	2013 年 5 月第 1 次印刷
邮　编	230009	开　本	880 毫米×1230 毫米　1/32
电　话	理工编辑部：0551-62903087	印　张	12
	市场营销部：0551-62903163	字　数	322 千字
网　址	www.hfutpress.com.cn	印　刷	安徽联众印刷有限公司
E-mail	hfutpress@163.com	发　行	全国新华书店

ISBN 978-7-5650-1335-5　　定价：38.00 元

前　言

1956年东北轻合金有限责任公司的11台挤压机安装并投产，标志着中国现代挤压工业的诞生。中国挤压工业经过50多年的发展，特别是经过近20多年的高速、持续发展，使中国如今成为全球拥有挤压机总数量和大吨位挤压机数量最多、生产厂家最多、从业人员最多、产能和产量最大的挤压生产大国。特别是铝合金挤压材的产量现占全球挤压材总产量的50%以上，并连续多年排名世界第一。中国如今已成为一个挤压材的净出口国。中国挤压工业不仅为中国，也为全球的经济发展做出了巨大贡献。

然而，我们也必须清楚地看到，与世界发达国家相比，我们还有一定的差距，例如：中国挤压工业的整体生产效率还比较低，而且能耗高，工模具损耗大；企业员工的整体受教育程度较低，技术素质较低，技术人员所占的比例较少；企业的自主开发能力、创新能力不足；产品的整体质量水平不高，一些复杂的高品质产品还需要进口等。因此，我们现在还不能说中国已经是一个挤压生产强国。要想成为一个挤压生产强国，就要不断提高我国挤压生产技术水平。基于这种考虑，作者在总结多年来从事铝合金挤压生产和教学的实践经验、吸收技术开发和科研成果的基础上写成此书。希望本书对挤压从业人员提高技术业务水平，进而在提高生产效率和成品率、提高产品质量、提高企业的自主开发能力等方面能有所帮助。

在写作过程中，我们本着以产品为中心，以提高产品质量为目标，在为挤压从业人员提供一些基础理论知识的同时，着重从提高其实践操作技能方面入手，科学组织写作内容，力求使本书内容简洁、前后连贯、理论分析透彻、实际结合紧密，且具有较强的实用性、可操作性。

本书共分7章，分别介绍了挤压制品力学性能指标及强度和硬度的换算，变形铝合金的牌号、分类及热处理特性等基础知识；挤压制品的分类及各种挤压生产方法；挤压时金属的变形规律及挤压制品的组织性能特征；挤压用坯料的种类、制备方法及坯料的质量要求；不同制品的挤压生产工艺流程、工艺操作规程，不同品种、不同精度等级制品的挤压尺寸精度控制方法，挤压制品的热处理操作规程及矫直、精整工艺操作规程；挤压制品的主要缺陷的产生、防范及处理方法；挤压工模具的使用、维护及管理。

作者在写作本书过程中，还参考和引用了一些专家、学者的研究成果及资料，在此，谨向他们表示衷心的感谢。

限于作者的学识和经验，书中难免存在一些不妥之处，真诚地欢迎读者批评指正。

作 者

目　录

1 基础知识

1.1 挤压制品的机械性能

金属材料的机械性能主要包括强度、塑性、硬度、韧性和抗疲劳性等。对于一般挤压制品，最常用的机械性能指标包括强度、塑性和硬度。

1.1.1 挤压制品的强度和塑性

挤压制品的强度和塑性这两个性能指标，通常是根据 GB/T228(金属材料室温拉伸试验方法)来测定的。在拉力试验机上，沿试样轴向施加以平稳增加的单向静拉力，一般将标准试样拉伸至断裂，图 1－1所示为标准圆形拉伸试样。在拉伸过程中，同时连续测量拉伸力和相应的伸长量，并绘制出力-伸长曲线。通过一次拉伸试验，可以得到一系列试验数据，主要有断后伸长率、断面收缩率、弹性极限、屈服点、规定残余延伸应力、抗拉强度、弹性模量等，从而可计算出强度和塑性等主要数据。图 1－2 所示为低碳钢试样拉伸时的力-伸长曲线。

1.1.1.1 强　度

强度是指金属在外力作用下抵抗塑性变形和断裂的能力，通常用符号 σ 表示。强度特性的指标主要有弹性极限、屈服点(屈服强度)和抗拉强度。

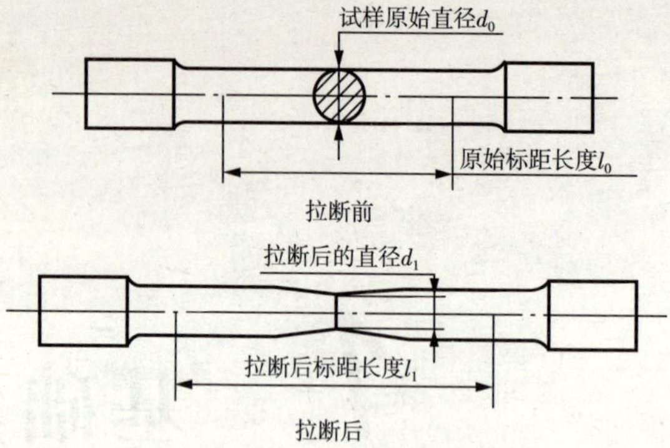

图 1-1　标准圆形拉伸试样

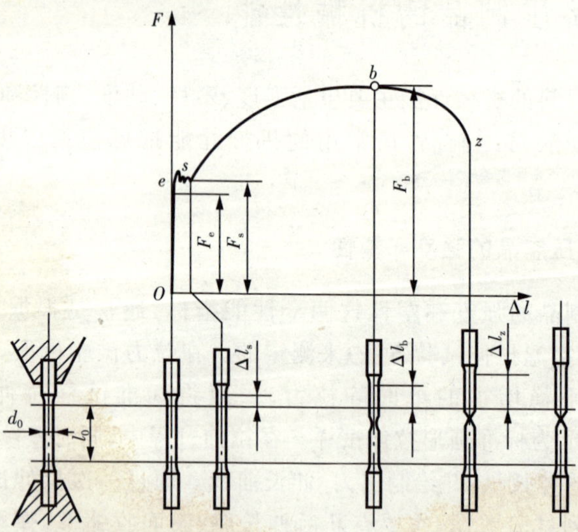

图 1-2　低碳钢试样拉伸时的力-伸长曲线

(1)弹性极限 σ_e

图 1-2 中，在 Oe 段，力-伸长曲线为直线，即力与伸长成比例，卸力后试样又会恢复到原始状态，此阶段为弹性变形阶段，变形完全是弹性的。材料的弹性变形能力用弹性极限 σ_e 来表示，它是指材料产生完全弹性变形时所能承受的最大应力值。弹性极限的计算式为

$$\sigma_e = F_e / A_0 \qquad (1-1)$$

式中：σ_e——弹性极限，MPa；

F_e——试样产生完全弹性变形的最大拉力(图 1-2 中 e 点对应的载荷)，N；

A_0——试样的原始横截面积，mm^2。

弹性极限越大，说明金属材料的弹性越好，即能承受较大外力而不致产生不可恢复的永久性变形。

(2)屈服点 σ_s

当载荷增加到一定值时(图 1-2 中 s 点)，曲线上出现水平平台或呈锯齿状(称为屈服平台)。这种在力不增加或增加或略有降低的情况下，试样继续变形，伸长迅速增加，产生较大塑性变形的现象称为屈服。事实上，在曲线的 es 段已经发生塑性变形，只是变形量很小。将金属材料发生屈服时所对应的最小应力值称为屈服点。屈服点的计算式为

$$\sigma_s = F_s / A_0 \qquad (1-2)$$

式中：σ_s——屈服点，MPa；

F_s——试样发生屈服时的载荷，N；

A_0——试样的原始横截面积，mm^2。

在退火的低碳钢、中碳钢中会出现上述明显的屈服现象，在退火的 5A03、5A05 等少数几种铝合金中有时也会看到屈服现象，而高碳钢、合金钢和大多数有色金属都不会出现上述屈服平台。一般采用规定残余伸长率达到 0.2%时的应力作为屈服强度(图 1-3)，也叫规定非比例残余伸长应力或条件屈服强度。屈服强度的计算式为

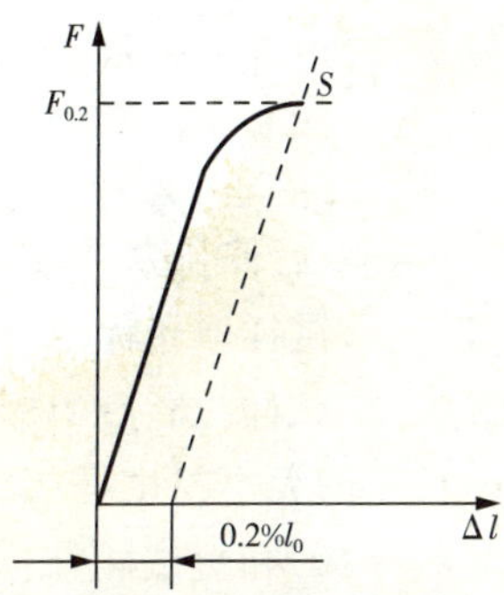

图 1-3 规定非比例残余伸长应力示意图

$$\sigma_{0.2} = F_{0.2} / A_0 \qquad (1-3)$$

式中：$\sigma_{0.2}$——屈服强度（规定非比例残余伸长应力），MPa；

$F_{0.2}$——残余伸长率达到 0.2%l_0时的载荷，N；

l_0——试样的原始标距长度，mm；

A_0——试样的原始横截面积，mm^2。

(3)抗拉强度 σ_b

随着载荷继续增加，试样发生均匀塑性变形，要继续变形必须增大载荷，到达图 1-2 中 b 点时，力达到最大值。超过 b 点后，随着伸长的增大，力开始下降，试样发生缩颈，直到 z 点时发生断裂。把材料在断裂前所能承受的最大应力值称为抗拉强度。抗拉强度的计算式为

$$\sigma_b = F_b / A_0 \tag{1-4}$$

式中：σ_b——抗拉强度，MPa；

F_b——试样承受的最大载荷，N；

A_0——试样的原始横截面积，mm^2。

1.1.1.2 塑性

金属材料发生永久变形而不破坏其完整性的能力称为塑性。塑性的评价指标是断后伸长率和断面收缩率。

(1)断后伸长率

试样拉断后标距长度的伸长量与原始标距长度的百分比称为断后伸长率，常用符号 δ 表示。断后伸长率的计算式为

$$\delta = (L_1 - L_0) / L_0 \times 100\% \tag{1-5}$$

式中：δ——断后伸长率，%；

L_0——试样原始标距长度，mm；

L_1——试样拉断后的标距长度，mm。

伸长率的大小与试样标距长度有关。按长径比将试样分为长试样（$L_0/d_0=10$）和短试样（$L_0/d_0=5$）两种。长试样的伸长率用 δ_{10} 或 δ 表示；短试样的伸长率用 δ_5 表示。同一种材料的短试样断后伸长率 δ_5 大于其长试样的断后伸长率 δ_{10}。

测量时，将拉断后试样的两部分紧密对接在一起，并使其轴线位于一条直线上，测量试样断后标距 L_1。原则上拉断处到最临近标距

端点的距离不小于 $L_0/3$ 才有效。如果断后伸长率不小于规定值，则不论断裂位置在何处均有效(但反映出的并不一定是材料真实的伸长率)。当拉断处到临近标距端点的距离小于 $L_0/3$ 时，为避免试样报废，可以用移位法测量 L_1。如规定的断后伸长率小于5%，宜采用特殊方法(见GB/T228—2002金属材料室温拉伸试验方法中的附录E)测量。

(2)断面收缩率

试样拉断处横截面积的最大缩减量与原始横截面积的百分比称为断面收缩率，常用符号 ψ 表示。断面收缩率的计算式为

$$\psi=(A_0-A_1)/A_0\times 100\% \qquad (1-6)$$

式中：ψ——断面收缩率，%；

A_0——试样原始横截面积，mm^2；

A_1——试样拉断处的最小横截面积，mm^2。

测量时，将试样断裂部分仔细地配接在一起，使其轴线位于同一直线上。对于圆形横截面试样，在缩颈最小处相互垂直方向测量直径，取其算术平均值计算最小横截面积；对于矩形横截面试样，测量缩颈处的最大宽度和最小厚度，二者之乘积为断后最小横截面积。

断后伸长率和断面收缩率都是衡量金属材料塑性好坏的主要指标，其数值越大，表示材料的塑性越好。其中，断面收缩率不受试样尺寸的影响，更能确切地反映材料的塑性。但是，在挤压制品生产中，通常是不检测断面收缩率的，只检测伸长率。

1.1.2 挤压制品的硬度

硬度是指材料抵抗局部变形的能力，是材料的一种综合性的力学性能指标，是材料软硬程度的度量。根据试验方法不同，硬度可分为两大类：压入硬度和划痕硬度。在压入硬度中，根据载荷速度的不同，又可分为静载压入硬度(布氏硬度、洛氏硬度和维氏硬度)和动载压入硬度(肖氏硬度和锤击式布氏硬度)两种。

对具体的每一种硬度，其定义和物理意义不同。划痕硬度是反映金属材料对切断破坏的抗力；肖氏硬度是表征金属弹性变形能力的大

小;布氏、洛氏和维氏硬度则是反映压痕附近局部体积内金属的弹性变形、微量塑性变形、形变强化以及大量塑性变形能力的指标,反映了材料表面抵抗其他更硬物体压入的能力。

同拉伸试验法相比较,硬度试验的设备简单,操作迅速方便,可直接在零件或工具上进行试验而不破坏工件,便于现场操作。通过硬度测量还可以间接地反映金属材料的强度以及化学成分、金相组织和热处理工艺上的差异,因而得到了广泛应用。工业上经常采用的有布氏硬度、洛氏硬度和维氏硬度等。例如,在铝型材生产中,通常采用测量型材表面维氏硬度和韦氏硬度的方法代替拉伸试验,给生产带来了极大便利。

1.1.2.1 布氏硬度

布氏硬度的试验原理如图1-4所示。用一定直径的淬火钢球或硬质合金球,以一定大小的试验力压入试样表面,保持规定时间后卸除试验力,通过测量试样压痕的直径,计算出压痕球形表面积,然后按照式(1-7)计算出布氏硬度值。

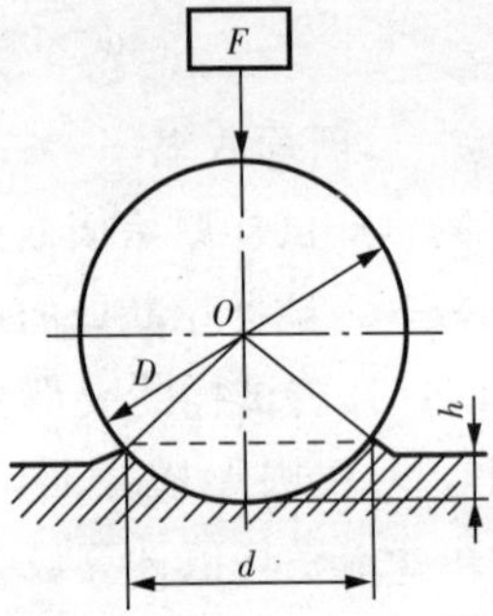

图1-4 布氏硬度试验原理图

$$HBS(HBW)=0.102\frac{2F}{\pi D(D-\sqrt{D^2-d^2})} \quad (1-7)$$

式中:HBS(HBW)——用钢球(硬质合金球)试验时的布氏硬度值,MPa;

F——试验力,N;

D——球体直径,mm;

d——压痕平均直径,mm。

布氏硬度通常不标出单位,它只是表示材料在上述规定条件下的相对数值大小。从式(1-7)中可知,当试验力 F 和球体直径 D 一定时,布氏硬度值只与压痕的直径 d 有关。在GB231—84中规定压头球体直径为10mm、5mm、2.5mm、2mm和1mm,通常使用直径为10mm的压头。在选定了球径后,根据 $F=KD^2$ 来确定 F 的大小。

标准规定 K(常数)值有 7 种:30、15、10、5、2.5、1.25 和 1。材料硬度大的要选较大的 K 值,材料较软的要选较小的 K 值。一般来说,当布氏硬度小于 35 时,取 $K=2.5$(或 1.25);布氏硬度为 35～80 时,取 $K=10$(或 5、15);布氏硬度大于 80 时,取 $K=10$(或 15)。

布氏硬度试验的试样最小厚度应大于或等于压痕深度的 10 倍,试样表面粗糙度 R_a 应不大于 0.8 μm,压痕直径应为 $0.24D \sim 0.6D$,否则测量结果无效,应重新选 K 值进行测量。

当压头为淬火钢球时,硬度符号用 HBS 表示,适用于硬度在 450HBS 以下的材料;当压头为硬质合金球时,硬度符号用 HBW 表示,适用于测量硬度在 650HBW 以下的材料。布氏硬度的表示方法是:硬度符号前面的数字为硬度值;符号后面的数字表示试验条件,依次为球体直径、试验力和力保持的时间(一般为 10～15s,不标注)。如 120HBS10/10000/30,则表示用直径 10mm 的钢球,在施加 10000N 的力下保持 30s,测得材料的布氏硬度值为 120。在进行布氏硬度试验时,试验力的取值为 3000～10000N。试验力保持时间:黑色金属一般为 10～15s;有色金属为 30s;当布氏硬度值小于 35HBS 时为 60s。

布氏硬度方法测量准确,且与抗拉强度 σ_b 之间有近似的比例关系。布氏硬度值的测量误差较小,数据稳定,重复性强,适用于测量灰铸铁、有色金属与合金、结构钢以及非金属等材料的硬度。但测量费时,压痕较大,对表面损伤较大,不适合于成品件和薄件的测量。

1.1.2.2 维氏硬度

维氏硬度试验原理与布氏硬度基本相同,也是根据压痕单位面积所承受的试验力来计算硬度值。但是维氏硬度所采用的压头不是球体,而是两个相对面夹角为 136°的正四棱锥体。试验时,以选定的试验力 F 将压头压入试样表面(图 1-5),经规定的保持时间后,卸除载荷,测量压痕对角线长度 d(一般用两个对角线长度的平均值),计算出压痕表面积 S,然后按照式(1-8)计算维氏硬度。

$$HV=0.1891F/d^2 \tag{1-8}$$

式中：HV——维氏硬度值，MPa；

F——试验力，N；

d——压痕对角线长度，mm。

与布氏硬度值一样，维氏硬度值也不标注单位。

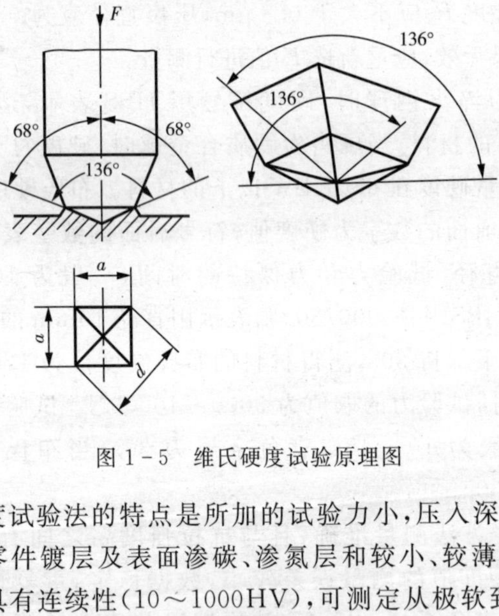

图 1-5 维氏硬度试验原理图

维氏硬度试验法的特点是所加的试验力小，压入深度浅，广泛用来测量金属零件镀层及表面渗碳、渗氮层和较小、较薄零件的硬度。维氏硬度值具有连续性（10～1000HV），可测定从极软到极硬的各种金属材料的硬度。另外，在中、低硬度范围内，对同一均匀材料，维氏和布氏两种测定方法所得的硬度值很接近。其缺点是，压痕小，测试较繁，对试样的表面质量要求较高。GB/T4340 根据检测力范围规定测定金属维氏硬度的方法如表 1-1 和表 1-2 所示。

表 1-1 不同维氏硬度试验所对应的试验力范围

试验力范围/N	硬 度	试验名称
$F\geqslant 49.03$	≥5HV	维氏硬度试验
$1.961\leqslant F<49.03$	0.2～5HV	小负荷维氏硬度试验
$0.09807\leqslant F<1.961$	0.01～0.2HV	显微维氏硬度试验

表 1-2 维氏硬度试验应选用的试验力

维氏硬度试验		小负荷维氏硬度试验		显微维氏硬度试验	
硬　度	试验力/N	硬　度	试验力/N	硬　度	试验力/N
5HV	49.03	0.2HV	1.961	0.01HV	0.09807
10HV	98.07	0.3HV	2.942	0.015HV	0.1471
20HV	196.1	0.5HV	4.903	0.02HV	0.1961
30HV	294.2	1HV	9.807	0.025HV	0.2452
50HV	490.3	2HV	19.61	0.05HV	0.4903
100HV	980.7	3HV	29.42	0.1HV	0.9807

注：(1)维氏硬度试验可使用大于 980.7N 的试验力；

(2)显微维氏硬度的试验力为推荐值。

维氏硬度试验要求试样表面粗糙度 R_a 不大于 0.4 μm，小负荷维氏硬度试验 R_a 不大于 0.2 μm，显微维氏硬度试验 R_a 不大于 0.1 μm；试样最小厚度应不小于压痕深度的 10 倍(不小于压痕直径的 1.43 倍)。

常用试验力 F 在 49.03～980.7N 范围内变动，试样厚的力要选大一点，以便提高压痕对角线的测量精度；材料硬度高的应选择小一点的力，以免损伤压头。试验力保持时间：黑色金属为 10～15s(可省略不标)；有色金属为 30s。

维氏硬度的表示方法是在 HV 前面写上硬度值，HV 后面按顺序写试验力和试验力的保持时间。例如，640HV300 表示在试验力为 300N 下保持 10～15s，测定的维氏硬度值为 640；640HV300/30 表示在试验力为 300N 下保持 30s 测定的维氏硬度值为 640。

1.1.2.3 洛氏硬度

洛氏硬度是用压痕的深度表示材料的硬度。洛氏硬度是目前工厂中应用最广泛的硬度试验方法，用符号 HR 表示。洛氏硬度所用压头有两种：顶角为 120°的金刚石圆锥体和直径为 1.588mm 的淬火钢球。试验时，先加初载荷 F_0，使压头压入试样表面一定深度 h_0(以此作为测量压痕深度的基线)；然后加上主载荷 F_1，此时压痕深度为 h_1，在 h_1 中包含弹性变形和塑性变形两部分；经规定保持时间后，卸去主载荷 F_1，保留初载荷 F_0，则 h_1 中弹性部分恢复，只剩下塑性部分，记为

h。h 值越大，表示硬度越低。

洛氏硬度值的计算式为

$$HR = K - h/0.002 \tag{1-9}$$

式中：K——与压头有关的常数，当压头为金刚石时，$K=100$；当压头为淬火钢球时，$K=130$；

$h/0.002$——以每 0.002mm 的深度作为一个洛氏硬度单位。

洛氏硬度标尺有 HRA、HRB、HRC、HRD、HRE、HRF、HRG、HRH、HRK。钢铁等硬度较高的材料检测常用 HRA、HRB 和 HRC；铝镁合金检测采用的是 HRB、HRF、HRE 和 HRH 标尺。钢铁等材料用洛氏硬度试验技术参数如表 1－3 所示，铝合金用洛氏硬度试验参数如表 1－4 所示。

表 1－3 钢铁、铜、硬质合金等材料检测用洛氏硬度标尺的试验条件及适用范围

硬度标尺	压头类型	总试验力/N	硬度值有效范围	应用举例
HRC	120°金刚石圆锥体	1471.0	20～67HRC	一般淬火钢件
HRB	$\phi 1''/16$ 钢球	980.7	25～100HRB	软钢、退火钢、铜合金等
HRA	120°金刚石圆锥体	588.4	60～85HRA	硬质合金、表面淬火钢等

表 1－4 铝合金用洛氏硬度试验条件及适用范围

硬度标尺	压头类型	初始试验力 F_0/N	主试验力 F_1/N	总试验力 F/N	适用范围
HRB	1.5875mm 钢球	98.07	882.6	980.7	20～100HRB
HRF	1.5875mm 钢球	98.07	490.3	588.4	60～100HRF
HRE	3.175mm 钢球	98.07	882.6	980.7	70～100HRE
HRH	3.175mm 钢球	98.07	490.3	588.4	80～100HRH

洛氏硬度检测要求试样厚度不小于压痕深度的 10 倍，试样表面粗糙度 R_a 不大于 0.8 μm。

表面洛氏硬度试验是专门用来测定极薄的工件及硬化层和金属镀层的硬度，其原理和试验方法完全与洛氏硬度一样。表面洛氏硬度标尺有 15N、30N、45N、15T、30T、45T 等，前 3 种采用金刚石压头，后 3 种采用淬火钢球压头。其中 30T 标尺适用于铝合金，其试验条件和适用范围如表 1-5 所示。

表 1-5 金属表面洛氏硬度 HR30T 试验条件及适用范围

硬度标尺	压头类型	初始试验力 F_0/N	主试验力 F_1/N	总试验力 F/N	适用范围
HR30T	1.588mm 钢球	29.42	264.8	294.2	29～82HR30T

表面洛氏硬度的计算式为

$$HR=100-h/0.001 \tag{1-10}$$

表面洛氏硬度检测要求试样或检测层厚度不小于压痕深度的 10 倍，检测后背面不得有变形痕迹。

洛氏硬度测定方法操作简单迅速，压痕较小，对测量表面影响不大，洛氏硬度值可直接从硬度计上读出。洛氏硬度试验应用范围广，可以测定成品及薄件，且测试的硬度值范围大，可测从极软到极硬的金属材料。其不足之处是因压痕较小，当材料内部组织不均匀时，硬度数据波动较大，影响精确度。实际测试中需在不同部位测试多次，取其平均值。

1.1.2.4 韦氏硬度

韦氏硬度计的基本原理是采用一定形状的淬火压针，在标准弹簧检测力作用下压入试样表面，定义 0.01mm 的压入深度为一个韦氏硬度单位。韦氏硬度用符号 HW 表示，其计算式为

$$HW=20-100L \tag{1-11}$$

式中：L——压针伸出长度，即压入试样深度，mm。

国内生产的铝合金韦氏硬度计有 W-20、W-20A 和 W-20B 共 3 种，测量的合金范围为 1×××～7×××系，硬度测量范围相当于 42～98HRE，或 42～120HBS。W-20 型要求试样厚度为 1～6mm；W-20A 型要求试样厚度为 6～13mm。试样表面应光滑、洁净、无机械损伤，如有涂层应彻底清除。

1.1.2.5 巴氏硬度

巴氏硬度计的基本原理是采用特定压头，在标准弹簧压力作用下压入试样表面，以压痕的深度表示材料的硬度。巴氏硬度计有 100 个分度，每分度单位代表压入深度 0.0076mm。巴氏硬度用符号 Hba 表示，其计算公式如下：

$$\mathrm{Hba}=100-L/0.0076 \tag{1-12}$$

巴氏硬度计适用于测量超大、超重、异形的铝合金工件及装配件，也可用于测量铝合金板、带、型及各种锻件。试样表面应光滑、无机械损伤，厚度应大于 1.5mm。

1.1.2.6 肖氏硬度

肖氏硬度试验是一种动载试验法。其原理是将规定的金刚石冲头从固定的高度 h_0 落在试样的表面，冲头弹起一定高度 h，用 h 与 h_0 的比值计算肖氏硬度值。肖氏硬度用符号 HS 表示，其计算式为

$$\mathrm{HS}=Kh/h_0 \tag{1-13}$$

肖氏硬度有 3 种：C 型、D 型、E 型。C 型和 D 型是以回跳高度来衡量硬度的大小，其 K 值分别为 153 和 140；E 型是以回跳速度（冲头回跳通过线圈时感应出与速度成正比的电压，经过硬度计配置的计算机处理得出其硬度值）来衡量硬度的大小。

试样的试验面一般为平面，曲面试样的曲率半径不小于 32mm，试样厚度在 10mm 以上，试样的质量应在 0.1kg 以上。试样的试验面积应尽可能大，其粗糙度 R_a 不大于 1.6 μm，试样不得带有磁性，表面应无油脂等污染。试验时，要保持计测筒处于垂直状态，计测筒应压紧在试验面上，相邻两压痕距离不应小于 2mm，压痕中心距试样边缘应不小于 4mm，一般读数至 0.5 单位，应测 5 点取平均值表示材料的肖氏硬度。

肖氏硬度的表示方法是：硬度值写在 HS 的前面，硬度计类型写在 HS 后面。例如，25HSC 表示用 C 型（目测型）硬度计测得的肖氏硬度值为 25；51HSD 表示用 D 型（指示型）硬度计测得的肖氏硬度值为 51。

1.1.2.7 里氏硬度

里氏硬度的基本原理是采用规定质量的冲击体在弹力作用下以一定速度冲击试样表面,用冲头在距试样表面 1mm 处的回弹速度与冲击速度的比值计算硬度值。里氏硬度用符号 HL 表示。

里氏硬度定义为冲击体反弹速度与冲击速度之比乘以 1000,即

$$HL = 1000V_R/V_A \tag{1-13}$$

式中:V_R——冲击体回弹速度;

V_A——冲击体冲击速度。

1.1.3 强度和硬度的换算值

强度和硬度从不同方面反映了金属抵抗塑性变形的能力,二者之间存在着一定的换算关系。表 1-6 是 6063 铝合金型材的维氏硬度与抗拉强度的换算值。

不同金属材料硬度与抗拉强度的换算值可通过有关国家标准查找(见附录)。

表 1-6 6063 铝合金维氏硬度 HV 与抗拉强度 σ_b 的换算值

HV	σ_b	HV	σ_b	HV	σ_b
55	175	75	219	95	262
56	177	76	221	96	264
57	180	77	223	97	266
58	182	78	225	98	269
59	184	79	227	99	270
60	186	80	229	100	273
61	188	81	232	101	275
62	190	82	234	102	277
63	193	83	236	103	279
64	195	84	238	104	282
65	197	85	240	105	284
66	199	86	243	106	286

（续表）

HV	σ_b	HV	σ_b	HV	σ_b
67	201	87	245	107	288
68	203	88	247	108	290
69	206	89	249	109	293
70	208	90	251	110	295
71	210	91	253	111	297
72	212	92	256	112	299
73	214	93	258	113	301
74	216	94	260	114	303

1.2 变形铝合金的合金牌号、分类及状态

1.2.1 变形铝合金牌号

根据 GB/T16474—1996 变形铝及铝合金牌号表示方法，凡化学成分与变形铝及铝合金国际牌号注册协议组织命名的合金相同的，其牌号直接采用国际四位数字体系牌号；其他则采用四位字符体系牌号。

四位字符体系牌号的第 1、3、4 位为阿拉伯数字，第 2 位为英文字母 A 或 B。牌号的第 1 位数字表示合金的组别，是按主要合金元素来区分的，1×××系为纯铝（铝含量不小于 99.00%）；2×××系是以铜为主要合金元素的铝合金；3×××系是以锰为主要合金元素的铝合金；4×××系是以硅为主要合金元素的铝合金；5×××系是以镁为主要合金元素的铝合金；6×××系是以镁和硅为主要合金元素的铝合金；7×××系是以锌为主要合金元素的铝合金；8×××系是以其他元素为主要合金元素的铝合金；9×××系为备用合金组。牌号的第 2 位字母表示原始合金的改型情况，如果是 A，表示是原始合金；如果是 B，表示是改型合金。最后两位数字，在纯铝中表示小数点后铝的百分含量，如 1070，即表示铝的含量不小于 99.70%；在 2×××～8×××系

合金中没有特殊意义，仅用来区分同一组中不同的铝合金。

改型合金与原始合金的区别主要有以下一点或几点：

(1)主要合金元素的含量有所变化；

(2)增加或删除了一个或几个含量较少的元素；

(3)为了同一目的，用一个合金元素代替了另一个合金元素；

(4)改变了杂质的极限含量；

(5)细化晶粒的元素含量有变化。

中国变形铝和铝合金牌号及其与之对应的国外牌号如表1-7所示。

表1-7 中国变形铝及铝合金牌号及其对应的国外牌号

序号	中国		美国	加拿大	俄罗斯 ГОСТ		德国	日本	欧洲	国际
	新牌号	旧牌号	AA	CSA	新牌号	旧牌号	DIN	JIS	EAA	ISO
1	1A99	LG5	1199	9999		AB000	Al99.98R	A1N99		1199
2	1A97	LG4				AB00				
3	1A95		1195							
4	1A93	LG3	1193			AB0				
5	1A90	LG2	1090			AB1	Al99.9	A1N90		1090
6	1A85	LG1	1085			AB2	Al99.8	A1N80		1080
7	1080		1080	9980			Al99.8	A1N80		1080
8	1080A								1080A	
9	1070		1070	9970		A00	Al99.7	A1070		1070
10	1070A	L1				A00	Al99.7		1070A	1070
11	1370									
12	1060	L2	1060			A0	Al99.6	A1060		1060
13	1050		1050	1050	1011	Aд0,A1	Al99.5	A1050		1050
14	1050A	L3		1050	1011	Aд0,A1	Al99.5	A1050	1050A	1050
15	1A50	LB2	1350							
16	1350		1350							
17	1145		1145							
18	1035	L4	1035							
19	1A30	L4-1			1013	Aд1		1N30		
20	1100	L5-1	1100	1100			Al99.0	A1100		1100
21	1200	L5	1200	1200		A2	Al99	A1200		1200

（续表）

序号	中国 新牌号	中国 旧牌号	美国 AA	加拿大 CSA	俄罗斯 ГОСТ 新牌号	俄罗斯 ГОСТ 旧牌号	德国 DIN	日本 JIS	欧洲 EAA	国际 ISO
22	1235		1235							
23	2A01	LY1	2117	2117	1180	д18	AlCu2.5Mg0.5	A2117		2117
24	2A02	LY2			1170	Вд17				
25	2A04	LY4			1191	д19П				
26	2A06	LY6			1190	д19				
27	2A10	LY10			1165	В65				
28	2A11	LY11	2017	CM41	1110	д1	AlCuMg1	A2017		2017A
29	2B11	LY8	2017	CM41	1111	д1П				
30	2A12	LY12	2024	2024	1160	д16	AlCuMg2	A2024		2024
31	2B12	LY9			1161	д16П				
32	2A13	LY13								
33	2A14	LD10	2014	2014	1380	АК8	AlCuSiMn	A2014		2014
34	2A16	LY16	2219			д20				AlCu6Mn
35	2B16	LY16-1								
36	2A17	LY17				д21				
37	2A20	LY20								
38	2A21	214								
39	2A25	225								
40	2A49	149								
41	2A50	LD5			1360	АК6				
42	2B50	LD6				АК6-1				
43	2A70	LD7	2618		1141	АК4-1		2N01		2618
44	2B70	LD7-1								
45	2A80	LD8			1140	АК4				
46	2A90	LD9	2018	2018	1120	АК2		A2018		2018
47	2004									
48	2011		2011	2011			AlCuBiPb	2011		
49	2014		2014	2014			AlCuSiMn	A2014		2014
50	2014A									
51	2214		2214							
52	2017		2017	CM41			AlCuMg1	A2017		

（续表）

序号	中国 新牌号	中国 旧牌号	美国 AA	加拿大 CSA	俄罗斯 ГОСТ 新牌号	俄罗斯 ГОСТ 旧牌号	德国 DIN	日本 JIS	欧洲 EAA	国际 ISO
53	2017A								2017A	
54	2117		2117	2117			AlCuMg0.5	A2117		2117
55	2218		2218					A2218		
56	2618		2618					2N01		
57	2219	LY19,147	2219							
58	2024		2024	2024			AlCuMg2	A2024		2024
59	2124		2124							
60	3A21	LF21	3003	M1	1400	АМц	AlMnCu	A3003		3103
61	3003		3003	3003			AlMnCu	A3003		3003
62	3103								3103	
63	3004		3004							
64	3005		3005							
65	3105		3105							
66	4A01	LT1	4043	S5	AK		AlSi5	A4043		4043
67	4A11	LD11	4032	SG121	1390	AK9		A4032		4032
68	4A13	LT13	4343					A4343		4343
69	4A17	LT17	4047	S12			AlSi12	A4047		4047
70	4004		4004							
71	4032		4032	SG121				A4032		
72	4043		4043	S5			AlSi5	A4043		
73	4043A								4043A	
74	4047		4047	S12				A4047		
75	4047A								4047A	
76	5A01	2101,LF15								
77	5A02	LF2	5052	5052	1520	АМГ2	AlMg2.5	A5052		5052
78	5A03	LF3	5154	GR40	1530	АМГ3	AlMg3	A5154		5154
79	5A05	LF5	5456	GM50R	1550	АМГ5	AlMg5	A5456		5456
80	5B05	LF10			1551	АМГ5П				
81	5A06	LF6			1560	АМГ6				
82	5B06	LF14								
83	5A12	LF12								

（续表）

序号	中国		美国	加拿大	俄罗斯 ГОСТ		德国	日本	欧洲	国际
	新牌号	旧牌号	AA	CSA	新牌号	旧牌号	DIN	JIS	EAA	ISO
84	5A13	LF13								
85	5A30	2103,LF16								
86	5A33	LF33								
87	5A41	LT41								
88	5A43	LF43	5457					A5457		5457
89	5A66	LT66								
90	5005		5005				AlMg1	A5005		
91	5019								5019	
92	5050		5050				AlMg1			
93	5251								5251	5251
94	5052		5052	5052			AlMg2	A5052		
95	5154		5154	GR40			AlMg3	A5154		5154
96	5154A		5154A							
97	5454		5454							
98	5554		5554	GM31P				A5554		
99	5754		5754							
100	5056	LF5-1	5056	5056			AlMg5	A5056		5056A
101	5356		5356	5356			AlMg5	A5356		
102	5456		5456							
103	5082		5082							
104	5182		5182							
105	5083	LF4	5083	5083	1540	АМГ4	AlMg4.5Mn	A5083		5083
106	5183		5183					A5183		Al-Mg5
107	5086		5086							5086
108	6A02	LD2	6151		1340	AB		A6151		6151
109	6B02	LD2-1								
110	6A51	651								
111	6101		6101				E-AlMgSi0.5	A6101		
112	6101A									
113	6005		6005							
114	6005A									

（续表）

序号	中国 新牌号	中国 旧牌号	美国 AA	加拿大 CSA	俄罗斯 ГОСТ 新牌号	俄罗斯 ГОСТ 旧牌号	德国 DIN	日本 JIS	欧洲 EAA	国际 ISO
115	6351		6351	6351			AlMgSi1			6351
116	6060								6060	
117	6061	LD30	6061	6061	1330	Ад33	AlMgSiCu	A6061		6061
118	6063	LD31	6063	6063	1310	Ад31	AlMgSi0. 5	A6063		6063
119	6063A									
120	6070	LD2 - 2	6070							
121	6181								6181	
122	6082								6082	
123	7A01	LB1	7072				AlZn1	A7072		
124	7A03	LC3	7178		1940	B94				AlZn7MgCu
125	7A04	LC4			1950	B95				
126	7A05	705								
127	7A09	LC9	7075	7075			AlZnMgCu1. 5	A7075		7075
128	7A10	LC10	7079				AlZnMgCu0. 5	A7N11		
129	7A15	LC15,157								
130	7A19	919,LC19								
131	7A31	183 - 1								
132	7A33	LB733								
133	7A52	LC52,5210								
134	7003	LC12						A7003		
135	7005		7005					7N01		
136	7020								7020	
137	7022								7022	
138	7050		7050							
139	7075		7075	7075			AlZnMgCu1. 5	A7075		
140	7475		7475							
141	8A06	L6			Ад					
142	8011	LT98	8011							
143	8090								8090	

1.2.2 变形铝合金分类

根据铝中加入合金元素的种类、含量和合金的性能，铝合金可分为变形铝合金和铸造铝合金，如图 1-6 所示。变形铝合金中的合金元素的含量比较低，一般不超过极限溶解度(图 1-6 中 *B* 点)成分；而铸造铝合金中合金元素硅的含量一般都超过极限溶解度(图 1-6 中 *B* 点)成分。

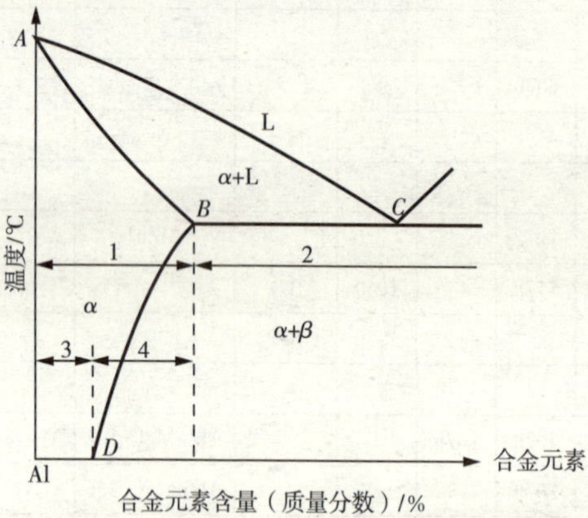

图 1-6 铝合金分类示意图

1—变形铝合金；2—铸造铝合金；3—不能热处理强化的铝合金；4—可热处理强化的铝合金

变形铝合金通常按以下三种方法分类：

(1)按照合金成分和热处理特点，可将变形铝合金分为不可热处理强化铝合金和可热处理强化铝合金两大类。所谓不可热处理强化铝合金，是指不能通过热处理方式(淬火＋时效)来提高合金的强度性能或提高的不明显，通常只能通过加工硬化方式提高其强度性能。不可热处理强化铝合金和一些热处理强化效果不明显的铝合金中的合金元素含量都比较少，一般都小于图 1-6 中 *D* 点。所谓可热处理强化铝合金，是指可以通过热处理方式(淬火＋时效)大幅度提高合金的强度性能。可热处理强化铝合金中的合金元素的含量相对较多，一般位于图 1-6 中 *D* 点与 *B* 点之间。

不可热处理强化铝合金有纯铝(1×××系)、Al-Mn 系(3×××系)、Al-Mg 系(5×××系)和 Al-Si 系(4×××系)合金。可热处理强化铝合金有 Al－Mg－Si 系（6×××系）、Al－Cu 系（2×××系）和 Al－Zn－Mg 系（7×××系）合金等。

（2）按合金性能及用途将变形铝合金分为五大类：纯铝、防锈铝（Al－Mn 系和 Al－Mg 系）、硬铝（Al－Cu－Mg 系和 Al－Cu－Mn 系）、锻铝（Al－Mg－Si 系、Al－Mg－Si－Cu 系和 Al－Cu－Mg－Fe－Ni 系）和超硬铝（Al－Zn－Mg－Cu 系）。

（3）按合金中所含主要元素成分可分为工业纯铝、Al－Cu 合金、Al－Mn 合金、Al－Si 合金、Al－Mg 合金、Al－Mg－Si 合金、Al－Zn－Mg－Cu 合金和以其他合金元素为主要合金元素的 8×××系合金以及备用合金组（9×××系）。

1.2.3 变形铝合金的状态代号及表示方法

根据 GB/T16475—1996，基础状态代号用一个英文大写字母表示，细分状态代号采用基础状态代号后跟一位或几位阿拉伯数字表示方法。

1.2.3.1 基础状态代号

铝合金的基础状态代号分 5 种，如表 1－8 所示。

表 1－8 铝合金基础状态代号

代号	名称	说明
F	自由加工状态	适用于在成形过程中，对于加工硬化和热处理条件无特殊要求的产品，该状态产品的力学性能不做规定。
O	退火状态	适用于经完全退火获得最低强度的加工产品。
H	加工硬化状态	适用于通过加工硬化提高强度的产品，产品在加工硬化后可经过（或不经过）使强度有所降低的附加热处理。H 状态代号后面必须跟有两位或三位阿拉伯数字。
W	固溶热处理状态	一种不稳定状态，仅适用于经固溶热处理后，室温下自然时效的合金，该状态代号仅表示产品处于自然时效阶段。
T	热处理状态	适用于热处理后，经过（或不经过）加工硬化达到稳定状态的产品。T 状态代号后面必须跟有一位或多位阿拉伯数字。

1.2.3.2 细分状态代号

铝合金制品的状态只有加工硬化（H）状态和热处理状态（T）有细

分状态。

(1)加工硬化(H)状态

加工硬化状态的细分状态用H后面加2～3位数字来表示。其中,第一位数字表示获得该状态的基本处理程序。

H1——单纯加工硬化状态。适用于未经附加热处理,只经加工硬化即获得所需要强度的状态。

H2——加工硬化及不完全退火的状态。适用于加工硬化程度超过成品规定要求后,经不完全退火,使强度降低到规定指标的产品。对于室温下自然时效软化的合金,H2与对应的H3具有相同的最小极限抗拉强度值;对于其他合金,H2与对应的H1具有相同的最小极限抗拉强度值,但伸长率比H1稍高。

H3——加工硬化及稳定化处理的状态。适用于加工硬化后经低温热处理或由于加工过程中的受热作用致使其力学性能达到稳定的产品。H3状态仅适用于在室温下逐渐时效软化(除非经稳定化处理)的合金。

H4——加工硬化及涂漆处理的状态。适用于加工硬化后,经涂漆处理导致了不完全退火的产品。

H后面的第二位数字表示产品的加工硬化程度。数字8表示硬状态。通常采用O状态的最小抗拉强度与表1-9规定的强度差值之和来规定H×8状态的最小抗拉强度值。对于O状态和H×8状态之间的状态,在H×代号后面添加1到7的数字来表示。如H×4,表示抗拉强度极限为O与H×8状态的中间值,其他依此类推。在H×后面添加9,表示比H×8加工硬化程度更高的超硬状态。

表1-9 H×8状态与O状态的最小抗拉强度的差值

O状态的最小抗拉强度/MPa	H×8状态与O状态的最小抗拉强度差值/MPa
≤40	55
45～60	65
65～80	75
85～100	85
105～120	90
125～160	95

（续表）

O状态的最小抗拉强度/MPa	H×8状态与O状态的最小抗拉强度差值/MPa
165～200	100
205～240	105
245～280	110
285～320	115
≥325	120

H后面加3位数字的状态代号如下所示：

H111——适用于最终退火后又进行了适量的加工硬化，但加工硬化程度又不及H11状态的产品。

H112——适用于热加工成形的产品，该状态产品的力学性能有规定要求。

H116——适用于镁含量不小于4.0%的5×××系合金的产品，这些产品具有规定的力学性能和抗剥落腐蚀性能要求。

(2)热处理(T)状态

热处理状态的细分状态用T后面加1位或多位数字来表示。在T后面添加0～10阿拉伯数字表示的细分状态(T×状态)，如表1-10所示。T后面的数字表示对产品的基本处理程序。在T×状态代号后面，再添加一位阿拉伯数字(T××状态)，或添加两位阿拉伯数字(T×××状态)，表示经过了明显改变产品特性(如力学性能、抗腐蚀性能等)的特定工艺处理的状态，如表1-11所示。

表1-10 T×细分状态代号

状态代号	说明
T0	固溶热处理后，经自然时效再通过冷加工的状态。适用于经冷加工提高强度的产品。
T1	由高温成形过程冷却，然后自然时效至基本稳定的状态。适用于由高温成形过程冷却后，不再进行冷加工(可进行矫直、矫平，但不影响力学性能极限)的产品。
T2	由高温成形过程冷却，经冷加工后自然时效至基本稳定的状态。适用于由高温成形过程冷却后，进行冷加工，或矫直、矫平以提高强度的产品。

（续表）

状态代号	说　明
T3	固溶热处理后进行冷加工，再经自然时效至基本稳定的状态。适用于在固溶热处理后，进行冷加工，或矫直、矫平以提高强度的产品。
T4	固溶热处理后自然时效至基本稳定的状态。适用于固溶热处理后，不再进行冷加工(可进行矫直、矫平，但不影响力学性能极限)的产品。
T5	由高温成形过程冷却，然后进行人工时效的状态。适用于由高温成形过程冷却后，不经过冷加工(可进行矫直、矫平，但不影响力学性能极限)，予以人工时效的产品。
T6	固溶热处理后进行人工时效的状态。适用于固溶热处理后，不再进行冷加工(可进行矫直、矫平，但不影响力学性能极限)的产品。
T7	固溶热处理后进行过时效的状态。适用于固溶热处理后，为获取某些重要特性，在人工时效时，强度在时效曲线上越过了最高峰点的产品。
T8	固溶热处理后经冷加工，然后进行人工时效的状态。适用于经冷加工或矫直、矫平以提高强度的产品。
T9	固溶热处理后人工时效，然后进行冷加工的状态。适用于经冷加工提高强度的产品。
T10	由高温成形过程冷却后，进行冷加工，然后人工时效的状态。适用于经冷加工或矫直、矫平以提高强度的产品。

注：某些6×××系的合金，采用炉内固溶热处理和高温成形过程急冷，均能达到相同的固溶热处理效果，这些合金的T3、T4、T6、T7、T8、T9状态工艺均可采用这两种。

表1-11　T××、T×××细分状态代号

状态代号	说　明
T42	适用于自O或F状态固溶热处理后，自然时效达到充分稳定状态的产品；也适用于需方对任何状态的加工产品热处理后，力学性能达到T42状态的产品。
T62	适用于自O或F状态固溶热处理后，进行人工时效的产品；也适用于需方对任何状态的加工产品热处理后，力学性能达到T62状态的产品。
T73	适用于固溶热处理后，经过时效以达到规定的力学性能和抗应力腐蚀性能指标的产品。
T74	与T73状态定义相同。该状态的抗拉强度大于T73状态，但小于T76状态。
T76	与T73状态定义相同。该状态的抗拉强度大于T73、T74状态，抗应力腐蚀断裂性能低于T73、T74状态，但其抗剥落腐蚀性能仍较好。

（续表）

状态代号	说　明
T7×2	适用于自O或F状态固溶热处理后，进行人工过时效处理，力学性能及抗腐蚀性能达到T7×2状态的产品。
T81	适用于固溶热处理后，经1%左右的冷加工变形提高强度，然后进行人工时效的产品。
T87	适用于固溶热处理后，经7%左右的冷加工变形提高强度，然后进行人工时效的产品。

1.2.3.3　新旧状态对照

变形铝合金新旧状态对照如表1-12所示。

表1-12　变形铝合金新旧状态对照

新代号	旧代号	新代号	旧代号	新代号	旧代号
O	M	H×9	T	T9	CSY
H112或F	R	T4	CZ	T42	MCZ
H×8	Y	T5	RCS	T62	MCS
H×6	Y1	T6	CS	T73	CGS1
H×4	Y2	T×51、T×52等	CYS	T76	CGS2
H×2	Y4	T0	CZY	T74	CGS3

注：原来以R状态交货的产品，用CZ、CS状态试样检测其力学性能，应符合对应的CZ、CS状态的产品性能，其状态可分别对应新代号T42、T62。

1.2.3.4　热挤压铝型材的状态

热挤压铝合金型材的基础状态有3种：热挤压状态（F或H112）、退火状态（O）和热处理状态（T）。对于铝合金建筑型材，其基础状态只有一种——热处理状态。

(1)热挤压状态

热挤压状态的状态代号为F或H112，适用于一般工业用铝及铝合金挤压型材。虽然F和H112都代表的是热挤压状态，但其含义不同。F状态，适用于在成形过程中，对于加工硬化和热处理条件无特殊要求的产品。该状态产品的力学性能不做规定，只要产品的形状尺寸和表面质量满足要求即可。

H112 状态，适用于热加工成形的产品。该状态产品的力学性能有规定要求，因此，在生产中应对制品力学性能有重要影响的挤压温度和挤压比加以控制。

热挤压状态适用于所有牌号的变形铝合金。其生产工艺最为简单，挤压出的型材，经适当的整形、矫直处理即可。因此，所有铝型材企业都可以生产热挤压状态的铝合金型材。

(2)退火状态

适用于一般工业用铝及铝合金挤压型材。热挤压铝型材，经整形、矫直、切成品，然后装入退火炉中进行退火处理。退火后的型材，一般不再进行任何变形处理，对于个别弯曲的小规格型材，可通过手工矫直予以处理。

(3)热处理状态

铝型材最常用的热处理状态有 3 种：T4、T5 和 T6 状态。

T4 状态——固溶热处理后自然时效至基本稳定的状态（淬火自然时效状态）。其适用于固溶热处理后，不再进行冷加工（可进行矫直、矫平，但不影响力学性能极限）的产品。通常情况下，挤压制品经专门的热处理炉加热到固溶处理温度（淬火温度），并保温一段时间，使强化相充分溶解到铝固溶体中；然后快速冷却（一般为水冷）至室温得到过饱和固溶体。将这种具有过饱和固溶体的挤压制品在室温下放置一段时间，使过饱和固溶体发生分解，制品的强度得到较大提高。

T5 状态——由高温成形过程冷却，然后进行人工时效的状态。其适用于由高温成形过程冷却后，不经过冷加工（可进行矫直、矫平，但不影响力学性能极限），予以人工时效的产品。该状态不需要进行专门的固溶处理，但挤压温度必须达到固溶处理温度。冷却方式可采用空气冷却、吹风冷却或水雾冷却。冷却后的制品，经整形、矫直、切成品后，放入时效炉中进行人工时效。

T6 状态——固溶热处理后进行人工时效的状态（淬火人工时效状态）。其适用于固溶热处理后，不再进行冷加工（可进行矫直、矫平，但不影响力学性能极限）的产品。该状态的固溶处理与 T4 状态相同，只是最后进行的是人工时效而不是自然时效。

1.3 变形铝合金的热处理性能

热处理对铝合金的物理性能和力学性能都有很大影响。通过采用不同的热处理方法，可以使铝合金铸锭中成分分布不均匀的晶内偏析在一定程度上得到消除或减轻；可以使已经硬化了的制品变软，便于进一步加工成形，或生产具有完全再结晶组织的软态产品，或生产半硬状态产品；也可以使一些强度不高的制品进一步提高其强度以满足更高的要求。

变形铝合金的热处理方式主要有退火、淬火和时效、回归处理。

1.3.1 退 火

变形铝合金的退火主要有铸锭均匀化退火、冷变形前的毛料退火、冷变形过程中的软化退火和半成品出厂前的成品退火等。除了铸锭均匀化退火外，根据退火过程进行的充分与否，把其他退火过程进行归类，可分为完全退火和不完全退火。

1.3.1.1 变形铝合金的完全退火

变形铝合金的完全退火主要用于生产O状态交货的制品，为了提高金属的冷变形能力而进行的毛料退火，为了消除加工硬化恢复其塑性便于继续进行冷变形的中间工序软化退火（中间退火）。铝合金完全退火后其强度最低，塑性最好，最易加工。完全退火工艺适用于所有铝合金O状态交货的制品，经完全退火后的制品组织为再结晶组织，故也称为再结晶退火。

对于需要进行冷加工的铝合金制品，如果热挤压后未发生再结晶或再结晶不完全，为了提高其冷变形能力，通常需要对挤压毛料进行完全退火，进一步提高其塑性，以便进行冷加工。对于加工硬化程度高的铝合金，在冷加工过程中，由于强度升高，塑性降低，很难继续进行加工，此时就需要进行完全退火，消除加工硬化的影响，恢复塑性，以便继续进行冷加工。

1.3.1.2 变形铝合金的不完全退火

铝合金的不完全退火工艺主要用于生产半硬制品和具有时效软

化效应的冷加工制品的稳定化处理。对于某些铝合金拉拔管材，在减径前的退火时也通常采用不完全退火（低温退火）工艺，避免拉拔后的管材表面粗糙。但对于铝合金热挤压制品，则不进行不完全退火。

1.3.2 淬火和时效（固溶与脱溶）

固溶与脱溶（淬火和时效）是可热处理强化铝合金进行强化热处理的基础。可热处理强化铝合金中含有较高的能溶入铝中的合金元素，如铜、镁、锌、硅等，它们的含量超过室温下的平衡固溶度极限，甚至可超过共晶温度的最大溶解度。如图 1－7 所示，成分为 C_0 合金，室温平衡组织为 α＋β。α 为基体固溶体，β 为第二相。合金加热至 T_q 温度时，β 相将溶入基体而得到单相的 α 固溶体，这种处理称为固溶处理。若温度降低至 T_0 温度以下，固溶体成为过饱和状态，超过平衡溶入量的溶质就有析出的倾向，在一定的条件下，多余的溶质就以 β 相的形式析出，这种现象称为脱溶或沉淀。

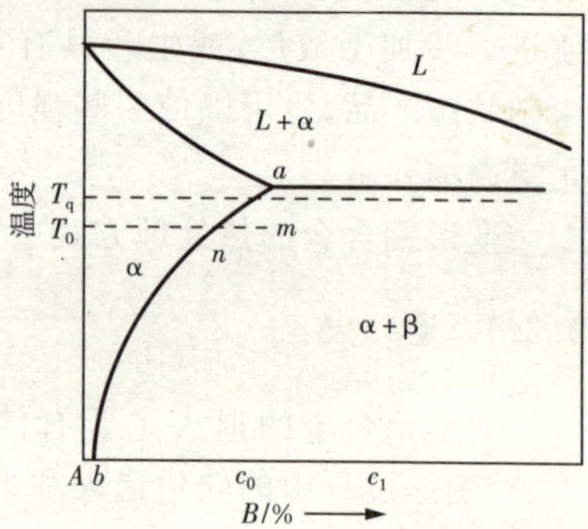

图 1－7　铝合金典型二元状态图

1.3.2.1 淬　火

图 1－7 所示的二元合金，若 C_0 合金自 T_q 温度以足够大的速度冷却，溶质原子的扩散和重新分配就来不及进行，β 相就不可能形核和长大，α 固溶体就不可能沉淀出 β 相，这时合金的室温组织为 C_0 成分的 α 单相过饱和固溶体 α′，这种处理称为淬火。铝合金淬火是为了将固溶热处理时形成的固溶体以快速的淬冷方式获得亚稳定的过饱和固溶体，以求在随后的时效时获得高的强度和足够的塑性。

（1）淬火加热温度。在淬火加热过程中，要求合金中起强化作用的溶质，如铜、镁、硅、锌等能够最大限度地溶入铝固溶体中。因此，一般情况下，在不发生局部熔化（过烧）及过热的条件下，应尽可能地提高淬火加热温度,以便时效时达到最佳的强化效果。但是,温度过高会引起晶粒粗大,对性能是不利的,且易发生过烧现象。

(2)淬火加热速度。淬火加热速度对晶粒尺寸也会产生一定的影响。快速加热可保证再结晶过程在第二相溶解前发生,有利于提高形核率,获得细小的再结晶组织。但工件较厚、装炉量较多时,如果加热速度过快,可能会出现加热不透或不均匀现象。

(3)淬火加热保温时间。保温的目的在于使强化相能够充分溶解,使组织充分转变到淬火需要的状态。加热温度越高,强化相溶入固溶体的速度越快,保温时间越短。淬火前的状态(如强化相的尺寸、分布状态、成形方法等)对保温时间也有很大影响。某些在加热温度下晶粒容易粗大的合金(如 6063、2A50 等)在保证淬火效果的条件下应尽量缩短保温时间,避免出现晶粒长大。变形程度大的,所需保温时间比变形程度小的要短一些;退火的合金其强化相的尺寸较粗大,保温时间应长一些;装炉量多、尺寸大的制品保温时间应长一些。

(4)淬火转移时间。零件从加热炉出来到进入淬火槽中这一个过程中,相当于在空气中冷却,由于冷却速度慢和固溶体的分解,降低时效强化效果,使力学性能和抗蚀性下降。因此,一般小零件的转移时间不应超过 10s,大件或大批零件不应超过 15s。

(5)淬火冷却速度。淬火的目的是使合金快速冷却到某一较低温度(通常为室温),使在固溶处理时形成的固溶体,固定成室温下溶质和空位均呈过饱和状态的固溶体。如果淬火冷却速度较慢,固溶体就会发生分解而出现次生相的析出,使固溶体的过饱和度下降,降低时效效果。采用最快的冷却速度则可以得到最高的强度及强度与韧性的最佳组合,提高制品的腐蚀及应力腐蚀抗力。图 1-8 所示为几种合金抗拉强度与平均冷却速度间的关系。

影响淬火冷却速度的因素是多方面的,包括淬火介质的种类、温度、制品的厚度及淬火转移时间等。水是最广泛且最有效的淬火介质,在水中加入不同物质可使冷却速度改变,如加入盐及碱可使冷却速度提高;加入某些有机物(如聚二醇)可使冷却速度减缓。淬火介质温度越高,冷却速度越慢。制品厚度越厚,冷却速度越慢,且容易出现淬不透现象。制品从加热炉转移至淬火介质中的时间越长，冷却速度也越慢。

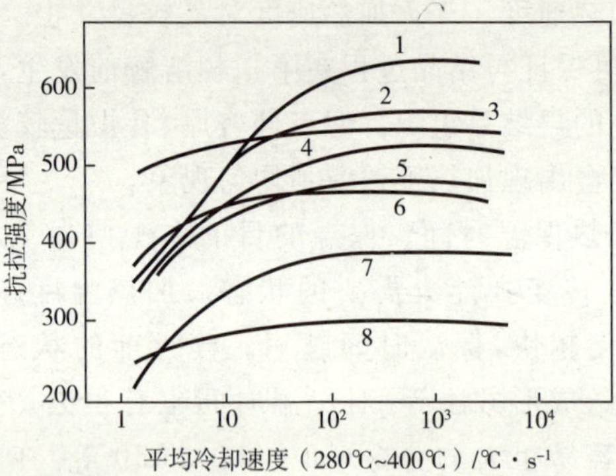

图 1－8　铝合金抗拉强度与淬火时的平均冷却速度的关系

1—7178T6；2—7075T6；3—7050T73；4—7075T73；

5—2014T6；6—2024T4；7—6070T6；8—6061T6

铝合金制品淬火后在冷却过程中会发生分解（脱溶），根据脱溶的等温动力学曲线——C 曲线，就可以知道在一定温度下脱溶出一定溶质（平衡相），造成强度下降一定数值（如强度降为最高值的 99.5%）所需要的时间，或使腐蚀行为从点腐蚀改变成晶间腐蚀所需要的时间。图 1－9 和图 1－10 分别表示 2A12 合金自然时效后腐蚀行为及 7A04 合金人工时效后用屈服强度表示的 C 曲线。在曲线鼻部附近是具有最快脱溶速率的温度范围，通常称这一温度范围为临界温度范围。

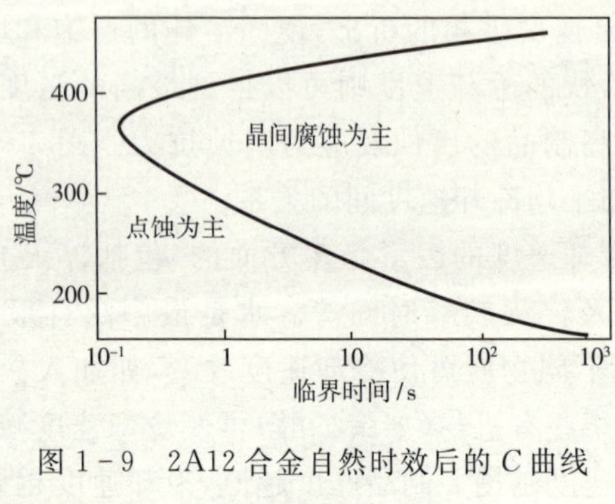

图 1－9　2A12 合金自然时效后的 C 曲线

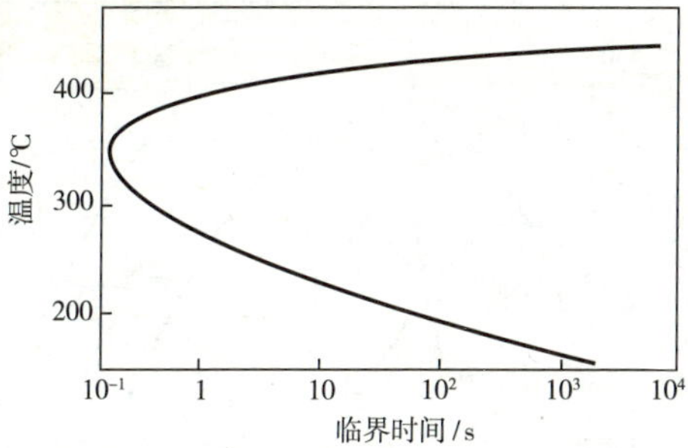

图 1-10 7A04 合金人工时效后的 C 曲线

由于临界温度范围是合金自高温冷却时固溶体最容易发生分解的温度区间，所以通过临界温度范围时的冷却速度对合金的性能有很大影响。只要在临界温度范围时的冷却速度足够大，就能够有效减缓固溶体的分解，获得较高的强度和较满意的抗腐蚀性能。当温度降低到临界温度范围以下时，降低冷却速度可以使制品的变形减小。

1.3.2.2 时 效

淬火获得的过饱和固溶体有自发分解，即脱溶的倾向。大多数铝合金在室温下就可产生脱溶过程，这种现象称为自然时效。自然时效可在淬火后立即开始，也可经过一定的“孕育期”才开始。不同合金自然时效的速度有很大区别，有的合金仅需要数天，如 2A12 合金自然时效超过 48h，其性能就开始趋于稳定；而有的合金则需要数月甚至数年性能才能趋于稳定，如 7A04 合金即使自然时效 3 个月也难以达到稳定状态。若将淬火得到的基体（过饱和固溶体的合金）在高于室温（通常大于 120℃）的温度下加热，则脱溶过程可能加速，这种操作称为人工时效。

经过淬火得到的过饱和固溶体，随着时间的延长，会发生分解和析出，从而引起强度的明显升高，这种现象叫时效硬化现象。铝合金的时效硬化能力与固溶体的浓度和时效温度有关。在理论上，固溶体的浓度愈高，时效效果也愈强，以接近极限溶解度的合金强化效果最大。时效温度对时效效果的影响可用不同温度下的等温时效曲线（图 1-11）来说明。

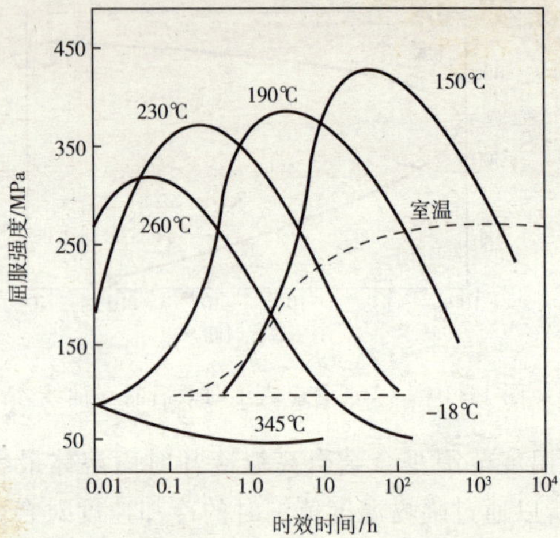

图 1-11 Al-4.5Cu-0.5Mg-0.8Mn 合金等温时效曲线

(1)降低时效温度可以阻碍或抑制时效硬化效应(如在－18℃时)。

(2)提高时效温度,时效硬化速度加快,时效时间缩短;同时,硬化峰值后的软化速度也增大。

(3)在具有强度峰值的温度范围内,强度最高值随时效温度升高而降低。

(4)在人工时效时强度才会出现峰值。当制品的强度达到最高值时,如果继续延长时效时间,强度不仅不会升高,反而开始下降,发生“过时效”。自然时效过程不会出现过时效现象。

从时效硬化曲线还可以看出,在时效初期,其强度的升高很慢,这段时间称为“孕育期”。在孕育期时间内合金的塑性很高,可进行矫直等加工。因此,在实际生产中,应在发生明显的自然时效前进行矫直等。

淬火及时效是一种综合热处理工艺,用来提高铝合金的强度性能。根据时效硬化曲线就可以确定合理的时效工艺制度,即时效温度和时效时间,同时可避免发生过时效现象。

对于某些铝合金制品来说,淬火和人工时效之间的时间间隔对其时效效果有一定影响。如 Al-Mg-Si 系合金,在淬火后必须立即进行人工时效,才能得到高的强度;淬火后如果在室温停放一段时间再时效,对强度有不利影响。合金中的 Mg_2Si 含量大于 1%的合金,在室温停放 24h 后再时效，强度比淬火后立即时效约低 10%。一般称这种现象为“停放效应”或“时效滞后”现象。因此，对于有“停放效应”的合金，应尽可能缩短淬火与人工时效的间隔时间。

1.3.3 回归处理

铝合金的时效硬化效应是可逆的。把已经发生自然时效的合金迅速加热到 230℃～250℃，并短时间保温（几十秒到几分钟）；然后迅速冷却到室温，其强度将立即下降到和刚淬火时的差不多，即又回复到新淬火状态，其他性质的变化亦常常相似，这种可逆效应称为“回归效应”。回归后的合金还能再发生自然时效，可以重复多次，如图 1－12 所示。

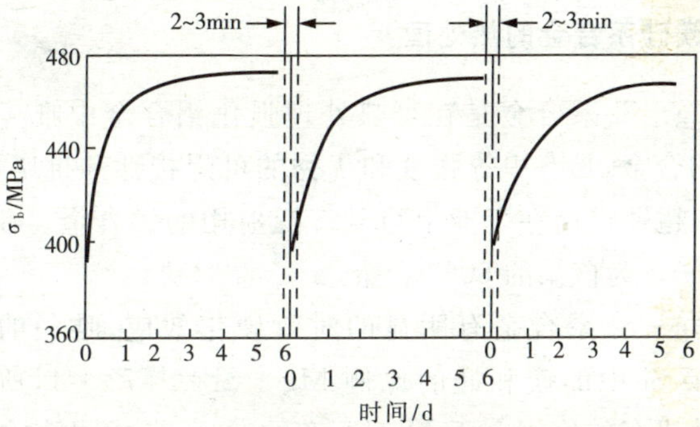

图 1－12 硬铝的回归现象（处理温度 214℃）

自然时效后合金一般只生成 GP 区，但 GP 区是热力学不稳定的沉淀相，如果在较高温度中短时间加热，即会迅速向固溶体中回溶而消失，冷却后又变成过饱和固溶体而恢复了再时效的能力，这就是回归效应产生的原因。

回归后再在同一温度时效时，时效速度比直接淬火后时效时的要慢几个数量级，这是因为回归温度比淬火温度低得多，冷却后保留的空位少，使扩散速度减小，时效速度下降。

回归现象在工业生产中有很重要的价值，如零件的整形与修复，自然时效后的铆钉因塑性降低铆接困难等，都可利用回归处理来恢复塑性。但是必须注意以下几点：

(1)回归处理的温度必须高于原先的时效温度。二者差别愈大，回归愈快，愈彻底；但如果二者差别很小，回归很难发生，甚至不发生。

(2)回归处理的加热时间一般很短，只要低温脱溶相完全溶解即可。如果时间过长，会出现对应于该温度下的脱溶相，使强度重新升高或过时效，达不到回归效果。

(3)在回归过程中，仅预脱溶期的GP区(Al－Cu合金还包括θ''相)重新溶解，脱溶期产物往往难以溶解。

(4)回归操作每重复一次，都会发生一部分不可逆的分解，使再时效的能力减弱。由于低温时效时不可避免地总有少量脱溶期产物在晶界等处析出，因此，即便在最有利的情况下，合金也不可能完全回归到新淬火的状态，总有少量性质的变化是不可逆的。

1.3.4 铝镁硅系合金的热处理

Al－Mg－Si系合金是在可热处理强化铝合金中唯一没有发现SCC现象的合金，具有中等强度和优秀的可焊接性和抗腐蚀性，是仅次于硬铝和超硬铝而在工业上得到广泛应用的铝合金。在建筑铝合金型材中，90％为该系的6063合金。

Al－Mg－Si系合金有明显的时效硬化效应，唯一的强化相是Mg_2Si。Mg_2Si中的镁和硅的比例Mg∶Si＝1.73∶1，所以合金的Mg、Si含量比有的恰好等于Mg_2Si，有的Si高些，因而性能和用途也不同。根据Mg_2Si的含量和Cu、Mn、Cr的加入情况，Al－Mg－Si系合金可分为三大类。

(1)第一类是应用最广泛的6063合金，合金中的Mg_2Si为0.8％～1.2％，有极优秀的挤压性能和低的淬火敏感性。挤压后(只要温度大于淬火温度)可用吹风的方法去淬火，薄壁件(小于3mm)还可以空冷，不必固溶处理。

(2)第二类是含Mg_2Si量大于等于1.4％的6061合金(Al－1Mg－0.6Si)。为了提高强度而加入0.25％Cu，为了抵消Cu对抗腐蚀性的不良影响，还加入了0.2％Cr，合金时效后可以得到更高的强度。但因淬火敏感性高，挤压后须重新固溶处理和在水中淬火，才能得到高的强度。

(3)第三类是 Si 含量超过了 Mg_2Si 化合比的合金。这种过剩 Si 的存在，既能细化 Mg_2Si 质点，还能析出过剩 Si 质点，故使强度进一步提高。但过剩 Si 易于沿晶偏析，降低塑性，引起晶界脆性，故需加入微量 Cr(6151)或 Mn(6351)以细化晶粒，抑制固溶处理时发生再结晶。

Al－Mg－Si 系合金淬火(515℃～525℃)后必须立即人工时效(160℃～170℃，8～12h，T6)，才能得到高的强度，否则对强度不利。Mg_2Si 大于 1％的合金，在室温停放 24h，强度比淬火后立即时效的合金约低 10％。但 Mg_2Si 小于 0.9％的合金，停放对强度反而有好处。这主要是由于高浓度 Al－Mg_2Si 合金在室温形成的空位-溶质集团较小，达不到临界尺寸，还引起了基体过饱和度的降低，因此在人工时效时只有少数尺寸大的集团能转变为沉淀相；又因形团后基体浓度降低，不能独立形成新的晶核，所以只能得到粗大的沉淀相和低的强度。反之，停放后的低浓度合金人工时效时，却能得到弥散度高的沉淀相，对强度反而有利。

加入微量 Cu(≤0.4％)能降低 Al－Mg－Si 合金的自然时效速度，减轻停放效应的不良影响。

2 挤压制品的品种规格及生产方法

2.1 挤压制品的品种规格

所谓挤压，就是用挤压轴（挤压杆）对放在挤压筒（盛锭筒）内的金属坯料从一端施加外力，强迫其从特定的模孔中流出，获得所需要的断面形状、尺寸及一定的力学性能的制品的一种塑性成形方法。挤压原理示意图如图2－1所示。

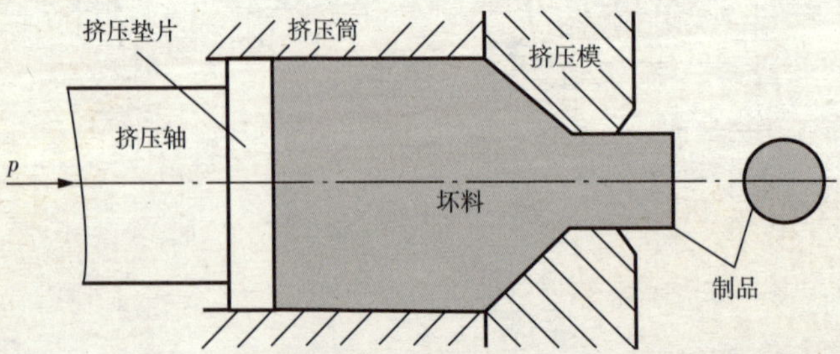

图 2－1　挤压原理示意图

挤压是金属塑性成形的主要方法之一。采用热挤压方法，可以直接生产管材、棒材、型材、线坯、排材以及包覆材料等制品，对于一些塑性很差的金属材料（如钨、钼等），通过挤压使其具有一定的塑性，可为轧制、拉拔等提供坯料。热挤压法在铝加工、铜加工、钛合金及高熔点稀有金属材料加工、钢铁材料加工、特殊金属材料加工以及电缆包覆等行业有着广泛的应用。

2.1.1 管 材

热挤压管材的品种规格有很多,可按照不同的方法进行分类。按横断面形状分为圆管、椭圆管、滴形管、方管、矩形管、三角形管、六角形管、五边形管、梯形管、内螺纹管、内肋管、外肋管及其他各种异形管等。按纵断面形状分为等断面管、阶段变断面管材和逐渐变断面管材。阶段变断面管材又可分为内径不变化的阶段变断面管材、外径不变化的阶段变断面管材和内外径都变化的阶段变断面管材;逐渐变断面管材也可分为内径不变化的逐渐变断面管材、外径不变化的逐渐变断面管材和内外径都变化的逐渐变断面管材。按照管材的组织特征可分为无缝管和有缝管(采用分流模或舌型模挤压的有金属焊缝的管材)。按管材外径与壁厚之比可分为薄壁管和厚壁管,通常外径与壁厚之比为(30∶1)~(50∶1)时称为薄壁管,小于这个比值的称为厚壁管。按管材的规格大小可分为大直径厚壁管、大直径薄壁管、小直径薄壁管等,在343MN立式挤压机上采用反挤压法生产的管材最大直径可达1500mm;在196MN卧式挤压机上生产的管材直径可达1000mm;采用穿孔针法挤压管材的最大直径可达600mm,最小内径为5~15mm,最小壁厚为2~5mm;采用分流模挤压管材的最小壁厚可达0.1mm。除此之外,还可以按使用领域、具体用途等多种方法进行分类,这里不再一一列举。

2.1.2 型 材

热挤压型材的品种规格很多,仅铝合金型材的品种规格就达50000种以上。铝合金型材按其用途可分为两大类:建筑铝型材和非建筑用铝型材。按型材横断面形状可分为实心型材、空心型材和半空心型材。实心型材按其断面特征可分为角形型材、丁字型材、槽形型材、Z字型材、工字型材及其他各种截面型材。其中,角形型材又可分为直角型材、锐角型材、钝角型材、圆头角型材和其他异形角型材;丁字型材可分为直丁字型材、斜丁字型材、双丁字型材、圆头丁字型材和异形丁字型材;槽形型材可分为普通槽形型材、凸边槽形型材、弯边槽形型材、圆头槽形型材、叉形槽形型材、燕尾槽形型材和异形槽形型材;Z字型材可分为等边等壁Z字型材、等边不等壁Z字型材、等壁不等边Z字型材、圆头Z字型材和异形Z字型材;工字型材可分为等边等壁工字型材、等边不等壁工字型材、等壁不等边工字型材、圆形工字型材和异形工字型材。空心型材按其空心的数目分为单孔和多孔型材;按照孔的形状有圆孔、方孔及其他各种形状的孔。按型材断面的对称性可分为有两个及以上对称轴、只有一个对称轴和没有对称轴的型材。按型材的壁厚特点可分为等壁厚型材和不等壁厚型材。按其截面大小可分为小断面型材、大断面型材,挤压铝型材的最小断面尺寸只有火柴棍大小,最大外接圆直径可达2500mm。按型材纵断面形状可分为等断面型材和变断面型材。同样,型材也可以按使用领域、具体用途等多种方法进行分类。

2.1.3 棒材、排材及线坯

热挤压棒材的品种主要有圆棒、方棒和六角棒,其他非矩形截面的都通称为型材。挤压铝合金圆棒材的规格范围为ϕ5～600mm;方棒为10～300mm(指边长),六角形棒为5～300mm(指内切圆直径)。

通常把非正方形的实心矩形截面挤压制品称为排材。排材的主要特点是宽厚比较大。挤压铝合金排材的规格范围为10×3～300×60mm(指边长×边长)。

线坯是指拉线用的坯料。铝合金线坯通常是由热挤压提供,然后经过多道次拉拔生产出所需要规格的线材。挤压线坯的规格不宜太多,生产不同规格的线材时,可通过调整拉拔道次来实现。

2.1.4 包覆材料制品

包覆材料制品是指在一种材料的外面再包覆上另外一种材料。主要有电缆包铝套、钢芯铝绞线、双金属管、低温超导多芯复合线及其他各种形状、用途的层状复合材料。

2.2 常用的挤压方法

挤压的方法按照不同的特征可分为几十种(表 2-1)。最常用的挤压方法有正向挤压、反向挤压、侧向挤压和CONFORM连续挤压。最基本的挤压方法是正向挤压和反向挤压。

表 2-1 挤压方法分类

<table>
<tr><th>分类特征</th><th>挤压方法</th><th>特点及适用范围</th></tr>
<tr><td rowspan="2">按照坯料与挤压筒间有、无相对运动分类</td><td>正向挤压</td><td>坯料与挤压筒之间有相对运动,二者之间存在着很大的外摩擦,挤压力的很大一部分用来克服这种外摩擦;金属流动不均匀。适用于各种金属及合金制品挤压。</td></tr>
<tr><td>反向挤压</td><td>坯料与挤压筒之间无相对运动,二者之间无外摩擦,挤压力较小;金属流动较均匀。适用于各种金属及合金制品挤压。</td></tr>
<tr><td rowspan="3">按照出料方向分类</td><td>卧式挤压</td><td>挤压制品的出料方向与地面平行,可以使用较长坯料挤压较长的制品,生产效率和成品率较高。适用于各种金属及合金制品挤压。</td></tr>
<tr><td>立式挤压</td><td>挤压制品出料方向与地面垂直,使用的坯料较短。主要用于挤压无缝管材,其偏心小,但挤压管材的长度受限。</td></tr>
<tr><td>侧向挤压</td><td>制品的出料方向与挤压方向垂直,主要用于电缆包覆等生产。利用其强烈的附加剪切变形,可提高材料的力学性能,生产高性能材料。</td></tr>
<tr><td rowspan="2">按照变形状态分类</td><td>平面变形挤压</td><td>适用于普通产品挤压生产。</td></tr>
<tr><td>三维变形挤压</td><td>模孔四个边中的三边是固定的,上部一个边是可以转动的,有凹凸不平的图案,在挤压出的制品的一个面上就会出现相应的图案,可用于装饰。</td></tr>
<tr><td rowspan="4">按照润滑方式及状态分类</td><td>不润滑挤压</td><td>不施加任何润滑剂,外摩擦大。适用于铝合金、镁合金、铜及含锌 15%以下的黄铜等挤压。</td></tr>
<tr><td>润滑穿孔针挤压</td><td>只在穿孔针表面涂抹润滑油,减少摩擦,改善其工作条件。适用于硬铝合金和部分铜及铜合金等管材挤压。</td></tr>
<tr><td>普通全润滑挤压</td><td>采用普通润滑剂对坯料内外表面进行润滑,或润滑挤压筒和穿孔针,减少摩擦,改善金属流动的均匀性。适用于挤压温度不高的金属及合金挤压。</td></tr>
<tr><td>玻璃润滑挤压</td><td>在坯料外表面和穿孔针上涂抹玻璃粉或包玻璃丝布,在模子端面放置玻璃盘等,减少摩擦并起到隔热作用,延长工具使用寿命。适用于钢材、钛合金等高温金属材料挤压。</td></tr>
</table>

（续表）

分类特征	挤压方法	特点及适用范围
按照润滑方式及状态分类	静液挤压	坯料与工具之间完全被高压液体所隔开，无摩擦，金属变形均匀。适用于低塑性合金、复合金属材料等挤压。
	特殊润滑挤压	适用于塑性较差的金属及合金挤压。如在塑性较差的坯料外面加软金属套或前端加软金属垫挤压等。
按照坯料的种类分类	实心圆坯料挤压	主要用于挤压型材、棒材。采用穿孔挤压法可以生产无缝管材，但穿孔针的消耗大，适用于铜合金、钛合金和软铝合金等管材挤压。
	空心圆坯料挤压	生产无缝管材时，减少了穿孔操作，降低了穿孔针的消耗。适用于硬铝合金、钢铁等高温金属材料管材挤压。
	扁坯料挤压	坯料断面不是常规的圆形断面，呈扁椭圆形。适用于在扁挤压筒上挤压宽厚比很大的壁板等扁宽型材。
	复合坯料挤压	将多种金属坯料或金属与非金属坯料组装在一起，挤压双金属管或其他层状复合材料制品。
按照挤压坯料的数量分类	单坯料挤压	一个挤压筒孔，一次挤压一个坯料，这是最常规的挤压方法。
	多坯料挤压	在一个挤压筒体上开设多个挤压筒孔，在各个筒孔内装入尺寸和材质相同或不同的坯料，然后同时进行挤压，使其流入带有凹腔的挤压模内焊合成一体后再由模孔挤出。适用于挤压硬合金空心型材、不同金属材料或金属与非金属材料的复合材料制品。
按照坯料状态分类	普通固态坯料挤压	这是常规的挤压方法，适合于各种金属材料挤压生产。
	粉末材料挤压	将粉末材料装入金属筒内，或采用冷等静压、热等静压、喷射沉积等方法制成坯料进行热挤压。适合于特殊用途产品的生产。
	半固态挤压	用半固态坯料挤压，可有效降低金属的变形抗力，减少摩擦。特别适合于强度较高的低熔点金属材料挤压。
	液态挤压	用于挤压低熔点金属材料，如铅及其合金。
按照挤压温度高低不同分类	冷挤压	挤压温度在回复温度以下，通常指室温下进行的挤压过程。适合于变形抗力较低的纯铝以及其他软金属挤压。
	温挤压	挤压温度在回复温度以上、再结晶温度以下的挤压过程。应用较少。
	热挤压	挤压温度在再结晶温度以上的挤压过程。绝大多数金属及合金的挤压都是采用热挤压方式。

（续表）

分类特征	挤压方法	特点及适用范围
按照穿孔针与挤压轴的关系分类	固定针挤压	必须是双动挤压机，可采用瓶式针，有利于提高管材内表面质量，但在挤压过程中作用在穿孔针上的摩擦大，易断针。适合各种金属及合金管材挤压。
	随动针挤压	在挤压过程中作用在穿孔针上的摩擦小，针不易损坏，但必须使用圆柱形针。适合各种金属及合金中小规格管材挤压。
按照挤压机的结构分类	双动挤压机挤压	管材挤压的主要方法，可用实心坯料穿孔挤压，也可用空心坯料不穿孔或半穿孔挤压，固定针方式和随动针方式都可以使用。适合各种金属及合金管材挤压。
	单动挤压机挤压	通常用于挤压棒、型材。使用空心坯料、采用随动针方式也可以挤压无缝管材。
按照模具种类或结构分类	平模挤压	模角为90°，死区大，挤压力大。主要用于挤压铝合金型材、棒材。
	锥模挤压	模角在45°～60°范围内的挤压力最小，但死区也最小甚至消失，不利于保证制品表面质量。主要用于挤压铝合金管材和高温、难变形合金的管棒材。
	双锥模挤压	锥模的模角由两个锥度构成，兼顾了平模和锥模的优点。挤压铜合金时可提高其使用寿命；挤压铝合金管材时可增大轴向压应力，从而提高挤压速度。
	平锥模挤压	模子端面的外部是平面、内部是锥面，兼顾了平模和锥模的优点。主要用于挤压钢材和钛合金型材。
	流线模挤压	模孔呈流线型，死区小，金属变形流动均匀。适合钢材和钛合金挤压。
	平流线模挤压	兼顾了平模和流线模的优点，主要用于挤压钢材和钛合金型材。
	碗形模挤压	主要用于铝合金的润滑挤压、锭接锭无压余挤压。
	舌型模挤压	压余多，挤压力较小，主要用于挤压硬合金空心型材。
	平面分流模挤压	压余少，挤压力较大，主要用于挤压软合金空心型材。
	分瓣模挤压	用于挤压阶段变断面型材。
	穿孔针挤压	用于挤压各种无缝管材。

（续表）

分类特征	挤压方法	特点及适用范围
按照制品形状或数目分类	棒材挤压	对称性好，模具简单，挤压过程容易。适合用卧式挤压机生产。
	管材挤压	变形区内金属流动较挤压棒材时均匀，需要使用穿孔针（或芯棒）。可以用双动挤压机实心坯料穿孔或空心坯料不穿孔挤压；也可以用单动挤压机空心坯料不穿孔挤压。
	实心型材挤压	使用平模挤压，与空心型材挤压相比，模具寿命长。
	空心型材挤压	一般需要使用舌型模或分流模挤压，模具寿命较短。
	变断面型材挤压	通常使用分瓣模挤压，难度大，成材率低，生产效率很低。
	单孔模挤压	一次只能挤压一根制品。
	多孔模挤压	一次可以挤压多根制品。
按挤压金属的种类分类	有色金属挤压	挤压铝、镁合金时挤压力较小，挤压温度低，润滑容易，模具寿命长。
	黑色金属挤压	挤压温度高，润滑较困难，模具损耗大。
按生产的连续性分类	非连续挤压	间歇时间长，生产效率低，成品率低。
	连续挤压	间歇时间少，生产效率高，成品率高。
按照有无压余分类	有压余挤压	常规的挤压生产方式。
	无压余挤压	锭接锭的挤压方式，成品率高。主要用于电缆包覆等。
按照挤压速度分类	低速挤压	常规的挤压方法。
	高速挤压	通常是指金属流出速度在100m/s以上的挤压。用这种方法生产铝合金材料，可以提高生产效率几倍，甚至几十倍。
	冲击挤压	主要有爆破挤压、电液成形挤压、电磁成形挤压。

2.2.1 正向挤压法

挤压时，制品从模孔流出的方向与挤压轴的运动方向相同的挤压方式，称为正向挤压（或称直接挤压）。正向挤压是最基本的、也是应用最广泛的挤压方法。正向挤压方法具有如下特点：技术成熟；设备简单（相对于反向挤压），维修方便，造价低；操作简便，更换工具容易，辅助时间较短；在相同规格的挤压筒上可生产尺寸规格更大的产品，甚至可以生产外接圆尺寸比挤压筒直径还要大的产品；生产灵活性大，适合于各种材料的加工成形；等等。

正向挤压的基本特征是，挤压时坯料与挤压筒之间有相对滑动，存在着很大的外摩擦。这种外摩擦，在多数情况下对挤压制品的质量和挤压生产过程会带来不利的影响，它造成了金属流动不均匀，导致挤压制品头部与尾部、表层部位与中心部位的组织性能不均匀，使挤压力增加，挤压能耗增加。一般情况下，挤压筒内壁上的摩擦力约占挤压力的 30%～40%，甚至更高。由于挤压力的一部分被用于克服摩擦力，从而也限制了较长坯料的使用，降低了生产效率，增加了几何废料所占的比例。由于摩擦发热，使得金属与模具易发生黏结，加快了挤压筒、模具的磨损及早期失效，导致制品表面质量下降，阻碍了挤压速度提高，并易造成制品头、尾部尺寸和性能不一致。

然而，这种外摩擦也不是绝对不利的，如用挤压筒驱动的有效摩擦挤压法，其挤压筒前进过程中作用在坯料上的摩擦力，是构成使金属产生塑性变形并从模孔挤出的挤压力的一部分；CONFORM 连续挤压等则是利用挤压轮旋转过程中与坯料之间的摩擦发热使金属温度达到塑性变形所需要的温度，并提供使金属产生塑性变形从模孔挤出所需要的挤压力；由于摩擦等在挤压筒与模子端面交界处所形成的死区，可以较为有效地阻碍铸造坯料表面的偏析瘤、氧化物、脏物、表面缺陷等进入制品表面，提高制品的表面质量。

图 2-2 所示为单动式挤压机正向挤压示意图。挤压型棒材（图 2-2a）采用实心坯料挤压（包括各种空心型材），无缝管材（图 2-2b）采用空心坯料、随动针方式挤压。

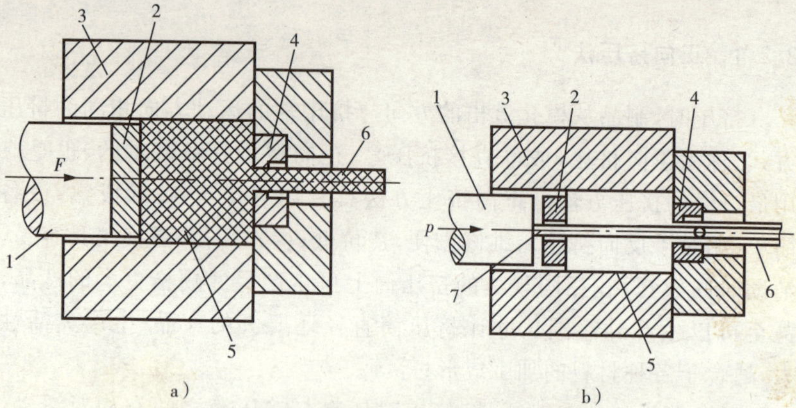

图 2-2 单动式挤压机正向挤压示意图

a)挤压型棒材；b)挤压管材

1—挤压轴；2—挤压垫；3—挤压筒；

4—挤压模；5—坯料；6—制品；7—芯棒(穿孔针)

图 2-3 所示为双动式挤压机正向挤压管材示意图。它既可以用实心坯料穿孔挤压管材，也可以用空心坯料不穿孔挤压管材。

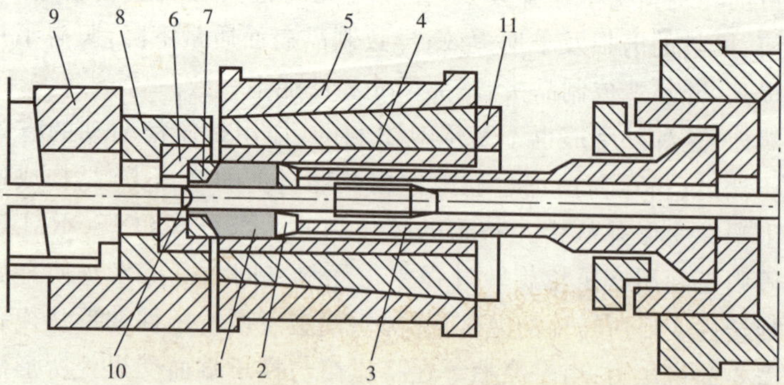

图 2-3 双动式挤压机正向挤压示意图

1—坯料；2—挤压垫；3—空心挤压轴；

4—挤压筒内套；5—挤压筒外套；6—模支承；7—模子；

8—压型嘴；9—楔形锁键；10—穿孔针；11—压环

图 2-4 所示为立式挤压机挤压管材示意图。

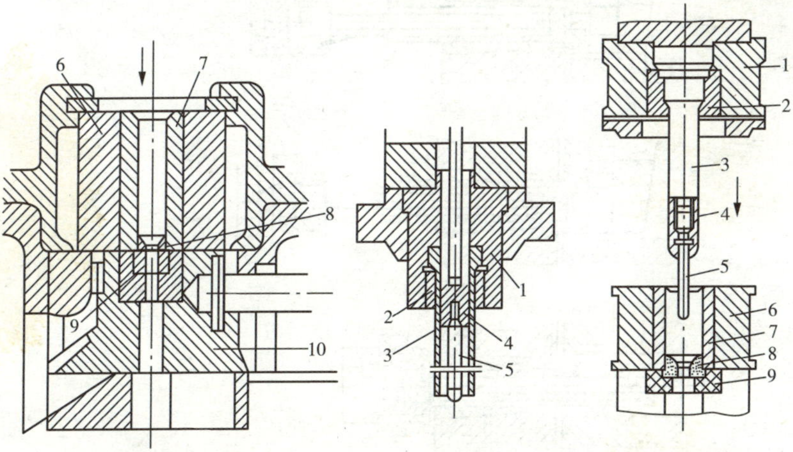

图 2-4 立式挤压机挤压管材示意图

a)带独立穿孔系统的双动挤压机;b)无独立穿孔系统的单动挤压机

1—挤压轴支座;2—螺帽;3—挤压轴;4—穿孔针支座;5—穿孔针;

6—挤压筒;7—筒内衬;8—模子;9—支承环;10—滑块

2.2.2 反向挤压法

挤压时,金属的流动方向与挤压轴的运动方向相反的挤压方式,称为反向挤压(或称间接挤压)。这种传统的定义方式对于大规格管材的套轴反向挤压(图 2-5)是非常准确的。挤压时,使用一个没有模孔的盲模,坯料金属在挤压轴压力的作用下发生倒流(与挤压轴的运动方向相反),并套在挤压轴上形成管材。

对于带堵头的专用反向挤压机,只有一个支承模子的空心轴且在挤压过程中是固定不动的,挤压过程是通过机头推动堵头并推动挤压筒前进实现的(图 2-6)。这时,金属的流动方向与模子轴的相对运动方向相反。图 2-6a 是用实心坯料挤压棒材的示意图;图 2-6b 是用空心坯料、随动针方式挤压管材的示意图。

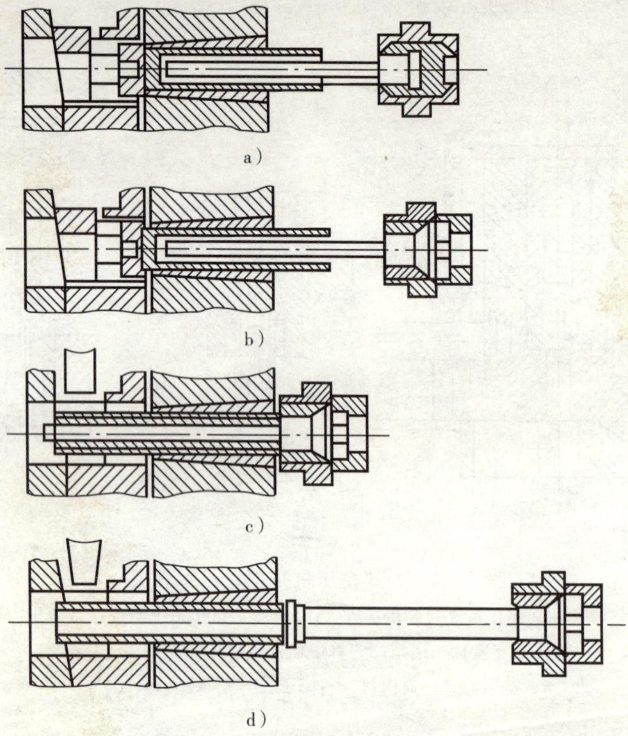

图 2-5 管材套轴反挤压操作程序

a)套轴挤压；b)挤压结束；c)分离压余；d)推出管材，清理挤压筒

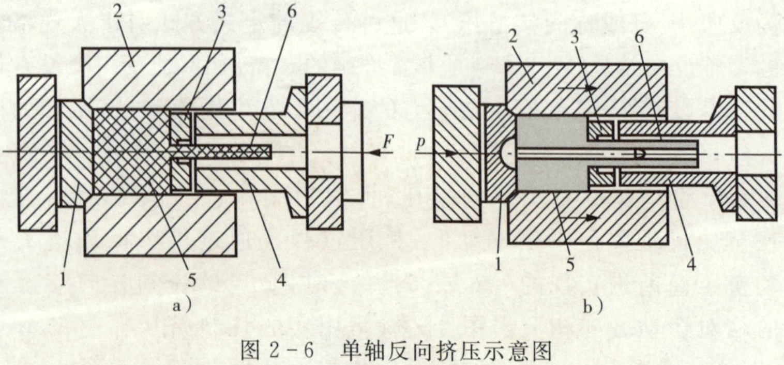

图 2-6 单轴反向挤压示意图

a)反向挤压棒材；b)反向挤压管材

1—堵头；2—挤压筒；3—模子；4—空心模轴；5—坯料；6—制品

现代反向挤压机一般都配备有两个挤压轴：主挤压轴和空心模轴（图 2-7）。主挤压轴安装在挤压机的活动横梁上可前进或后退，空心模轴固定不动。挤压时，主挤压轴与挤压筒一起前进。此时，制品的流出方向与主挤压轴移动方向一致，但与模轴的相对运动方向相反。

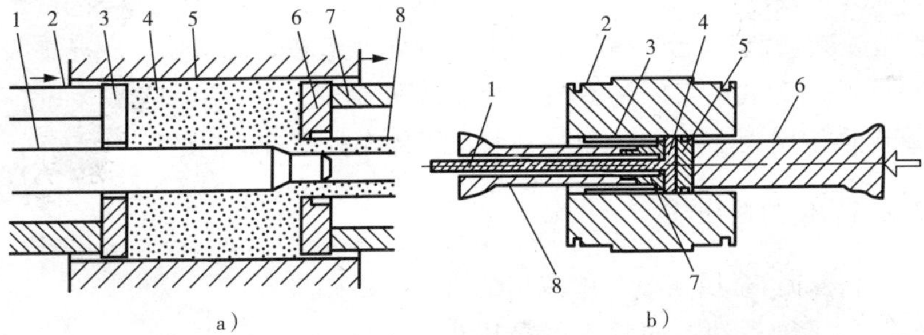

图 2-7 双轴反向挤压示意图

a）反向挤压管材
1—穿孔针；2—空心挤压轴；3—挤压垫；4—坯料；5—挤压筒；6—模子；7—空心模子轴；8—制品

b）反向挤压棒材
1—挤压制品；2—挤压筒；3—残皮；4—坯料；5—挤压垫；6—主挤压轴；7—模子；8—空心模子轴

无论是哪一种反向挤压方式，其基本特征是坯料与挤压筒内壁之间无相对滑动，二者之间无外摩擦。因此，如果把坯料与挤压筒之间无相对运动的挤压过程定义为反向挤压则更为确切一些。

与正向挤压相比较，反向挤压时的挤压力较小；在同样能力的设备上可以实现比正向挤压更大变形程度的挤压变形或挤压变形抗力更高的合金；可以使用比正向挤压更长的坯料，其长径比可达 6∶1，从而可以减少几何废料所占的比例，提高成品率；采用长坯料，还可使一个挤压周期中的挤压时间延长，间隙时间相对缩短，弥补反向挤压间隙时间较长对挤压生产效率所带来的不利影响，提高生产效率；可以采用较低的坯料加热温度，以提高挤压速度，提高生产效率；挤压过程中的温升小，有利于制品纵向上的组织性能均匀一致，且尺寸均匀一致；由于挤压时金属的变形流动主要集中在模孔附近，因此制品沿纵向和横向上的组织性能都是比较均匀的；可以生产粗晶环很浅的制品；压余少，成品率高；可以提高挤压筒的使用寿命。但是，反向挤压也存在一些缺陷，如工具结构复杂，强度（特别是空心模轴的抗弯强度）要求高；反向挤压制品的表面质量较正向挤压的差，为了克服这一缺陷，需要坯料在挤压前进行车皮或剥皮，提高了生产线的复杂性，增加了成本；受空心模轴的限制，在同样能力的设备上所能生产的制品的最大外接圆尺寸较正向挤压的小；设备的造价高，辅助时间较长，操作较复杂，特别是当出现"闷车"事故时处理起来非常麻烦。最近德国SMS公司为我国某厂制造的一台28MN铜材反向挤压机，采用了一种新的"闷车"处理技术，很好地解决了闷车处理难的问题。

2.2.3 侧向挤压法

挤压时，金属从模孔中流出的方向与挤压轴运动方向垂直的挤压生产方法，称为侧向挤压或横向挤压（图2-8）。

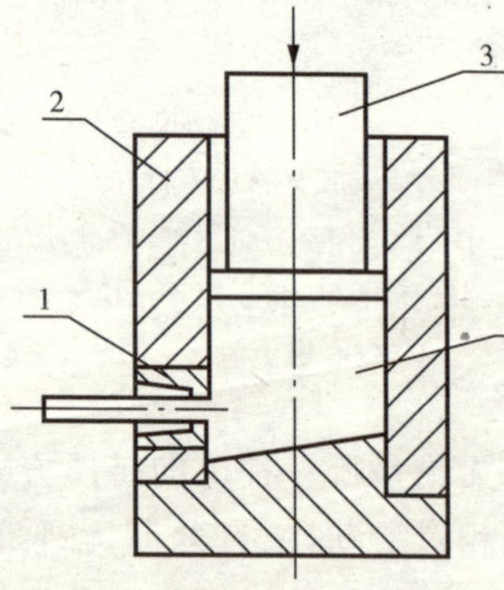

图2-8 侧向挤压方法

1—挤压模；2—挤压筒；3—挤压轴；4—坯料

侧向挤压的特征是，挤压模与挤压筒轴线成90°夹角。挤压过程中，金属先沿着挤压轴运动的方向流动，然后急转弯90°从模孔中流出。金属的这种流动形式，有利于减小制品组织（特别是纵向）的不均匀性，将使制品纵向力学性能差异最小；金属在变形流动过程中产生比较大的附加剪切变形，晶粒破碎程度严重，晶粒细化，制品强度高。但是，相应的也要求工模具有高的强度和刚度。

侧向挤压主要用于电线电缆行业各种包覆导线成形（如电缆包铅套和铝套、铝包钢线等），一些特殊包覆材料成形等。

近年来，通过高能高速变形来细化晶粒、提高材料力学性能的研究受到重视。利用侧向挤压时附加的强烈剪切变形以提高高塑性、低强度材料力学性能的研究成为热点之一，如侧向摩擦挤压、等通道转角挤压等。

2.2.4 连续挤压法

常规的挤压生产方法一个最主要的缺点是挤压生产的不连续性，即在前后两个坯料的挤压之间需要进行压余分离、充填坯料等一系列辅助操作，影响了挤压生产效率，且不利于生产连续长尺寸的制品。

连续挤压是采用连续挤压机，将金属坯料连续不断地从模孔中挤出，获得无限长制品的挤压方法。连续挤压法主要有 CONFORM 连续挤压法和 CASTEX 连续铸挤法。其中，以 CONFORM 连续挤压法应用最为广泛。

(1)CONFORM 连续挤压法

CONFORM 连续挤压法是利用工具与变形金属之间的摩擦力实现挤压的，其原理如图 2－9 所示。由旋转挤压轮上的矩形断面槽和

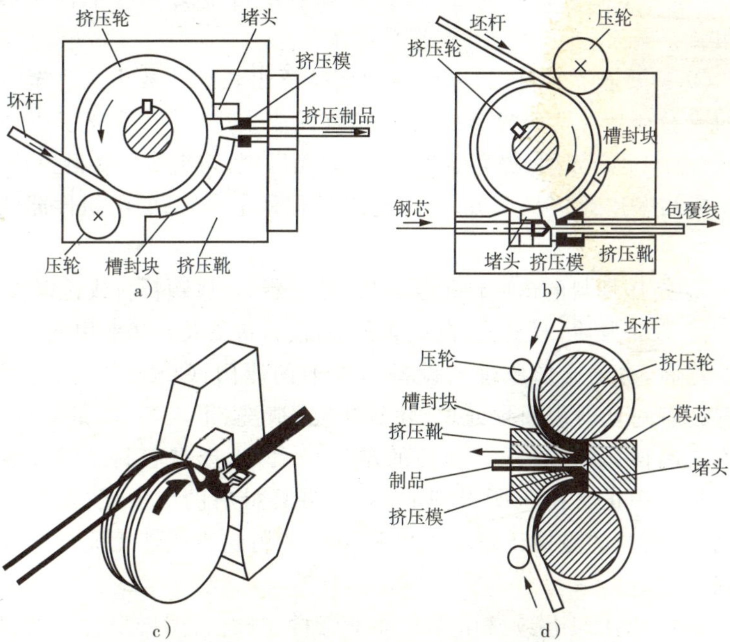

图 2－9 CONFORM 连续挤压示意图

a)单轮 CONFORM 连续挤压法；b)单轮 CONFORM 连续包覆挤压法；c)单轮双槽 CONFORM 连续挤压法；d)双轮 CONFORM 连续挤压法

固定模座(挤压靴)上的槽封块所组成的环行通道起到普通挤压法中挤压筒的作用。当挤压轮旋转时,借助于槽壁对坯料的摩擦作用将其连续不断地送入模腔而实现挤压。

CONFORM连续挤压机按照挤压轮上凹槽的数目和挤压轮的数目可分为单轮单槽式(图2-9a、图2-9b)、单轮双槽式(图2-9c)、双轮单槽式(图2-9d)等几种类型,其中以单轮单槽式应用最为广泛。

CONFORM挤压法的主要优点是:

① 挤压型腔与坯料之间的摩擦大部分得到有效利用,使挤压变形的能耗大大降低。与常规挤压法相比较,能降低能耗30%以上。

② 摩擦不仅为连续挤压提供了挤压力,而且由于摩擦发热,加上塑性变形热,可以使坯料的温升达到很高的值,以至于坯料不需加热(如铝及铝合金)或采用较低温度预热(如铜及铜合金)就可以实现热挤压,大大降低电耗。据估计,比常规挤压可节约3/4左右的热电费用。

③ 只要连续喂料,就可以连续地挤压出长度达数千米乃至万米长的成卷制品。从而显著减少了间歇性非生产时间,简化了生产工艺,缩短了生产周期,提高了生产效率;无压余,切头切尾量很少,可使挤压成品率达到95%~98.5%;挤压过程稳定,制品的组织性能的均匀性好。

④ 挤压坯料的适应性很强,可以是杆料、金属颗粒料或粉末料。

⑤ 设备紧凑,轻型化,占地面积小,设备造价及基建费用低。

然而,由于成形原理与设备结构上的原因,CONFORM挤压法也存在着对坯料表面预处理(除氧化皮、清洗、干燥等)质量要求高,生产大断面、形状较复杂制品的难度较大,生产空心制品的焊缝质量不如采用正常挤压所得到的,对工模具材料的耐磨性、耐热性要求高,工模具的更换比较困难以及要求使用超高压液压元件等方面的缺点。

CONFORM连续挤压法适合于管材、线材、排材、型材以及铝包钢线等包覆材料的挤压成形。图2-10所示为一铝线、管、排、型材连续挤压生产线示意图。图2-11为C300H铝包钢线连续挤压生产线示意图。

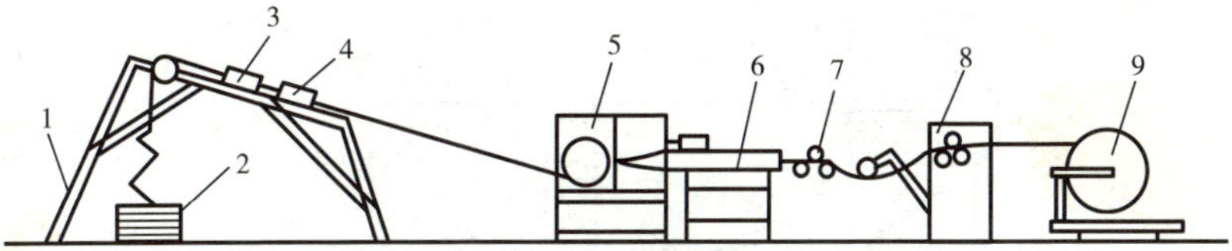

图 2-10 铝材连续挤压生产线示意图

1—放料架；2—坯料卷；3—矫直机；4—清刷装置；5—挤压机；6—冷却槽；7—导线装置；8—张力调节装置；9—卷取装置

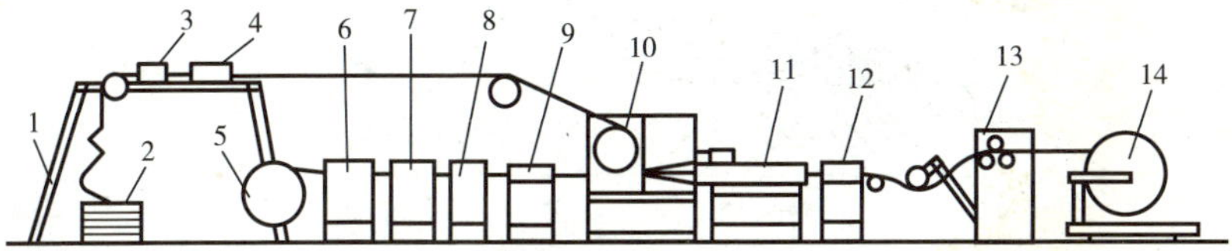

图 2-11 C300H 铝包钢线连续挤压生产线示意图

1—放料架；2—铝坯料；3—矫直机；4—清刷装置；5—钢丝卷；6—矫直机；7—超声波清洗装置；8—喷丸装置；9—感应加热；10—挤压机；11—冷却槽；12—尺寸检查、超声波探伤；13—张力调节装置；14—卷取装置

(2)CASTEX 连续铸挤法

CASTEX 连续铸挤法则是将连续铸造与 CONFORM 连续挤压结合成一体的连续成形方法，如图 2-12 所示。坯料以熔融金属的形式通过电磁泵或重力浇铸连续供给，由水冷式槽轮(铸挤轮)与槽封块构成的环形型腔同时起到结晶器和挤压筒的作用。

与通常的 CONFORM 连续挤压法相比较，CASTEX 连续铸挤法具有如下优点：

① 由于轮槽中的金属处于液态与半固态(凝固区)或接近熔点的高温状态(挤压区)，实现挤压成形所消耗的能量低。

② 有利于变形抗力较高的金属及合金的挤压成形。

③ 金属从凝固开始至结束的过程中，始终处于变形状态下，有利于细化晶粒，减少偏析、疏松、气孔等缺陷。

④ 直接由液态成形，省略了坯料预处理等工艺，工艺流程简单，设备结构紧凑。

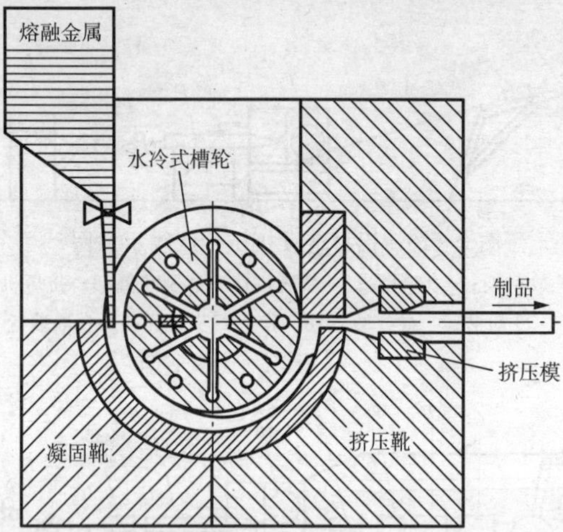

图 2-12 CASTEX 连续挤压示意图

2.3 其他挤压方法

2.3.1 玻璃润滑挤压法

挤压时,变形金属与工模具之间有一层高黏性的熔融玻璃将其隔开,可减小摩擦,并起到隔热作用,延长工模具的使用寿命。

玻璃润滑挤压主要用于钢铁材料、钛合金、钼及其他高熔点材料的管棒材和简单型材的挤压成形。挤压这些高熔点、高强度的金属材料,与铝合金、铜合金等有色金属热挤压相比,具有挤压温度高(通常在 1000℃～1250℃甚至更高),金属变形抗力大,挤压力高,工模具工作条件恶劣、损耗大等特点,采用常规的润滑剂和润滑方式起不到作用。即便是采用玻璃润滑,钢铁等材料的挤压成本也比铝、铜合金的高得多。

玻璃润滑挤压的基本原理如图 2-13 所示。挤压模与坯料之间插有玻璃盘,这种玻璃盘通常是用水玻璃将玻璃粉固结而成。在挤压筒与坯料、穿孔针与坯料之间也加有玻璃润滑剂。挤压时,玻璃受坯料的高温作用而熔化,产生良好的润滑作用。玻璃润滑剂同时还具有良好的隔热作用,有助于抑制工模具温度上升,延长使用寿命。

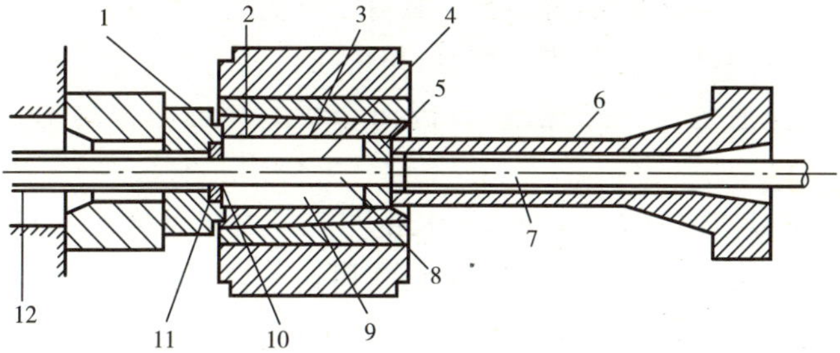

图 2-13 玻璃润滑挤压示意图

1—模支承;2—挤压筒;3—外表面玻璃;4—内表面玻璃;5—挤压垫;6—挤压轴;7—针支承;8—穿孔针;9—坯料;10—玻璃盘;11—挤压模;12—制品

2.3.2 静液挤压法

静液挤压又称高压液体挤压,是利用高压黏性介质给坯料施加外力而实现挤压的,其原理如图 2-14 所示。挤压时,坯料不与挤压筒直接接触,二者之间被高压介质(黏性液体或黏塑性体)所隔开。施加于挤压轴上的力,通过高压介质传递到坯料上实现挤压。

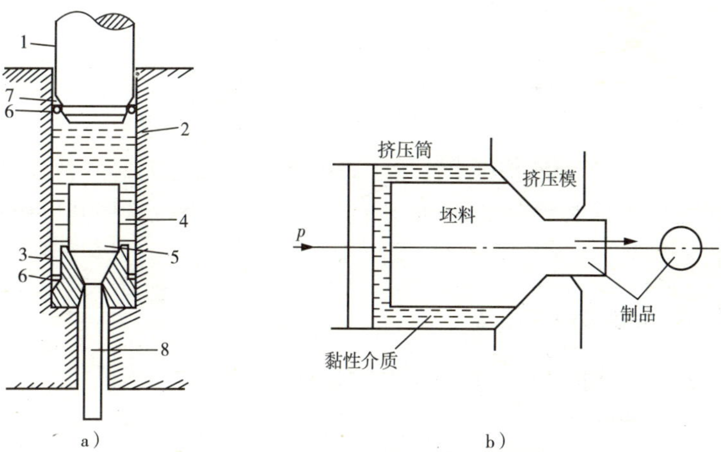

图 2-14 静液挤压工作原理图

a)立式挤压;b)卧式挤压

1—挤压轴;2—挤压筒;3—模子;4—高压液体;5—坯料;6—O 型密封环;7—斜切密封环;8—制品

与常规挤压法相比，静液挤压具有以下优点：

(1)坯料不与挤压筒直接接触，作用在坯料表面上的摩擦力很小，仅为高压介质的黏性摩擦阻力，因而金属的变形非常均匀，产品质量好。

(2)可以使用较长的坯料，其长度与直径之比可达40。由于坯料周围有高压液体，挤压时不会弯曲，利用这一特点，在挤压线材时，甚至可将线坯绕成螺旋管状或绕在轴上放入挤压筒内进行挤压。

(3)由于坯料与模子之间处在液体流动润滑状态，摩擦力很小，模子的磨损小，制品表面质量高。

(4)挤压力比通常的正向挤压力小20%～40%，从而可选用大的挤压比。根据材料性能不同，挤压比可达2～400，对纯铝可达20000，甚至更大。

(5)可实现高速挤压。挤压铜线时流出速度可达3300m/min；挤压7A04铝合金管材时，挤压比为200的流出速度可由通常的1m/min提高到120m/min。

(6)由于挤压时坯料处于高压介质中，有利于提高坯料的变形能力，实现低温、大变形加工，因而适合于难加工材料成形、精密型材成形。

(7)由于金属流动均匀，接近于理想状态，特别适合于各种包覆材料的挤压成形，如钛包铜电极、多芯低温超导线材的成形。

但是，由于静液挤压中使用了高压介质，需要进行坯料的预加工、介质充填与排泄等操作，降低了生产效率，在实际生产中其应用受到了很大限制。

2.3.3 有效摩擦挤压法

有效摩擦挤压的原理如图2-15所示。

有效摩擦挤压又称为快速摩擦辅助挤压或挤压筒速超前挤压。其特点是在挤压时，挤压筒沿金属流出方向以高于挤压轴的速度运动，使挤压筒作用给坯料的摩擦力方向与挤压轴的运动方向相同，促使金属向模孔流动。表征挤压筒对坯料滑动的重要指数是有效摩擦挤压的速比(筒速/挤压轴速)，有效摩擦挤压的速比应大于1，最佳值是 1.4～1.6。实现有效摩擦挤压的必要条件是筒与坯料之间不能有润滑剂，以便建立起高的摩擦应力。

有效摩擦挤压的主要优点如下：金属变形流动均匀，无缩尾缺陷，坯料表面层在变形区中不产生大的附加拉应力，可使流出速度显著提高，(如挤压 2A12 合金棒材时，流出速度比正挤压的高 4～5 倍，比反挤压的高 1 倍)，挤压制品的强度也有所提高。

这种挤压方法的主要困难之处是设备结构较复杂，模具要承受挤压轴和挤压筒的双重压力，其强度要求较高。

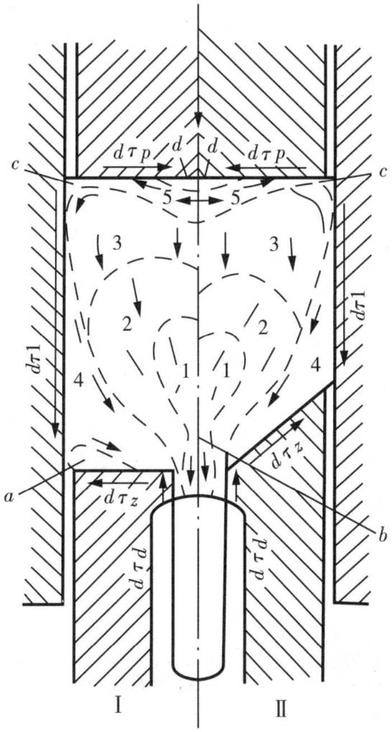

图 2-15 有效摩擦挤压原理示意图

2.3.4 无压余挤压法

无压余挤压时，挤压垫片被固定在挤压轴上，或与挤压轴加工成一体。在挤压过程中，当挤压筒内前一个坯料还有较长的余料(一般为 1/3 坯料长度左右)时，装入下一个坯料继续进行挤压，具有半连续挤压的性质。无压余挤压主要有无润滑无压余挤压和润滑无压余挤压两种方法。

(1)无润滑无压余挤压

无润滑无压余挤压最早用于两类产品成形：一类是需要连续长度的包覆电缆，包覆层主要为纯铅、纯铝等软金属；另一类是焊合性能良好的金属或合金的长尺寸制品，如纯铝、3000 系、6063、6061 合金小尺寸盘管(分流模挤压)和小断面型材等。无润滑无压余挤压由于制品焊接处的强度不高，且焊接部位延展较长，应用有限。目前，采用侧向挤压法给电缆包覆铝铠装仍采用此方法。

(2)润滑无压余挤压

润滑无压余挤压法主要着眼于消除压余、提高挤压成品率、缩短非挤压间隙时间。润滑无压余挤压一般采用具有凹形曲面的挤压垫，其挤压过程如图 2-16 所示。

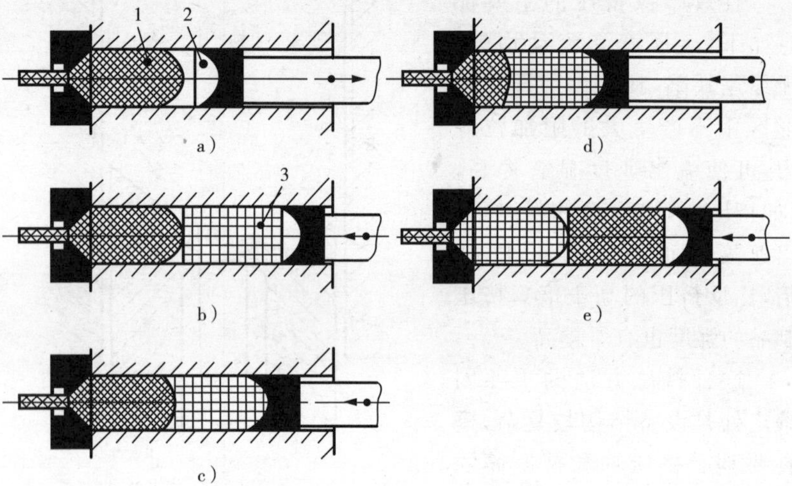

图 2-16　有润滑锭接锭挤压过程

1—第一块坯料;2—挤压垫;3—第二块坯料

润滑的目的是改善金属流动均匀性,防止挤压过程产生死区。采用凹形曲面挤压垫是为了补偿挤压时中心部位金属流速快,防止产生缩尾,使得前后两个坯料的端面所形成的界面在进入模孔时近似成为平面,使得焊合面的延伸长度减小,从而减少制品的切头尾量。润滑无压余挤压的成品率可提高 10%～15%。由于采用润滑挤压,故不能采用分流模。

润滑无压余挤压要注意两个问题：

一是由于润滑挤压时不产生死区,要防止产生起皮和皮下缩尾等缺陷。最理想的是采用碗形模孔和凹形端面的挤压垫。

二是由于密封形成的高压气体有可能被压入制品中,形成表面起皮、气泡等缺陷,要解决挤压筒的排气问题。可采用坯料梯温加热、挤压筒抽真空、在挤压垫或挤压筒内衬上设置排气孔等。

2.3.5 固定挤压垫挤压法

与传统的活动挤压垫挤压法不同，固定挤压垫挤压方法是将挤压垫固定在挤压轴上。一个挤压周期结束后，挤压垫与挤压轴不分离，从而可省略挤压循环过程中的垫片分离、传送、装填等操作，减少非挤压的间隙时间；避免活动挤压垫生产中因两个垫片外圆尺寸不同可能造成的起皮、气泡等缺陷。固定式挤压垫片的结构形式主要有两种：弹簧式和锥塞式，如图 2－17 所示。

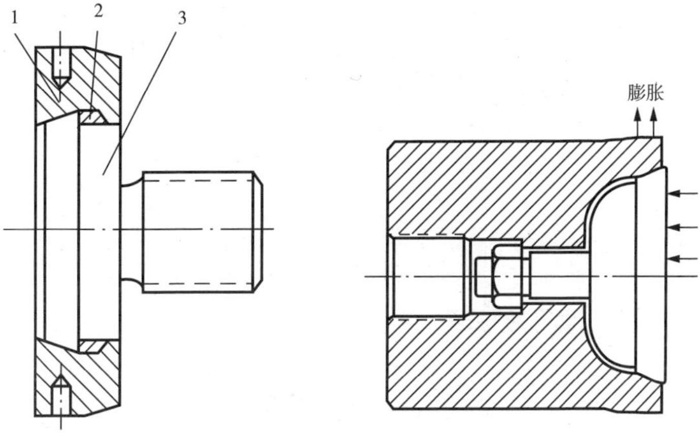

图 2－17 固定式挤压垫片结构示意图

a)弹簧式；b)锥塞式

1—垫片外环；2—弹簧圈；3—垫片主体

固定挤压垫片的外径在不受力时比挤压筒小 1～2mm。对于弹簧式挤压垫片，当挤压受力时，在轴向力的作用下，垫片外环端面受压后沿轴向产生压缩变形(在弹性范围内)，径向膨胀，与挤压筒壁接触形成密封状态，实现正常挤压。当挤压过程结束，作用在垫片上的轴向力消失后，垫片外环沿轴向膨胀，径向收缩，恢复到原来状态，垫片与挤压筒之间产生间隙，便于垫片在挤压轴的带动下退出挤压筒，进入下一个挤压循环。同时，还使得垫片主体部分沿轴向向内收缩(相对于外套)与压余脱离接触，便于压余的分离。对于锥塞式挤压垫片，在轴向力的作用下，垫片主体部分沿轴向向内收缩过程中，从内向外挤压外套前端，使其产生径向膨胀，与挤压筒壁接触形成密封状态，实现正常挤压。挤压过程结束后，轴向力消失，由于弹性恢复，垫片主体部分沿轴向向外伸出，垫片外套径向收缩，恢复到原始状态。由于垫片主体部分沿轴向向外伸出，使得垫片外套与压余脱离接触，便于压余的分离。

2.3.6 半固态挤压法

将处于液相与固相共存状态（半固态）的坯料充填到挤压筒内，通过挤压轴加压，使坯料流出模孔并完全凝固，获得具有均匀断面的长尺寸制品的加工方法，如图 2-18 所示。

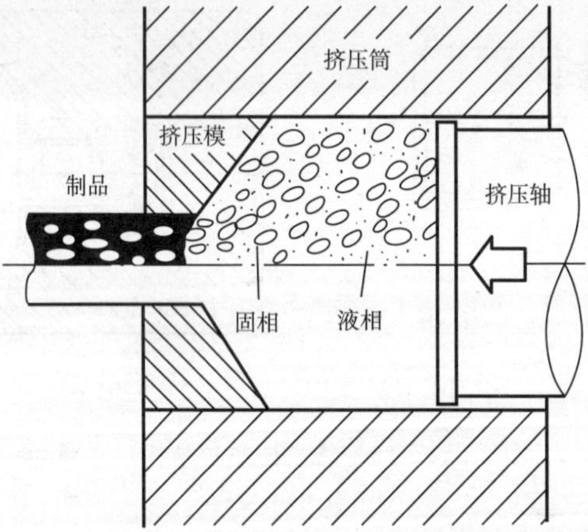

图 2-18 半固态挤压示意图

由于金属在半固态条件下具有变形抗力低、流动性好等特点，因此这种方法具有下列特点：

（1）挤压力显著下降，相当于正常热挤压的 1/10～1/5。

（2）可实现大挤压比挤压。

（3）可以获得晶粒细小、断面和长度方向组织性能较均匀的制品。

（4）有利于低塑性、高强度合金，金属基复合材料等难加工材料的成形。尤其是对于金属基复合材料，有利于消除常规制备与成形过程中强化相偏析、与基体润湿差等缺陷，增强复合效果。

(5)为了实现稳定挤压，希望合金的液相与固相成分的控制比较容易，因而要求液固相共存温度(两相区温度)比较宽。因此，对于纯金属、结晶温度范围窄的合金，实现稳定半固态挤压的难度较大。

(6)对挤压筒、挤压模的温度控制要求严格。

(7)由于挤压筒、挤压模与坯料中的液相接触，其使用寿命较短。

(8)只能得到完全软化的制品。

实现半固态挤压成形的关键是半固态坯料的制备，主要有两种方法：

一种方法是在金属凝固过程中，进行强烈的搅拌，将形成的枝晶打碎或完全抑制枝晶的生长，获得由液相与细小等轴晶组成的糊状组织(称为半固态浆料)；然后直接充填到挤压筒内进行挤压。这种方式称为流变成形(Rheoforming)，或称为流变铸造(Rheocasting)。

另一种方法是将半固态浆料迅速冷却到室温，制备半固态坯料；再通过快速加热方式使坯料局部重熔；然后进行挤压。这种方式称为触变成形(Thixoforming)。

半固态挤压时最主要参数是金属中的固相成分的重量百分比，一般在70%～80%较合适。当固相成分的比例在90%～100%之间时，挤压力变化非常大；当固相成分小于60%时，坯料在自重作用下容易产生变形，给输送和充填操作带来困难。另外，固相组分低还容易在挤压过程中产生液相与固相分离现象。当固相成分在70%～80%时，坯料在外观上与普通的加热坯料几乎没有区别，可采用与常规挤压基本相同的工艺实现稳定成形。

为了实现稳定挤压，要求制品在流出模孔时达到或接近完全凝固，因此，挤压模出口温度和挤压速度的控制十分重要。对于铝合金等中低熔点的合金，为了使制品有充分的时间进行凝固，可以采用较低的速度挤压。对于铜合金、钢等高熔点的金属材料，为了减轻挤压筒、挤压模的热负担，须采用较高速度挤压，并需对挤压模和制品采取强制冷却手段。

2.3.7 多坯料挤压法

挤压空心型材时，根据需要，在一个挤压筒体上开设多个挤压筒孔，在各个筒孔内装入尺寸和材质相同或不同的坯料；然后同时进行挤压，使其流入带有凹腔的挤压模内焊合成一体后再由模孔挤出，如图 2-19 所示。

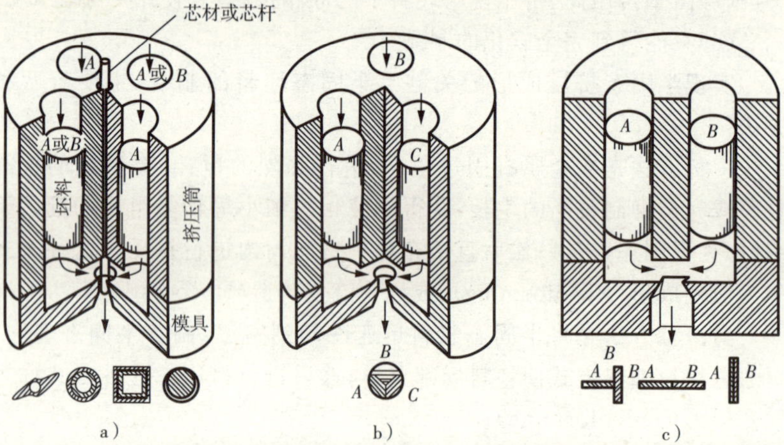

图 2-19 多坯料挤压原理图

对于高强度合金空心型材，采用常规的分流模挤压往往不能成形，挤压模具容易损坏，而采用多坯料挤压法，不存在常规分流模挤压时的坯料分流过程，挤压模的强度条件较分流模大为改善。多坯料挤压法的主要缺点是坯料的表面容易进入焊合面，因此必须对坯料表面进行预处理以及防止加热过程中的过氧化问题。

如果在各个挤压筒内装入不同材料的坯料，并相应地改变挤压模的结构，则可以成形多种层状复合材料，如双金属管、包覆材料、特种层状复合材料等。

2.3.8 双金属管挤压法

双金属管挤压主要有复合坯料挤压法和上述的多坯料挤压法。复合坯料挤压法是在挤压前将两个空心坯料组装成一个复合坯，然后进行挤压，如图 2－20 所示。

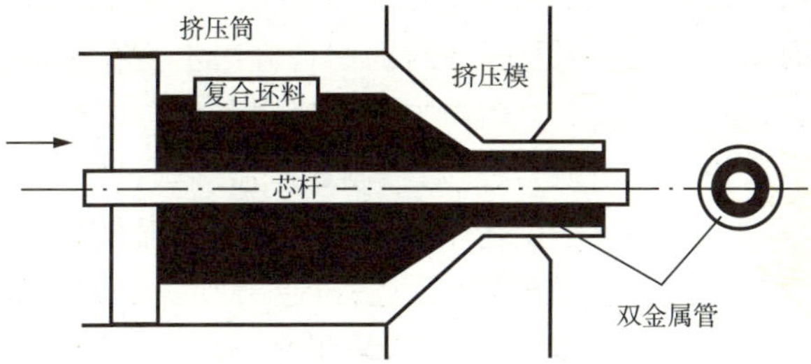

图 2－20　复合坯料挤压双金属管

为了提高界面结合强度，需要将内外层坯料的接触面清洗干净。同时，要采取措施防止坯料在加热过程中产生氧化而影响界面的结合。其方法是在复合坯组装后，采用焊接或包套的方法对坯料两端端面上的内外层之间的缝隙进行密封。

复合坯料挤压法的最大优点如下：挤压时的延伸变形将使界面上产生较大比例的新生表面；同时模孔附近挤压变形区内的高温、高压条件非常有利于界面原子的扩散，从而达到冶金结合。

复合坯料挤压法的主要缺点是：由于挤压时内外层金属流动不均匀（外层受挤压筒摩擦影响比内层流速慢），容易造成挤压管材沿长度方向内外层壁厚不均匀；当内外层金属的变形抗力相差较大时，容易产生外形波浪、界面呈竹节状甚至较硬层发生破断的现象。

2.3.9　复合材料挤压法

复合材料主要包括层状复合材料和金属基复合材料。层状复合材料是指构成复合材料的不同组元分层状分布，如前面所讲的双金属管、电缆包套、钢芯铝绞线等。金属基复合材料则是指在基体金属中分布有颗粒、晶须或纤维状的其他组元材料。

（1）层状复合材料挤压法

层状复合材料的挤压方法有多种，如前面所讲的复合坯料挤压法、多坯料挤压法、侧向挤压法、CONFORM 连续挤压法等，这里不再详述。

(2)金属基复合材料挤压法

金属基复合材料可采用常规的正向挤压、反向挤压法生产,其关键是坯料的制备。金属基复合坯料的制备方法主要有粉末冶金法、铸造法、等静压法、筒装法等。用粉末冶金法制备复合坯料时,先将构成组元的各金属粉末均匀混合;然后预制成所需形状、尺寸的坯料;最后通过烧结而成。铸造法是在基体金属熔体中加入强化材料粉末,搅拌均匀后采用普通铸造法或喷射沉积法铸造出所需要的坯料。等静压法是将各组元金属粉末均匀混合后,采用冷等静压或热等静压的方式制成所需要的坯料。筒装法则是将各组元金属粉末均匀混合后,装入一个预制的金属筒内,然后抽真空而成。

无论是采用何种方法制成的坯料,其中的晶须或短纤维都是无序分布的。在挤压加工中,金属处于三向压缩的应力状态和二压一拉的变形状态,变形区内的金属沿纵向流动,晶粒沿轴向延伸被拉长,使得制品内的大多数晶粒(包括加入的颗粒、晶须或纤维状的其他组元)都沿挤压方向取向,从而提高了复合材料的强化效果。晶须在挤压过程中的取向变化如图 2-21 所示。

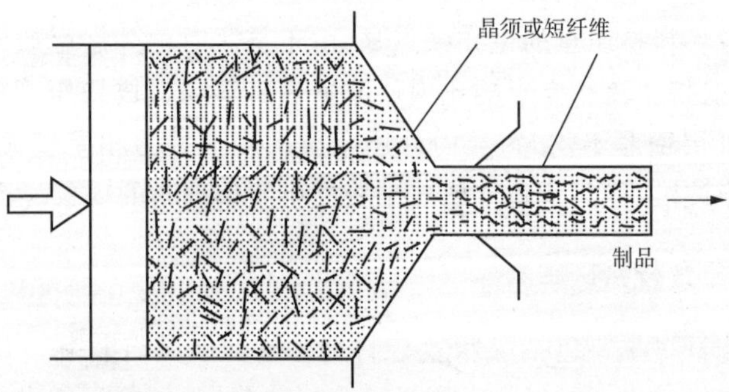

图 2-21　晶须在挤压过程中的取向变化

2.3.10　阶段变断面管材挤压法

(1)外径不变、内径变化的阶段变断面管材挤压

在具有独立穿孔系统的卧式双动挤压机上,采用正向挤压法生产外径不变内径变化的阶段变断面管材的方法如图 2-22 所示。

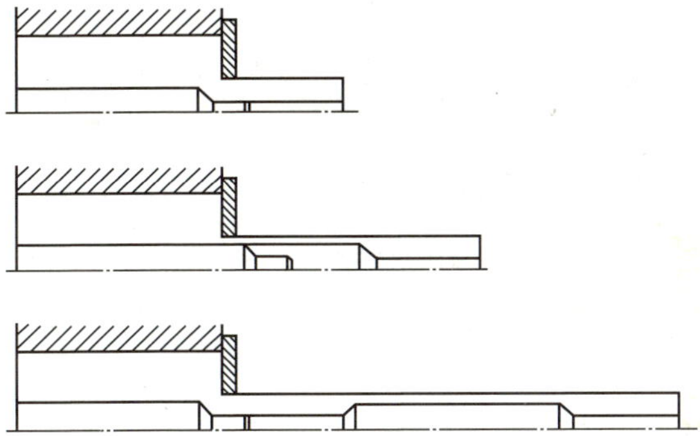

图 2-22 外径不变内径变化的阶段变断面管材挤压示意图

挤压管材所用的模子是普通的锥形模或平面模，穿孔针为瓶式针。开始挤压时，穿孔针的针尖部位位于模孔工作带处，挤出管材的内径尺寸由针尖工作圆柱段决定。当挤出管材的长度达到规定的长度时，穿孔针前进，使直径较粗的针杆部位位于模孔工作带处，这时，挤出管材的内径尺寸由针杆决定。当所挤出的管材长度达到规定的长度要求时，穿孔针后退，重新使针尖部位位于模孔工作带处进行挤压，从而可得到中间内径尺寸大、两端小的阶段变断面管材。

如果要生产两端内径尺寸大、中间段小的阶段变断面管材，则在开始挤压时，使直径较粗的针杆部位与模孔工作带配合，挤出内径与针杆直径相同的管材。当挤出管材长度达到规定的长度时，穿孔针后退，使针尖部位与模孔工作带配合，挤出内径较小、与针尖工作带直径相同的一段管材；然后，穿孔针前进，重新使针杆部位与模孔工作带配合，挤出与前端内径相同的另一段管材。

(2)外径变化、内径不变的阶段变断面管材挤压

在具有独立穿孔系统的卧式双动挤压机上，用正向挤压法生产外径变化、内径不变的阶段变断面管材的方法如图 2-23 所示。

挤压管材所用的模子可以是普通的锥形模或平面模；穿孔针为圆柱形针杆与带有双圆柱段的针尖装配起来的组合式针，针尖的大圆柱段与针杆的直径相同。开始挤压时，首先使针尖的小圆柱段与模孔工作带配合，挤出壁较厚(外径较粗，比模孔直径大)的一段管材。当所

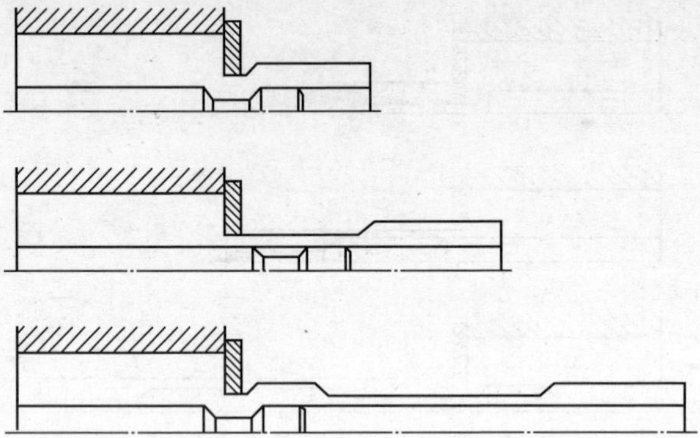

图 2－23 外径变化、内径不变的阶段变断面管材挤压示意图

挤出的管材长度达到规定的要求时，穿孔针前进，直径较粗的针杆部位与模孔工作带配合，这时挤出管材的壁较薄，外径与模孔直径相同。当所挤出的管材长度达到规定要求时，穿孔针后退，重新使针尖小圆柱段位于模孔工作带处进行挤压，从而得到内径尺寸相同，两端外径粗、管壁厚，中间外径细、管壁薄的变断面管材。

如果要生产内径不变，两端外径细、中间粗的阶段变断面管材，则先使针尖大圆柱段位于模孔工作带处进行挤压；然后穿孔针前进，再使针尖小圆柱段位于模孔工作带处进行挤压；最后穿孔针再前进，使针杆部位与模孔工作带配合进行挤压。

(3)内径、外径都变化的阶段变断面管材挤压

在具有独立穿孔系统的卧式双动挤压机上，用正向挤压法生产内径、外径都变化的阶段变断面管材的方法如图 2－24 所示。

挤压模可以是普通的锥形模或平面模；穿孔针为圆柱形针杆与中间粗、两端细的三圆柱段针尖装配起来的组合式针。开始挤压时，针尖前端的小圆柱段与模孔工作带配合，挤出内径尺寸较小、管壁较厚的一段管材。随后，穿孔针前进，使大圆柱段位于模孔工作带处，挤出外径相同、内径尺寸较大、管壁较薄的一段管材。穿孔针再前进，使针尖后端的小圆柱段位于模孔工作带处，挤出内径与前面相同、外径增大、管壁较厚的一段管材。穿孔针再前进一步，使针杆部分位于模孔工作带处，挤出内径与前面相同、外径较小、管壁较薄的一段管材。最

后，穿孔针后退，重新使针尖前端的小圆柱段与模孔工作带配合，挤出断面尺寸与最前端相同的一段管材。这样，就得到了两端内径小管壁较厚、中间内径大管壁较薄、中间适当部位外径和管壁都增大起到加强作用的变断面管材。

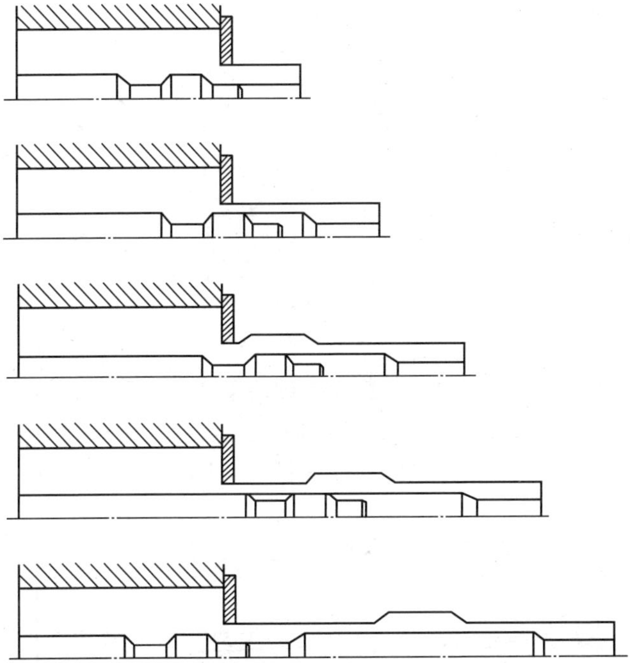

图 2－24　内径、外径都变化的阶段变断面管材挤压示意图

2.3.11　逐渐变断面管材挤压法

(1)外径不变化的逐渐变断面管材挤压

在单动式挤压机上，用随动针方式挤压外径不变的逐渐变断面管材的方法如图 2－25 所示。挤压模为普通锥形模或平面模；穿孔针为锥形，通过螺纹连接在挤压轴前端。如果穿孔针的截面形状为圆形，则可以挤压外径不变化，断面逐渐变化的圆管；如果模孔形状是异形，穿孔针截面仍为圆形，则可以挤压外形为异形，尺寸不变，内孔为圆

形，断面逐渐变化的异形管；如果穿孔针的截面为其他简单形状的异形，则可以挤压外形为圆形，外径不变化，内孔为异形的断面逐渐变化的异形管材。

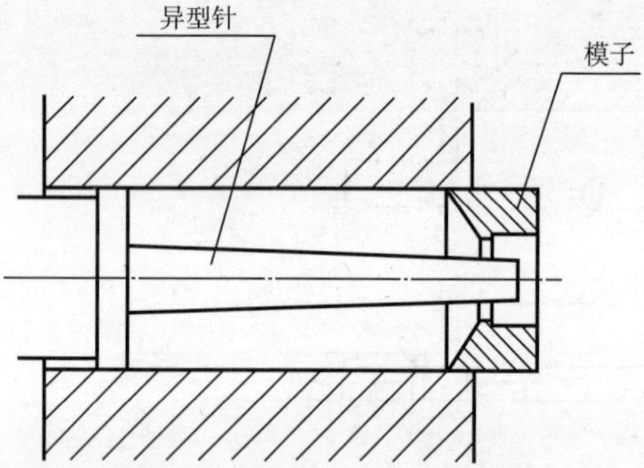

图 2-25 外径不变化的逐渐变断面管材挤压示意图

(2)内径不变化和内外径都变化的逐渐变断面管材挤压

用带有锥度的挤压筒，采用套轴反挤压方法，可生产外径逐渐变化、内径不变的大规格逐渐变断面管材，如图 2-26 所示。

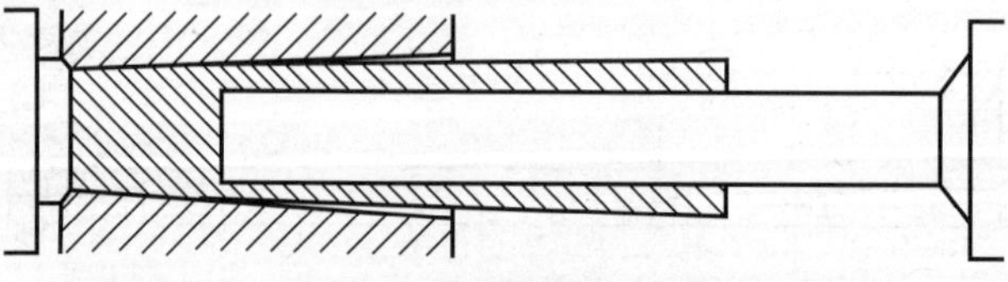

图 2-26 内径不变化的逐渐变断面管材挤压示意图

图 2-27 是采用有活动部件的组合模具挤压内径不变化的逐渐变断面管材的原理示意图。穿孔针的形状与一般管材穿孔针没有区别，采用有活动部件的组合模具实现管材外径的变化，模具的活动部分依靠一种特殊结构的仿形尺(锥形)在挤压过程沿径向移动，使管材的外径逐渐发生变化。仿形尺通过挤压筒固定在挤压轴上与挤压轴同步运动，在挤压行程的不同时刻，使模具的固定部分与活动部件形成不同直径的模腔截面，完成该类变断面管材的挤压生产。采用这种方法可以挤压各种规格外径变化、内径不变化的逐渐变断面管材，如

果采用锥形穿孔针也可以挤压内外径都变化的逐渐变断面管材。

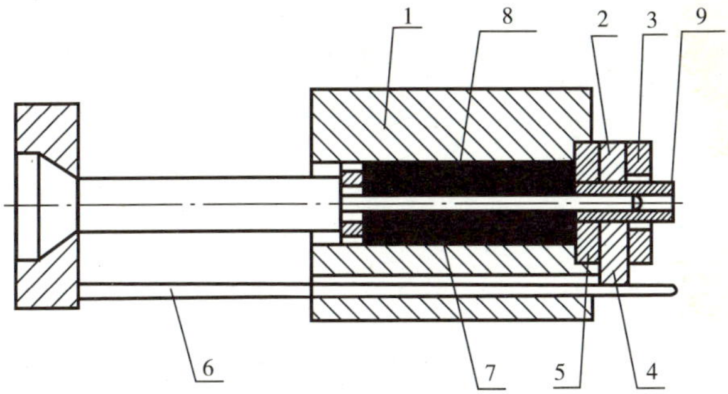

图 2-27　内径不变化的逐渐变断面管材挤压原理示意图

1—挤压筒；2—导环；3—模具固定件；4—模具活动件；
5—保护模；6—仿形尺；7—穿孔针；8—坯料；9—制品

2.3.12　阶段变断面型材挤压法

阶段变断面型材一般由基本型材、过渡区和大头等三部分组成，如图 2-28 所示。根据基本型材和大头部分的形状，阶段变断面型材主要分为斜丁字形、工字形和八字形等类型。挤压阶段变断面型材的方法有分步挤压基本型材和大头部分的方法、一次挤压基本型材和大头部分的方法、采用异形挤压筒的方法和机械换模法等。其中，最常用的方法是用两套分瓣模分步挤压基本型材和大头部分。分瓣模的分模面如图 2-29所示，斜丁字型材和八字型材的型材模部分由三瓣构成，工字型材由四瓣构成；几种型材的大头模部分均由两瓣构成。过渡区与型材模设计在一起，如图 2-30 所示。

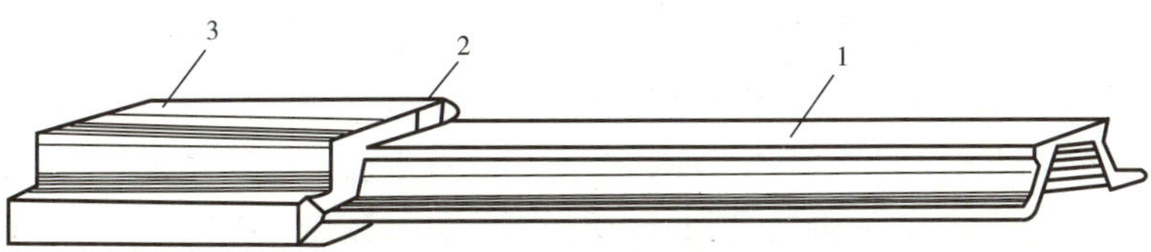

图 2-28　阶段变断面型材示意图

1—基本型材部分；2—过渡区部分；3—大头部分

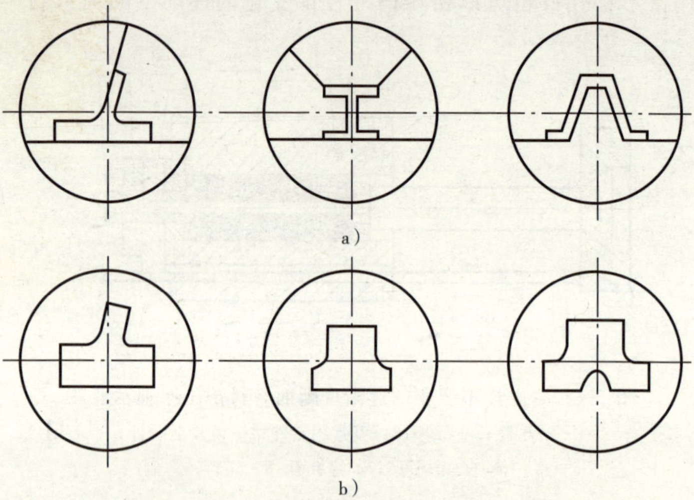

图 2－29　阶段变断面型材分模面示意图

a）型材模；b）大头模

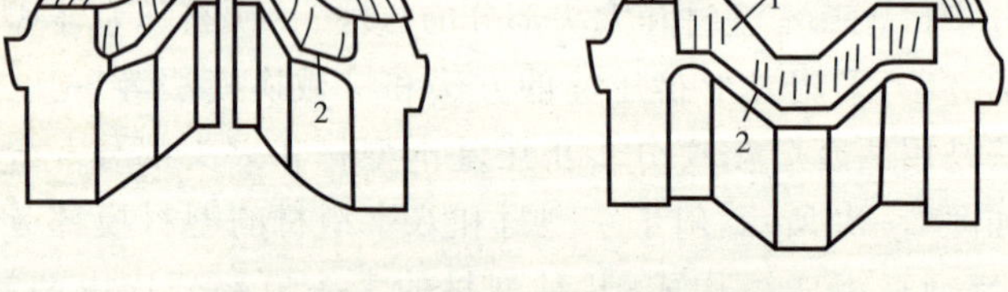

图 2－30　变断面型材模的过渡区

1—连接大头部分；2—连接型材部分

采用分步法挤压阶段变断面型材的方法是挤压时，首先将准备好的已加热的型材分瓣模装入模支承，开进锁键仓，锁紧后开始挤压型材部分。当挤压的型材部分的长度达到所要求的长度后停止挤压，卸压并打开锁键，挤压轴前进 5mm 将模子推离挤压筒。挤压筒离开，在挤压筒与筒内剩余坯料摩擦力的作用下，挤压出模孔的型材被反方向拉出一部分，把模子从模支承内带出来，用专用钩子将型材分瓣模分别从型材上取下。然后，再用专用大头模夹钳将两块大头模装入模支承内，进行大头部分的挤压。

如果将型材部分设计成分瓣模，大头部分设计成整体模，过渡区仍设计在大头模上，模子装配时，大头模和型材模可同时装入带正锥的模支承中，大头部分模子靠向出口端，型材部分模子位于入口端。挤压时，金属先进入型材部分的模孔中，得到所需形状、尺寸的型材，并从大头部分的模孔中穿过。当所挤出型材部分的长度达到要求的长度时，停止挤压，并使挤压筒后退，带动模子从模支承中退出，这时，用专用工具将几瓣型材模取下；然后，挤压筒回复原位，继续进行挤压型材的大头部分。

3 挤压时金属的变形规律及挤压制品的组织性能特征

3.1 挤压时金属的变形流动规律

根据挤压时金属的变形流动特征和挤压力的变化规律，可将挤压变形过程划分为 3 个阶段：填充挤压阶段、基本挤压阶段和终了挤压阶段。这 3 个阶段分别对应于挤压力行程曲线上的Ⅰ区、Ⅱ区、Ⅲ区，如图 3－1 所示。

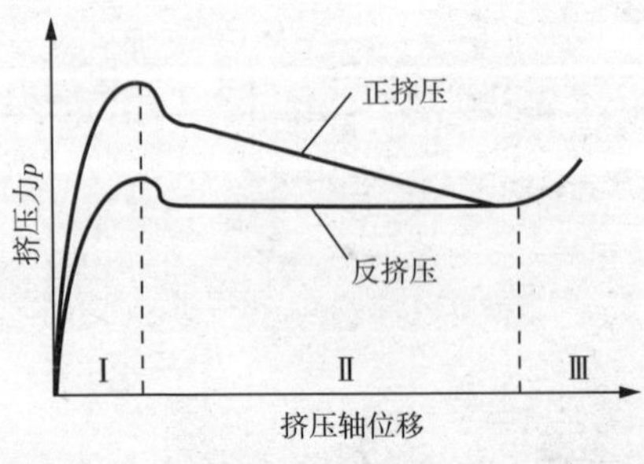

图 3－1　正向、反向挤压的挤压力行程曲线

3.1.1 填充挤压阶段金属的变形流动特征

3.1.1.1 填充挤压阶段金属的变形

挤压时，为了便于把热态坯料顺利装入挤压筒内，根据挤压筒内径大小、被挤压金属的线膨胀系数及坯料的弯曲程度的不同，坯料的外径通常应比挤压筒内径小 2～15mm。筒径越大、被挤压金属的线膨胀系数越大、坯料的弯曲程度越大，间隙应越大。当用空心坯料、润滑穿孔针方式挤压管材时，为防止涂抹在穿孔针上的润滑剂在针穿过空心坯料的内孔时被其端面刮落，坯料的内孔应比穿孔针直径大 3～15mm，穿孔针直径越粗，此间隙应越大。根据金属变形流动的最小阻力定律，开始挤压时，坯料金属在挤压轴压力作用下，首先产生径向流动逐渐填充到坯料与挤压筒和穿孔针之间的间隙中；与此同时，靠近模孔处的金属也将进入模孔中。

填充挤压过程中金属的径向变形量大小，对制品的机械性能和质量有一定的影响。通常用填充系数 λ_c 表示填充挤压时的变形量：

$$\lambda_c = F_t / F_p \tag{3-1}$$

式中：F_t——挤压筒断面积或挤压筒与穿孔针之间的环形面积；

F_p——坯料原始断面积。

通常情况下，λ_c 取 1.04～1.15，其中小直径挤压筒取上限，大直径挤压筒取下限。

在填充阶段，坯料在纵向压缩的同时，产生横向延伸被镦粗。当坯料的原始长度与直径之比值中等(3～4)时，填充过程中在挤压筒内会产生单鼓形(图 3-2a、图 3-2b)，坯料中部表面层金属首先与挤压筒接触，于是在挤压筒和模子端面交界处就会形成封闭的空间。这时，在挤压筒与挤压垫的交界处也会形成一个类似的空间，但由于挤压垫与挤压筒之间存在着间隙，故这个空间实际上不是封闭的。当坯料的长度与直径之比过大(大于 4 或 5)时，会产生双鼓变形(图 3-2c)，除了在挤压筒和模子端面交界处会形成封闭的空间外，在挤压筒的中部也会形成一个封闭空间。

用空心坯料不穿孔挤压管材时，坯料除了与挤压筒之间存在着间隙外，其内孔还与穿孔针之间存在着间隙。挤压时，先将加热好的坯料装入挤压筒中，将涂抹润滑油的穿孔针穿过筒中的坯料内孔，并使其前端（瓶式针为针尖部）位于模孔中，然后挤压轴前进对坯料进行镦粗。在填充过程中，金属产生径向变形，填充到坯料与筒和坯料与针的间隙中。与实心坯料挤压时一样，也会产生单鼓变形或双鼓变形，如图 3-3 所示。

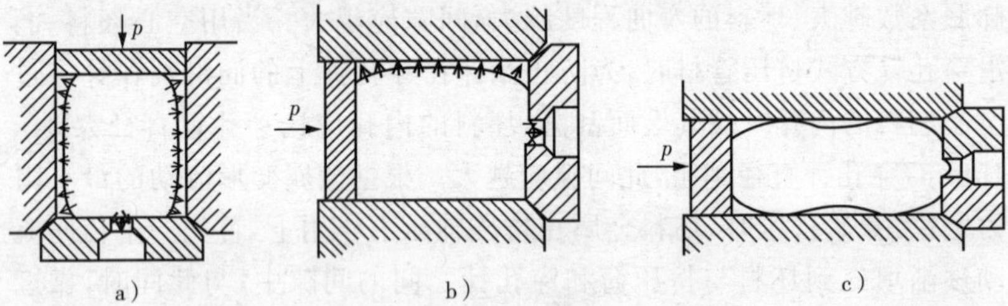

图 3-2 实心坯料填充过程中的鼓形变形

a)短坯料立式挤压机上挤压；b)短坯料卧式挤压机上挤压；c)长坯料挤压

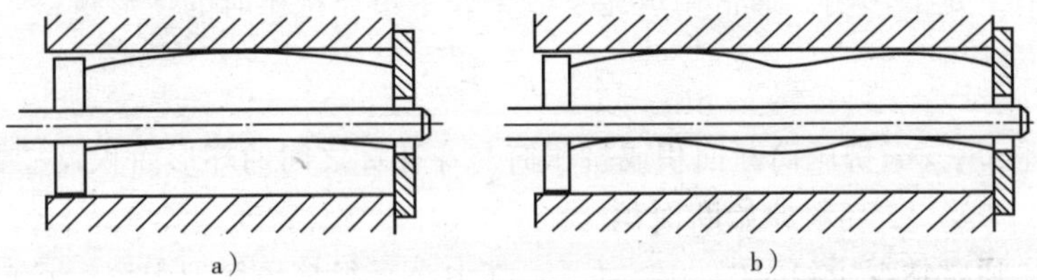

图 3-3 空心坯料填充过程中的鼓形变形

a)短坯料挤压；b)长坯料挤压

用实心坯料穿孔挤压管材时，金属流动和穿孔针受力的情况如图 3-4所示。

实心坯料穿孔挤压管材的穿孔操作是在填充结束后进行的。在穿孔开始时，变形主要产生在坯料的后端，根据金属流动的最小阻力定律，金属受到穿孔针的挤压作用从针前端两侧向后流动的阻力较小。为了减小穿孔负荷，延长穿孔针的寿命，在填充过程结束后，挤压轴应稍向后移动，以减小金属向后流动的阻力（图 3-4a）。随着穿孔深度的增加，金属向后流动的阻力逐渐增大，以及由于穿孔针侧表面所受的摩擦力逐渐增大，使得穿孔所需要的力也迅速增大。当穿孔深度达到一定值(l_a)时,作用在针前端面上的力足以使针前面的一个金属圆柱体与坯料之间产生剪切变形而被完全剪断(图 3 - 4b),此时穿孔力达到最大值。这个圆柱体就是穿孔挤压产生的实心料头。如果所使用的坯料过长,当作用在针前端面上的压力和作用在针侧表面上的摩擦力之和达到了穿孔柱塞的最大压力时,作用在针前端面上的压力还不能够使针前面的金属圆柱体与坯料产生完全剪断变形而被挤出模孔,就会出现穿不透的现象。

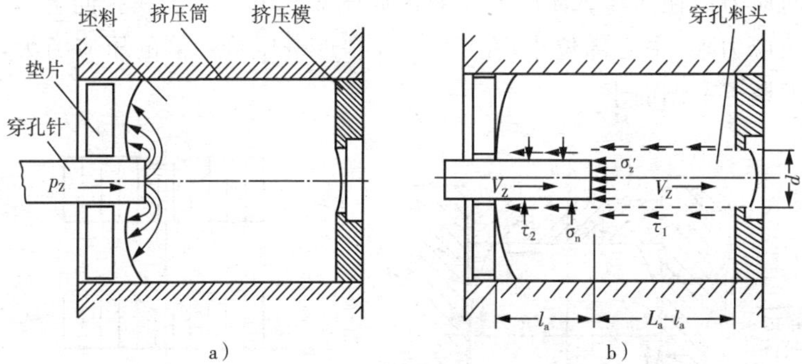

图 3 - 4 穿孔过程中金属流动和穿孔针受力情况

a)穿孔开始阶段金属流动情况;b)穿孔力达到最大时金属流动与穿孔针受力情况

3.1.1.2 填充变形量大小对挤压制品质量的影响

在填充阶段,坯料的受力情况是变化的。在填充初期,坯料只受到来自挤压轴方向传递的正压力 p 和模子端面的反作用力 N 以及挤压垫、模子端面的摩擦力 T 作用,除模孔附近外,其受力状态与圆柱体自由镦粗时的基本相同。随着填充过程进行,坯料的长度缩短,直径增大,其中间部分首先与挤压筒壁接触,这时的受力情况如图 3 - 5a 所示。在纵向上,在坯料长度的中部两侧,挤压筒壁作用在坯料表面的摩擦力方向是相反的。这是因为,根据金属流动的最小阻力定律,位于坯料中部两侧的金属,在纵向压缩过程中将分别向各自距离最近的空间流动。在坯料与挤压垫的接触面上,垫片的摩擦作用,限制了金属向两侧空间的自由流动。在坯料与模子端面的接触面上,靠近模孔附近的金属在向模孔流动中受到了模子端面的摩擦阻力作用;靠近挤压筒与模子交界的角落一侧的金属,受到了与模孔方向一侧相反的摩擦阻力作用，不能自由的向模子端面与挤压筒壁交界处的空间流动。正是由于受挤压筒壁和挤压垫及模子端面摩擦的作用，在坯料与工具接触面上出现了阻碍金属流动的摩擦阻力，从而在挤压筒与模子端面、挤压筒与挤压垫交界的角落部位的坯料表面上，出现了阻碍金属向前后两个空间流动的纵向附加拉应力。随着填充过程中坯料直径增大，在坯料的表面层出现阻碍其自由增大的周向附加拉应力。由挤压轴通过挤压垫作用在金属上的压力和模子端面反作用力产生的轴向应力沿径向和纵向的分布规律如图 3－5b 所示。在径向上，边部的压应力大，中心部位小；在纵向上，靠近挤压垫一侧的压应力大，而靠近模子一侧的小。

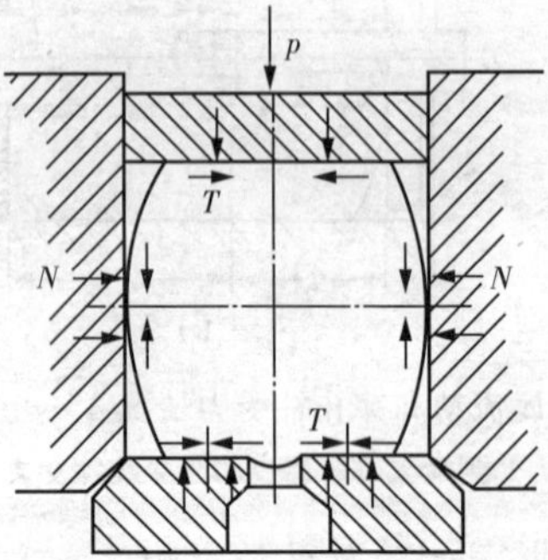

a)

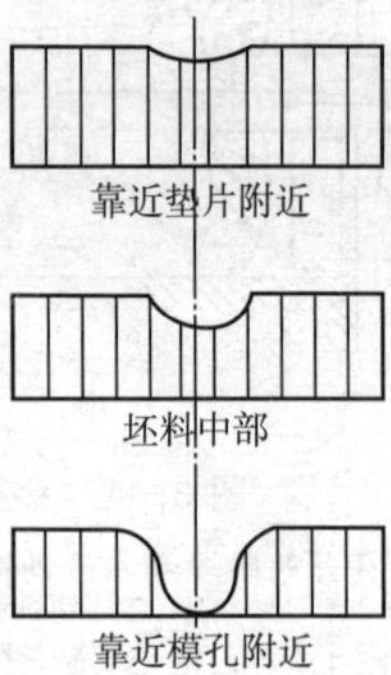

b)

图 3－5　填充挤压阶段坯料的受力状态

a)表面受力状态；b)轴向应力分布

当作用在坯料表面的拉应力超过其表面金属的强度时，在坯料表面会出现微裂纹。这时，位于模子端面与挤压筒角落中的空气，或润滑剂燃烧的产物，在挤压过程中受到剧烈压缩并明显发热，就会进入到坯料表面的微裂纹中。随着金属从模孔流出，如果裂纹被焊合，在制品表面出现气泡缺陷；如果未能焊合，则出现起皮缺陷。坯料与挤压筒的间隙越大，产生这些缺陷的可能性越大，也越严重。位于挤压垫与挤压筒角落中的空气，则会从挤压垫与挤压筒的间隙中排除，不会造成影响。

为了防止上述缺陷，除了控制适当的间隙外，坯料的长度与直径之比最好不大于3～4，否则坯料在挤压筒内会被压弯或出现双鼓，使填充过程中的变形流动更复杂。较有效的措施是对坯料进行"梯温加热"，即沿坯料长度方向上形成温度梯度，并使变形抗力低的高温端靠向模子，使变形抗力高的低温端靠向挤压垫。填充过程中，金属从前向后依次产生径向流动，将气体从挤压垫处排除。梯温加热法已应用于铝合金等温挤压和电缆铝保护套连续挤压方面。另外，在挤压筒上设置排气孔也可以解决此问题。

当在卧式挤压机上采用空心坯料不穿孔挤压管材时，由于金属的不均匀径向流动，易造成穿孔针偏移而出现偏心缺陷。

对于具有挤压效应的铝合金来说，填充系数大，金属的径向变形量增大，会使制品淬火时效后纵向上的抗拉强度降低，挤压效应损失增大。

但是，在挤压航空工业用2A12和7A04铝合金阶段变断面型材时，对于型材大头部分，则要求有较高的横向机械性能，故需要采用较大的填充变形量，一般λ_c取值为25%～35%。

3.1.2　基本挤压阶段金属的变形流动特征

当变形金属将坯料与挤压筒和穿孔针之间的间隙以及模孔填充满后，金属开始从模孔中流出。这时，填充挤压阶段结束，进入基本挤压阶段。基本挤压阶段的变形指数常用挤压比λ(也称为挤压系数)来表示：

$$\lambda = F_t / \sum F_1 \tag{3-2}$$

式中：F_t—— 挤压筒断面积或挤压筒与穿孔针之间的环形面积；

$\sum F_1$—— 挤压制品总的断面积。

3.1.2.1　基本挤压阶段金属变形流动分析

基本挤压阶段金属的变形流动特征可通过采用坐标网格法进行描述(图3-6)。

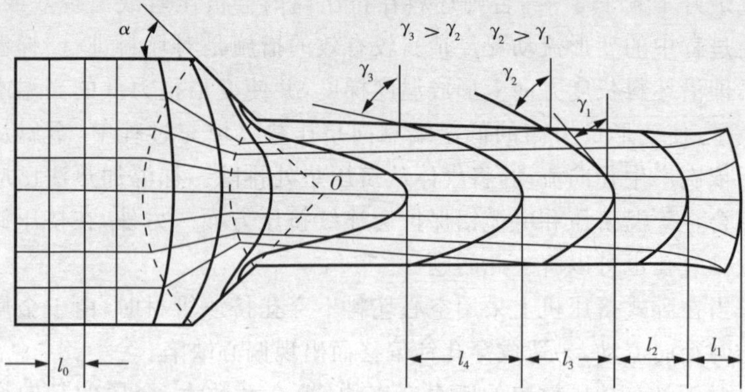

图 3-6　正向挤压圆棒材时的金属流动情况网格分析图

从图 3-6 中可以看出，坐标网格线的变化具有以下特征：

(1)各条纵向网格线(除中间一条外)在进出模孔时发生了方向相反的两次弯曲，且各条线的弯曲角度不同，由中心层向外逐渐增大。这表明内外层金属的变形流动具有不均匀性。将每一条纵向网格线的两个拐点分别连接起来可得到两个曲面，把这两个曲面与模孔锥面或死区界面间包围的体积称为挤压变形区或变形区压缩锥(图 3-6 中虚线所示)。

(2)各条纵向网格线在进出变形区前后均保持平行直线，且间距分别相等。这说明，在基本挤压阶段，金属各质点是沿着挤压方向平稳向前流动，没有发生内外层金属质点的交错流动，原来位于坯料外层的金属流出模孔后仍位于制品的外层，原来位于坯料内层的金属流出模孔后仍位于制品的内层。

(3)在挤压制品的最前端，除了中间的一条网格线外，其他各条纵向网格线都分别向外弯曲，表明内层金属的纵向流动速度比外层的快。这主要是由于金属在从模孔流出时，外层金属的流动受到了模子工作带的摩擦阻力作用。

(4)横向网格线进入变形区后向前发生了弯曲，且越靠近变形区出口处，弯曲越大，即变形前位于同一条线上的金属质点，进入变形区后，靠近中心部位的质点比边部的质点向前超出，越靠近变形区出口处超出的越多。这说明，在挤压过程中，内外层金属的纵向流动速度是不均匀的，内层比外层的流动速度快，中心层最快，且这种流动速度差是从变形区入口向出口方向逐渐增大的，到了变形区出口处达到最大值。这种流动速度差的主要原因有两个方面：一是中心部位正对着模孔，其流动阻力比外层的要小；二是由于坯料外层受到挤压筒壁和模子表面的摩擦作用，使其流动受到阻碍而滞后。

(5)出模孔后的横向网格线的弯曲程度是由挤压制品的前端向后端逐渐增加的，即横向网格线与纵向网格线的夹角 r 是由前向后逐渐增加的(即 $r_3 > r_2$)。这说明，沿着制品长度方向上的变形是不均匀的，这种不均匀性是由前向后逐渐增加的。

(6)出模孔后的横向网格线之间的距离，是由制品的前端向后端逐渐增加的，即 $l_1 < l_2 < l_3 < l_4 < \cdots$。这说明，挤压时的延伸变形量是由制品的前端向后端逐渐增加的。

另外，根据图 3-6 中的坐标网格的变化，也可以反应出金属的变形流动情况：

(1)在各条坐标网格线未进入变形区之前，坐标网格没有发生变化，仍保持原来的大小和形状。这说明，在挤压过程中，不是挤压筒内的所有金属都同时发生塑性变形，只有当金属质点进入变形区后才会发生变形，而在未进入变形区前是不发生塑性变形的(除靠近挤压筒壁处的外层金属由于摩擦作用而发生少量的剪切变形外)。

(2)在靠近挤压制品的中心部位，坐标网格由原来的正方形变为近似的长方形，且长方形的长边是由前向后逐渐增加的。这说明，位于中心部位的金属主要产生了延伸变形，且延伸变形量大小是由前向后逐渐增加的。

(3)挤压制品外层的坐标网格，由原来的正方形变成了平行四边形，而且这个平行四边形的钝角是由内层向外逐渐增大的(即 $r_1 < r_2$)。这说明，在延伸变形的同时，还发生了剪切变形，而且这种剪切变形程度是由内层向外层逐渐增大的。

3.1.2.2 难变形区

挤压过程中，在挤压筒内还存在着两个难变形区：一个是位于挤压筒和模子端面交界的角落处，称为前端难变形区；另一个是位于挤压垫前端处，称为后端难变形区，如图 3－7 所示。

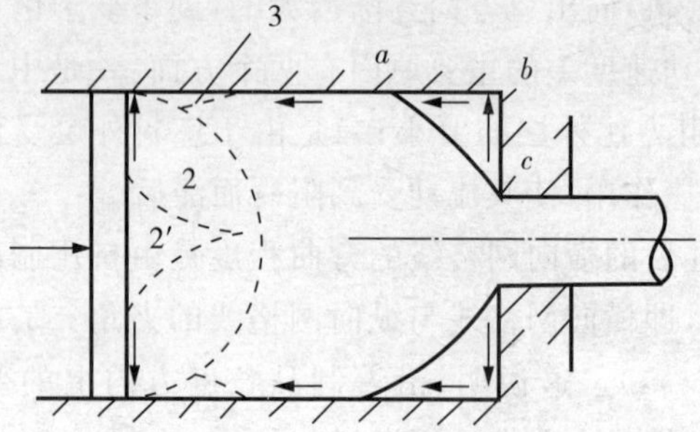

图 3－7 挤压筒内的金属难变形区

(1)前端难变形区——死区

位于前端难变形区内的金属，在基本挤压过程中基本上不发生塑性变形，只产生弹性变形，故也称为死区，其产生主要与下列因素有关：

① 强烈的三向压应力状态，金属不容易达到屈服条件。在挤压过程中，位于挤压筒内的金属都处于三向压应力状态。但是，各部位的压应力状态的强烈程度不同，位于挤压筒与模子交界的角落部位的金属，比靠近模孔附近的金属处于更强烈的三向压应力状态。

② 受工具冷却作用的影响，金属的变形抗力 σ_s 增大。热挤压时，在通常情况下，坯料的加热温度比挤压筒和模子的温度高。当热的坯料与相对较冷的工具接触后，会产生温降，使得靠近挤压筒壁和模子端面处的金属温度降低，变形抗力升高，更不容易发生塑性变形。

③ 摩擦阻力大。位于这个角落部位金属的流动，会受到挤压筒壁和模子端面的双重摩擦阻力作用，流动困难。

从能量学角度来看，金属沿着图 3－7 中 *ac* 曲面流动所消耗的能量较沿着 *abc* 直角面流动的小。

一般情况下，在基本挤压阶段，死区的大小和形状变化都比较小。但在某些情况下，如带润滑平模挤压时，死区转变为滞留区，这个区内的金属会缓慢地流出模孔。图 3－8 是无润滑挤压 6A02 铝合金时的死区变化情况。在挤压过程中，死区界面上的金属随流动区的金属会逐层流出模孔而形成制品表面，同时死区界面外移，死区高度减小，体积也逐渐变小。

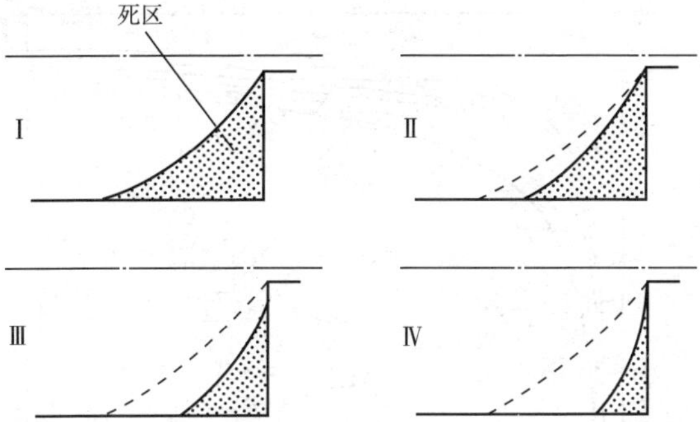

图 3-8　挤压 6A02 铝合金时的死区变化示意图

Ⅰ—挤压初期；Ⅱ、Ⅲ—挤压中期；Ⅳ—挤压末期

死区的存在对坯料表面层金属的流动有一定的阻挡作用。死区越大，这种阻挡作用越强，表面层金属越不容易流入制品中去。利用死区的这种阻挡作用，可以防止坯料表面可能存在的偏析物、氧化物、其他表面缺陷及污物等流入制品表面，提高制品的表面质量。影响死区大小的因素有以下几方面：

① 模角 α

随着模角增大，死区增大。平模的死区大，锥模的死区小。在一定的挤压条件下（如一定的挤压比和外摩擦条件），存在着一个不产生死区的最大模角 α_{cr}。B. Avitzur 用上限法分析的结果表明：α_{cr} 与挤压比 λ 和摩擦因子 m 有关，如图 3-9 所示。

② 外摩擦条件

死区的形成与外摩擦有关。由图 3-9 可知，摩擦因子越大，无死区最大模角越小，即在同一模角和变形程度条件下，外摩擦越大，死区越大。

③ 挤压比

从图 3-9 中还可以看出，挤压比增大，无死区最大模角增大。当润滑充分，挤压比大到一定程度后，甚至采用平模挤压也不会产生死区。这是因为，在同一润滑条件和模角条件下，随着挤压比增大，死区边界附近的滑移变形更加剧烈，金属流动对死区的冲刷作用大，会使死区边界向死区内凹进，即死区的体积随挤压比的增加而减小。

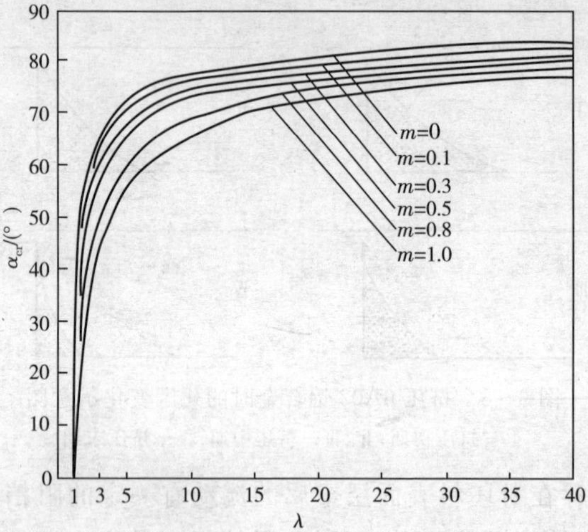

图 3-9　无死区最大模角与挤压比和摩擦因子的关系

挤压比与压缩锥角 α_{max} 的关系如图 3-10 所示。当挤压比增加时，α_{max} 增加，此时死区边界附近滑移变形更为剧烈，死区边界向死区内凹进，尽管此时的死区高度 h_s 可能增加，但死区的体积是减小的。

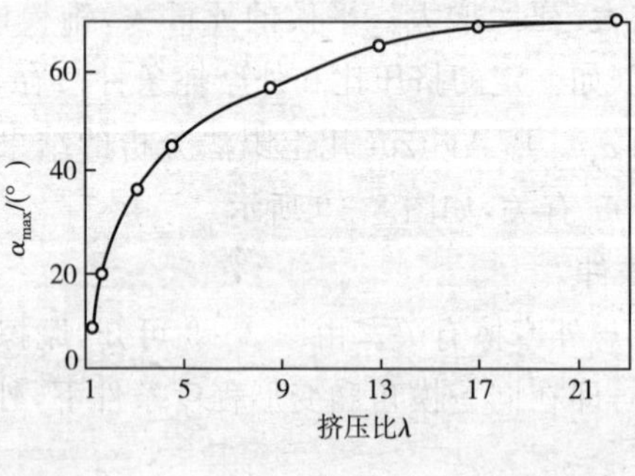

图 3-10　挤压比与压缩锥角的关系曲线

④ 挤压温度

挤压温度越高，死区越大，热挤压死区大于冷挤压。这是因为挤压温度高，金属变软，大多数金属在热态时的表面摩擦较大，外摩擦的作用相对增大。同时，对于热挤压过程来说，在通常情况下金属的加热温度比工具的温度高，二者之间存在着温差。如果提高挤压温度，则二者之间的温差就更大，与工具接触部位的金属的温降也就越大，使变形抗力升高而更难于变形。

⑤ 挤压速度

金属在向模孔流动过程中对死区有“冲刷”作用。挤压速度越快，流动金属对死区的冲刷越厉害，会使死区边界向死区内凹进，死区的体积减小。

⑥ 挤压方式

正向挤压死区大(图 3－7)，反向挤压死区小(图 3－11)。反向挤压时的死区位于模子端面处，是由于模子端面的摩擦和冷却作用形成的，体积很小且比较容易参与流动，使得坯料表面层金属容易流入制品的表面或表皮下，形成起皮、成层、气泡等缺陷。

采用润滑挤压工艺，可有效地减少外摩擦，使死区明显减小。

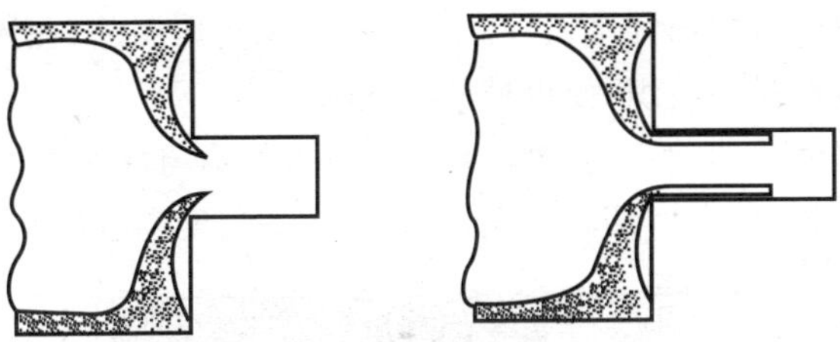

图 3－11 反向挤压时坯料表面金属流入制品示意图

⑦ 模孔位置

采用多孔模挤压时，模孔越靠近挤压筒内壁，则死区越小。

从挤压工艺角度来看，死区的存在使挤压力升高，死区越大，所需要的挤压力也越大。但是，死区的存在，可阻碍坯料表面的杂质、氧化物、偏析瘤、灰尘及表面缺陷进入变形区压缩锥而流入制品表面，有利于提高制品表面质量。因此，在铝合金挤压生产中，对于无缝管材，常采用锥模挤压，减小死区，可降低挤压力，抵消由于穿孔针的摩擦作用所带来的挤压力升高。而对于表面质量要求高的型材，则采用平模挤压，希望产生大的死区。

(2)后端难变形区

后端难变形区的产生主要是由于高温金属受到了温度较低的挤压垫的冷却作用的结果。在挤压后期,当筒内金属发生径向流动时,挤压垫的摩擦也会起到一定作用。在刚开始挤压时,后端难变形区的体积较大,随着挤压过程的进行会逐渐压缩变小(从图 3－7 中的 2 区变小成 2′区)。后端难变形区的金属大多最后留在挤压压余中被切除,对挤压过程基本上没有影响。

3.1.2.3　剧烈滑移区

在挤压过程中,在死区与塑性变形区交界处存在着剧烈滑移区,如图 3－12 所示。这个区域内的金属,由于强烈的金属内摩擦作用,发生了剧烈的剪切变形,使晶粒破碎非常严重。

剧烈滑移区内的金属流出模孔后位于制品的表面层,造成了制品内外层晶粒大小不同,外层细小,内层粗大,从而造成机械性能不均匀,外层强度高,内部强度低。对于硬铝合金挤压制品,在淬火后易在表面层形成粗晶环组织,使机械性能下降。

剧烈滑移区的大小与金属变形流动的不均匀性有关。金属变形流动越不均匀,剧烈滑移区越大,晶粒破碎的程度也越严重。

图 3－12　一次挤压棒材金属流动情况

3.1.3　终了挤压阶段金属的变形流动特征

当挤压筒内坯料的剩余长度减小到与稳定流动塑性区的高度相等(即挤压垫接触塑性变形区)时,挤压力开始上升,金属流动进入终了挤压阶段。如图 3－13 所示，在挤压垫未进入变形区之前，变形区体积保持不变，金属从模孔中流出的量与进入变形区中的量相等。当垫片进入变形区后，变形区体积减小，塑性区与刚性区交界面积减小，在挤压速度和挤压比不变的条件下，要满足体积不变条件，势必增加径向流动以弥补金属纵向流动供应量的不足，致使金属流动进入紊流状态。原来位于挤压垫前端的金属，要克服挤压垫的摩擦作用而发生径向流动；位于死区部位的金属，在径向流动的同时，一部分沿着挤压筒壁向后回流再向中心径向流动，并流出模孔，形成一种环形流动景象。

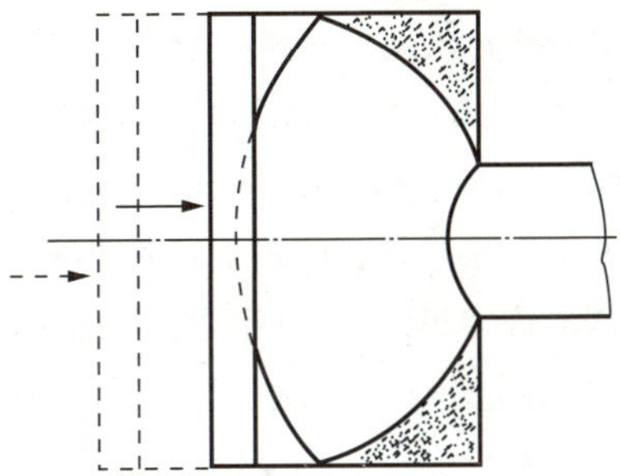

图 3－13 终了挤压阶段挤压垫进入变形区示意图

终了挤压阶段的显著特点之一，是挤压力由最低又开始迅速上升。这主要是由于以下原因造成的：

(1)挤压垫进入变形区，金属径向流动速度增加，并导致金属与挤压垫间的滑动速度增加，为了克服挤压垫的摩擦必须增加挤压力；

(2)死区金属的径向流动及环流使得所需要的挤压力增大；

(3)由于死区和后端难变形区金属受到了工模具的冷却作用，其本身的变形抗力就比较高，要使这部分金属产生变形必须再增大挤压力。

由于生产中要留压余，因此在实际生产中多数情况下是看不到终了挤压阶段的。不过当压余的厚度较薄时，在制品的尾端会形成挤压缩尾缺陷。

3.2 挤压制品的组织性能特征

3.2.1 挤压制品组织性能的不均匀性

3.2.1.1 挤压制品的组织不均匀性

组织不均匀性是挤压制品的主要组织特征。一般来说，对于正向挤压制品，在进行热处理以前，沿制品长度方向上头部晶粒较粗大，尾部晶粒较细小，在最前端可能还保留有铸态组织轮廓；在断面上外层晶粒细小，中心层晶粒粗大（在挤压过程中产生粗晶环的制品除外）。这种组织特征在正向挤压棒材中表现得非常明显。

图 3－14 所示的是 2A70 铝合金 ϕ80mm 热挤压棒材的显微组织。其中，图 3－14a、图 3－14b 分别是棒材前端中心和边部的横向组织。经挤压变形后，铸造晶粒破碎成许多小碎块，边部晶粒更细小，在中心部位还残存着铸造组织。图 3－14c、图 3－14d 分别是棒材后端中心和边部的横向组织。与前端比较，铸造晶粒已完全破碎，晶粒更细小。

影响挤压制品组织不均匀的主要原因有以下几方面：

(1)由于摩擦引起的不均匀变形的影响

挤压制品的组织在断面和长度上的不均匀性，主要是由于变形不均匀引起的。挤压时金属的变形程度是由制品的中心向外层，由头部向尾部逐渐增加的。在挤压过程中，处在变形区以外的金属虽然整体上没有发生塑性变形，但镦粗后坯料在被挤压垫向前推进过程中，外层金属在进入塑性变形区之前实际上就已经承受了挤压筒壁的剧烈摩擦作用，产生了附加剪切变形，晶格歪扭，晶粒出现破碎现象；进入塑性变形区之后，外层金属进入到死区与塑性变形区压缩锥交界处的剧烈滑移区，发生强烈的剪切变形，晶粒被严重破碎。而对于中心层金属来说，在进入变形区前，不存在这种附加剪切变形；进入变形区后，远离剧烈变形区，金属流动平稳，不发生剪切变形，晶粒沿轴向延伸被拉长。因此，在横向上，外层金属的变形程度比中心大，晶粒破碎程度比中心要剧烈，晶粒比中心细小。很显然，坯料外层越靠近尾部，承受挤压筒壁摩擦作用的时间就越长,外层的附加剪切变形越强烈。随着挤压筒内坯料长度缩短,变形程度越来越大,剪切变形区不断增大,并逐渐深入到内部,从而使得晶粒破碎程度由头部向尾部逐渐加剧,并向内部深入,甚至整个断面上的晶粒都很细小。

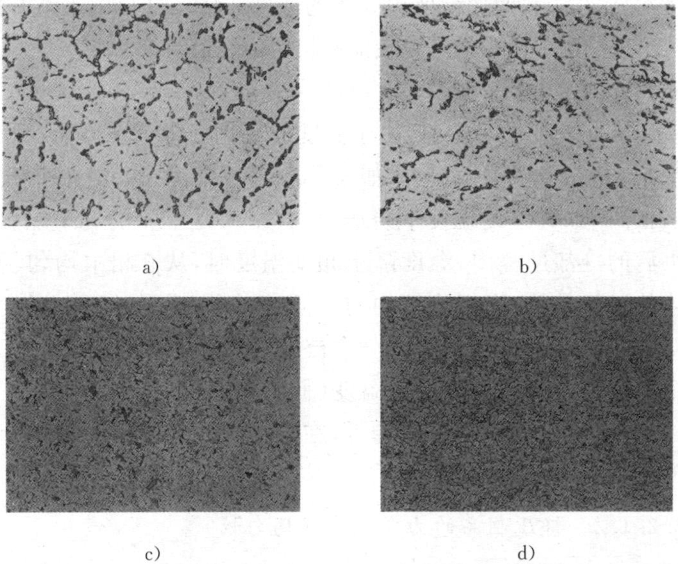

图 3-14 2A70 铝合金 H112 状态 ϕ80mm 棒材不同部位的横向组织

a)前端中心;b)前端边部;c)后端中心;d)后端边部

对于不润滑穿孔针挤压管材来说,在坯料外层金属受到挤压筒壁剧烈摩擦作用的同时,其内层金属也受到了穿孔针的剧烈摩擦作用,产生了附加剪切变形,同样也会产生晶粒破碎,但破碎的程度没有外层剧烈。因此,与挤压棒材相比,在横向上,制品内外层的变形不均匀程度会显著减小,管材的横向组织相对较均匀。

(2)挤压温度与速度变化的影响

导致挤压制品组织不均匀的另一个因素是挤压温度和速度的变化。当挤压速度较慢时(如挤压锡磷青铜),坯料在挤压筒内停留的时间长。开始挤压时,坯料的前端部分是在较高温度下变形,金属在变形区内和出模孔后可以进行充分的再结晶,制品前端的晶粒较粗大。受挤压筒壁的冷却作用,坯料后端部分是在较低的温度下变形,金属在变形区内和出模孔后再结晶不充分，特别是在挤压后期，金属流动速度加快，更不利于再结晶，制品尾端的晶粒较细小，甚至出现纤维状冷加工组织。对于某些铝合金（如纯铝等），坯料的加热温度与挤压筒温度相差不太大，当挤压温度较低、挤压比较大或挤压速度较快时，产生的变形热和摩擦热较大且不易散失，致使变形区内金属的温度在挤压过程中逐渐升高，也可能会出现制品中后端的晶粒较前端粗大的现象。

(3)合金相变的影响

挤压具有相变的合金时，由于温度的变化使合金有可能在相变温度下变形，造成组织不均匀。如 HPb59－1 铅黄铜，其相变温度为 720℃，在高于 720℃的温度下挤压时，其组织是单相的 β 组织。在挤压结束后的冷却过程中，温度降至相变温度时，从 β 相中均匀析出呈多面体的 α 相晶粒，组织比较均匀。但是，如果挤压过程中温度降低到 720℃以下时，所析出的 α 相就会被挤压成长条状的带状组织，这种带状组织在以后的正常热处理温度（低于相变温度）下多数是不能消除的。β 相的常温塑性比 α 相的低，在冷加工过程中由于不同相组织的变形流动不均匀，在内部产生附加应力，易使制品产生裂纹。

3.2.1.2 挤压制品的力学性能不均匀性

挤压制品组织的不均匀性，造成了挤压制品力学性能的不均匀性。一般来说，对于未经热处理的实心挤压制品，其外层和后端的强度（σ_b、$\sigma_{0.2}$）高，中心部位和前端的强度低（图 3－15），而伸长率（$\delta\%$）的变化则相反。对于铝合金来说，强度较高的硬铝合金制品的力学性能分布如上所述，但对于挤压纯铝、软铝合金（3A21 等）来说，由于挤压温度较低，挤压速度较快，挤压过程中的温升有可能使得制品的力学性能出现与上述相反的情况。

挤压制品力学性能的这种不均匀性与挤压变形程度大小有关。当挤压比较小时，制品外层与中心部位的力学性能不均匀性较为严重；当挤压比较大时，由于变形的深入，这种不均匀性逐渐减小；当挤压比很大时，内外部的力学性能基本一致。对于空心的厚壁管材，其断面上的机械性能分布与挤压棒材原则上是一样的。但当管材的壁厚尺寸较薄时，由于工具摩擦作用以及较大的变形程度，会使断面上的性能趋于均匀。挤压镁合金棒材的实验结果显示(图 3－16),当变形程度 $\varepsilon \leqslant 20\%$时,变形量很小,制品内外层的力学性能基本相同,差异很小;当 $\varepsilon > 20\%$以后,随着变形程度增加,制品内外层的力学性能差异逐渐增大;当 $\varepsilon > 60\%$以后,力学性能的差异逐渐减小;当 $\varepsilon > 90\%$以后,制品内外层力学性能的差异基本消失。虽然变形程度不大于20%和大于 90%时制品内外层的力学性能差异都很小,但变形程度小于 20%时制品的力学性能差,不能使用。因此,在实际生产中,为了保证制品的性能,一般要求变形程度大于 90%(挤压比大于 10)。

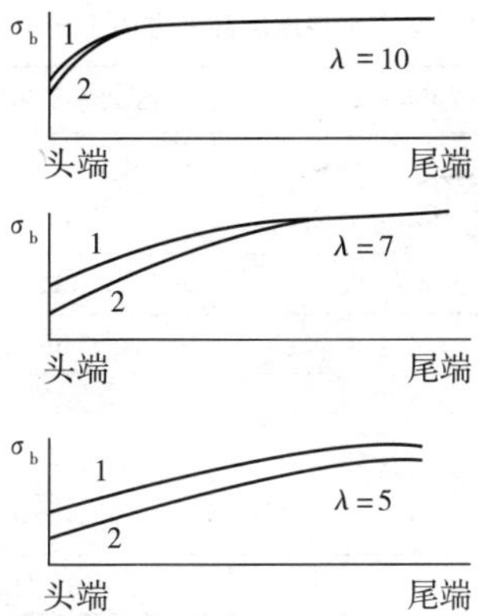

图 3－15　挤压制品纵向和横向上的强度变化

1－外层;2－内层

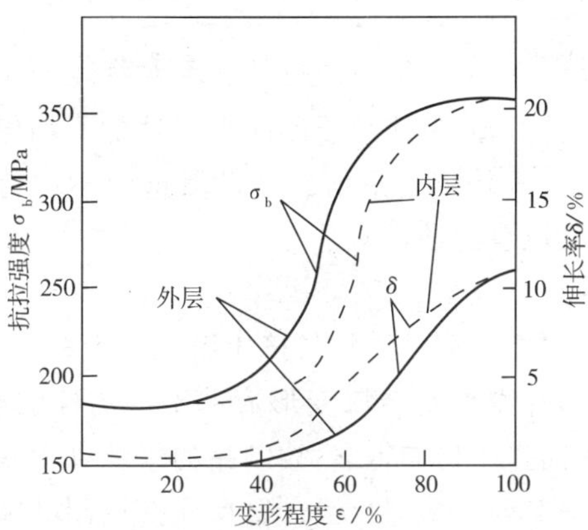

图 3－16　镁合金挤压棒材力学性能与变形量的关系

挤压制品的力学性能不均匀还表现在制品纵向性能和横向性能的差异上，即存在着各向异性。一般来说，挤压制品纵向上的强度、伸长率和冲击韧性值都相对较高。这主要是由于挤压时的主变形图是两向压缩一向延伸变形，使得金属纤维都朝着挤压方向取向；同时，存在于晶间界面上的金属化合物、杂质等也沿挤压方向排列，从而使挤压制品内部组织呈现出具有取向性的纤维组织，对提高纵向力学性能具有重要作用。表 3－1 列出了 7055－T77511、7150－T76511 和 7150－T77511 铝合金 25.4mm 挤压件各方向上的力学性能。

表 3－1 铝合金挤压制品各方向上的力学性能

合金状态		7055－T77511	7150－T76511	7150－T77511
抗拉强度 /MPa	纵向	661	675	648
	横向	620	606	599
拉伸屈服强度 /MPa	纵向	641	634	613
	横向	606	558	572
压缩屈服强度 /MPa	纵向	655	634	634
	横向	655	606	613
伸长率 /%	纵向	10	12	12
	横向	10	11	8
平面应力 K_{IC}	纵-横向	33	31.9	29.7
	横-高向	27.5	25.3	24.2

3.2.1.3 减少组织性能不均匀性的主要措施

从前述的分析可知，造成挤压制品组织性能不均匀的主要原因是由于外摩擦引起的不均匀变形所致。虽然这种不均匀变形不可能完全消除，但只要采取合适的措施是可以减轻的。

(1)采用反向挤压法

反向挤压的主要特征是坯料与挤压筒之间无相对运动，二者之间无外摩擦。因此，外摩擦对金属变形流动不均匀性的影响很小，金属的变形流动比正向挤压均匀得多，故制品的组织和力学性能也比正向挤压均匀。表 3－2 列出了部分铝合金反向挤压制品纵向上不同部位的力学性能。

表 3-2 铝合金反向挤压制品纵向上不同部位的力学性能

合金牌号	制品规格 /mm	取样部位	力学性能		
			σ_b /MPa	$\sigma_{0.2}$ /MPa	δ /%
7A04	ϕ110	头部	631	594	9.5
		中部	636	600	10.8
		尾部	639	601	10.3
2A12	ϕ105	头部	533	391	16.6
		中部	549	398	19.0
		尾部	545	395	18.2
2A11	ϕ110	头部	467	303	17.5
		中部	493	323	19.1
		尾部	478	311	21.0
2A50	ϕ120	头部	441	313	17.4
		中部	453	323	18.8
		尾部	450	316	17.0
5A02	ϕ77×3.5	头部	171		22.5
		中部	178		21.8
		尾部	178		22.3
5A02	ϕ70×5	头部	175		24.4
		中部	179		23.1
		尾部	177		24.0
2A12	ϕ70×5	头部	504	336	19.3
		中部	529	352	18.9
		尾部	521	345	19.3
2A11	ϕ70×5	头部	474	303	20.1
		中部	483	316	19.6
		尾部	472	310	19.5

(2)采用润滑挤压法

润滑挤压筒,能够有效减小坯料与挤压筒之间的摩擦,改善金属流动的均匀性,从而减小制品组织性能的不均匀性。

(3)采用等温挤压技术

通过对坯料沿纵向采用梯温加热技术,并使温度高的一端靠向模子,温度低的一端靠向挤压垫,以抵消挤压过程中变形区温度逐渐升高所带来的影响,实现等温挤压;对模具采用水冷或液氮冷却等技术,降低逐渐升高的变形区温度,实现等温挤压;在挤压后期逐渐降低挤压速度,减小升温,实现等温挤压;采用温度-速度闭环控制技术,根据温度变化适时调整挤压速度,保证出模孔温度基本稳定,实现等温挤压。从而达到控制整个挤压过程中出模孔温度基本不变,也有利于减少金属变形流动的不均匀性,从而减小制品纵向上组织性能的不均匀性。

(4)坯料断面梯温加热技术

通常所说的梯温加热是指对坯料沿长度方向在不同区段采用不同的加热温度。如果对坯料沿直径方向采用梯温加热,如对加热温度较低的铝合金来说,坯料的表面温度低、内部温度高;对加热温度较高的铜合金来说,坯料的表面温度高、内部温度低,也有利于减小金属变形流动的不均匀性,减小制品横向上组织性能的不均匀性。

(5)合理设计挤压模具

对于棒材和管材挤压来说,采用锥模挤压时变形较均匀,采用平模挤压时变形最不均匀。

对于型材挤压来说,根据制品的断面形状,合理的布置模孔、设计合理的工作带长度、合理的设计阻碍角和促流角、采用导流模等,都有利于减小金属变形流动的不均匀性,减小型材不同部位组织性能的不均匀性。

用分流模挤压空心型材时,尽可能减小或消除焊合室中的死区,以减小焊合室内残留金属对后续制品的影响。

(6)采用合适的挤压工艺参数

对于除了需要进行在线淬火外的其他合金制品,一般尽可能采用较低的挤压温度。对于有相变的合金,尽可能控制在整个挤压过程中不发生相变。

(7)采用合理的温度-速度控制技术

一般情况下,当坯料的加热温度较高时,当变形量较大时,尽可能采用低速挤压。

在保证挤压过程顺利进行和一定的生产效率的前提下,尽可能采用较大的挤压比。

3.2.2　挤压制品的粗晶环

许多合金(特别是铝合金)的热挤压制品,在经过热处理后的制品断面上,经常会出现一些粗大晶粒组织,其尺寸超过原始晶粒尺寸的(10～100)倍,比临界变形后热处理所形成的再结晶晶粒大得多。这种粗大晶粒在制品中的分布通常是不均匀的,多数情况下呈环状分布在制品断面的周边上,被称之为粗晶环。铝合金正向挤压制品粗晶环在其断面上的分布情况如图 3－17、图 3－18 所示。

3.2.2.1　粗晶环的分布规律

从图 3－17 中可以看出,粗晶环在棒材、厚壁管材和型材中都可能出现。一般情况下,单孔模挤压的圆棒材和厚壁管材中,粗晶环均匀地分布在制品截面的周边上;单孔模挤压的异形棒材、管材和型材中,粗晶环在制品截面上的分布是不均匀的,在制品有棱角或转角部位,粗晶环深度较大,晶粒较粗大。

图 3－17a 是 2A50 合金 ϕ120mm 正向挤压棒材经淬火后,从尾端切去 300mm,其 1/6 截面上的粗晶环照片。粗晶环的深度达 26mm,粗晶晶粒为 7.5 级。

图 3－17b 是正向挤压厚壁管材淬火后尾端截面的粗晶环照片,其分布规律与正向挤压棒材完全一致。

图 3－17c 是正向挤压空心型材淬火后尾端截面的粗晶环照片,在其角部粗晶环深度较大。

图 3－17d 是正向挤压实心型材淬火后尾端截面的粗晶环照片,在其角部和转角区的粗晶环深度较大;在型材厚度较薄的部位,整个截面上的晶粒都比较粗大。

图 3－17e 是正向挤压六角棒材淬火后尾端截面的粗晶环照片,

在其角部粗晶环深度较大。

图 3 - 17f 是正向挤压四筋管淬火后尾端截面的粗晶环照片，在其筋条部位粗晶环深度较大。

多孔模挤压的圆棒材中，粗晶环呈月牙状分布在靠向模子边缘一边棒材断面的周边上，如图 3 - 18a 所示。如果模孔的数目少，则月牙形粗晶环长；如果模孔的数目多，则月牙形粗晶环短。

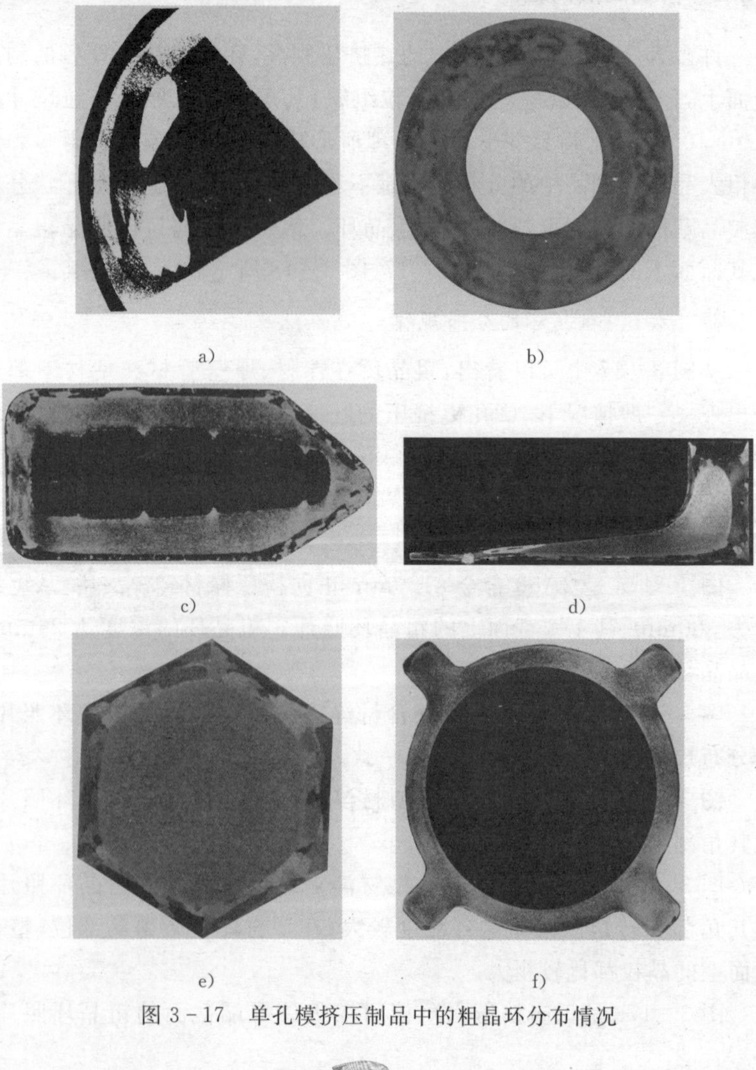

a) b) c) d) e) f)

图 3 - 17 单孔模挤压制品中的粗晶环分布情况

以上所描述的是挤压制品断面上的粗晶环沿径向的分布情况。沿挤压制品长度方向上的粗晶环的分布规律是头部深度浅(或者没有),尾部深,严重的时候,制品尾端的粗晶区可能扩展到整个断面。图 3-18 所示为 7A04 铝合金多孔模挤压 ϕ60mm 棒材,经淬火人工时效后棒材的头尾端组织。从图中可以看出,棒材前端晶粒细小均匀,没有粗晶环;尾端有明显的呈月牙状分布的粗晶环。

a) b)

图 3-18 7A04 合金 T6 状态 ϕ60mm 多孔模挤压棒材的粗晶环

a)制品尾端;b)制品前端

3.2.2.2 粗晶环的形成机制

根据粗晶环的分布规律可以看出,粗晶环产生的部位常常是金属材料承受附加剪切变形的部位。

根据粗晶环出现的时间不同,可将其分为两类。第一类是在挤压过程中已经形成粗晶环,第二类是在挤压后的热处理过程中形成的。对于再结晶温度比较低的纯铝及铝镁系合金,在挤压温度下易发生完全再结晶,从而易形成第一类粗晶环。正如前面所分析,外层金属在进入变形区前由于受到挤压筒壁的摩擦作用产生了附加剪切变形;进入变形区后,外层金属进入到剧烈滑移区,发生强烈的剪切变形,导致晶格畸变、晶粒破碎程度严重,使该部位金属处于能量较高的热力学不稳定状态,降低了该部位金属的再结晶温度,在挤压温度下易发生再结晶并长大,形成粗晶组织。有的研究者指出,制品周边层的完全再结晶温度比中心部位的要低 35℃左右。在纵向上,外层金属与挤压筒壁摩擦作用的时间长短不同,前端作用的时间短,后端作用的时间长。作用时间越长的部分，外层的附加剪切变形越强烈，并向内部逐渐扩展，甚至可能深入到坯料中心，即金属的不均匀变形从制品的头部向尾部逐渐增大。正是由于挤压不均匀变形程度是从制品的头部到尾部逐渐增大的，故粗晶环的深度也是由头部到尾部逐渐增加的。

由于挤压时的不均匀变形是绝对的，所以任何一种挤压制品均有出现第一类粗晶环的倾向，只是由于有些合金的再结晶温度比较高，在挤压温度下不易产生再结晶和晶粒长大（如铝锰系的3A21防锈铝合金），或者挤压流动相对较为均匀，不足以使外层金属的再结晶温度明显降低，而不容易出现粗晶环。

如果挤压温度较低、变形程度较小，在制品的尾部仅仅只发生了再结晶而没有出现晶粒长大现象，则尾端的晶粒尺寸比头部细小，且不会出现粗晶环。图3-19是正向挤压1060合金ϕ90mm棒材头端、尾端的宏观组织照片。制品头部边缘为细晶粒区域，深约10mm，中间及中心部位晶粒粗大，仍保持铸态组织轮廓；尾部为再结晶组织，晶粒细小。

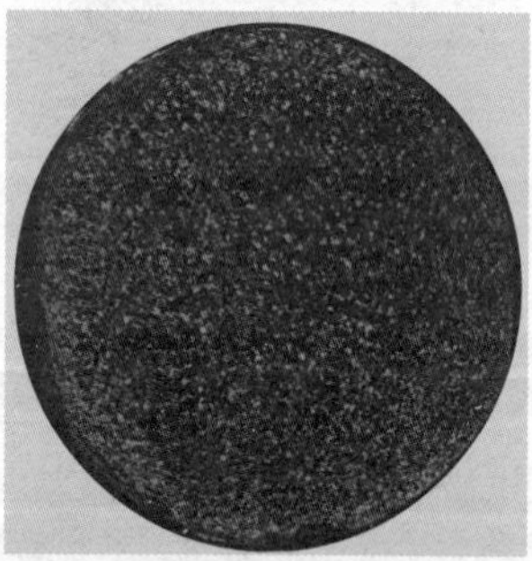

a)

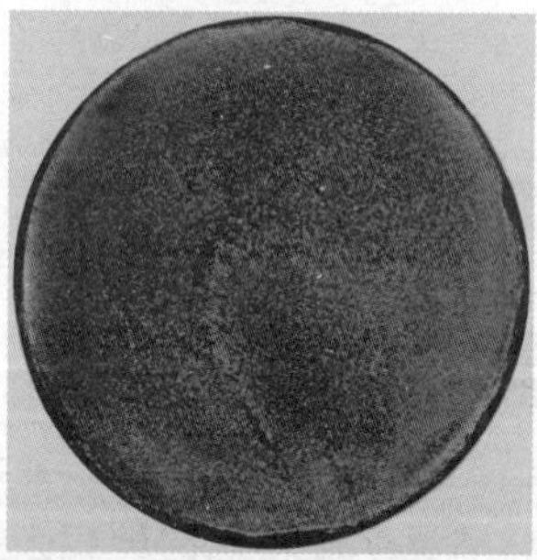

b)

图3-19 1060铝合金热挤压棒材的宏观组织

a)制品头端；b)制品尾端

对于再结晶温度比较高的硬铝（如2A11、2A12、2A02等）、超硬铝（如7A04、7A09等）以及锻铝合金（如6A02、2A50、2A14等），在挤压温度下一般不会发生再结晶（或部分开始再结晶），只有在随后进行的热处理过程中才会发生完全再结晶。这些合金挤压制品在淬火后常常出现较为严重的粗晶环组织，形成第二类粗晶环。这类粗晶环的形成原因除了与不均匀变形有关外，还与合金中含有一定量的 Mn、Cr 等过渡族元素及其不均匀分布有关。由于 Mn、Cr 等过渡族元素本身的自扩散系数低，固溶于铝合金中将降低固溶体的扩散系数，增加了扩散的激活能，导致再结晶温度提高。合金中的第二相质点，如化合物 $MnAl_6$、$CrAl_7$ 等以弥散质点状态析出并聚集在晶界上，可阻碍再结晶晶粒的长大。挤压时，由于外摩擦(挤压筒壁、死区边界及模孔工作带与变形金属之间)的作用以及金属流径路线相对较长，外层金属的流动滞后于中心部分，使外层金属内呈现出很大的应力梯度和拉附应力状态，促进了 Mn 的析出，使固溶体的再结晶温度降低，产生一次再结晶，但因第二相由晶内析出后呈弥散质点状态分布在晶界上，阻碍了晶粒的聚集长大。因此，在挤压后的制品外层呈现出细晶组织。在淬火加热时，由于温度高，析出的第二相质点又重新溶解，使阻碍晶粒长大的作用消失。在这种情况下，一次再结晶的一些晶粒开始吞并周围的晶粒迅速长大，发生二次再结晶，形成粗晶组织，即粗晶环；而在制品的中心区，由于挤压时呈稳定的流动状态，金属变形较均匀，且受压附应力作用，不利于 Mn 的析出，其再结晶温度较高，不易形成粗晶组织。

3.2.2.3 粗晶环对于挤压制品力学性能的影响

挤压制品中出现粗晶环这一组织缺陷，也将导致力学性能降低。通常情况下，对于铝合金挤压制品，其粗晶区的室温抗拉强度比细晶区的低 20%～30%。表 3-3 列出了几种铝合金挤压制品中粗晶区和细晶区的力学性能。

表 3-3 铝合金挤压制品不同区域的力学性能

合金牌号	抗拉强度/MPa		屈服强度/MPa		伸长率/%	
	粗晶区	细晶区	粗晶区	细晶区	粗晶区	细晶区
6A02	241.5	361.5	170.5	293	25.6	16.8
2A14	345.2	497.8	240	337	31.2	14.5
2A11	407.5	500	256.5	328	24.2	18.3
2A12	444	545	332.5	411	26.4	14.7
7A04	400	559	301	415	21.3	11.8

挤压制品中的粗晶环不仅影响制品的力学性能，在淬火时易沿着粗细晶粒的界面处产生应力裂纹；以挤压件作为坯料在锻造时易产生表面裂纹。因此，为保证挤压制品的质量，对粗晶环的深度必须加以限制，并设法减少或消除粗晶环。

3.2.2.4 影响粗晶环的因素及减少粗晶环的措施

(1)合金元素的影响

铝合金中 Mn、Cr、Ti、Zr 等元素的含量与分布状态对粗晶环的形成有明显影响。实验研究表明，当硬铝合金中 Mn 的含量(质量分数)为 0.2%～0.6%时，出现粗晶环的深度最大；当继续增加 Mn 的含量，粗晶环减少以至完全消失。其主要原因正如前面所述，Mn 元素固溶于铝合金中能够提高其再结晶温度，而且随着 Mn 元素含量的增加，合金的再结晶温度提高。例如，含 0.56%Mn 的铝合金挤压制品中，在 500℃加热时出现粗晶环；而在含 1.38%Mn 的铝合金挤压制品中，在高达 560℃的加热温度下才出现粗晶环。这就是说，合金中含锰量的增加并不是完全避免了粗晶环的形成，而是提高了粗晶环的形成温度，在正常的淬火温度范围内不会出现粗晶环。这样，若合金的淬火加热温度保持不变，就可以通过增加锰含量来防止粗晶环形成。例如，当 2A12 合金中的锰含量提高到 0.8%～0.9%时，就可以完全避免粗晶环的产生。

(2)铸锭均匀化的影响

铸锭均匀化对不同铝合金的影响是不一样的。铝合金铸锭的均匀化退火温度一般在 470℃～510℃之间。在此温度范围内，6A02 一类合金中的 Mg_2Si 相将大量溶入基体金属，可以阻碍晶粒的长大；而对于 2A12 一类合金，却会促使其中的 $MnAl_6$ 相从基体中大量析出。这是由于在铸造过程中的冷却速度快，$MnAl_6$ 相来不及充分地从基体中析出，而在均匀化退火时，则有条件进一步充分地从基体中析出。在长时间的高温条件下，$MnAl_6$ 相弥散质点聚集长大。均匀化退火时锰以 $MnAl_6$ 相质点形态析出后，大大削弱了其对再结晶的抑制作用，而析出并聚集长大以后的 $MnAl_6$ 质点抑制再结晶的作用更弱，使再结晶温度降低，导致粗晶环深度增加。均匀化退火温度越高，保温时间越长，制品中的粗晶环越深。因此，对于2A12等硬铝合金挤压制品，根据产品的具体要求，可以考虑采用不均匀化处理的坯料。对于不含Mn的铝合金铸锭，无论是否进行均匀化退火，挤压制品淬火后都存在粗晶环，均匀化对粗晶环的产生影响不大。

(3)挤压温度的影响

随着挤压温度升高，粗晶环的深度增加。这是由于挤压温度升高后，金属的变形抗力降低，变形的不均匀性增加，使得外层金属的结晶点阵经挤压变形后产生更大的畸变，降低了再结晶温度；同时，高温挤压也有利于第二相的析出与聚集，削弱了对晶粒长大的阻碍作用。因此，降低挤压温度，有利于减小粗晶环的深度。

(4)挤压筒加热温度的影响

当挤压筒的温度高于坯料的温度时，减少了坯料外层的冷却，使坯料内外层温度均匀，将促使不均匀变形减小，从而可减小粗晶环的深度。例如，挤压6A02、2A50、2A14等铝合金时，采用此方法可使制品中的粗晶环深度明显减小。

(5)应力状态的影响

实验证明，合金中存在的拉应力将促使扩散速度增加，而压应力则能降低扩散速度。挤压时，由于金属的不均匀变形流动引起了沿横向上不均匀分布的轴向附加应力，中心部分是附加压应力，外层是附加拉应力。对于含Mn的铝合金，在压应力的地方，扩散不容易进行，Mn的扩散速度慢；在拉应力的地方，扩散容易进行，Mn的扩散速度快。其结果是外层金属中析出的$MnAl_6$比中心部位的多，降低了对再结晶的抑制作用，使得外层金属更容易发生再结晶。因此，减少外摩擦，一方面，有利于减小外层金属中的附加拉应力，降低元素在加热过程中扩散速度；另一方面，可有效减小挤压过程中的不均匀变形，从而减小粗晶环的深度。

(6)淬火加热温度的影响

一般来说，淬火加热温度越高，粗晶环的深度越大。这是因为，加热温度高，将使铝合金中的Mg_2Si、$CnAl_2$等能够阻碍晶粒长大的第二相弥散质点的溶解增加，使$MnAl_6$弥散质点聚集长大，抑制再结晶的作用减弱，粗晶环深度增加。而适当地降低加热温度，则能够使粗晶环深度减小，甚至不出现粗晶环。但必须指出，在实际中，对于硬铝合金挤压制品，其淬火温度范围往往是很严格的。淬火温度过高，易造成过烧；降低淬火温度虽然能减小粗晶环的深度，但同时也会降低制品的抗拉强度。例如，对于2A12铝合金，其主要强化相是S相，其次是$CuAl_2$相。当淬火温度低于480℃，二元共晶中的$CuAl_2$变化很小，三元共晶中的S相和$CuAl_2$都有明显的固溶，强度较低。当淬火温度达到490℃时，除了三元共晶中的S相和$CuAl_2$都有明显的固溶外，二元共晶中的$CuAl_2$也开始固溶，强度升高。当淬火温度达到502℃时，二元共晶中的$CuAl_2$则明显固溶，强度也明显升高。但是，当淬火温度达到505℃时，合金中出现共晶球体和局部的晶界复熔现象（合金已经过烧）。因此，在生产条件下，对于2A12合金的淬火温度，通常控制为495℃～500℃。

3.2.3 挤压制品的层状组织

在挤压制品中，有时可观察到层状组织（也称为片状组织），如图3－20所示。其特征是折断后的制品断口呈现出与木质相似的形貌，分层的断口表面凹凸不平并带有裂纹，分层的方向与挤压制品轴向平行，继续进行塑性加工或热处理均无法消除这种层状组织。

层状组织对挤压制品的纵向力学性能影响不大，会使横向力学性能有所降低。例如，使用有层状组织的管材制作轴承后，它所能承受的内部压力比无此缺陷的轴承低30％左右。

图3－20 QAl10－3－1.5铝青铜挤压管的层状组织

层状组织的产生，主要是由于坯料组织不均匀，存在着大量的微小气孔、缩孔，或是在晶界上分布有未溶入固溶体的第二相质点或杂质等，在挤压时被拉长，从而呈现出层状组织。层状组织一般出现在制品的前端及中部，在尾部很少出现，这是由于挤压后期金属变形过程中的横向流动加剧，破坏了杂质薄膜的完整性，使层状组织变得不明显。

在铝合金中最容易出现层状组织的是6A02、2A50等锻铝合金。在铜合金中最易出现层状组织的是含铝的青铜（如QAl10－3－1.5、QAl10－4－4）和含铅的黄铜（如HPb59－1）等。防止层状组织出现的主要措施是，改善坯料的铸造组织，减少柱状晶区，扩大等轴晶区，同时使晶间杂质分散或减少。例如，使6A02合金中Mn的含量（质量分数）超过0.18％时，层状组织即可消失。

3.2.4 挤压缩尾

在挤压快要结束时，挤压筒内剩余金属逐渐减少，金属开始发生径向流动及环流，将坯料表面的氧化物、润滑剂及污物、气泡、偏析榴、裂纹等缺陷带入制品内部，形成的具有一定规律的破坏制品组织连续性、致密性的缺陷，这种组织缺陷被称为挤压缩尾。挤压缩尾是挤压制品尾端最常见的一种组织缺陷，特别在挤压圆棒材中表现最为明显。

3.2.4.1 挤压缩尾的形式

根据挤压缩尾在制品断面上的分布情况，可将其分为三种类型：中心缩尾、环形缩尾和皮下缩尾，如图3－21所示。

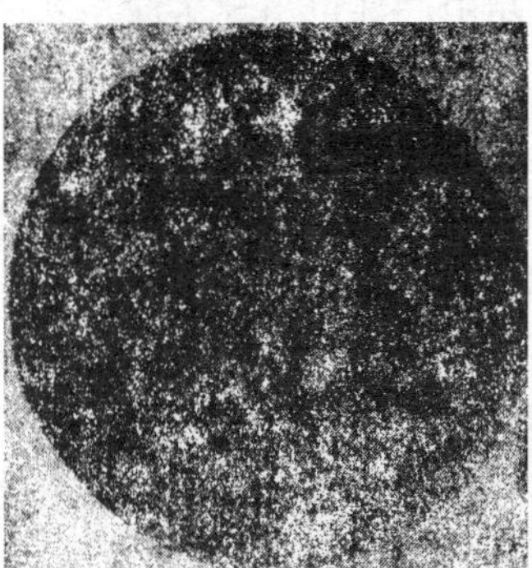

a)

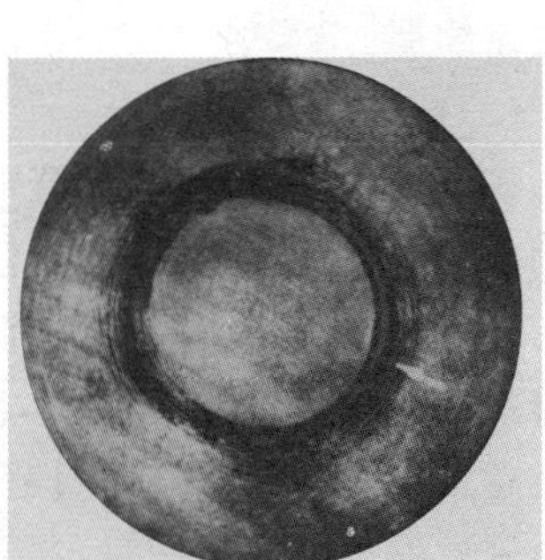

b)

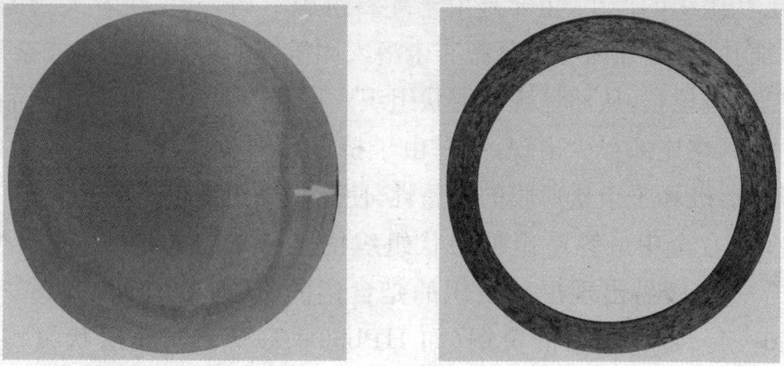

c)

图 3-21　挤压制品的缩尾

a)中心缩尾；b)环形缩尾；c)皮下缩尾

3.2.4.2　挤压缩尾的形成

挤压缩尾形成过程如图 3-22 所示。

(1)中心缩尾

终了挤压阶段后期，筒内剩余的坯料长度较小，整个挤压筒内的剩余金属处于紊流状态(径向流动和环流)，且随着坯料长度的不断减小，金属径向流动速度不断增加，以用来补充坯料中心部位金属的短缺。于是，位于坯料表面层带有各种表面缺陷及污物的金属，发生环流向后流动进入坯料尾端并沿挤压垫前端向坯料中心流动，坯料后端表面的氧化物、油污等，也集聚到中心部位，并进入制品内部，从而形成了中心缩尾。而且随着挤压过程的进一步进行，径向流动的金属无法满足中心部位的短缺，于是在制品中心部位出现了漏斗状的空缺，即中空缩尾。

(2)环形缩尾

挤压过程中，坯料表面层带有氧化物、偏析物、各种表面缺陷及污物的金属，由于受到挤压筒壁的摩擦作用，其流动滞后于皮下金属，被随后到来的挤压垫向前推进而堆积在挤压垫与挤压筒的角落部位。随着挤压过程进行，堆积在这个角落部位中带有各种缺陷和污物的金属会越来越多。到了挤压过程末期，当中间部位金属供应不足，边部金属开始发生径向流动时，这部分金属将沿着挤压垫前端的后端难变形区的边界流入制品中，由于这部分金属还没有流到坯料中心部位就从模孔中流出进入制品中，于是就形成了环形状的缩尾。

对于挤压管材来说，坯料的中心部位有穿孔针存在，所以这部分金属不可能流入到制品的中心部位形成中心缩尾，但在多数情况下，会流到穿孔针表面附近，出现在管材的内表面层，因此通常也称为内成层。

(3)皮下缩尾

皮下缩尾也称外成层。在挤压过程中，当死区与塑性流动区界面因剧烈滑移使金属受到很大剪切变形而断裂时，表面层带有氧化物、偏析物、各种表面缺陷及污物的金属，会沿着断裂面流出。与此同时，由于挤压末期死区金属也逐渐流出模孔包覆在制品的表面上，从而形成了皮下缩尾。如果死区金属流出较少，不能完全将这些带有各种缺陷和污物的金属包覆住，则形成起皮。

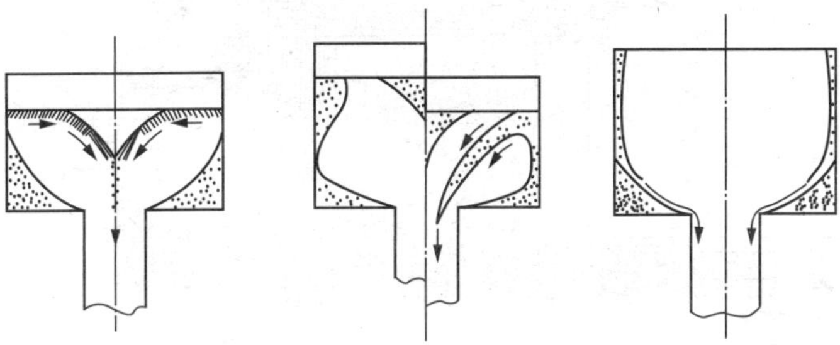

a)　　b)　　c)

图 3-22　挤压缩尾形成过程示意图

a)中心缩尾；b)环形缩尾；c)皮下缩尾

3.2.4.3　减少挤压缩尾的措施

(1)对坯料表面进行机械加工——车皮。先将铸造坯料在车床上车去一定厚度(一般为 5mm 左右)的表皮，除去坯料表面的氧化膜、偏析瘤及其他铸造缺陷，再进行挤压，对于减少挤压缩尾具有重要的作用。车皮分为冷车皮和热车皮。冷车皮是在常温下进行加工作业，可提前将坯料加工好放在库房中等待使用。热车皮是将加热好的坯料，经过位于挤压生产线上的高速自动车床车去表皮后再进行挤压。

(2)热剥皮。将加热好的坯料，在剥皮机上剥除厚度为 5mm 左右的表皮，然后再进行挤压。

(3)采用脱皮挤压。如图 3-23 所示,在铜合金挤压生产中,先用一个直径较小的挤压垫进行挤压生产,在挤压过程中,由于坯料表层金属与挤压筒发生黏结不能正常流动,在挤压垫作用下,皮下金属正常流动,发生剪切变形。挤压后,在挤压筒壁上留下一个完整的金属套,坯料表面层带有各种氧化物、偏析瘤、其他表面缺陷及污物的金属被留在了这个金属套内,从而可防止挤压缩尾的产生。挤压结束后,用一个直径相对较大的清理垫将留在筒内的金属套清理出去。

(4)进行不完全挤压——留压余。在挤压后期,当这些带有各种缺陷和污物的金属快要流出模孔时,停止挤压,留在压余中被切除。

(5)保持挤压垫工作面的清洁,减少坯料尾部径向流动的可能性。

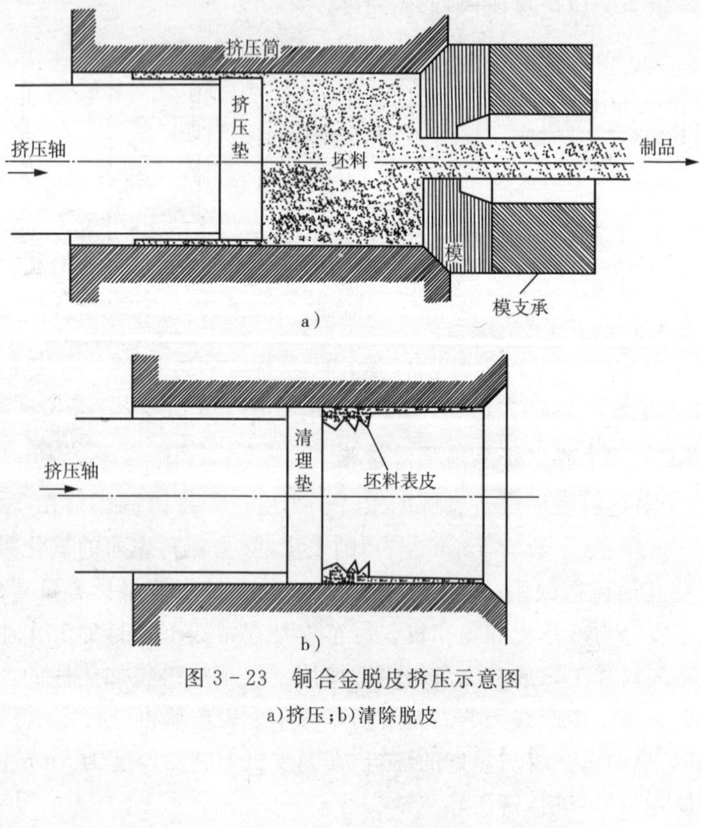

图 3-23 铜合金脱皮挤压示意图

a)挤压;b)清除脱皮

3.2.5 反向挤压制品的粗晶环和粗晶芯

3.2.5.1 反向挤压制品的粗晶环

在反向挤压制品中同样也会出现粗晶环，但与相同条件下的正向挤压相比较，粗晶环的深度较浅，粗晶区的晶粒尺寸较细小。这是因为反向挤压时，虽然坯料外层与挤压筒之间没有相对运动，不会出现正向挤压时来自于筒壁上的摩擦而产生的附加剪切变形所造成的晶粒破碎和晶格畸变，但外层金属在进入模孔时会与位于模子端面处的死区金属发生摩擦而产生较轻微的剪切变形；反向挤压虽然没有正向挤压那样明显的剧烈变形区，但外层金属在进入模孔时的变形比正向挤压的剧烈。这些都导致了外层金属在一定程度上发生晶格畸变，晶粒产生破碎，在淬火加热时也会出现粗晶环。但由于反向挤压时的晶格畸变和晶粒破碎的程度远没有正向挤压的强烈，挤压制品淬火后产生的粗晶环的深度浅甚至不明显，粗晶区的晶粒尺寸细小，与内层的差别不大。图 3-24 是在 50MN 挤压机的 ϕ420mm 挤压筒上，反向挤压 2A50 铝合金 ϕ120mm 棒材经淬火后，从尾端切去 300mm，其 1/6 截面上的粗晶环照片。与前面的图 3-18a 相比较可以看出，反向挤压棒材横截面边缘只有较轻微的粗晶环，深度较正向挤压的浅得多，晶粒尺寸也小得多。正向挤压棒材的粗晶环深度达 26mm，晶粒度达到 7.5 级；而反向挤压的深度小于 15mm，晶粒度仅为 3 级。

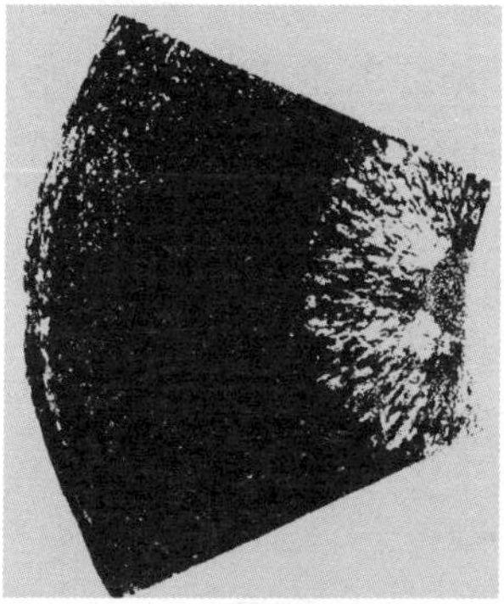

图 3-24 反向挤压 2A50 铝合金棒材的粗晶环和粗晶芯

3.2.5.2 粗晶芯

从图 3 - 24 中还可以看出，在反向挤压棒材中心部位的低倍组织上，有一个特殊的粗晶区-粗晶芯，这是正向挤压所没有的组织特征。

反向挤压时，由于在挤压筒内的坯料是整体向前推进，前面的从模孔流出，而后面的没有发生变形，边部与中心基本上是同时流出模孔。在挤压后期，在中心金属补充困难的情况下，位于模孔侧面的金属，在向模孔流动过程中，夹持着沿堵头表面径向流动的金属进入棒材尾部中心。这部分金属受表面摩擦作用，晶格歪扭、晶粒破碎较严重，在淬火后形成粗大晶粒（如 2A11 和 2A50 铝合金）。但是，如果这部分金属淬火时再结晶不充分，则可能形成细晶芯（如 7A04 铝合金）。反向挤压棒材的粗晶芯存在于制品的尾端部分，通过增大切尾长度可将其切除。

3.2.6 反向挤压制品的纺锤体核组织

对于单孔模反向挤压铝合金棒材，在切尾 300mm 的缩尾处或缩尾前端，存在一沿纵向分布的类似“纺锤体”的核组织，如图 3 - 25a 所示。形成纺锤形核组织的主要原因是在反向挤压过程快要结束时，正对着模孔中心并紧靠堵头的坯料金属，基本上未产生变形而被边部流动的金属夹持进入到制品中心。

纺锤体核组织的结构主要由残留的铸造组织和加工组织组成。纺锤体核组织在棒材纵向中心剖面上的形状不一，有的呈核桃形，有的呈枣核形。核周围的组织也不完全相同，有的是粗晶组织（如 2A50、2A11 铝合金），有的是细晶组织（如 7A04 铝合金），这与其淬火时的再结晶过程进行得是否充分有关。图 3 - 25b 是 2A50 铝合金 ϕ120mm 棒材 1/8 个纺锤体核立体低倍组织，核的中心部位为铸造组织，没有发生塑性变形；边部有加工组织，是由于边部金属流动过程中摩擦作用的结果。

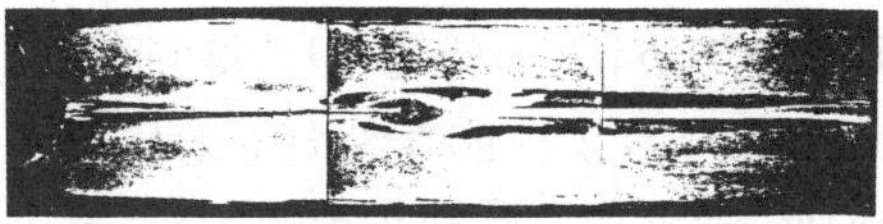

a)

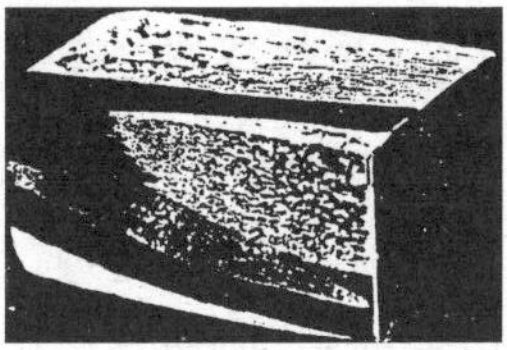

b)

图 3 - 25 2A50 铝合金反挤压棒材的纺锤体核组织

a)纺锤体核在棒材中位置;b)纺锤体核的低倍组织

3.2.7 反向挤压制品的挤压缩尾

当位于堵头前端的一小部分未变形坯料被边部流动金属夹持进入制品中形成纺锤体后,中心部位无金属供应,周围残留的金属进入模孔,形成漏斗状的中空缩尾,如图 3 - 26 所示。

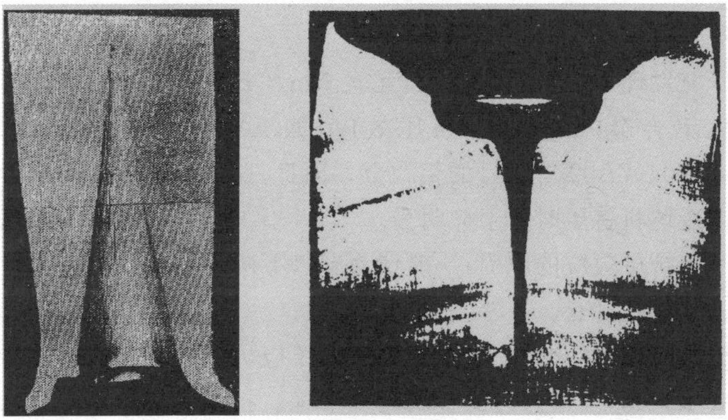

图 3 - 26 铝合金反挤压棒材的中空缩尾

对于反向挤压来说,即使在稳定的挤压阶段也有可能形成明显的皮下缩尾。这是由于死区小,对于坯料表层带有各种缺陷、脏物的金属的阻挡作用小。但反向挤压过程中,由于不存在坯料表层与内部的流速差,故不会形成环形缩尾。

3.2.8 挤压效应

某些铝合金挤压制品与其他加工方法（如轧制、锻造等）得到的制品，经过相同的热处理（淬火与时效）后，发现前者纵向上的抗拉强度比后者的高，而伸长率比后者的低，通常将这种现象称为“挤压效应”。表 3－4 列出了几种铝合金采用不同方法热加工后，采用相同的热处理制度进行淬火时效后的抗拉强度。

表 3－4 几种不同方法加工的铝合金制品淬火后的抗拉强度（单位：MPa）

合金牌号	6A02	2A14	2A11	2A12	7A04
轧制板材	312	540	433	463	497
锻　件	367	612	509		470
挤压棒材	452	664	536	574	519

3.2.8.1 产生挤压效应的原因

研究发现，凡是含有过渡族元素 Mn、Cr、Ti、Zr 等元素的热处理可强化铝合金，都会产生挤压效应，如 2A11、2A12、6A02、2A50、2A14、7A04、7A09 等牌号的铝合金。而且，这些铝合金的挤压效应只有用铸造坯料挤压时才十分明显。

产生挤压效应的原因，一般认为有以下两个方面：

(1)变形与织构

挤压时，变形金属处于强烈的三向压应力状态和二向压缩一向延伸的变形状态，变形区内的金属流动平稳。挤压制品的晶粒沿轴向延伸被拉长，形成了较强的[111]织构，即制品内大多数晶粒的[111]晶向和挤压方向趋于一致。对于面心立方晶格的铝合金制品来说，[111]晶向是其强度最高的方向，从而使得制品的纵向强度提高。

(2)合金元素

由于合金中存在着能够抑制再结晶的 Mn、Cr 等过渡族元素，使得挤压制品在热处理后其内部仍保留着未发生再结晶的变形组织，这是其强度增加的本质。这是因为，合金中 Mn、Cr 等元素与铝组成的二元系状态图，具有结晶温度范围窄和在高温下固溶体中的溶解度小的特点。在铸造过程中，所形成的过饱和固溶体在结晶过程中分解出含锰、铬的金属间化合物 $MnAl_6$、$CrAl_7$ 弥散质点，并分布在固溶体内树枝状晶的周围构成网状膜。由于挤压过程中变形区内金属流动平稳，这个网状膜不破坏，只是沿挤压方向被拉长；又因为过渡族元素 Mn、Cr 在铝中的扩散系数很低，且 Mn 在固溶体内也妨碍金属自扩散的进行，从而阻碍了合金再结晶过程的进行，使金属的再结晶温度提高。制品在淬火加热过程中不易发生再结晶，甚至不发生再结晶，在热处理后的制品中仍保留着变形组织。

需要指出的是，具有挤压效应的铝合金挤压制品，经淬火后，其制品的周边部位往往会出现粗晶环，使其力学性能降低而削弱甚至抵消挤压效应，但中心部位则充分显示出挤压效应的特征。

在大多数情况下，铝合金的挤压效应是有益的，它可以保证构件有较高的强度，从而节省材料消耗，减轻构件重量。但对于要求各个方向力学性能均匀的构件（如飞机的大梁型材、变断面型材的大头部位等），则希望挤压效应不太明显或不希望有挤压效应。

3.2.8.2 影响挤压效应的因素

(1)其他添加元素的影响

除了过渡族元素以外，合金中的其他杂质元素也会对挤压效应产生一定程度的影响。在 Al－Zn－Mg 和 Al－Zn－Mg－Cu 系合金中，如果提高杂质 Fe、Si 的含量，会形成粗大的不固溶的 $Al_6(FeMn)$ 和 Mg_2Si 相，降低了对再结晶的抑制作用，使挤压效应减弱。

(2)铸锭均匀化的影响

对铸锭进行充分的均匀化处理，可削弱或消除挤压效应。这是因为，在长时间的高温均匀化退火过程中，影响再结晶的化合物将被溶解，包围枝晶的网状膜组织消失，对再结晶的抑制作用减弱。均匀化退火温度越高，保温时间越长，冷却速度越慢，挤压效应的损失越大。

(3)挤压温度的影响

挤压温度的影响主要取决于合金中的 Mn 含量。这是因为，合金中 Mn 的量直接影响到淬火前加热过程中制品的组织能否发生再结晶和再结晶的程度。

对于含 Mn 量很少的 6A02 铝合金挤压制品，由于在淬火前的加热过程中能发生充分再结晶，故挤压温度对其性能的影响不大。

对于 Mn 含量超过 0.8%的硬铝合金挤压制品，由于合金中的 Mn 含量高，对再结晶的抑制作用明显，提高了合金的再结晶温度，在淬火前的加热过程中不易发生再结晶，故挤压温度对其性能的影响也不大。

对于 Mn 含量中等(0.3%～0.6%)的硬铝和 6A02 铝合金，挤压温度对制品挤压效应有明显的影响，在不同的挤压温度下获得的挤压效应程度不同。在 Mn 含量一定的情况下，挤压温度越高，挤压效应越明显。这是因为，挤压温度低时，会使金属产生冷作硬化，使晶粒破碎和在淬火前加热过程中 Al－Mn 固溶体分解加剧，易产生再结晶，其结果使挤压效应消失或减弱。挤压温度越高，发生再结晶的程度就越小，挤压效应就越显著。表 3－5 是含 Mn 量分别为 0.4%、0.46%的 2A12 合金制品不同挤压温度下的力学性能。

(4)变形程度的影响

变形程度对硬铝合金挤压效应的影响也与合金中的含 Mn 量有关。当 2A12 合金中不含 Mn 或含少量 Mn(0.1%)(严格来说这时已不能称为是 2A12 合金)时，增大挤压变形程度，会使合金的挤压效应减弱，制品的强度降低。这是因为，随着挤压变形程度增大，使得制品组织的晶格歪扭和晶粒破碎的程度加剧，使其处于能量较高的热力学不稳定状态，降低了合金的再结晶温度，在淬火加热过程中易发生再结晶；而合金中又不含或只含少量抗再结晶的 Mn 元素，使得再结晶过程更容易发生，从而使挤压效应减弱甚至消失。表 3－6 是不含 Mn 的硬铝合金 T4 状态挤压制品当变形量分别为 72.5%、95.5%时的力学性能。

表 3－5 2A12 合金 T4 状态制品不同挤压温度下的力学性能

Mn 元素含量/%	挤压温度/℃	抗拉强度/MPa	屈服强度/MPa	伸长率/%
0.4	380	460	295	22
	490	580	410	14
0.46	370	452	335	17
	400	540	399	15.3

表 3-6 不含 Mn 的硬铝合金 T4 状态挤压制品不同变形量的力学性能

挤压变形量/%	抗拉强度/MPa	屈服强度/MPa	伸长率/%
72.5	460	314	14
95.5	414	260	21.4

当硬铝合金中的含 Mn 量为 0.36%～1.0%时，随着含 Mn 量的提高，变形程度越大，挤压效应越显著。据实验，对于含 0.36%Mn 的 2A12 合金，当变形量 $\varepsilon=72.5\%$时，其强度低；当 $\varepsilon=83.5\%$时，强度中等；当 $\varepsilon=95.5\%$时，强度高。与合金中不含或含少量 Mn 时呈现出相反的情况。这是因为，对于含 Mn 量中等的硬铝合金，经过高温均匀化退火的铸锭，合金中的锰以 $MnAl_6$ 相质点形态析出并聚集长大，削弱了对再结晶的抑制作用。在挤压过程中，在均匀化过程中聚集长大了的 $MnAl_6$ 相质点又发生破碎并弥散分布到基体中去，对再结晶过程的发生起到了阻碍作用。挤压时的变形程度越大，第二相质点的破碎越严重，分布更加弥散，对再结晶的阻碍作用越大，挤压效应也就越显著。

变形程度对不同含 Mn 量的 7A04 合金挤压效应的影响也与 2A12 合金相似。

(5)二次挤压的影响

二次挤压是指用大吨位挤压机提供的挤压坯料在小吨位挤压机上再挤压较小规格制品的挤压生产方式。二次挤压工艺在生产小规格铝合金管、棒、型材时经常被采用。采用二次挤压，合金的挤压效应将减弱甚至全部消失。根据 X 光分析结果，二次挤压引起合金在一定程度上发生了再结晶，是造成挤压效应减弱或消失的主要原因。

(6)淬火温度与保温时间的影响

产生挤压效应的实质是在淬火后的制品中仍保留有未发生再结晶的变形组织。淬火时的加热温度越高，保温时间越长，越容易发生完全再结晶，挤压效应损失越大甚至完全消失。

3.2.8.3 挤压效应在实际生产中的应用

(1)为了得到具有较高纵向强度(σ_b、$\sigma_{0.2}$)的挤压制品，则希望挤压效应显著一些。为此，可采用较高温度进行挤压，这是最简便的方法。除此之外，可考虑适当提高合金中过渡族元素和主要合金元素的含量，或采用不进行均匀化退火的铸锭。

(2)对于要求横向性能的大断面型材，则应适当减小挤压效应。一般可对铸锭进行长时间均匀化退火、采用较低的挤压温度、增大镦粗时的横向变形量、延长淬火保温时间等方法。

(3)对于机械性能要求不高的制品，退火状态交货制品，冷加工用坯料等，宜采用低温挤压，以获得易于在退火时完全再结晶的组织，并可以提高挤压速度。

4　挤压用坯料

4.1　挤压用坯料的种类

挤压用坯料的种类有很多种，不同的金属、不同的挤压方法、生产不同的制品，对坯料的要求不同，往往适合使用不同种类的坯料。正确合理地选择、使用坯料，对于保证挤压过程的顺利进行，经济地生产出满足用户使用要求的合格制品是至关重要的。

常用的挤压坯料的种类主要有铸锭(铸造坯料)、二次挤压毛料、杆状盘卷坯料、粉末状坯料、半固态坯料、液态坯料和复合坯料等。在普通的铝、铜合金管、棒、型材生产中，最广泛使用的挤压坯料是直接铸造的铸锭。在某些厂家，小吨位挤压机使用的坯料，不直接使用铸锭，而是使用由大吨位挤压机生产的二次挤压毛料。

4.1.1　铸　锭

将配制合金所需要的各种成分的原材料(包括纯金属、中间合金、废料等)，按规定的比例和操作要求装入熔炼炉中进行熔化，经过搅拌、扒渣、精炼(除气、除渣)、成分分析、静置等操作后浇铸成所需要断面形状、尺寸的长铸锭(长度一般为 7000～8000mm)。采用常规挤压法生产所用的坯料，一般都是将这种铸造的长尺寸铸锭，再经过一定工序(锯切、车皮、镗孔、均匀化退火等)，加工成所需要的挤压用短坯料(实际生产中仍称为铸锭或铸棒)。挤压用铸锭的形状有实心圆铸锭、实心扁铸锭和空心圆铸锭等。

实心圆铸锭主要用于挤压棒材、型材、排材及拉线用的线坯等。采用实心铸锭穿孔挤压方式,在铜合金及铝合金管材生产中也常常被采用。

实心扁铸锭使用较少,主要用于在扁挤压筒上挤压铝合金壁板等宽厚比较大的大规格扁宽型材。

空心圆铸锭主要用于挤压铝合金和变形抗力高的钢铁等高熔点金属材料管材。在实际生产中,空心圆铸锭的生产方式有两种:直接铸造空心铸锭;将实心铸锭加工成所需要的空心铸锭。规格较大的空心铸锭,一般用直接铸造法生产。受铸造芯子尺寸及冷却条件的影响,内孔直径较小的小规格空心铸锭,不宜采用直接铸造法生产,而是将铸造的实心铸锭,在钻床上从中心钻孔或在压力机上打孔等方法加工成所需要的空心铸锭。

4.1.2 二次挤压毛料

在大吨位挤压机上,用大规格铸锭挤压出的圆棒或厚壁圆管,不是作为挤压制品,而是锯短后作为小吨位挤压机使用的坯料,经过再次加热,用于挤压更小规格的型、棒材或管材,称为二次挤压毛料。通常情况下,采用立式半连续铸造法生产小规格铸锭时易产生弯曲,空心铸锭生产难度很大且质量难以保证。因此,在一些铝加工企业,小吨位挤压机所使用的小规格坯料,通常是通过将大吨位挤压机挤出的圆棒经过锯切、厚壁圆管经过锯切和镗孔加工制成的。

另外,在铜合金挤压生产中,为了减少金属损失,用实心铸锭穿孔挤压管材时产生的较大规格穿孔料头,常常也被用来作为挤压普通棒材的坯料。

4.1.3 其他坯料

4.1.3.1 杆状盘卷坯料

杆状盘卷坯料是 CONFORM 连续挤压机经常使用的坯料。

CONFORM连续挤压法目前主要用于铜及黄铜、纯铝及软铝合金挤压。杆状盘卷坯料的生产方法通常有两种：一种是将熔融金属浇铸成方坯或圆坯，然后采用多道次轧制的方法生产出所需要的长尺寸杆状盘卷坯料；另一种是采用水平连铸或上引法铸造出所需要的杆状盘卷坯料。连续挤压时，铝合金坯料无需加热，依靠挤压过程中产生的摩擦热和变形热就可以使变形区的温度升高到挤压温度；而铜合金坯料在挤压前还需预热。杆状盘卷坯料在使用前还需要对其表面进行清刷等处理。

4.1.3.2 粉末状坯料

粉末状坯料通常是将不同合金元素的粉末均匀混合在一起，用于生产有特殊要求的高性能制品。金属粉末不能直接加热并装入挤压筒中，需要制作成与铸锭相同形状的坯料或装入特制的筒中进行加热并装入挤压筒进行挤压。通常情况下，可通过热等静压、冷等静压的方式，直接将金属粉末制作成所需要形状尺寸的坯料，或将金属粉末熔化后，通过喷射沉积的方法制作成所需要的空心坯料。如果将金属粉末装入特制的金属筒中进行挤压，则需要抽真空。由于装粉末的筒的材质与粉末坯料的成分不同，挤压后应除去制品表面的包覆层。

将粉末状坯料挤压成板坯，可为轧制板材提供坯料。

4.1.3.3 半固态坯料

半固态坯料是一种处于液相与固相共存状态的坯料，一般情况下坯料中的固相成分为70%～80%。将这种半固态坯料装入挤压筒进行挤压，具有变形抗力低、流动性好等特点，有利于低塑性高强度合金、金属基复合材料等难加工材料制品的挤压成形。

半固态坯料的制备方法主要有两种：一种方法是在金属凝固过程中，进行强烈的搅拌，将形成的枝晶打碎或完全抑制枝晶的生长，获得由液相与细小等轴晶组成的糊状组织（称为半固态浆料），然后直接充填到挤压筒内进行挤压；另一种方法是将半固态浆料迅速冷却到室温，制备半固态坯料，再通过快速加热方式使坯料局部重熔，然后进行挤压。

4.1.3.4 液态坯料

熔融状态的液态金属是CASTEX连续铸挤法所使用的坯料。采用液态坯料，克服了CONFORM连续挤压所需的线坯制备和加热问题。它主要用于变形抗力较高的金属及合金制品的连续挤压生产。

4.1.3.5 复合坯料

用于挤压成形的复合材料有弥散强化型复合材料和层状复合材料。弥散强化型复合材料已应用于轿车发动机零件、摩托车刹车片、航天航空器仪表等零件。挤压弥散强化型复合材料所用的坯料为基本金属中分散有颗粒、晶须或纤维等强化材料，通常是采用粉末冶金法、高压铸造法或普通铸造法制取。

层状复合材料是指构成复合材料的组元成层状分布，主要有双金属管、包覆材料及其他层状复合材料。用于挤压双金属管的坯料，通常是将两种金属或合金的空心坯料，加工后组装在一起进行挤压。也可以采用多坯料法挤压双金属管，但这时的坯料不是预先组装在一起，而是在不同的挤压筒孔中放置不同坯料进行挤压，在金属从模孔流出前复合在一起。用这两种方法也可以挤压双金属棒（或称为单芯包覆棒材），所不同的是，采用常规挤压法所用坯料则是将一个实心坯料和一个空心坯料加工后组装在一起进行挤压。

4.2 铸锭的质量控制

化学成分符合标准要求且分布均匀、结晶组织晶粒细小、内部和表面缺陷少的优质铸锭是挤压生产高品质制品的重要保证。然而在实际生产中，受合金成分配比、熔炼过程中搅拌的均匀性、熔体的脱气和除渣效果、铸造方法和铸造工艺制度以及操作等多方面因素的影响，铸锭的化学成分在一定范围内会出现波动，甚至不合格；铸锭的结晶组织中可能会出现羽毛状晶、粗大晶粒等异常的晶粒组织；铸锭组织中往往会出现偏析、疏松、气孔、夹杂、粗大金属化合物等缺陷；可能会出现内部及表面裂纹、冷隔、拉裂等缺陷。受挤压前的均匀化退火及加热温度过高的影响，即便是合格的优质铸锭，可能还会出现过烧。铸锭中这些缺陷的多少、存在的位置、大小、形态等，对铸锭本身的质量以及挤压制品的质量都有很大影响，在铸锭生产中应尽可能避免或减轻。在选用铸锭时，应根据挤压制品的质量要求，结合所采用的挤压生产工艺特点，选择合适的铸锭。同时，还要根据铸锭中出现缺陷的性质及严重程度，避免选用存在某些缺陷的铸锭，或采取相应的措施对某些缺陷加以处理后使用。

4.2.1 化学成分控制

(1)铸锭的化学成分应符合标准要求，且波动的范围应尽可能小。这是因为，虽然合金中各元素的含量可在一定的范围内波动，但如果其波动较大，就会造成挤压制品性能产生波动，影响其使用。

(2)对于力学性能要求不同的同一合金挤压制品，其合金元素含量的控制应有所不同，即在符合国家标准要求的前提下，合金中某些元素的含量应控制在不同的范围内。也就是说，需要采用不同化学成分要求的铸锭。例如 6063 铝合金，其中的镁和硅的含量是按照形成 Mg_2Si 所需要的量，即 Mg∶Si＝1.73∶1 来设计的，但在生产建筑用铝合金型材时，Mg∶Si 通常控制为 1.3∶1～1.5∶1。

(3)对于某些硬铝合金(如 2A11、2A12 铝合金)，采用铸锭直接进行挤压(一次挤压)与采用二次挤压毛料进行挤压(二次挤压)，其化学成分中某些元素的含量应控制在不同的范围内。

表 4-1 是采用不同方法、挤压不同产品的 2A11、2A12 铝合金时的铸锭化学成分控制范围。

表 4-1 2A11、2A12 铝合金铸锭主要元素的化学成分控制范围

合 金	挤压制品及挤压方式	主要合金元素含量控制范围/%			
		Cu	Mg	Mn	Ti
2A11	管材，一次挤压型材、棒材	4.20～4.60	0.50～0.75	0.45～0.70	
	二次挤压型材、棒材	4.50～4.80	0.50～0.75	0.45～0.70	0.01～0.04
2A12	管材，一次挤压型材、棒材、大梁型材	4.10～4.60	1.30～1.60	0.40～0.70	0.01～0.04
	二次挤压型材、棒材	4.40～4.85	1.40～1.70	0.60～0.85	
	变断面型材	4.55～4.85	1.50～1.75	0.60～0.80	
	二组大梁型材	3.90～4.30	1.20～1.50	0.40～0.60	0.01～0.04

(4)除了主要合金元素外，杂质元素对合金的组织性能和生产工艺性能也有一定的影响，在生产过程中应根据具体情况加以控制。例如，对于6063合金，通常情况下杂质元素Fe的含量不大于0.5%，但建筑型材用6063铝合金最好控制Fe含量不大于0.2%，对于2A11和2A12铝合金，合金中的杂质元素是Fe和Si，其含量应尽可能少一些。但在实际生产中，为了防止出现铸造裂纹，对于2A12合金应控制Fe含量大于Si，为此，有时还需要在熔炼时向熔体中加入废铁丝等，以提高铁的含量；而对于2A11合金，则应控制Si含量大于Fe。

4.2.2 铸锭的晶粒组织

铸锭的晶粒组织对挤压时金属变形的均匀性、挤压制品的组织性能等有重要影响。铸锭理想的结晶组织是具有分布均匀的等轴细晶粒组织，无组织缺陷。

4.2.2.1 铸锭的典型结晶组织

铸锭的典型晶粒组织由3个区域组成(图4-1)：表面细等轴晶区(又称激冷晶区)、柱状晶区和中心等轴晶区。

图4-1 具有3个晶区的铸锭组织示意图

(1)表面细等轴晶区

表面细等轴晶区是在结晶器壁的强烈冷却和液体金属的对流双重作用下产生的。表面细等轴晶区的宽窄与浇铸工艺、结晶器壁的温度及导热能力、合金成分等有关。浇铸温度高，细等轴晶区窄；合金元素含量较高时，细等轴晶区变宽；适当提高冷却强度可使细等轴晶区变宽，但结晶器壁激冷作用过强时，细等轴晶区变窄甚至消失。

(2)柱状晶区

柱状晶区是在单向传热和顺序凝固情况下形成的，即在表面细等轴晶区内，生长方向与散热方向平行的晶粒就能优先向内继续生长，而与散热方向不平行的晶粒则将被压制。从而使得往铸锭内部生长的晶粒数目减少，优先生长的晶粒最后单向生长并互相接触而形成较粗大的柱状晶区。柱状晶区的形成及宽度，与结晶器壁的冷却作用及合金成分等有关。如果结晶器壁的导热性好，激冷作用强，易形成稳定的凝壳，则柱状晶发达。合金化程度低，溶质偏析系数小，成分过冷弱，晶粒或枝晶根部不易形成缩颈而被熔断，易形成柱状晶。提高浇铸温度，游离晶重熔的可能性大，有利于扩大柱状晶区。

(3)中心等轴晶区

中心等轴晶区是由于表面细等轴晶的游离，以及枝晶的熔断及游离到铸锭中心部位，在温度较低的情况下形成的。

在实际中，并非所有铸锭的晶粒组织都是由上述 3 个晶区组成的，根据浇铸条件，特别是冷却条件的不同而不同。不锈钢锭往往是全部柱状晶，没有中心等轴晶区。纯铝铸锭通常具有上述 3 个晶区。图 4 - 2a 所示是采用半连续铸造方法生产的 ϕ192mm 纯铝(1060)铸锭的宏观组织，最边缘宽约 3mm 区域由细小的等轴晶粒组成，其中掺杂有柱状晶；其次为柱状晶区，宽约 20mm；其余中心部分为较大的等轴晶粒。但是，经过细化处理的铝合金铸锭则往往全部是等轴晶，没有柱状晶区。图 4 - 2b 所示是采用半连续铸造方法生产的 5A06 合金 ϕ192mm 铸锭的宏观组织，其为全部等轴晶，边部的晶粒更细小一些。即便铸锭有上述 3 个晶区，但各自的宽窄也会因合金、铸造方法及工艺条件的不同而不同。在同一铸造条件下，纯金属与合金的结晶组织也是不一样的，纯金属多形成柱状晶，合金则易形成树枝状晶。

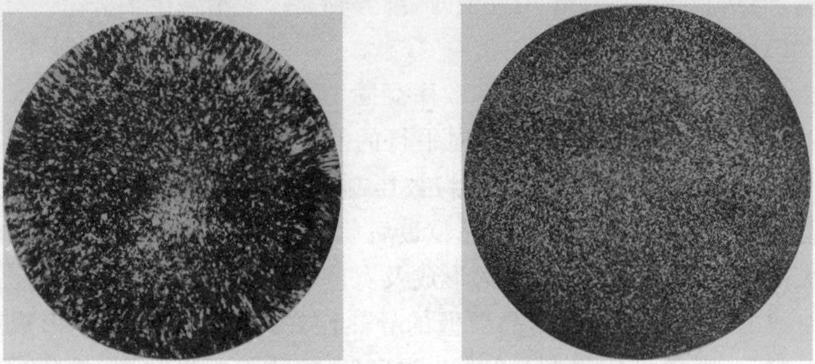

a)　　　　b)

图 4-2　铝及铝合金半连续铸锭组织

a)1060 纯铝；b)5A06 铝合金

4.2.2.2　铸锭的异常结晶组织

除了上述典型的三种结晶组织外，铸锭中有时可能还会出现一些异常的晶粒组织，如羽毛状晶、粗大晶粒组织等。

(1)羽毛状晶

在铸锭宏观组织中存在的类似羽毛状的金属组织称为羽毛状晶，又称为花边组织，如图 4-3 所示。羽毛状晶非常容易辨认，在铸锭试片上呈扇形分布，羽毛状晶的晶粒非常粗大，是正常晶粒的几十倍。

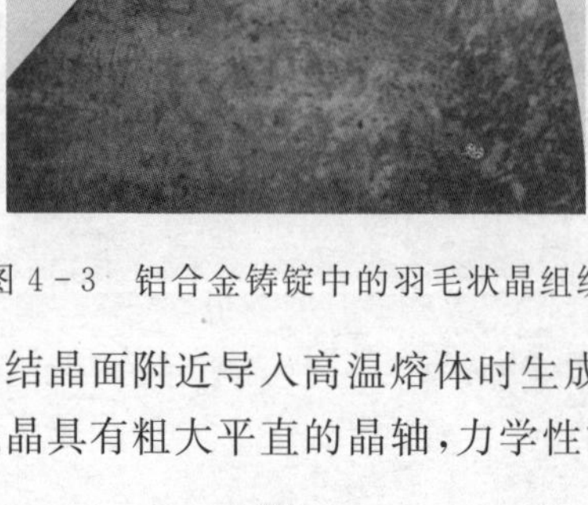

图 4-3　铝合金铸锭中的羽毛状晶组织

羽毛状晶是向结晶面附近导入高温熔体时生成的孪晶组织，是柱状晶的变种。羽毛晶具有粗大平直的晶轴，力学性能有很强的各向异性。具有羽毛状晶的铸锭经挤压变形后，羽毛状晶不能被消除，多数呈开放式菊花状。棒材经过二次挤压变形，羽毛状晶仍不能被消除。挤压管毛料在冷轧薄壁管时易产生裂纹或裂口。挤压型材经阳极氧化后，常常在羽毛状晶和正常晶粒的边界上以及在羽毛状晶自身的双晶界上呈现出条状花纹，影响型材的表面质量。因此，在实际生产中应避免使用有羽毛状晶的铸锭。

(2)粗大晶粒组织

在铸锭宏观组织中出现的均匀或不均匀的大晶粒称为粗大晶粒，如图 4-4 所示。

铸锭的晶粒尺寸与熔体中结晶核心多少以及铸造工艺有关。铸造时，当熔体过热、铸造温度高、冷却速度慢、过冷度小时，易形成较均匀的粗大晶粒组织。当熔体的导入方式不均匀，或导入过热熔体时，造成液穴内的温度不均匀，易出现局部粗大晶粒组织。

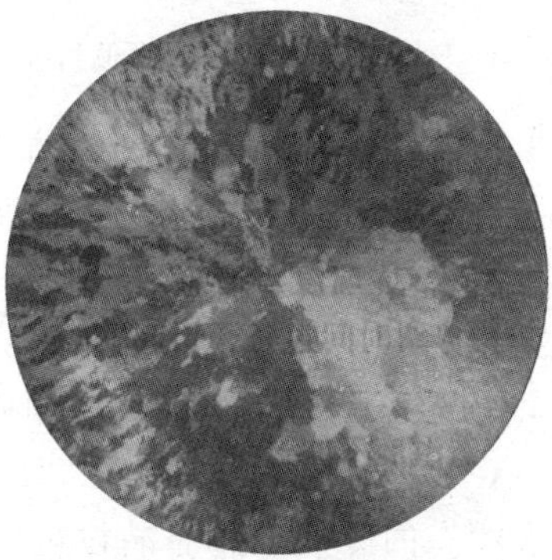

图 4-4 铝合金铸锭中的粗大晶粒组织

铸锭组织具有遗传性，这种粗大晶粒会造成挤压制品晶粒粗大，影响其质量及使用性能。例如，3003 铝合金感光鼓的鼓基管如果晶粒粗大，就会影响感光鼓的质量，从而严重影响打印机的打印质量。

4.2.3 铸锭常见的其他缺陷

4.2.3.1 偏析及偏析瘤

由于铸造过程中的不平衡结晶等影响，铸锭组织不同程度都存在着偏析。有色金属及合金铸锭中的偏析主要是晶内偏析和反偏析。

(1)晶内偏析

晶内偏析是指铸锭组织中一个晶粒内部化学成分的不均匀现象，属于微观偏析，只能在显微镜下观察到，晶粒内部呈现出年轮状形貌，如图 4-5 所示。

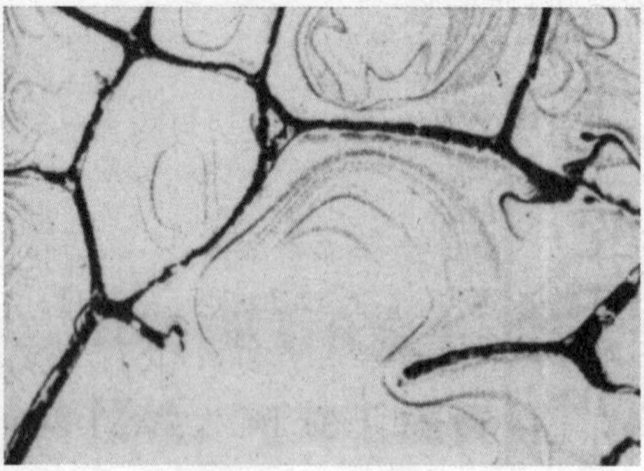

图 4-5 3A21 铝合金铸锭的晶内偏析显微组织

在生产条件下，由于铸锭冷却凝固较快，固液两相中溶质来不及扩散均匀，枝晶内部先后结晶部分的成分不同，故也称为枝晶偏析。晶内偏析的程度因合金而异，纯度越高，越轻微，在变形铝合金中，以 3A21 铸锭的晶内偏析最为严重。晶内偏析使铸锭组织不均匀，对其性能产生不良影响，增加了铸锭产生热裂纹的倾向，对后续热处理工艺和制品最终性能也有一定的影响。例如，3A21 铝合金铸锭如果不进行均匀化退火，退火状态的冷加工制品晶粒粗大；6063 铝合金铸锭如果不进行均匀化退火，不仅型材的强度会有所降低，而且氧化易出现色差；6A02 铝合金铸锭如果不进行均匀化退火，其退火状态的薄壁管材强度偏高，常常满足不了标准要求。

在工业生产条件下，晶内偏析是不可避免的，只能通过细化晶粒、提高结晶过程中溶质原子的扩散速度、降低和控制结晶速度等措施予以减轻。在实际生产中，最有效的办法是对铸锭进行均匀化退火，使晶内偏析得到有效减轻或消除。

因此，在实际生产中，应根据挤压制品的性能、生产工艺等要求，以及晶内偏析的程度，选择采用经过均匀化处理或不进行均匀化处理的铸锭。

(2)反偏析

反偏析属于宏观偏析(区域偏析),是在铸锭较大范围内的成分不均匀现象,采用半连续铸造方法生产的有色金属铸锭,大部分不同程度都存在反偏析现象。

图 4-6 是对 2A12 铝铸锭试片从不同部位钻取铝屑进行化学分析的结果,可以看出,在铸锭横断面边部(即表面层)铜元素的含量明显高于中心部位。

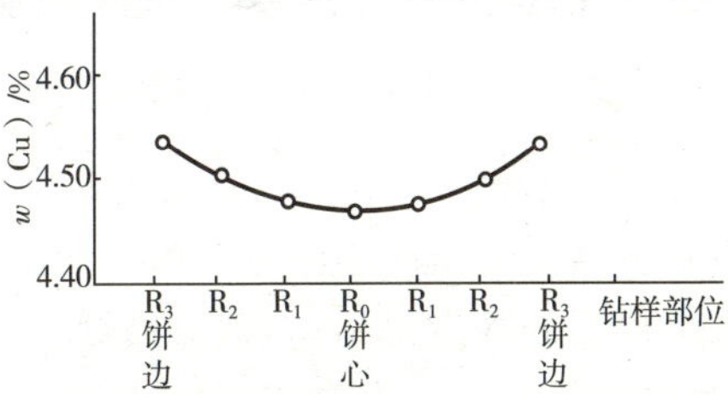

图 4-6　2A12 铝合金铸锭横截面含铜量与位置的关系

反偏析不能通过事后的均匀化退火给予消除或减轻,但通过对铸锭表面的车皮、剥皮,则可消除铸锭的反偏析层。因此,在使用铸锭前,应根据铸锭的偏析程度、挤压方法和制品的质量要求等,决定是否采用车皮铸锭。

(3)偏析瘤

在铸锭表面上产生的瘤状偏析漂出物称为偏析瘤。偏析瘤是不正常组织,对制品的组织性能危害极大。对于有偏析瘤的铸锭,在挤压前应通过对铸锭进行车皮、剥皮方法除去。

4.2.3.2　疏松和气孔

(1)疏松及白亮点

一般把铸锭宏观组织中的黑色小针孔称为疏松。生产中按四级标准对疏松进行定级,级别越高,疏松越严重。铸锭中存在疏松缺陷时,其断口组织粗糙、不致密,当疏松超过二级时,呈白色絮状断口。如果疏松缺陷比较严重,打开铸锭的断面,有时用肉眼就能够看出,但在多数情况下需要借助显微镜做低倍放大观察才能发现。图 4-7 是

7A04 铝合金 ϕ405mm 铸锭的断口组织，上边断口无疏松，组织致密；下边为四级疏松，断口粗糙有白亮点。

图 4-7 7A04 铝合金 ϕ405mm 铸锭断口上的疏松

疏松可分为收缩疏松和气体疏松。收缩疏松是由于金属凝固过程中的体积收缩，在树枝晶枝杈间因液体金属补缩困难所造成。收缩疏松尺寸一般很小，经过挤压变形后，多数能被焊合，对合金的挤压性能和挤压制品的性能影响较小。气体疏松的产生是因为熔体含有较多未除去的氢气所造成。气体疏松经过挤压变形后通常不能被焊合，呈条状、层皮状、线状等，往往会成为裂纹源。

疏松一般分布在铸锭的中心和尾部。疏松的存在，使得铸锭的密度、强度和塑性降低。疏松对挤压制品的纵向力学性能影响不大，但会使型材横向的强度和伸长率有明显降低，影响制品的使用寿命。例如，对于要求横向力学性能的 2A12 铝合金大梁型材，用有 4 级疏松铸锭挤压的型材，其强度比没有疏松的降低 12%，伸长率下降 45%。

(2)气孔

气孔实际上是放大了的气体疏松，在铸锭试片上呈圆形孔洞，其危害比气体疏松更大。气孔尺寸一般都较大(约几毫米)，通常用肉眼就可以观察到，但个别合金尺寸较小的气孔，在低倍试片上是很难发现的，需要打断口才能发现，其形貌与疏松相同。铸锭中的气孔会造成挤压制品出现气孔缺陷，如图 4-8 所示，在挤压棒材中气孔沿着挤压方向被拉长。

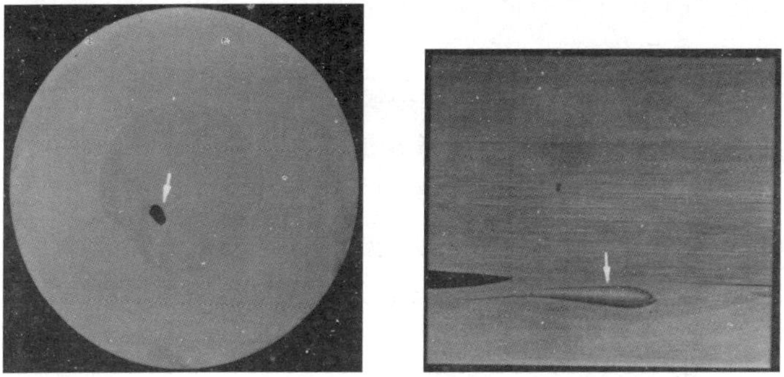

a)横向试片　　b)纵向试片

图 4 - 8　挤压棒材中的气孔

4.2.3.3　夹杂及氧化膜

铸锭中的夹杂分为金属夹杂和非金属夹杂。

(1)金属夹杂

金属夹杂是由于加入的高熔点金属没有完全熔化,或铸造操作过程中不小心使外来的金属(如铁钉等)掉入液态金属中而没有被熔化所造成。金属夹杂在铸锭中一般很少出现,一旦出现,变形时在金属夹杂与基体金属的界面上易出现裂纹;挤压时易损坏模具。

(2)非金属夹杂

铸锭宏观组织中与基体界限不清的黑色凹坑称为非金属夹杂。其组织特征是没有固定的形状,与基体金属没有清晰的界限,呈现黑色凹坑。铸锭中的非金属夹杂物,只有在低倍试片经过碱水溶液侵蚀后才能够显现出来。图 4 - 9 所示铸锭断面边部的黑色物质就是非金属夹杂。非金属夹杂是由于熔炼过程中,将来自熔剂、炉渣、炉衬、油污、泥土及灰尘中的氧化物、氮化物、碳化物、硫化物带入熔体所造成。非金属夹杂破坏了金属的连续性,对制品的性能影响很大,使其强度和延伸率下降。

(3)氧化膜

铸锭组织中主要由于氧化铝所形成的非金属夹杂称为氧化膜。氧化膜很薄,与基体金属结合很紧密,在未变形的铸锭宏观组织中很难被发现,只有按特定的方式将铸锭变形并淬火后做断口检查才能发现。氧化膜的特征为褐色、灰色或浅灰色的片状平台，如图 4－10 所示。

铝合金熔体中的氧化膜主要来源于两个方面：一是在熔炼过程中的搅拌不当或铸造操作不当使浮在熔体表面的氧化膜破碎并卷入熔体中；二是原材料中过多地使用废料。氧化膜的存在破坏了金属的连续性，使产品的性能降低。在实际生产中，要想完全杜绝氧化膜的存在是很困难的，但应尽可能减少氧化膜的存在，特别是避免大颗粒氧化膜存在。

图 4－9　非金属夹杂的宏观组织

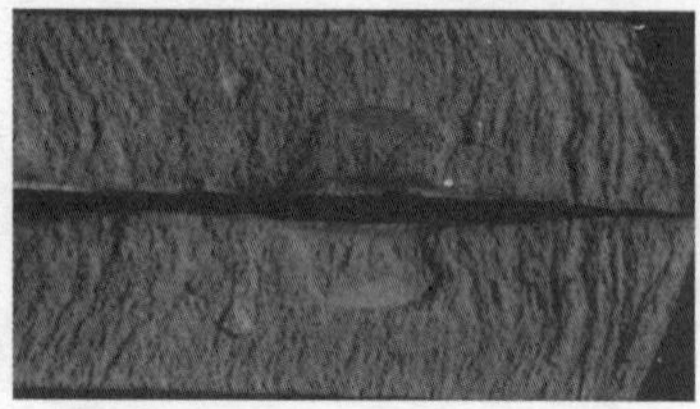

图 4－10　铸锭中的氧化膜

4.2.3.4　粗大金属化合物

在低倍试片上呈针状、块状的凸起物称为粗大金属化合物，其断口组织如图 4－11 所示。

图 4－11　铸锭中粗大金属化合物的断口组织

粗大金属化合物的形成与合金中添加的铁、锰、铬、锆等元素有关。如果其成分选择不当或铸造工艺不当，熔质再分配使局部元素富集而导致熔体成分不均匀，铸造操作不当时在漏斗底部形成化合物晶核并长大，以及使用的某些中间合金中的粗大化合物在熔炼过程中没有完全被熔化而保留下来等，都有可能造成铸锭中出现粗大金属化合物。

粗大金属化合物又硬又脆,破坏了铸锭组织的均匀性。粗大金属化合物多数是难溶相,均匀化退火后尺寸仍很大。在加工变形后多数被破碎,但尺寸仍较大,降低了合金的冷加工性能,使制品的塑性明显下降。例如,5A05、5A06 铝合金铸锭如果不进行均匀化退火或均匀化退火不充分,粗大的 $MnAl_6$ 相不能从基体中充分、均匀地析出,在冷轧管壁很薄的薄壁管材时,在 $MnAl_6$ 相的周围就会产生很大的应力集中,易导致轧制过程中产生裂纹。3A21 铝合金铸锭如果不进行均匀化退火或均匀化退火不充分,粗大的 $MnAl_6$ 相不能从基体中充分析出,在冷轧薄壁管时虽然不会产生裂纹,但由于变形不均,在 $MnAl_6$ 相的周围会产生很大的应力集中而形成微裂纹,轧后管材在放置过程中由于剥落腐蚀也会产生裂纹。将冷加工的 3A21 薄壁管材退火后进行扩径,还易出现裂纹和裂口现象。

4.2.3.5 过 烧

过烧的组织特征是在显微组织中出现晶界局部复熔加宽、3 个晶粒交叉处形成复熔三角形和复熔共晶球,如图 4－12 所示。

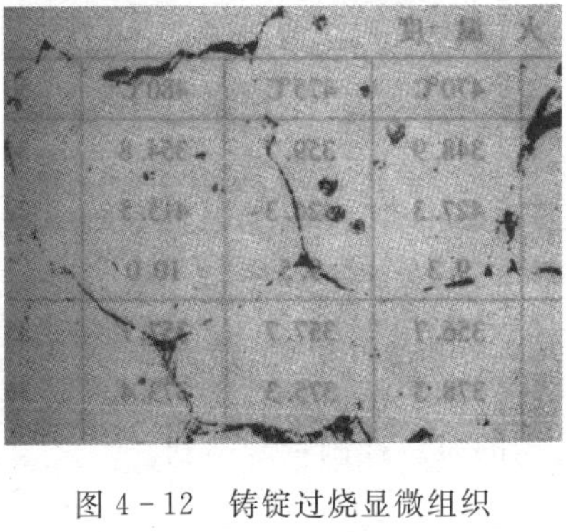

图 4－12 铸锭过烧显微组织

许多铝合金铸锭在挤压生产前需要进行均匀化退火处理。均匀化时的加热温度越高,均匀化效果越好,所需要的保温时间也越短。但是,如果均匀化时的加热温度过高,超过了合金中低熔点共晶的熔点,这些低熔点共晶组织就会发生熔化,造成过烧。除此之外,铸锭在挤压前的加热过程中温度过高也会造成过烧。合金发生过烧后,低熔点共晶在晶界和基体内复熔又凝固，改变了过烧前该处组织紧密相连的状态，对合金的连续性造成普遍损害，对合金的力学性能、疲劳性能和抗腐蚀性能等都会产生严重影响。硬铝合金铸锭过烧严重时，挤压制品出模孔后无法成形，呈碎块状。由于合金过烧不能通过热处理或加工变形来消除，一旦出现将造成绝对废品。

4.2.3.6 冷 隔

铸锭外表面上存在的较有规律的金属重叠或靠近表皮内部形成的隔层称为冷隔。冷隔在铸锭表皮上呈近似圆形、半圆形或圆弧形不合层，不合层处金属呈沟状凹下。在低倍试片上有明显分层，分层处凹下形成沿铸锭外表面层的圆弧状黑色裂纹，如图 4-13 所示。

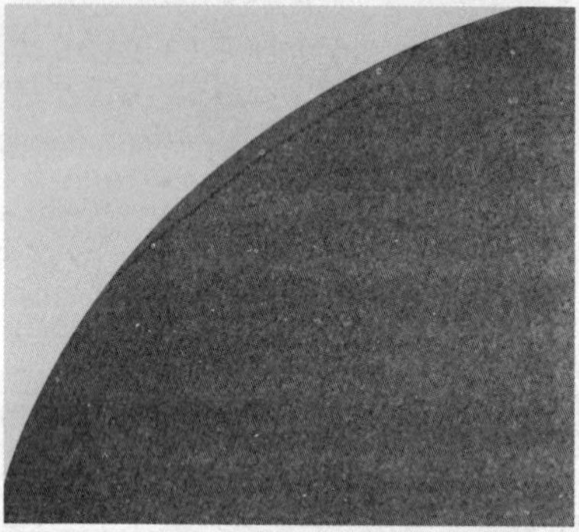

图 4-13 实心圆铸锭冷隔缺陷

冷隔是由于铸造工艺不当所造成。冷隔使铸锭表面形成分层，破坏了金属的连续性，当拉应力较大时，易造成圆铸锭横向裂纹。冷隔的出现，使得铸锭表面的车皮量增大，不仅使铸锭生产的成品率下降，还会给后续加工过程的质量控制带来不利。

4.2.3.7 裂纹缺陷

在铸造过程中，通常遇到两种裂纹倾向：一种产生于金属从液态到固态的凝固过程，称为热裂纹；另一种产生于凝固后的冷却过程，称为冷裂纹或应力裂纹。也有一些裂纹既具有热裂纹特征又具有冷裂纹特征，是先热裂而后发展成冷裂。

实际生产中，用半连续方法浇铸的对称性好的圆铸锭（包括实心锭和空心锭)，是很少出现冷裂纹的，铸锭中的裂纹，往往是锭中心热脆区开始热裂纹，受冷却收缩应力影响，裂纹向边部扩展形成综合性裂纹。

裂纹是铸锭生产中最主要的废品之一，最直接的原因是铸造应力的破坏作用。铸锭内部的裂纹通过挤压以后是不能消除的，会遗传在制品内部。

4.2.3.8 拉裂及拉痕

拉裂及拉痕是铸锭表面常见的缺陷之一。拉痕是指在铸锭表面纵向上存在的条状擦痕。拉裂是指在铸锭表面横向上出现的小裂纹或小裂口。

拉裂及拉痕的产生主要是由于铸锭与结晶器壁之间存在较大的摩擦所造成。拉裂及拉痕破坏了铸锭表层的连续性，对挤压制品的表面质量有很大影响，易产生起皮、气泡等缺陷。当其深度较浅时，可通过车皮予以消除。

4.3 坯料的加工、检验

4.3.1 铸锭的车皮、镗孔

如前所属，采用常规铸造方法生产的铸锭，其表面上(包括铸造空心锭的内表面)常常存在着氧化物、偏析瘤、冷隔、裂纹等表面缺陷，存在着杂质及其他脏物。即便是采用先进的铸造方法，如铝合金气滑铸造技术等，生产的铸锭表面质量虽然会有很大提高，表面偏析瘤、表面冷隔、裂纹等缺陷基本可以消除，可获得表面较光滑的铸锭，但其表面上的氧化膜、表面层的合金元素偏聚区仍然存在，铸锭在放置过程中表面仍然会落上灰尘，仍可能会被其他污物所污染。在挤压过程中，如果铸锭表面层这些带有氧化物、各种表面缺陷、杂质和脏物的金属从模孔中流出，必然会恶化制品的质量；如果在挤压后期进入制品尾端会造成缩尾。

挤压铝合金型材、棒材时，通常用平模。平模挤压的特点是，在挤压过程中可以形成较大的死区，这个死区可有效地阻止铸锭表面层这些带有氧化物、各种表面缺陷、杂质和脏物的金属流出模孔，提高制品的表面质量。因此，对于质量要求不十分严格的型材、棒材制品，可以使用不经表面加工的铸锭。但对于质量要求较高的一些特殊产品、大梁型材、变断面型材等所用铸锭和硬合金大规格铸锭，应进行车皮等加工。铝合金不车皮铸锭的范围如表 4-2 所示。

表 4-2 挤压铝合金型材、棒材不车皮铸锭的使用范围

序号	制　品	铸锭规格	合　金
1	所有制品	所有规格	纯铝
2	线坯	所有规格	2A01、2A10
3	型材、棒材、线坯	ϕ162mm 以下	5A05、5B05
4	型材、棒材、线坯	ϕ200mm 及以下	3A21、5A03、2B11、2B12、2A04、2A06、2A14、6063
5	型材、棒材、线坯	ϕ290mm 及以下	5A02、6A02、2A50、2A11、2A12、2A13

挤压铝合金管材时，使用的模子通常为锥形模。锥模挤压的特点是金属变形流动较均匀，所需要的挤压力较小，从而可抵消因穿孔针对金属流动所产生的摩擦阻力引起的挤压力上升，降低挤压力。但锥模挤压时的“死区”体积小，对铸锭表面层金属流动的阻挡作用小，如果铸锭表面不进行加工处理，这些氧化物、各种表面缺陷、杂质和脏物就很容易从模孔流出，导致制品表面质量恶化。同样，空心锭内孔如果不进行镗孔，其表面上的氧化物、各种表面缺陷、杂质和脏物也会沿着穿孔针表面从模孔流出，导致管材内表面质量恶化。因此，挤压铝合金管材所用的铸锭外表面必须车皮，空心锭内表面必须镗孔。

反向挤压时，由于变形金属与挤压筒壁之间无相对运动，挤压筒壁对铸锭表面层金属的流动无阻碍作用，形成的死区非常小，铸锭表面上这些带有氧化物、各种表面缺陷、杂质和脏物的金属，几乎全部流出模孔进入制品表面。因此，反向挤压用铸锭表面也必须车皮。

除去铸锭外表面层带有各种缺陷的金属的方法有冷车皮、热车皮、热剥皮和脱皮挤压等，空心锭的内表面通常采用镗孔方法进行加工。

4.3.1.1　冷车皮

先将铸锭在车床上车去一定厚度(一般为5mm左右)的表皮,再进行加热并挤压,这是铸锭表面加工最常用的方法。

铸锭的车皮加工通常都是在普通车床上进行,设备简单、投资少,对设备的精度、工人的操作水平等要求不高,因此得到了广泛应用。但是,生产效率较低、劳动量大。在操作过程中,对于中小规格铸锭,装卸料往往需要人工搬卸,劳动强度大,而且易出现砸脚碰手的不安全事故;而对于大规格铸锭,通常利用吊车装卸料,虽然可以减轻劳动强度,但装卸速度慢,辅助时间长,加上车皮时间,则每加工好一块铸锭需要较长的时间。另外,车皮产生的碎屑为三级废料,需经过熔化,加工成复化锭,进行成分分析后,才能用来配制合金,再重新熔炼、浇注、加工成所需要规格、质量的铸锭。碎屑的熔化会造成很大的金属损失,据统计,铝屑熔化时的平均烧损率约15%。为了加工复化锭,还需要消耗大量的能源和辅助材料。

4.3.1.2　热车皮

为了克服冷车皮后进行高温均匀化退火→冷却→挤压前铸锭加热→挤压这一传统工艺存在的不足,近年来在国外出现了采用挤压生产线外热车皮的方法,即将加热好的铸锭,先通过出料辊道送到位于挤压机一侧的高速车床上进行热车皮,然后再送到挤压机进行挤压。

采用热车皮方法,可以有效地避免冷车皮后,铸锭表面在随后的高温均匀化退火和挤压前加热过程中所造成的再次氧化,避免铸锭在放置过程中的表面污染,提高铸锭表面质量。这种方法,适合于挤压速度较慢的硬铝合金的挤压。对于挤压速度很快的纯铝及软铝合金,由于车皮速度相对较慢,有时可能会造成挤压机停机待料,影响挤压机的生产效率。

另外,热车皮产生的铝屑仍是三级废料,同样也需经过熔化,加工成复化锭,进行成分分析后,才能用来配制合金。

4.3.1.3　热剥皮

将加热好的铸锭,在剥皮机上剥除厚度为2～10mm的表皮,然后再进行挤压。按照剥皮的方式不同可将其分为三种:挤压机生产线外热剥皮、生产线上热剥皮和挤压机自身热剥皮。挤压机自身热剥皮原理如图 4-14 所示，在挤压筒的入口处，安装一个剥皮机，铸锭在进入挤压筒前，在挤压轴压力的作用下，经过剥皮机被剥去一层表皮后，直接被推入挤压筒中进行挤压。

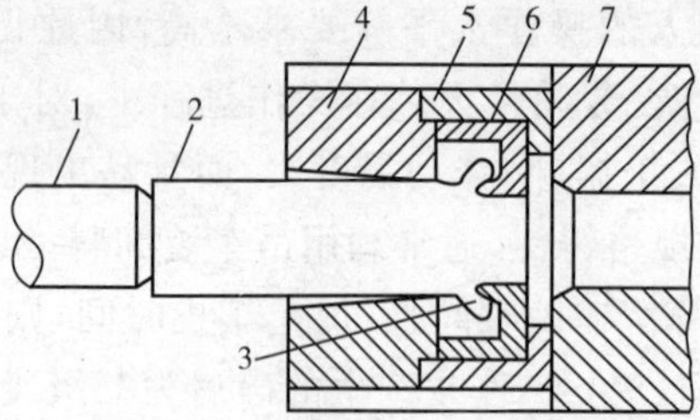

图 4-14　挤压机自身热剥皮原理

1—挤压轴；2—铸锭；3—剥皮废料；4—导向套；5—外套；6—剥皮模；7—挤压筒

采用热剥皮方法，可以有效地克服上述车皮方法存在的不足，提高铸锭的表面质量，提高生产效率。并且剥皮产生的废料为一级废料，可直接配合金熔炼铸造，从而可避免加工复化锭时的金属烧损、辅助材料及能源消耗，提高经济效益。采用热剥皮方法时，应注意以下几点：

(1)细长铸锭剥皮时，为防止铸锭受到很大的轴向压力而产生弯曲，应有防弯曲装置；

(2)为防止铸锭偏斜造成剥皮厚度不均匀，剥皮机上应有定心装置或防偏装置；

(3)空心锭剥皮时，要有很好的定心装置，防止剥皮后产生偏心，造成挤压管材偏心；

(4)不同合金具有不同的性质，要注意选用适合其剥皮使用的结构或形式的剥皮刀具或模具。一般情况下，纯铝及软铝合金与硬铝合金应使用不同的剥皮刀具。

无论是采用热车皮或热剥皮方法，均能提高铸锭的表面质量，满足高质量制品挤压（特别是反向挤压）生产的需要。但是，对于采用不穿孔工艺挤压管材用的空心锭，其内孔质量只有通过挤压前的镗孔加工来保证。由于这种镗孔加工一般要在均匀化退火前进行，因此，镗孔后的刀痕浅并且光滑，对保证管材的内表面质量是非常重要的。

4.3.1.4　脱皮挤压

脱皮挤压主要用于H62、HPb59－1、HFe59－1－1、QAl10－3－1、QAl10－4－4等铜合金棒材挤压，以防铸锭表面的氧化皮等流入制品内部并在挤压后期产生缩尾。脱皮挤压的原理见图3－23所示。

挤压时，使用外径比挤压筒小2～4mm的挤压垫进行挤压，在挤压垫与挤压筒之间形成一定的间隙，使铸锭的表皮部分残留在挤压筒内。挤压结束后，将外径略大于挤压筒内径的清理垫压入挤压筒，将残留在挤压筒内的脱皮废料清除干净。脱皮厚度一般为1.5～3mm，挤压筒大取上限，挤压筒小取下限。

所有合金管材，均不能采用脱皮挤压。

对于二次挤压毛料，其外表面质量较好，不需要进行任何加工处理。但对于挤压管材的二次挤压空心毛料，由于挤压过程中可能会产生内表面擦伤缺陷，从而会影响挤压管材的内表面质量。因此，在实际生产中，对于表面质量要求不是很高的厚壁管材，因用户多数情况下还要进行机械加工，故二次挤压毛料可以不进行镗孔；但对于表面质量要求较高、用于冷轧或冷拔薄壁管的热挤压管坯，则二次挤压毛料需要进行镗孔。

4.3.1.5　铸锭的车皮、剥皮厚度

铸锭表层的车皮、剥皮厚度，原则上要求能够消除其偏析瘤、冷隔、氧化膜、表面裂纹等缺陷。由于大多数有色金属合金在半连续铸造过程中不同程度都存在着反偏析，特别是硬铝合金，即便不出现偏析瘤，但在铸锭表层(大约3mm以内)，会形成一个合金元素富集的高成分区。虽然这个合金元素富集区的存在不会影响到挤压制品的表面质量，但流入到制品中会造成挤压制品化学成分不均匀，影响到制品组织性能的均匀性。这对于军工产品，或有其他重要用途的产品来说，是非常不利的。因此，对于铝合金来说，铸锭表面层的均匀车皮、剥皮的厚度应不小于3mm，考虑到铸锭的弯曲等，一般应在5mm左右。

车皮、镗孔后的铸锭内径、外径尺寸偏差，空心锭的壁厚不均度应符合表4－3的要求。

表 4-3 铝合金挤压用坯料尺寸允许偏差

坯料种类	坯料尺寸允许偏差(不大于)/mm					
	外径	内径	长度		端面切斜度	壁厚不均度
			定尺	非定尺		
车皮实心锭	±2.0		+10	±(2～5)	5	
热剥皮实心锭	±2.0		+10	±(2～5)	1.0	
车皮空心锭	±2.0	±1.0	+8～+10	±(3～5)	7～8	1.0～1.5
热剥皮空心锭	±2.0	±1.0	+8～+10	±(3～5)	1.0	1.0～1.5
二次挤压毛料	-1.5	±0.5	+4	±(2～3)	1.5～2.0	0.75

为了保证挤压制品的质量，铸锭车皮、镗孔后的表面刀痕深度一般应不大于 0.3mm。对于车皮后铸锭外表面存在的个别缺陷，可采用铲槽的方法进行清理，一般每块铸锭可允许有不多于 4 处的铲槽存在，铲槽深度不大于 3mm，铲槽周围必须光滑过渡。如果铸锭表面的缺陷通过铲槽方法不能完全消除时，可通过增加车皮加工量的方法，加工成条件铸锭，以直径负偏差交货，一般允许超出负偏差 3～5mm。但定尺产品不能以条件铸锭交货，避免造成短尺。

4.3.2 铸锭的锯切

锯切包括切头、切尾、切试片(低倍、氧化膜等)、切短铸锭。铝合金铸锭的切头、切尾长度如表 4-4 所示。

表 4-4 铝合金铸锭切头、尾长度

合金	铸锭切头、尾长度/mm					
	ϕ200mm 及以下		ϕ270mm～ϕ360mm		ϕ400mm 以上	
	切头	切尾	切头	切尾	切头	切尾
纯铝	50	80	70	100	80	120
3A21、2A11、6A02、6063	50	100	70	120	80	150
5A02、5A03、5A05、5A06、2A12、2A50、2A14、7A04、7A09	50	100	100	120	100	150

对于需要进行金相低倍检查的铸锭，应在切头、切尾部位切取低倍试片，其厚度为20～25mm，切取方法如图4-15所示。

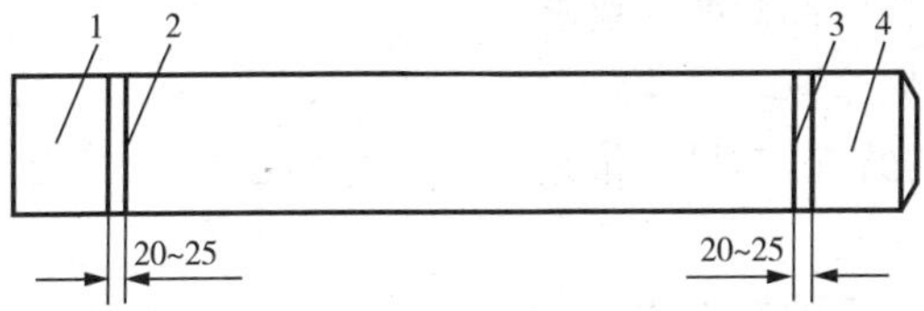

图4-15 铸锭低倍检查试片的切取方法

1—切头；2、3—低倍试片；4—切尾

对于需要检查氧化膜的铸锭，需要切试片检查氧化膜，试片厚度一般为50mm。当第一次氧化膜检查不合格时，需要进行复查，复查试片在报废的底部毛料上浇口方向切取。氧化膜试片的切取方法如图4-16所示。

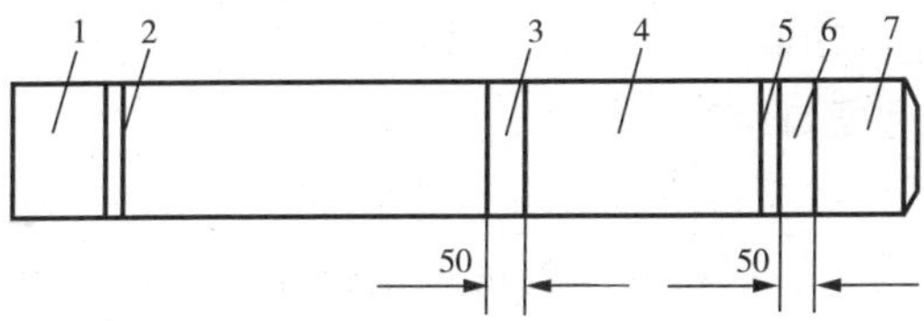

图4-16 铸锭氧化膜检查试片切取方法

1—切头；2、5—低倍试片；3—氧化膜复查试片；

4—底部毛料；6—氧化膜试片；7—切尾

检查合格后的铸锭，从浇口方向开始至底部锯切短铸锭，并按顺序在浇口一方的短铸锭端面上打上顺序号、合金牌号、炉号、熔次号、铸锭号。锯切后的短铸锭长度偏差及端面切斜度的要求见表4-3所示；每个短铸锭的最大弯曲度，外径ϕ270mm以上者为5～7mm，以下者为3～5mm。

4.3.3 铸锭的质量检验

铸锭的质量检验项目包括化学成分、表面质量、尺寸偏差、高倍组织、低倍及断口组织等。

(1)化学成分

铸锭的化学成分应符合国家标准或有关双方协议的要求。为了保证产品的化学成分不超出国家标准，以及保证制品的特殊性能要求，通常企业还制订有相应的、更为严格的化学成分内部控制标准，这时，应首先符合内部标准的要求。

(2)尺寸偏差

加工好的铸锭，其尺寸偏差一般应符合表 4-3 的要求。

(3)表面质量

车皮、镗孔后的铸锭表面，其刀痕应光滑，刀痕深度要符合要求，不允许有毛刺、黏铝以及局部未车皮的黑皮存在。铸锭表面应清洁，不能有灰尘、油污及脏物。

(4)高倍组织

进行均匀化退火的铸锭，应检查高倍组织，确认是否过烧。如果均匀化是整根铸锭时，高倍试样应从每架料的中部铸锭的浇口部切取；如果均匀化是锯切或加工好的短铸锭时，则应从相应的测温点处铸锭的打印记端切取。

(5)低倍和断口组织

铸锭的低倍和断口组织缺陷(包括夹渣、气孔、白斑、疏松、羽毛状晶、化合物、光亮晶粒、粗大晶粒及氧化膜等)不应超过有关标准的规定；不允许有裂纹存在。

4.3.4 二次挤压毛料的加工、检验

4.3.4.1 锯切、车皮、镗孔

一次挤压的整根二次毛料应按规定切尾、切低倍试样，并锯切成二次挤压所需要的长度。挤压型、棒材的实心二次毛料切尾长度为300mm，挤压管材的空心二次毛料切尾长度不大于 250mm。二次毛料 100％切低倍试样，长度为 20～30mm。

挤压型、棒材用的实心二次毛料不需要车皮。挤压管材用的空心二次毛料需要车皮。挤压冷加工管坯用的二次毛料还需要进行镗孔。

二次毛料加工后的尺寸允许偏差应符合表 4-3 的要求。

4.3.4.2 检 验

(1)低倍组织

二次毛料应100%检查低倍组织。低倍试片上不允许有裂纹、金属间化合物、疏松等破坏金属连续性的缺陷,一旦发现,一次挤压的整根二次毛料应报废。当低倍试片上发现有气孔、夹杂时,仅报废与该试片相连接的小二次毛料。当低倍试片上发现有缩尾时,应依次从尾端向前切取试片进行低倍检查,切至没有缩尾时为止。挤压型、棒材的实心二次毛料可不检查粗晶环。

对于二次挤压管毛料,低倍试片上允许有外壁深度不大于1.5mm的成层和内壁深度不大于1mm的成层存在。一旦发现有超出规定的成层,应从尾端向前切取试片继续进行检查,直至合格。

(2)表面质量

挤压型、棒材的二次毛料表面允许有深度不超过直径负偏差的成层和各种表面缺陷。

挤压管材的二次毛料车皮后,其外表面不允许有起皮、气泡、深沟、压入物等,允许有深度不大于0.5mm的成层存在。镗孔后的二次毛料内表面应光滑,不允许存在有明显深度的螺旋纹、擦伤、起皮、气泡、划沟等缺陷,允许有深度不大于0.5mm的成层存在。挤压厚壁管用的不镗孔二次毛料,内壁缺陷(包括成层)深度不得大于0.5mm。

所有二次挤压毛料表面都不允许有裂纹。

4.4 铸锭的均匀化退火

在工业生产条件下,由于铸造时的冷却速度较快,使得结晶时的扩散过程受阻,凝固后的铸态组织通常偏离平衡状态。铝合金中的S(Al_2CuMg)、$MnAl_6$、Mg_2Si等相来不及充分地从基体中析出,分布在枝晶网和晶界上,降低了铸锭的加工性能。若对铸锭进行均匀化退火,这些富集在晶粒和枝晶边界上的可溶解的金属间化合物和强化相就会发生溶解和扩散,充分地从基体中析出,从而使铸锭组织均匀,消除铸造应力,提高塑性,降低基体的屈服强度,减小变形抗力,改善其挤压加工性能。

根据对6063合金的挤压实验，用均匀化退火处理后的铸锭进行挤压，可以使挤压力降低6%～10%，挤压速度提高22%以上，使每小时产量提高12%以上。硬铝合金铸锭经充分均匀化退火后，挤压力可减小10%以上，挤压速度可以提高20%～30%。

采用不同的均匀化退火工艺，对挤压速度的影响也不一样。对2A12合金空心锭进行均匀化-析出退火处理，与采用常规的均匀化退火处理相比较，可以使挤压管材时的速度提高40%～60%。表4-5是6063合金铸锭在580℃±5℃、2h均匀化退火后，采用不同冷却速度对挤压速度影响的实验结果。可以看出，当冷却速度由100℃/h以下提高到170℃/h以上，挤压速度可由20m/min提高到70m/min以上而不产生裂纹。这主要是由于冷却速度慢时，Mg_2Si析出，以粗大的化合物形态不均匀分布在晶界上，降低了合金塑性。

表4-5 6063合金铸锭均匀化退火后不同冷却速度对挤压速度的影响

冷却速度/℃/h	挤压速度/m/min					
	25	35	42	52	60	72
300～270	较好	较好	较好	较好	较好	较好
200～170	较好	较好	较好	较好	较好	较好
150～100	较好	较好	较好	较好	粗糙	有裂纹
80～60	粗糙	有裂纹	有裂纹	有裂纹	有裂纹	有裂纹

但是，由于均匀化退火需要在高温下通过长时间保温来完成，从而延长了生产周期，增加了能耗，提高了成本。因此，应根据偏析的程度，对制品组织性能及加工工艺的影响程度，以及不同制品的具体要求，决定是否进行均匀化退火。对于偏析程度很小的纯铝铸锭，不需要进行均匀化退火，如生产普通产品的5A02合金铸锭；对于建筑型材生产用6063、6061合金，虽然绝大多数企业都使用不均匀化退火铸锭，但如果采用均匀化退火铸锭，可以使型材的抗拉强度提高20MPa左右，并有利于减少型材的氧化色差问题。

为了保证成品性能，6A02合金F、T6状态管材必须使用不进行均匀化退火的铸锭，而6A02合金O状态制品则必须使用均匀化退火后的铸锭。

对于2A11、2A12等硬铝合金，在长时间的高温均匀化退火过程中，Mn以$MnAl_6$相质点形态析出，削弱了对再结晶的抑制作用。均匀化退火温度越高、保温时间越长，再结晶过程进行得越完全，则挤压制品的粗晶环就越深，挤压效应的损失也越大。因此，对于要求严格控制其粗晶环深度的制品，可以采用不进行均匀化退火的铸锭；对于为了获得更高纵向强度的制品，也可以采用不进行均匀化退火的铸锭。均匀化退火后的组织不能出现过烧、表面不能有气泡等。常用铝合金铸锭的均匀化退火制度如表4-6所示。

表4-6所示　常用铝合金铸锭的均匀化退火制度

序号	合金牌号	铸锭种类	金属温度/℃	保温时间/h
1	5A02、5A03、5A05、5A06	空、实心所有	460～475	24
2	3A21	空心锭	600～620	4
3	2A11、2A12	空心锭	480～495	12
4	2A11、2A12	实心锭	480～495	8～12
5	6A02	空心锭	525～540	12
6	2A50	实心锭	480～495	2.5
7	2A14	空心锭	485～500	12
8	6063	空、实心所有	550～570	6
9	7A04、7A09	空、实心所有	450～465	12

5 挤压工艺规程

5.1 挤压工艺流程

挤压生产的工艺流程，常因挤压制品的合金、品种、规格、供应状态、质量要求、工艺及设备条件等因素而不同。不同铝合金制品的挤压工艺流程如图 5－1、图 5－2、图 5－3、图 5－4 所示；钢铁材料制品热挤压工艺流程如图 5－5 所示；铜、铝合金制品 CONFORM 连续挤压工艺流程如图 5－6 所示。

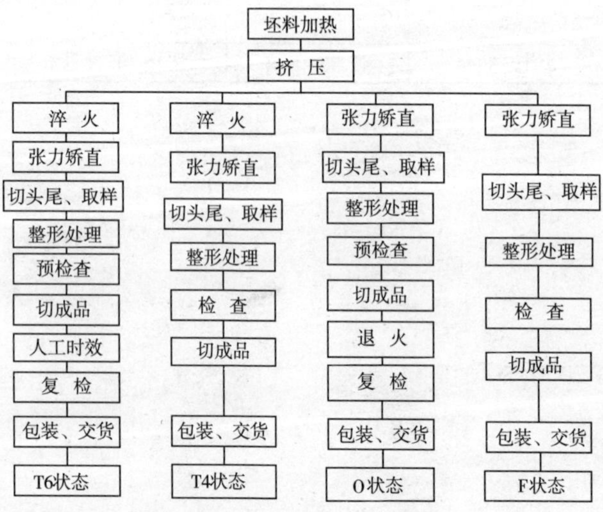

图 5－1　各种交货状态下的铝合金型材生产工艺流程

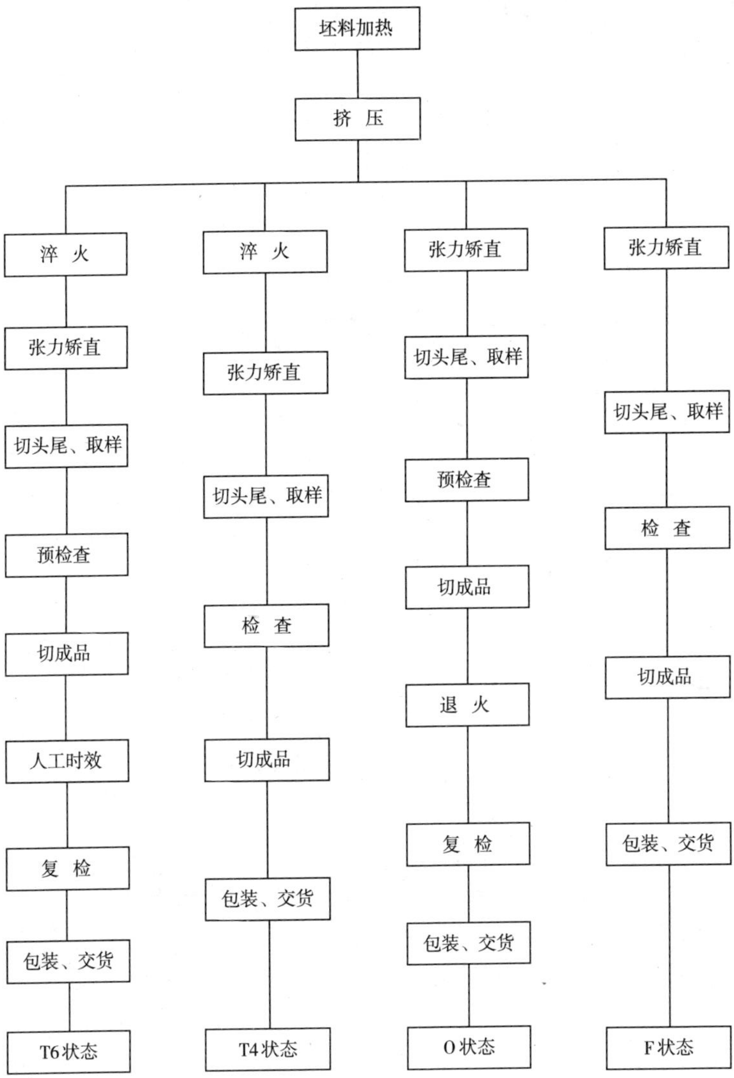

图 5-2 各种交货状态下的铝合金棒材生产工艺流程

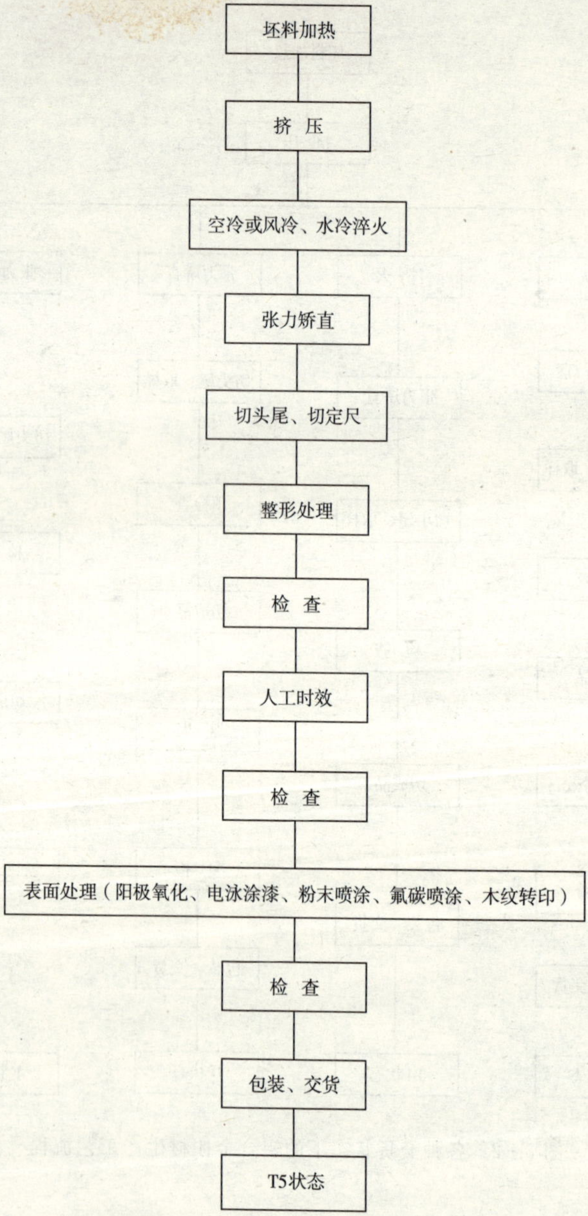

图 5-3 铝合金建筑型材生产工艺流程

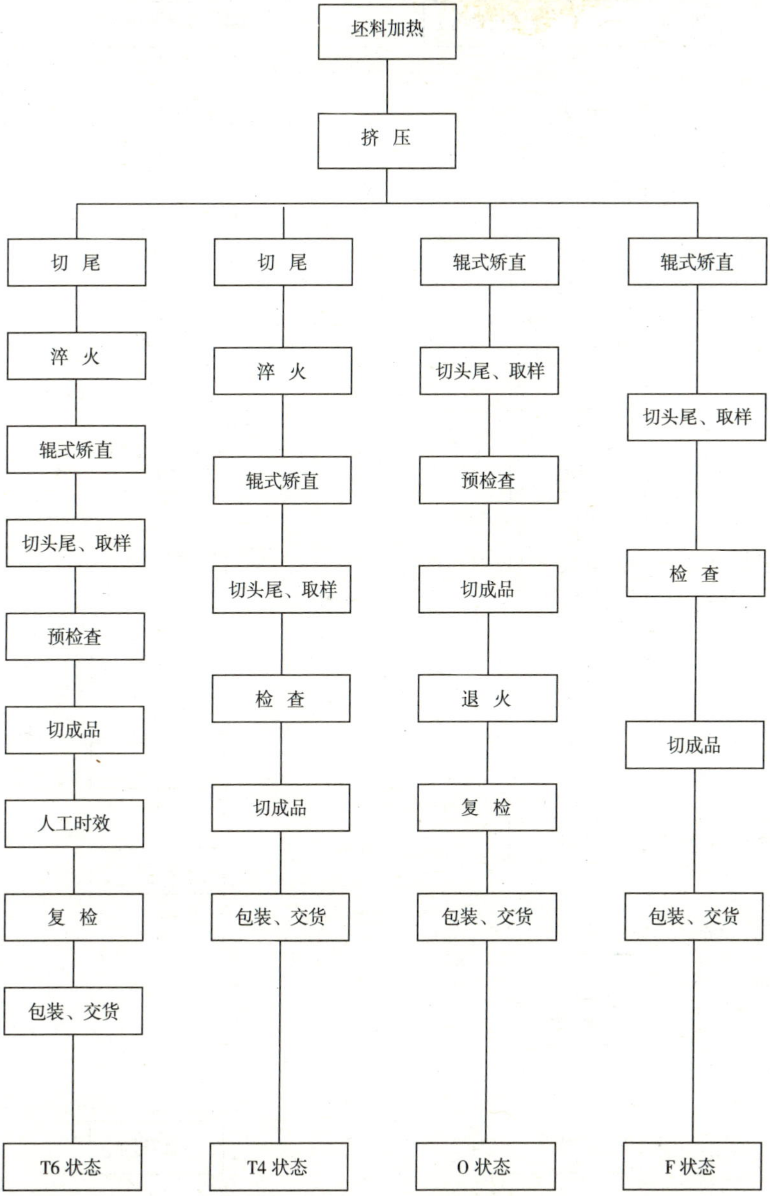

图 5-4 各种交货状态下的铝合金热挤压厚壁管生产工艺流程

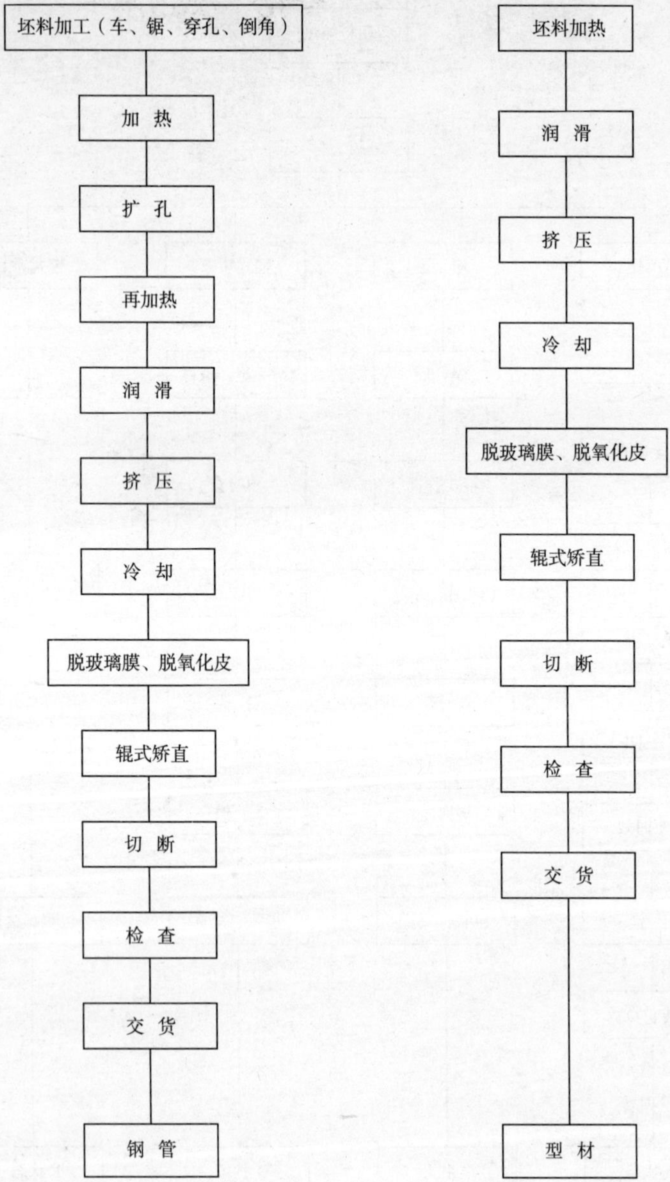

图 5-5 钢铁材料制品热挤压工艺流程

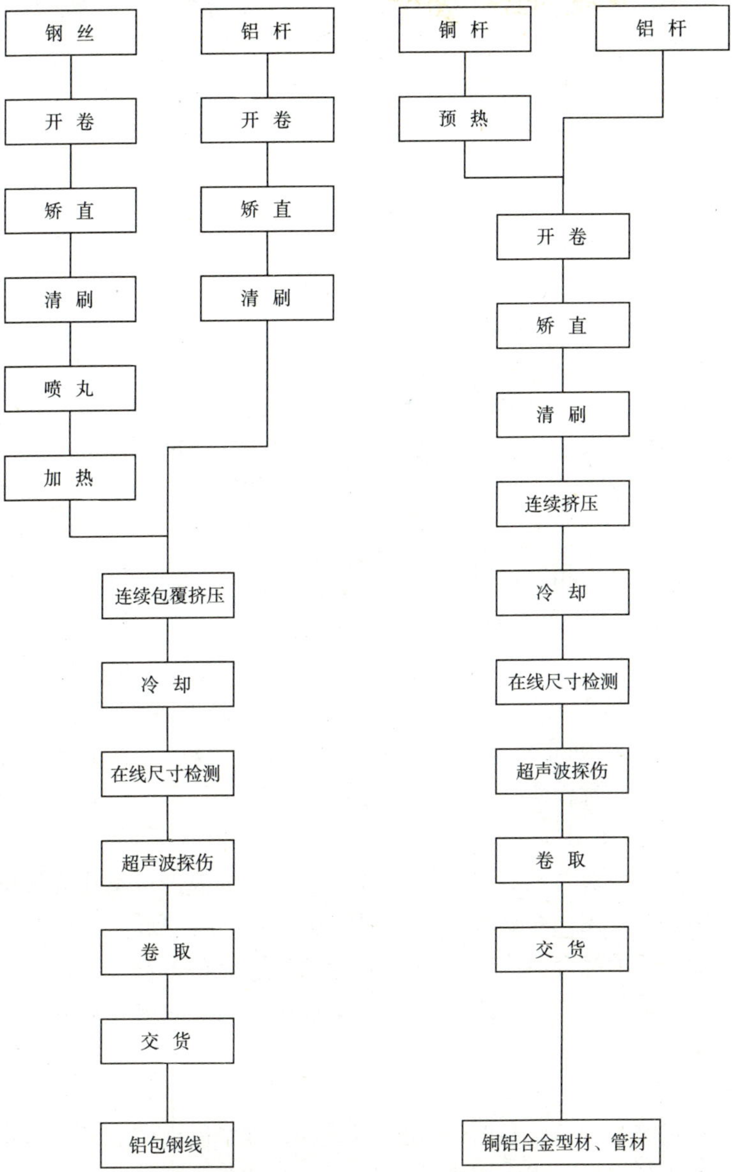

图 5-6　CONFORM 连续挤压工艺流程

从上述工艺流程图中可以看出，不同材料、不同的品种和状态、不同的生产方法，以及产品的生产工艺流程是不完全相同的。其基本工艺流程主要包括坯料加热、润滑、挤压、热处理（退火、淬火、人工时效）、精整（矫直、整形、锯切）、检查等工序。

5.2 挤压工艺参数确定

5.2.1 挤压温度的选择

5.2.1.1 选择挤压温度的依据

选择挤压温度的理论依据是“三图定温法”，即相图、塑性图和再结晶图。

(1)相图

根据合金的相图，选择挤压温度的上、下限。为了防止坯料加热时产生过烧，挤压温度的上限取(0.85～0.9)$T_{固}$。挤压温度的下限对单相合金与有相变的合金是不同的，对单相合金取(0.65～0.7)$T_{固}$；对于在温度降低时会产生相变的合金，挤压温度的下限取 $T_{相变}$ +(50℃～70℃)，防止挤压过程中由于温降而产生相变，也就是说有相变合金的挤压过程应在单相区内完成。

(2)塑性图

根据金属及合金的塑性图，选择塑性最好的温度区间作为挤压温度范围。塑性图是金属及合金的塑性在高温下随变形状态以及加载方式而变化的综合曲线图，它能给出金属及合金的最高塑性的温度范围，是选择挤压温度的主要依据，但塑性图不能反映挤压后制品的组织与性能。

(3)再结晶图

根据第二种再结晶图（晶粒度-加工率-终了温度的关系图），选择晶粒细小的温度范围为出模孔温度，保证制品获得最佳力学性能。

“三图定温法”是选择挤压温度的主要理论依据。但在实际生产中，还要根据不同金属及合金的性质、制品的质量要求、挤压方法及生产工艺特点、各生产厂家的具体条件等，综合考虑各种因素后选择合适的挤压温度。

(1)合金的性质

合金的性质对其挤压性能的影响，主要表现在挤压温度条件下被挤压合金的变形抗力和塑性这两个指标上。对于铝合金来说，既没有高温脆性，也没有低温脆性，即随着温度升高，变形抗力降低，塑性提高。因此，在制订挤压温度规程时，应主要考虑其变形抗力的影响，而不用过多考虑其塑性指标的影响。挤压温度越高，被挤压金属的变形抗力越低，有利于降低挤压力，减少能耗，并避免挤压硬合金时出现挤不动的“闷车”事故。但为了防止过烧事故发生，挤压温度的上限应低于合金中的低熔点共晶熔化温度。

对于具有低温脆性和高温脆性的铜合金及钢铁材料，确定热挤压温度时应避开高温脆性区(红脆区)，同时还要防止挤压过程中的温降而进入高温脆性区或低温脆性区(蓝脆区)。

(2)制品的质量要求

对于在高温下易氧化或易与工模具发生黏结的金属及合金，当挤压温度较高时，制品的表面较粗糙，且易出现裂纹、擦伤等缺陷。因此，在不发生“闷车”事故，能够满足制品的组织性能要求的情况下，应采用较低的挤压温度，以提高制品的表面质量，还可以提高挤压速度和生产效率。

挤压温度高，制品冷却后的收缩量大，尺寸精度不容易控制。制品出模孔时的温度沿长度方向上的变化，会使得冷却后的断面尺寸沿长度方向也发生变化。由于变形热和摩擦热的存在，在挤压铝合金过程中，变形区中的温度是逐渐升高的。如果坯料沿长度方向上的加热温度均匀一致，冷却后的制品就会出现前端尺寸大、尾端小的现象。解决这一问题的有效手段是采用等温挤压技术，简便的方法是挤压速度不变而使用梯温加热的坯料，并使坯料的高温端靠向模子一边。

挤压温度对于不同合金组织性能的影响是不一样的。具有挤压效应的铝合金，随着挤压温度升高，挤压效应越显著。对于这些合金制品，为了获得较高的纵向强度，应提高挤压温度。对于利用出模孔时的高温，在挤压机上直接进行淬火(包括水冷、风冷和空冷淬火)的合金制品，为保证制品出模孔时的温度能达到规定的淬火温度，应提高挤压温度。但是，对于有些不可热处理强化铝合金（如纯铝、铝镁系合金等）来说，挤压温度高时容易形成粗大晶粒组织，这时应适当降低挤压温度。对于有明显粗晶环的铝合金，提高挤压温度，加剧挤压变形过程中的第二相析出，促使淬火加热时粗晶环的生成。对于7000系高强度超硬铝合金，采用较高的温度进行挤压，可降低变形抗力，但随着挤压温度升高，制品的抗应力腐蚀性能下降，这也是大多数该系合金不能采用高温挤压（其挤压性能较差）的原因之一。制品出模孔时的温度沿长度方向上的变化，也会使得其组织性能沿长度方向发生变化，造成性能不均。

另外，挤压温度高，也限制了挤压速度的提高，影响生产效率。

(3)挤压时的变形热

选择挤压温度时，一个不可忽视的因素是挤压时的变形热和摩擦热。金属在塑性变形过程中，90%～95%的变形能将转化为热量。与其他压力加工方法相比较，挤压法的一次变形量很大，即挤压比大，而强烈的三向压应力状态又使得金属的变形抗力增大，从而产生很大的变形热。挤压过程中，变形金属与挤压筒内壁、穿孔针表面、模子端面（或死区界面）及模孔工作带之间由于摩擦而产生热量，摩擦力的大小与坯料的长度成正比关系，坯料越长，摩擦力越大，产生的摩擦热就越大。挤压时产生的这种附加热量是很大的，可使变形区的温度上升几十度到几百度，从而使制品温度上升几十度到几百度（据资料介绍，正向挤压2A11合金棒材时的温升可达260℃以上）。如果挤压时坯料的加热温度高，加上变形和摩擦所引起的温升，就有可能使得变形区中的温度过高，影响制品的表面质量和尺寸精度，并使挤压速度降低，挤压制品晶粒变得粗大，严重时易造成组织过烧。

(4)挤压方法及生产工艺特点

不同的生产工艺条件和挤压生产方式，对挤压温度的要求是不完全相同的。挤压管材时，如果采用实心坯料穿孔挤压工艺，为了减小穿孔力，防止发生断针事故，应提高挤压温度；而采用空心坯料不穿孔挤压工艺时，为了提高挤压速度，并改善润滑条件，应降低挤压温度；采用润滑穿孔针方式挤压时，如果挤压温度过高，润滑油易挥发，降低润滑效果，穿孔针易黏金属，造成管材内表面擦伤缺陷，故应降低挤压温度；采用不润滑穿孔针方式挤压时，为了降低金属的变形抗力以减小挤压力，减小金属流动对穿孔针的摩擦拉力，可适当提高挤压温度。

用组合模挤压空心制品时，为了提高焊缝质量，应提高挤压温度。

正向挤压时的外摩擦大，温升大；反向挤压时的外摩擦很小，温升也很小。从这一方面来说，采用正向挤压工艺时，挤压温度不能太高，而采用反向挤压工艺时，则可以采用较高的挤压温度。但是，由于反向挤压时的外摩擦很小，所需要的挤压力比相同条件下正向挤压时小30%～40%，从而可以采用较低的挤压温度，以提高挤压速度，提高生产效率，特别在挤压硬合金时更显著。

5.2.1.2 挤压温度的选择

挤压温度严格上来讲是指金属挤压变形（即变形区）的温度。在实际生产中，由于受坯料的原始加热温度、挤压比的大小、挤压速度的快慢、摩擦条件及散热条件的变化等多种因素的影响，要想控制准确的挤压变形温度是很困难的。但是，将挤压变形温度控制在一个合理的温度范围（这个范围是比较宽的）则是可以做到的。一般情况下，是通过制定合理的坯料加热温度来控制挤压温度，因此习惯上把挤压前坯料的加热温度称为挤压温度。不同金属及合金的坯料加热温度见本章 5.4 节。

5.2.2 挤压速度的选择

5.2.2.1 选择挤压速度的依据

挤压速度快慢直接影响着挤压生产的效率和效益。选择挤压速度的原则是，在保证产品质量和设备能力（吨位、速度）允许的前提下，尽可能提高挤压速度。在选择挤压速度时，要考虑金属及合金的可挤压性能、挤压温度（坯料的实际加热温度）、挤压机的能力、挤压方式、挤压比的大小以及坯料的原始组织及状态等因素的影响。

(1)金属及合金的可挤压性

挤压速度与金属及合金的可挤压性有密切关系，不同铝合金的可挤压指数如表 5－1 所示。可挤压指数越大，表明该合金越容易挤压，即挤压时可采用更大的挤压速度。

表 5-1 铝合金的可挤压指数

合 金	可挤压性指数	合 金	可挤压性指数
1100	150	5454、7N01、7005	40
1200	120	2011、5086	25
3003、3004、6063、6101	100	2014、2017、5056、5083	20
6N01、6082、6351	70	2024	15
6061、6005、6151	65	5456、7075、7079	10
5052	60	7001、7178	9
7003	50		

一般来说，当挤压比一定时，挤压速度越快，相应的变形速率就越高，金属将在不同程度上产生加工硬化而使变形抗力增高，使挤压力升高。因此，对于塑性较差，加工硬化程度较高的合金，应采用较慢的挤压速度；而对于塑性好，加工硬化程度低的合金，则可以采用较快的挤压速度，以提高生产效率。部分铝合金的挤压速度可按下列顺序渐增：

5A06→7A04→2A12→2A14→5A05→2A11→2A50→5A03→6A02→6061→5A02→6063→3A21→1070A→8A06

(2)挤压温度

挤压速度的选择往往还要受到挤压温度的限制。挤压力与被挤压金属的变形抗力成正比，而金属的变形抗力与挤压温度成反比。热挤压的目的，就是利用金属材料在高温下的变形抗力较低来实现大变形量加工。因此，对于具有较高变形抗力的合金，必须加热到较高的变形温度。在铝合金挤压时，挤压筒、穿孔针等工具的温度与坯料的温度相差较小，工具对金属的冷却作用小，温降不明显。金属通常是在近似于绝热条件下变形，挤压速度越快，挤压过程中产生的热量就越不容易逸散，从而导致变形区中温度升高。如果坯料的原始加热温度较高，而又选择较快的挤压速度，则易使出模孔附近的温度上升到接近被挤压金属的固相线温度，制品表面容易粗糙，易产生裂纹、擦伤等缺陷，并导致组织性能的显著恶化。对于铜合金来说，挤压温度一般在700℃以上，而工模具的温度一般都不超过500℃，受工具冷却作用的影响，挤压过程中易产生温降，故可以采用较高的挤压速度也不至于使变形区的温度有明显上升。对于挤压温度更高的钢铁材料(挤压温度一般在 1200℃左右)来说，金属的温度远远高于工模具的温度(不超过 550℃)，挤压过程中的温降非常明显，故可以采用最大的挤压速度而不用担心温升的问题，且可以缩短工模具与高温金属的接触时间，有利于延长工模具的使用寿命。

表 5-2 是部分铝合金坯料加热温度与挤压速度的关系，可以看出，降低坯料的加热温度可以显著提高挤压速度。

表 5-2 铝合金坯料加热温度与挤压速度的关系

合　金	高温挤压		低温挤压	
	坯料加热温度/℃	金属流出速度/m/min	坯料加热温度/℃	金属流出速度/m/min
6A02	480～500	5.0～8.0	260～300	12～30
2A50	380～450	3.0～5.0	280～300	8～12
2A11	380～450	1.5～2.5	280～300	7～9
2A12	380～450	1.0～1.7	330～350	4.5～5
7A04	370～420	1.0～1.5	300～320	3.5～4

(3)设备能力

挤压速度受挤压机能力制约。首先，挤压速度的提高将使金属的变形速率升高，加工硬化程度增大，金属的变形抗力增大，使挤压力升高，但最大挤压力不能超过挤压机的能力。其次，提高挤压速度，必然要增大推动主柱塞前进所需的高压液体的流量，要考虑高压泵的生产能力能否满足要求。另外，还要考虑加热炉的生产能力。

挤压速度 v 与挤压机能力、合金的性质、挤压温度 T 之间的相互关系可用图 5-7 的曲线来描述。图 5-7a 表示易挤压合金，图 5-7b 表示难挤压合金。

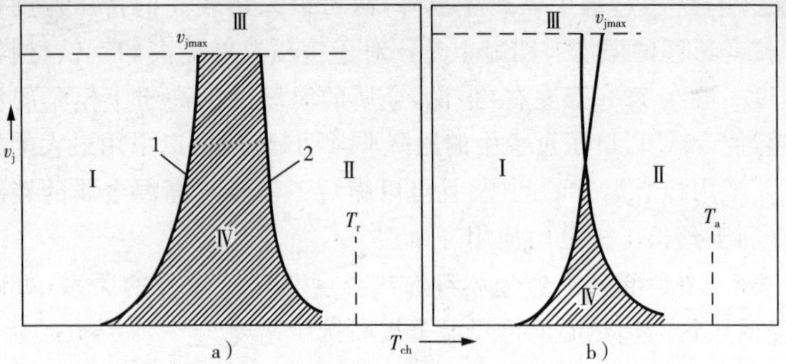

图 5-7 挤压速度极限图

a)易挤压合金；b)难挤压合金

1—挤压机能力(挤压力)极限曲线；2—合金的冶金学极限曲线

Ⅰ区—超过挤压机能力；Ⅱ区—制品表面粗糙或裂纹；

Ⅲ区—高压泵流量不足；Ⅳ—允许的加工范围

图中的曲线 1 表示设备能力的挤压力极限，即当所需要的挤压力超过它时，不可能实现挤压。如图中Ⅰ区所示，当温度很低时，即便是挤压速度非常慢，由于金属的变形抗力很高，使金属产生塑性变形所需要的挤压力很大，超出了挤压机的能力，挤压过程很难实现。随着温度升高，金属的变形抗力下降，所需要的挤压力下降，则挤压速度可随之提高。

图中的曲线 2 表示制品表面很粗糙或开始出现裂纹的冶金学极限，即当出模孔附近的金属实际温度超过它时，挤出制品的表面变得非常粗糙或开始出现裂纹，故也称为制品的表面质量曲线。如图中Ⅱ区所示，在高温挤压时，随着挤压速度的提高，金属变形过程中产生的热效应增大，坯料的原始温度与热效应产生的温度的叠加，就会使得出模孔附近的温度升高到接近被挤压金属的固相线温度，从而造成制品表面非常粗糙或出现裂纹。

图中Ⅲ区则表示，当挤压速度过快时，由于高压泵的生产能力所限，满足不了主柱塞快速前进所需要的高压液体的流量。

曲线 1 和曲线 2 之间的Ⅳ区，表示该合金允许的挤压工艺参数范围，两条线的交点则表示理论上的最大挤压速度和相应的最佳出模孔温度。

实际的挤压速度极限曲线因金属及合金的种类、挤压筒的加热温度等不同而异，生产厂家有必要根据生产的具体情况，建立一系列精确的挤压极限曲线，这对于实现人工智能控制下的自动化生产是非常有利的。

(4)挤压方式

与正向挤压相比较，反向挤压时坯料与挤压筒壁之间无相对运动，摩擦力仅作用在与穿孔针的接触面上(反向挤压管材时)，摩擦小，变形区中金属的温升小，挤压力比正向挤压时小 30%～40%，从而有利于提高挤压速度。特别是在挤压硬铝合金时，挤压速度可提高 0.5～1.0 倍。铝合金管材正反向挤压速度规范如表 5-3 所示。

同样，在相同的条件下，采用润滑挤压方式时，可有效地降低外摩擦对变形区温升和挤压力的影响，从而可提高挤压速度。

表 5-3 铝合金管材正反向挤压速度规范

合 金	制品流出速度/m/min	
	正向挤压	反向挤压
纯铝、3A21、6063	15～20	15～20
5A02	4～6	8～10
5A03	2～3.5	6～8
5A05、5A06	1.5～2	2～3.5
2A50	1.5～2.5	2～4
2A11、2A14	1.5～2.5	2～3
2A12	1.5～1.8	1.5～2.5
7A04	1.0～1.5	1.5～2.0
6A02、6061	7～10	10～15

在挤压管材时，与固定针方式相比较，采用随动针方式挤压时，变形金属与穿孔针之间的相对运动只发生在穿孔针的前进速度与金属流动速度不一致的变形区部位，摩擦力较固定针挤压时的小，可以采用较快的挤压速度。采用随动针和固定针方式挤压铝合金管材时的挤压速度如表 5-4 所示。

表 5-4 用固定针和随动针挤压铝合金管材的金属流动速度

合金牌号	坯料规格/mm	挤压管材规格/mm	坯料加热温度/℃		制品流出速度/m/min	
			固定针挤压	随动针挤压	固定针挤压	随动针挤压
2A12	150×64×340	29×3.5	400	380	2.7	3.3
5A06	256×64×260	44×3	370	440	2.45	3.2
2A11	225×94×430	76×5	330	300	4.4	6.0

如果对模子和穿孔针的针尖部分进行冷却，可以有效地降低变形区出口处的温度，甚至抵消热效应的影响，提高挤压速度，并可以延长模具的使用寿命。据资料介绍，用液氮对模具进行冷却，可以使硬铝合金的挤压速度提高 0.75～1.0 倍，制品表面质量好，而且模具的寿命可提高 50%以上。表 5-5 所示为采用随动针方式挤压铝合金管材时，对穿孔针进行冷却和不进行冷却情况下挤压速度的变化。

表 5-5 用随动针挤压时冷却和不冷却穿孔针条件下的挤压速度

合金牌号	坯料规格/mm	挤压管材规格/mm	挤压条件	坯料加热温度/℃	挤压模温度/℃	制品流出速度/m/min
2A12	156×64×290	29×3	不冷却/冷却	400/420	350/380	3.2/4.25
5A05	156×64×360	50×5	不冷却/冷却	400/430	350/360	4.1/5.1
5A06	156×64×230	45×4	不冷却/冷却	430/400	340/400	3.2/4.5

当采用在线淬火工艺时，应采取较高的挤压速度，保证制品的淬火质量。

(5)坯料的晶粒组织

坯料晶粒尺寸的大小，直接影响着合金的加工性能，通常要求坯料应具有细小的晶粒组织。这是因为，组织晶粒细小，材料的各向异性小，成分偏析程度降低，变形抗力低，塑性好，变形较均匀。通过对 6063 合金的挤压对比实验，添加了 Al-Ti-B 细化剂的坯料，其挤压力比未添加者低 0.2～0.5MN，挤压速度却提高 15%～20%。

(6)挤压比的大小

在坯料加热温度一定的情况下，挤压比大小对挤压速度的影响主要是通过变形热起作用的。挤压比越大，变形量越大，挤压过程中的变形能就大，产生的变形热也就越大，则变形区中的温升就越大，从而限制了挤压速度的提高。因此，在一定的挤压温度范围内，当挤压比比较大时，应适当降低挤压速度。

(7)坯料均匀化退火

如前所述，对坯料进行均匀化退火，可使坯料组织均匀，消除铸造应力，提高塑性，降低基体的屈服强度，减小变形抗力，改善其挤压加工性能，提高挤压速度。

5.2.2.2 挤压速度的选择

挤压速度有三种表示方法：挤压轴的移动速度、金属流出模孔的速度和金属的变形速率。在实际生产中，通常以金属流出模孔的速度来表示挤压速度。

(1)铝合金的挤压速度规范

铝合金型棒材的挤压温度-平均速度规范如表 5－6 所示；铝合金管材挤压比和挤压温度-速度规范如表 5－7 所示。

表 5－6 铝合金型棒材的挤压温度-平均速度规范

合 金	挤压制品	挤压温度/℃		平均流出速度/m/min
		坯料温度	挤压筒温度	
2A14	圆棒、方棒、六角棒	380～440	360～440	1～2.5
2A12		380～440	360～440	1～3.5
2A80、2A70、5A02		320～430	350～400	3～15
7A04		350～430	330～400	1～2
1A70～1235、8A06		390～440	360～430	40～150
3A21		390～440	360～430	25～120
5A05、5A06		400～450	380～440	1～2
2A12、2A06	一般型材	380～460	360～440	1.2～2.5
	高强度型材和空心型材	430～460	400～440	0.8～2
	壁板型材和变断面型材	420～470	400～450	0.5～1.2

（续表）

合　金	挤压制品	挤压温度/℃		平均流出速度/m/min
		坯料温度	挤压筒温度	
2A11	一般型材	330～460	360～440	1～3
6A02、6061	一般型材	480～520	450～500	8～50
6063				15～120
7A04	固定断面型材、变断面型材和壁板型材	370～450	360～430	0.8～2
		390～440	390～440	0.5～1
5A02、5A03、5A05、5A06、3A21	实心、空心型材和壁板型材	420～480	400～460	0.6～2
6061	装饰型材	320～500	300～450	12～60
6061、6A02	空心建筑型材	480～530	480～500	8～60
6063				20～120
6A02	重要型材	490～510	460～480	3～15

表 5-7　铝合金管材挤压比和挤压温度-速度规范

合　金	挤压温度/℃		挤压比	金属流出速度/m/min
	坯料温度	挤压筒温度		
1A70～1235、8A06、6A02、6063	300～500	300～480	≥(15～120)	15～100
2A50、3A21	350～430	300～380	10～100	10～20
5A02	350～420	300～350	10～100	6～10
5A05、5A06	430～470	370～400	10～50	2～2.5
2A11、2A12	330～400	300～350	10～60	2～3

(2)铜合金的挤压速度规范

铜合金正向挤压的流出速度如表 5-8 所示。

表 5-8 铜合金正向挤压的流出速度

合 金	金属流出速度/m/s					
	挤压比＜4.0		挤压比＝40～100		挤压比＞100	
	管 材	棒 材	管 材	棒 材	管 材	棒 材
T2、TU1、TUP、H96	1～2	0.3～1.5	3～5	0.5～2.5	5～3	1～3.5
H90、H85、H80	0.2～0.8	0.2～1.0				
H62、HPb59-1、两相黄铜	0.7～0.8	0.4～1.5	2～4	0.6～3		1～4
QAl9-2、QAl9-4、QCr0.5、QZr0.2、QAl10-3-1.5、QAl10-4-4	0.15～0.25	0.1～0.2	0.5～0.8	0.3～0.8		
QSi3-1、QSi1-3、QSn4-3、QBe2、QBe2.15、QBe2.5		0.04～0.1		0.07～0.15		
BAl13-3		0.5～1.0		0.8～1.5		
BFe5-1、BZn15-20	0.5～1.1	0.5～1.0	1～2	0.8～1.5		
QCd1.0		0.02～0.04				
H68、HSn70-1、HAl77-2	0.04～0.1					
QSn4-0.3、QSn6.5-0.1、QSn6.5-0.4、QSn7-0.2	0.03～0.06					
B30、N6、B30-1-1	0.3～1.2					
NCu28-2.5-1.5	0.3～1.0					

5.2.3 挤压过程中的温度-速度控制

热挤压过程的基本工艺参数是挤压温度和挤压速度，二者构成了挤压过程控制十分重要的温度-速度条件。挤压过程中的温度-速度控制最关键的是控制金属出模孔时的温度均匀一致，即实现等温挤压，才能保证制品的质量并提高生产效率。

选择挤压温度、速度参数的概念是建立在 Stenger 提出的方法上，其基本概念表明在图 5－7 所示的挤压速度极限图上，是实现等温挤压的基础。实现等温挤压的方法主要有四种：对坯料进行梯温加热、控制工模具温度、调整挤压速度、实现温度和挤压速度闭环控制。

5.2.3.1 对坯料进行梯温加热

所谓梯温加热，是指坯料加热后在其长度或断面上存在温度梯度。最常采用的是沿坯料长度上的梯温加热。由于在挤压过程中的机械能转换为热能，摩擦生热引起的热量增加未能及时散发出去，导致挤压过程中变形区中的温度逐渐上升，从而使制品出模孔处温度也逐渐上升。正如前面所分析的，由于温度的逐渐升高，造成制品沿长度方向上的前后尺寸不一致，组织性能不一致，易造成表面粗糙甚至产生裂纹，使得挤压速度降低而影响生产效率。为此，可对坯料进行梯温加热，使其前端（靠向模子端）的温度比后端高出一定的值，就可以使挤压过程中变形区中的温度变化不大。

表 5－9 是 2A12 铝合金坯料进行均匀加热和梯温加热挤压的对比实验结果。可以看出，虽然两种方法加热沿制品长度方向上均存在性能差，但采用梯温加热的性能差小，坯料头尾端温度分别为 400℃、250℃时的性能平均波动值为 2.25％，头尾端温度分别为 450℃、150℃时的性能平均波动值为 7.05％；而采用均匀加热时的性能平均波动值高达 21.14％。

表 5－9 2A12 合金坯料不同加热方式挤压制品的机械性能

加热方式	坯料温度/℃		允许流出速度/m/min	抗拉强度/MPa			屈服强度/MPa			伸长率/%		
				取样部位								
	头	尾		头	中	尾	头	中	尾	头	中	尾
均匀加热	320	320	4.95	494	544	558	327	385	393	15.0	11.9	11.0
梯温加热	400	250	6.0	567	570	573	405	411	414	11.2	11.3	10.9
	450	150	6.0	558	544	562	400	385	499	10.4	12.0	11.0

确定梯温加热制度时，应考虑被挤压金属与工具材料的导热性能、金属允许的加热温度范围、坯料的长度与直径之比，以及在空气中的冷却时间等的影响。

实现梯温加热的方法主要有两种。一种是两步加热法，即先将坯料在普通的加热炉中均匀加热到一定温度，然后再进入可控炉温的梯度炉中进行梯温加热。目前比较先进的是采用多线圈工频感应炉直接加热，加热时间短且节省能源，无污染。梯度感应炉一般采用五段式加热法，各段之间的加热功率可以分别独立调整，各段中装有热电偶进行温度检测，根据检测值来调整加热线圈的加热功率，使坯料被加热到各段的预设值。据资料介绍，经过梯温加热后，铝合金坯料在长度方向上产生 50℃/m～100℃/m 的温度梯度，就可以满足等温挤压的要求。

5.2.3.2　控制工模具温度

通过控制工模具温度来实现等温挤压的原理是及时将变形区内的热量逸散出去。其方法主要有两种：控制挤压筒温度和控制模具温度。

(1)挤压筒的加热与冷却

在正向挤压过程中，坯料与挤压筒之间的相对运动产生了摩擦热。为了减小摩擦热对制品出模孔温度的影响，可对挤压筒进行分段加热与冷却。挤压筒分段加热一般采用电阻式加热。电阻加热分为四层，即 MgO 层、加热层、空气层、挤压筒。挤压筒分段加热是轴向两个加热区域经过合适的转换，得到 3 个能够单独控制的加热区域。经过垂直方向的再分，得到 6 个不同的加热区域。同时，在挤压筒内衬上开有螺旋槽，通压缩空气对挤压筒内衬进行冷却。

(2)冷却模具

冷却模具挤压包括水冷模挤压和液氮冷却模挤压两种方法。水冷模挤压的原理是，在挤压过程中通过水冷却模具，降低变形区温度，以减少硬铝合金挤压时易出现的表面粗糙和裂纹，提高挤压速度。水冷模有多种结构形式，如图 5-8 所示。

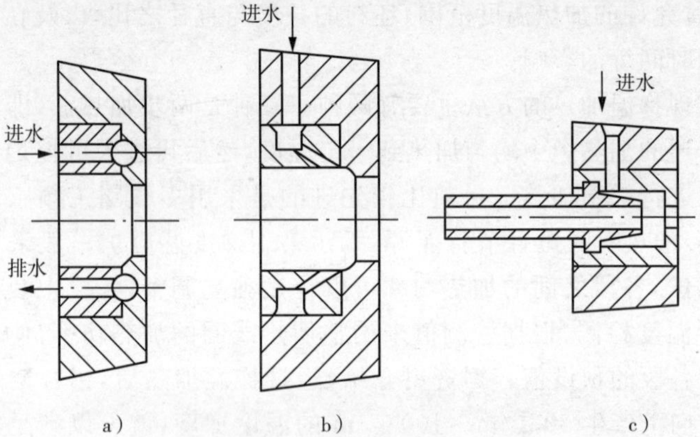

图 5-8 水冷模结构形式

a)循环式;b)非循环式;c)水封式

图 5-8a 为循环式水冷模,在模子工作带周围设计一个冷却水道,通过循环水来冷却模子。如果环状冷却孔距离模子端面过远,冷却效果不好;过近时,影响模子强度,降低使用寿命,故其应用不广泛。图 5-8b 为非循环式水冷模,是从模子的出口方向向内喷水直接冷却工作带的出口区,以达到冷却变形区的目的。这种结构的模子在不需要通水时,虽然水源已关闭,但由于水管内残留的少量水会继续从模子喷水口流出,往往会造成模具因冷却不均而产生裂纹,故在实际中也未获得广泛应用。图 5-8c 为水封式水冷模,将水冷模设计成环状喷水,逆挤压方向喷到模子工作带的出口处,形成一个冷却区,以达到降低变形区温度的目的。挤压时,随着制品向前移动,喷出的水通过导水管进入水封头的负压区进而被吸入水封槽沟。这种结构形式水不会滴到模具表面,解决了模具因冷却不均而产生裂纹的问题。

采用水封式水冷模挤压具有很好的冷却效果,如在 16MN 挤压机的 ϕ170mm 挤压筒上,挤压 2A12 合金 ϕ40mm 棒材时,当坯料加热温度为 400℃～450℃、冷却水压为 0.3～0.4MPa 时,挤压速度从通常的 0.5～2.0m/min 提高到 3.9～4.0m/min,制品表面不会产生裂纹,从而使生产效率提高一倍以上。

近二十几年来，国外开始采用液氮或用氮气冷却挤压模，其原理如图 5－9 所示。液氮流经模支承对挤压模的出口端和制品进行冷却，提高了挤压速度和模具寿命，同时还可以保护制品表面不产生氧化。根据对 2000 系、5000 系、7000 系铝合金的研究结果表明，采用液氮冷却挤压模，可以使制品的极限流出速度提高 50％～80％。

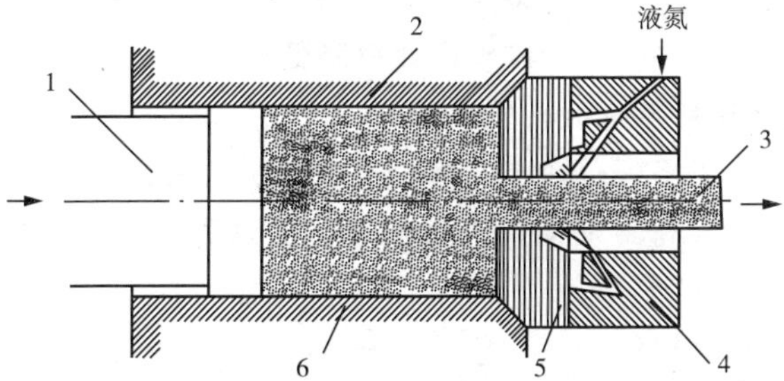

图 5－9 液氮冷却挤压模的基本原理

1—挤压轴；2—挤压筒；3—制品；4—模支承；5—模子；6—坯料

在挤压管材时，一般情况下只需对模子进行冷却就可满足要求，但对于内表面质量要求很高的制品来说，还可以对穿孔针的针尖部分进行冷却，在提高挤压速度的同时，提高管材的内表面质量。当然，冷却穿孔针的操作会更麻烦一些。

5.2.3.3 调整挤压速度

挤压速度快时，变形剧烈，产生的热量由于不能及时地通过工具等散发出去而导致变形区温度升高。相反，当挤压速度慢时，坯料散发的热量由于不能及时地由变形产生的热量来补充而导致变形区的温度下降。因此，可以通过调整挤压速度来控制变形区内的金属温度。调整挤压速度的方法主要有以下 3 种。

(1)根据制品表面质量调整挤压速度

根据制品表面质量调整挤压速度是传统的做法，即操作人员通过对挤出制品表面质量的观察，判断挤压速度是否过快或过慢，来决定是否调整挤压速度。这种方法的主要缺点是存在着滞后性。由于制品从模孔流出到进入出料台能够让人用肉眼观察到有一段距离(特别是大吨位挤压机)，一旦发现制品表面出现裂纹时，实际上已经有一段长度了，加上调整过程，使得产生裂纹的部位更长。在通常情况下，挤压裂纹的出现大部分是在挤压过程的中后期，由于变形区温度的逐渐升高而造成。当从开始发现裂纹到调整结束不出现裂纹，挤压筒内剩余的坯料长度已经很短，挤出的无裂纹制品的长度也就很短，给下道工序加工造成困难，或不能作为成品交给用户而常常成为废品，使成品率降低。为了防止出现裂纹，多数操作者往往会采用较低的挤压速度，而不是最合适的速度，使生产效率降低。

(2)在挤压后期降低挤压速度

过去常采用挤压后期降低挤压速度的做法来挤压硬铝合金，以免因变形区温度升高出现周期性表面裂纹。这种做法往往会使挤压周期延长，降低生产效率。

(3)模拟等温挤压

根据大量实际生产数据进行统计分析，找到挤压速度与制品出模孔温度的关系和挤压过程中出模孔温度的变化规律，用有限元软件对挤压过程进行数值模拟，通过边界条件的改变即挤压速度的变化，分析变形过程中的温度场，模拟出变形区出口处温度恒定的挤压边界条件，用软件的后处理功能，获得等温挤压的速度曲线，然后输入到电气系统中的 PLC 进行速度设定，调整液压系统中的变量泵，使挤压速度按获得的等温挤压速度曲线进行挤压，其过程如图 5-10 所示。采用这种方法挤压硬铝合金时，可使挤压机生产效率提高 20%，成品率提高 5%。

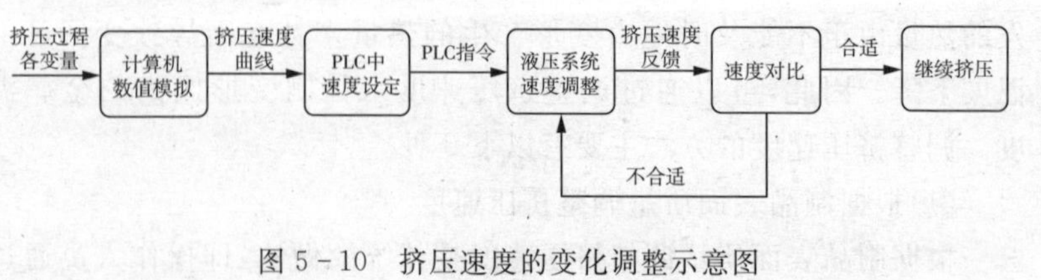

图 5-10 挤压速度的变化调整示意图

5.2.3.4 温度和挤压速度闭环控制

随着温度测量技术的发展，特别是无接触反射式多波长红外测温仪的出现，为实现挤压过程的温度测量提供了可靠保证，使得等温挤压技术得到了新的发展，出现了温度和挤压速度采取闭环控制的等温挤压技术，其原理如图 5－11 所示。

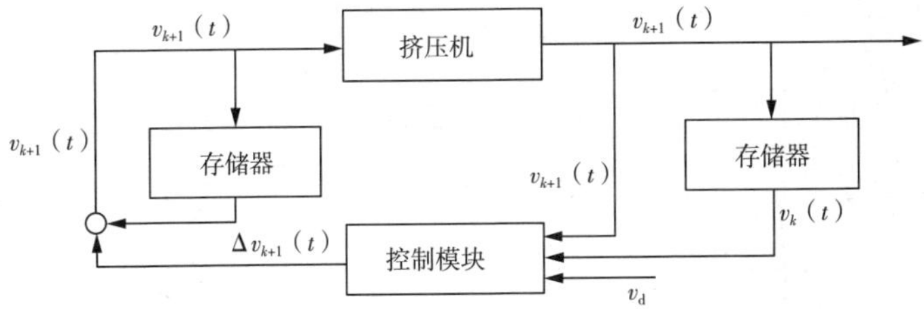

图 5－11　温度和挤压速度闭环控制的等温挤压原理

温度和挤压速度闭环控制的等温挤压技术是目前国际上先进的挤压技术。它充分利用机械工程的方法，来满足材料工程的要求，可以对任何材质和不同截面形状的制品，实现挤压过程的优化（坯料加热温度、挤压比、模具设计等）。对于所要求控制的变形区出口温度，由控制模块根据上次挤压过程的速度，在此次测量的坯料加热温度、挤压筒温度、挤压比、制品表面质量和几何尺寸等的基础上，通过计算机有限元分析软件获得保证制品出模孔温度恒定的挤压速度曲线，然后将此挤压速度曲线送入 PLC 进行速度设定，液压系统的比例变量泵根据 PLC 的控制要求，控制挤压机按照所获得的速度曲线进行挤压。挤压开始后，挤压机上测定挤压位置的位移/速度传感器，向控制模块反馈挤压速度，同时，安装在挤压机前梁出口处的多波长红外测温仪将检测到的挤压制品出模孔温度也反馈给控制模块。控制模块根据反馈信号与所要求信号重新计算，实时调整挤压速度并修改挤压速度曲线。如果制品出模孔温度高于所要求的温度，则根据反馈信号由控制模块指挥降低挤压速度；如果出模孔温度低于所要求的温度，则控制升高挤压速度，从而保证制品出模孔时的温度差在规定范围内（一般为±10℃）。图 5－12 为制品出模孔温度和挤压速度闭环控制时，挤压过程中挤压轴速度及模孔出口处制品温度变化的关系曲线。

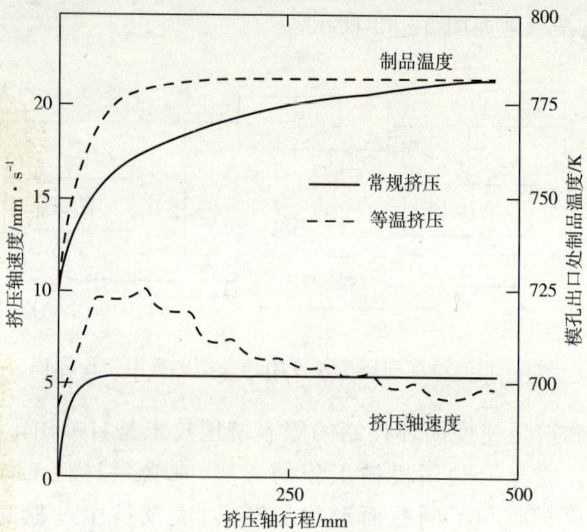

图 5-12 挤压轴速度及制品出模孔温度的变化关系曲线

5.2.4 挤压比的选择

5.2.4.1 选择挤压比的主要依据

挤压比的大小对挤压制品的组织、性能、成品率、生产效率以及挤压过程的顺利进行都有很大影响。当挤压比过大时,会引起挤压力升高,在挤压变形抗力较高的合金时,可能会发生挤不动的“闷车”事故,影响生产的顺利进行。为了避免发生“闷车”事故,必须缩短坯料长度,则使切压余所造成的几何废料所占的比例增大,使成品率降低;还会因为变形热增大而使变形区温度明显升高,从而限制了挤压速度的提高,影响生产效率。如果挤压比过小,一方面,由于变形量不足,使产品的力学性能降低,甚至不能满足要求;另一方面,在相同的坯料长度条件下,挤出制品的长度缩短,使切头、切尾所引起的几何废料所占的比例增大,成品率降低。因此,选择挤压比时要综合考虑合金的性质、制品的品种及质量要求、设备能力、生产效率、成品率以及其他工艺因素的影响。

(1)合金的性质

金属的变形抗力越高,使其产生塑性变形所需要的挤压力就越大。挤压力的大小与挤压比的对数值成正比关系。在挤压变形抗力较高的硬合金时,如果挤压比过大,就可能因所需要的挤压力过大而出现挤不动的"闷车"现象,甚至损坏工具。

金属的塑性好,适合塑性变形的温度范围宽,则挤压比可大一些。

(2)制品的质量要求

挤压制品的组织性能与挤压时的变形量大小有关。对于不再进行冷加工变形的热挤压制品,挤压比一般不得小于8~10,以免因变形量较小,制品中有铸态组织残余而使得性能达不到要求。

对于用于二次挤压的毛料,可不限制挤压比的大小,但为了减少几何废料,提高生产效率,挤压比不能太小,一般控制在10左右。

对于需要继续冷加工(冷轧制、冷拉拔等)的管毛料,挤压比最好不小于5。这是因为,挤压管材用的空心坯料,其内外表面通常都要进行镗孔、车皮加工,当挤压比比较小时,由于坯料内孔表面层金属的延伸变形较小,在润滑穿孔针挤压管材的内表面上,经常会残留有坯料的机械加工痕迹,此时管材的外表面质量通常也较差,从而影响冷加工后的管材表面质量。

(3)设备能力

挤压机上所配备挤压筒的规格,是根据所要挤压合金的强度、作用在挤压垫上的最大单位压力(通常称比压)的大小及工模具的强度、使用寿命等来确定的。在挤压机能力(吨位)一定的情况下,挤压筒的最大直径,应保证作用在挤压垫上的使金属产生塑性变形的单位压力(扣除了克服外摩擦所要消耗的挤压力部分后),不低于挤压温度下金属的变形抗力。显然,挤压筒直径越大,作用在挤压垫上的单位压力越小。这时,如果挤压比增大,则所需要的单位挤压力增大,就有可能超出设备能力而出现挤不动的"闷车"现象。如果挤压筒的直径减小,则能够使作用在挤压垫上的单位压力增大,在其他条件不变的情况下,就可以增大挤压比,以充分发挥金属的塑性。因此,在确定挤压比时,对于同一台挤压机来说,在大规格挤压筒上生产时,挤压比应小一些;在小规格挤压筒上生产时,挤压比可相对大一些。

虽然挤压筒直径小时挤压比可大一些，但也不能太大。这是因为，随着挤压筒直径的减小，挤压轴的直径也相应减小，当挤压比大时，所需要的单位挤压力增大，则作用在挤压轴端面上的单位压应力增大，易导致挤压轴弯曲变形或损坏，降低挤压轴的使用寿命。同时，也会使挤压筒本身承受的最大周向拉应力增大，易造成挤压筒内衬裂纹，降低挤压筒的使用寿命。另外，还应该注意一点，在实际中，为了扩大产品的规格范围，许多挤压机都配置有最小规格挤压筒，但如果按照挤压机的额定能力进行强度校核，这些挤压筒大多数都不能通过强度校核，即当实际挤压力达到或接近挤压机所能提供的最大挤压力时，挤压筒内衬就会产生裂纹而破坏。因此，在制订工艺时，挤压比不能太大，同时还要采用较短坯料，使实际的挤压力控制在挤压筒强度允许的范围内，不能达到挤压机所能提供的最大挤压力值。

挤压机吨位大时，挤压比应小一些。这是因为，当挤压机的吨位较大时，设备的一些主要受力部件和所使用的各种工具的尺寸都比较大，无论从冶金质量，还是随后的锻造、加工及热处理质量来讲，大型零部件及工具所使用的钢材质量都比同种钢材的小型的要差一些。为了保证设备及大型工具的安全使用，在设计挤压筒时，其挤压比通常比小吨位挤压机的小，则最大挤压比也应比小吨位挤压机的小。大型零部件及工具的成本较高，一旦损坏损失较大，故安全系数应取大一些，则挤压比应相对小一些。从提高生产效率和产品产量方面来讲，大吨位挤压机停产所造成的损失比小吨位挤压机的大，为了避免因挤压力过大造成“闷车”甚至损坏工具，降低挤压速度，增加辅助时间，影响生产正常进行甚至造成停产，则挤压比也应小一些。

(4)生产效率及成品率

挤压时，变形能的绝大部分将转变为热量，使变形区中金属的温度升高。挤压比越大，变形能越大，产生的变形热越多，变形区中的温升就越高，易造成制品晶粒粗大，降低制品的表面质量和尺寸精度，并使挤压速度降低。因此，为了提高制品的质量，提高挤压速度，提高生产效率，挤压比应小一些。

挤压比越大，在坯料长度不变的情况下，挤出的制品越长，切头、切尾等几何废料所占的比例就越少，成品率也就越高。因此，从提高成品率的角度来说，则希望挤压比稍大一些。

(5)其他因素的影响

①坯料加热温度

当坯料的加热温度较高时，挤压比应小一些，以防变形热过大，造成变形区温度过高，降低挤压速度，降低生产效率，并影响制品的质量。

②工具温度

当挤压筒、穿孔针及模子的温度较低时，易造成坯料金属发生温降，使其变形抗力和挤压力升高。为防止发生“闷车”事故，挤压比应相应小一些。

③坯料长度

坯料的长度影响摩擦力的大小。坯料越长，摩擦力越大，所需要的挤压力也越大。因此，当采用长坯料挤压时，应采用相对较小的挤压比。如果因为设备条件的限制，挤压比不能小时，可采用较短的坯料，但不能小于允许的最短坯料长度。

④挤压方法

挤压管材时，如果采用润滑穿孔针方式挤压，作用在穿孔针上的摩擦拉力大约是不润滑挤压时的四分之一，这时的挤压比可比不润滑穿孔针时稍大一些。但是，挤压硬合金冷加工薄壁管用管毛料时，如果挤压比过大，在管毛料的尾端易产生内表面擦伤缺陷，影响管毛料的质量和成品率。采用随动针方式挤压时，摩擦力只作用在金属流动与穿孔针运动速度不一致的部位，比固定针挤压时的小，因此，挤压比可比固定针挤压时稍大一些。

反向挤压时坯料与挤压筒壁之间无摩擦，挤压力比正向挤压时的小，故挤压比可比正向挤压时的大。

用组合模挤压空心型材时，希望挤压比稍大一些。因为，挤压比大，可以在焊合室内建立起足够大的静水压力，从而有利于提高焊合质量。

在立式挤压机上挤压管材时，最大挤压比的选择要考虑地坑深度和最短坯料长度的限制。

5.2.4.2 挤压比的选择

(1)挤压铝合金时的挤压比

对于铝合金,塑性最好的纯铝的挤压比最大可达500以上,而强度最高的超硬铝合金的挤压比最大不超过30。不同牌号铝合金的挤压比范围如表5-10所示;不同吨位挤压机挤压铝合金型材、棒材的挤压比范围如表5-11所示;不同吨位挤压机挤压铝合金管材的挤压比范围如表5-12所示。

表5-10 不同牌号铝合金的挤压比范围

合金		挤压比范围	
合金系	合金牌号	型材、棒材	管材
1×××系列	1070、1060、1100、1200等	8～500	15～120
2×××系列	2A11	8～40	10～60
	2A12、2011、2014、2017、2024等	8～40	10～50
3×××系列	3A21、3003	8～100	10～100
	3004、3203	8～80	10～100
5×××系列	5A02、5052	8～70	10～100
	5A05、5A06、5056、5083等	8～40	10～50
6×××系列	6063	8～120	15～120
	6061、6A02	8～100	15～120
	6005、6082、6101、6351等	8～80	10～100
7×××系列	7A04、7A09、7075等	8～30	10～40

表5-11 不同吨位挤压机挤压铝合金型材、棒材的挤压比范围

挤压机能力/MN	挤压筒直径/mm	合适的挤压比范围	
		棒材	型材
7.5、8	85、95	26.8	30～45
12	115	23.6	25～40
	130	20.8	
20、16.3	170、200	17.8	18～35

（续表）

挤压机能力/MN	挤压筒直径/mm	合适的挤压比范围	
		棒 材	型 材
35	280		11～35
	370		10～20
50	300	12.9	11～30
	360		11～25
	420	13.2	11～20
	500	≤11.8	≤10

注:(1)用分流模挤压纯铝、3A21、6063 等软合金型材时,挤压比应大于 30 为宜;
(2)16.3MN 和 8MN 挤压机生产 6063 合金建筑型材时,挤压比可达到 150。

表 5-12 不同吨位挤压机挤压铝合金管材的挤压比范围

挤压机能力/MN	挤压筒直径/mm	合适的挤压比范围	
		硬合金	软合金
6.3MN(立式)	100	13～21	13～23
	120	13～21	13～23
	135	12～18	12～20
12MN	115	20～40	20～55
	130	20～35	20～45
	150	15～30	20～35
16.3MN	140	15～45	20～60
	170	15～40	20～50
	200	15～30	20～40
35MN	240	30～50	30～60
	280	25～45	30～55
	370	10～25	10～40

(2)挤压铜合金时的挤压比

对于铜合金,纯铜的挤压比可达到 400 以上,而硅青铜的挤压比一般不超过 30。不同设备、合金品种的挤压比范围如表 5-13 和

表 5-14 所示。

表 5-13 4MN、12MN 挤压机的挤压比范围

设备能力/MN	挤压筒直径/mm	管材				棒材			
		紫铜、黄铜		青铜		紫铜、黄铜		青铜	
		直径/mm	挤压比	直径/mm	挤压比	直径/mm	挤压比	直径/mm	挤压比
4	72	25～30	7～50						
	82	26～40	8～60						
	102	40～50	6～30						
12	145	34～37	30～85	42～45	20～36				
		38～41	25～75						
		42～45	20～65	46～55	15～50				
		46～55	15～50						
	180	56～60	10～30	56～60	10～25	7～16	≥88	10～16	788
		61～66	10～45	61～66	10～20	17～24	56～113	17～24	56～113
		67～71	10～35	65～70	10～20	25～30	36～52	25～32	32～52
		72～81	6～30	71～80	6～15	31～50	13～34	33～50	13～30
		82～90	4～25	81～90	4～15				

表 5-14 15MN、25MN、35MN 挤压机的挤压比范围

设备能力/MN	挤压筒直径/mm	品种或合金牌号				
		紫铜、H96、H90、H62、H59、HPb59-1、HPb66-3、HAl60-1-1、HMn57-3-1		QAl7、QAl9-2、QAl9-4、QAl10-3-1.5、QAl10-4-4	H80、H68、HSn70-1、QCd1.0、QCr0.2、HNi56-3、QCr0.5、HAl77-2、HSi80-3	QSn6.5-0.1、QSn6.5-0.4、QSn7-0.2、QSi3-1、B30、QSn4-0.3、QSn4-4、QSi1-3、QBe2.0、QBe2.5、BMn40-1.5
		管材	棒材			
15	150	18～67	25～156	25～46.5	18～44	14.8～21.9
25	200	16～63	16～42	16～41.6	16～30	10.7～15.4

（续表）

设备能力/MN	挤压筒直径/mm	品种或合金牌号				
		紫铜、H96、H90、H62、H59、HPb59－1、HPb66－3、HAl60－1－1、HMn57－3－1		QAl7、QAl9－2、QAl9－4、QAl10－3－1.5、QAl10－4－4	H80、H68、HSn70－1、QCd1.0、QCr0.2、HNi56－3、QCr0.5、HAl77－2、HSi80－3	QSn6.5－0.1、QSn6.5－0.4、QSn7－0.2、QSi3－1、B30、QSn4－0.3、QSn4－4、QSi1－3、QBe2.0、QBe2.5、BMn40－1.5
		管　材	棒　材			
35	250	15～48.2	17.3～24	12～24	12～24	6.25～12.4
	300	12.75～28	11.1～17.8	11.1～17.8	11.1～17.8	4～10.9
	370	6～31	<5.35～16.5	<5.35～16.5	<5.35～16.5	4.22～5.7
	420	3.43～18.7	<6.87			

5.3 坯料选择

常规挤压法所使用的坯料主要是铸锭和二次挤压毛料。铸锭有实心锭和空心锭，二次挤压毛料也有实心毛料和空心管毛料。有些铸锭的外表面需要进行车皮，有些则不需要车皮。直接铸造的空心铸锭，通常要进行镗孔，但有时也可不镗孔；二次挤压用空心管毛料有时需要镗孔，有时不需要镗孔。有些情况下，坯料的直径应大一些（即与挤压筒的间隙小），但有时则应小一些。选择什么样的坯料及坯料的尺寸，应根据挤压方法、挤压机的能力、制品的品种规格及质量要求等确定。

5.3.1 坯料种类选择

（1）挤压型材、棒材

挤压型材、棒材时所用的坯料均为实心铸锭或实心二次挤压毛料。

挤压普通的铝合金棒材、型材和建筑型材时，一般都使用不车皮铸锭；挤压大梁型材、变断面型材和其他一些特殊用途制品所用的铸锭，一般都使用车皮铸锭。二次挤压毛料不需要车皮。使用不车皮铸锭的合金及规格见表 4－2 所示，其他铸锭一般都需要车皮。

对于反偏析及偏析瘤严重的合金，都应采用车皮铸锭。

在小吨位挤压机上挤压小规格制品时，选用二次挤压毛料还是直接使用铸锭，应根据制品的性能要求以及企业的实际情况来确定。对于纵向强度性能要求较高的铝合金制品，应选用铸锭，不宜选用二次挤压毛料。这是因为，对于有挤压效应的铝合金来说，如果使用二次毛料作为挤压坯料，则挤压效应全部消失，制品不能获得最高的纵向强度。

(2)挤压管材

挤压管材时，可以使用的坯料有空心铸锭、实心铸锭和空心的二次挤压管毛料。挤压管材的所有坯料应进行车皮；空心铸锭和二次挤压管毛料应进行镗孔，但用于半穿孔挤压的铸锭和挤压厚壁管用的二次毛料可不进行镗孔。选用什么样的坯料，要根据生产企业挤压设备的结构形式、挤压方法、合金的种类、管材的质量要求等来确定。

在无独立穿孔系统的立式或卧式单动挤压机(型棒挤压机)上，采用随动针或浮动针方式挤压管材时，必须使用空心坯料。

在具有独立穿孔系统的双动挤压机(管棒挤压机)上，既可以使用空心锭，采用不穿孔的方式或半穿孔方式的挤压管材；也可以使用实心锭，采用穿孔的方式挤压管材。

采用实心锭穿孔挤压时，所需要的穿孔力大。在穿孔过程中，作用在穿孔针前端面上的压应力大，穿孔针易发生弯曲变形而偏离中心位置，造成管材偏心，严重时会发生断针事故。当使用的铸锭较长时，还可能出现穿不透的现象，故穿孔挤压所用的实心锭长度比不穿孔时的空心锭要短。采用短坯料时几何废料所占的比例增大，成品率、生产效率都会相应降低。因此，在实际生产中，铝合金管材通常采用空心锭不穿孔挤压工艺。但对于内表面质量要求很高的软铝合金管材，为保证其质量，可采用实心锭穿孔挤压工艺生产，但所用的坯料长度要减短。硬铝合金管材也可以采用穿孔挤压工艺生产，但使用的坯料要更短，无论是从成品率还是生产效率来讲，都是不经济的。

同样，在小吨位挤压机上挤压小规格厚壁管材时，可以使用二次挤压管毛料。但是，对于有挤压效应的铝合金，如果管材的纵向强度性能要求较高，则应该直接使用空心铸锭。

5.3.2 确定坯料直径

为了使加热后的坯料能顺利地装入挤压筒中，坯料的外径应小于挤压筒的直径。用空心坯料润滑穿孔针方式挤压管材时，为了避免涂抹在穿孔针上的润滑剂被坯料端面刮落掉在挤压筒内，影响润滑效果且污染挤压筒，坯料的内孔应大于穿孔针直径。

坯料与挤压筒和穿孔针之间的间隙大小与挤压机的结构形式（立式或卧式）、挤压筒的直径、坯料的种类、挤压方法、变形金属的热膨胀系数、挤压温度、坯料直径的偏差量、坯料的直线度、挤压制品的质量及力学性能要求等有关。

在卧式挤压机上，坯料是水平装入挤压筒中，装坯料比较困难，坯料与挤压筒的间隙应大一些。在立式挤压机上，因坯料是垂直装入挤压筒中，装坯料容易，坯料与挤压筒的间隙可小一些。

用空心坯料不穿孔方式挤压管材时，通常是先将坯料装入挤压筒中，涂抹润滑剂的穿孔针从坯料的内孔中穿过并使其前端位于模孔中，然后才开始挤压。对于卧式挤压机，已经装入挤压筒中的坯料的中心，低于挤压筒和穿孔针的中心。当涂抹着润滑剂的穿孔针进入坯料内孔时，涂抹在针的上表面上的润滑剂易被坯料端面刮掉，所以坯料内孔与穿孔针的间隙应大一些。但对于立式挤压机，坯料与挤压筒和穿孔针的中心是一致的，偏差很小，故坯料内孔与穿孔针的间隙可小一些。

坯料加热后会发生膨胀使其直径增大，坯料的原始直径不同，加热后其直径的增大量也不同。挤压筒直径越大，相应的坯料直径也越大，坯料加热后的绝对膨胀量就越大，则坯料与挤压筒的间隙也应越大。相反，挤压筒直径小时，坯料与挤压筒的间隙可小一些。

在相同直径的挤压筒上，使用实心坯料时，坯料与挤压筒的间隙应大一些；使用空心坯料时，坯料与挤压筒的间隙可小一些。这是由于在相同的条件下，二者的直径增大量不同，实心坯料的直径增大量大于空心坯料。

采用空心锭不穿孔方式挤压管材时，为防止涂抹在穿孔针上的润滑剂被其端面刮掉，空心锭的内孔应大于穿孔针直径。但采用空心锭半穿孔方式挤压管材时，为了将其内孔表面层上带有氧化膜和其他各种铸造缺陷及脏物的金属从铸锭上剥离掉，铸锭的内孔应小于穿孔针直径。

挤压温度不同，坯料加热后的直径增大量就不同；不同合金的热膨胀系数不同，其直径的增大量也不同。在确定坯料与挤压筒的间隙大小时，应考虑不同合金、不同挤压温度的影响。

坯料的直径有一定的偏差范围，当坯料直径出现正偏差时，其实际尺寸就会增大；坯料在长度方向上的弯曲也会造成其整个长度上的断面外接圆尺寸增大，这些都会影响到坯料能否顺利装入挤压筒中。

从上述分析可以看出，坯料与挤压筒之间的间隙越大，越有利于将坯料顺利地装入挤压筒中。但是，坯料与挤压筒之间的间隙也不能太大，避免挤压时横向变形量过大而影响制品的纵向力学性能及表面质量。这是因为，对于有挤压效应的铝合金来说，坯料与挤压筒之间的间隙越大，镦粗时的横向变形量就越大，将会使挤压效应减弱，降低制品的纵向强度。另外，对于塑性较差的金属及合金来说，镦粗时的横向变形越大，由于单鼓变形，在坯料表面易产生微裂纹，在挤压制品表面易产生起皮、气泡等缺陷。

挤压对其横向力学性能有要求的变断面型材时，则希望填充系数大一些（即坯料与挤压筒的间隙要大一些），增大镦粗时金属的横向变形量，提高型材大头部分的横向力学性能。

因此，确定坯料的直径时，应根据具体情况，综合考虑上述因素的影响。

（1）按热膨胀计算实心坯料的直径

$$D_p=\frac{D_0-\Delta D}{1+\alpha t} \tag{5-1}$$

式中：D_p——坯料直径，mm；

D_0——挤压筒直径，mm；

ΔD——坯料与挤压筒的直径差，mm；

t——坯料加热温度，℃；

α——挤压温度下金属材料的线膨胀系数，μm/(m·K)。不同金属材料的线膨胀系数如表5-15所示。

表5-15 金属材料的平均线膨胀系数[10^{-6}/K]

金属材料	铝	镁	钛	铜	镍
线膨胀系数 α	25	31.5	10	18.5	15.2

(2)坯料与挤压筒和穿孔针的直径差

坯料的直径可按下式计算：

$$D_p=D_0-\Delta D \tag{5-2a}$$

$$d_p=d_0+\Delta d \tag{5-2b}$$

式中：D_p、d_p——坯料的外径和空心坯料的内径，mm；

D_0、d_0——挤压筒直径和穿孔针的针杆直径，mm；

ΔD、Δd——坯料外径与挤压筒、空心坯料内径与穿孔针针杆的直径差(表5-16)，mm；挤压筒和穿孔针直径大的取上限，直径小的取下限。

不同吨位挤压机挤压铝合金制品常用坯料的直径如表5-17和表5-18所示；不同吨位挤压机挤压铜合金制品常用坯料的直径如表5-19和表5-20所示。

表5-16 坯料与挤压筒和穿孔针的间隙取值范围

挤压机类型	坯料外径与挤压筒直径差/mm	坯料内孔与穿孔针直径差/mm
卧 式	4～20	4～15
立 式	2～5	3～5

表 5-17 挤压铝合金制品常用实心坯料的直径

挤压机能力/MN	挤压筒直径/mm	坯料直径/mm
50	500	485
	420	405
	360	350
	300	290
20～16	200	192
	170	162
12	130	124
	115	110
8	95	91

表 5-18 挤压铝合金制品常用空心坯料的直径

设备能力/MN	设备结构	挤压方式	挤压筒直径/mm	穿孔针针杆直径/mm	坯料直径/mm	
					外 径	内 径
35	卧式、正向	润滑穿孔针、固定针挤压	370	200	360	210
				160	360	170
				130	360	140
				100	360	106
			280	130	270	140
				100	270	106
16.3	卧式、正向	润滑穿孔针、固定针挤压	200	90	192	95
			170	65	164	70
6.3	立式	润滑穿孔针、随动针挤压	135	72～13	132	比针大 3mm
			120	60～13	117	
			100	45～13	97	
25	卧式、反向	不润滑穿孔针、固定针挤压	260	95	255	97
				75	255	77

表 5-19 4MN立式挤压机挤压铜合金制品常用空心坯料的直径

<table>
<tr><th rowspan="2">合金牌号</th><th colspan="2">管材尺寸/mm</th><th rowspan="2">挤压筒直径/mm</th><th colspan="2">坯料尺寸/mm</th></tr>
<tr><th>外 径</th><th>壁 厚</th><th>外 径</th><th>内 径</th></tr>
<tr><td rowspan="3">T2～T4
HSn77-2
HSn70-1</td><td rowspan="7">25～30</td><td>1.0～2.0</td><td rowspan="7">72</td><td rowspan="7">69～69.5</td><td>34</td></tr>
<tr><td>2.5～3.5</td><td>32</td></tr>
<tr><td>4.0～6.0</td><td>29</td></tr>
<tr><td rowspan="3">H68
H62,H96
HPb59-1</td><td>1.0～2.0</td><td>32</td></tr>
<tr><td>2.5～3.5</td><td>29</td></tr>
<tr><td>4.0～6.0</td><td>26</td></tr>
<tr><td>HPb59-1</td><td>2.0～8.0</td><td>34～22</td></tr>
<tr><td rowspan="8">紫铜、黄铜</td><td rowspan="4">26</td><td>1.0～2.0</td><td rowspan="9">82</td><td rowspan="9">78～79.5</td><td>38</td></tr>
<tr><td>2.5～3.5</td><td>35</td></tr>
<tr><td>4.0～5.5</td><td>32</td></tr>
<tr><td>6.0～7.0</td><td>29</td></tr>
<tr><td rowspan="4">35～40</td><td>1.0～2.5</td><td>43</td></tr>
<tr><td>3.0～4.0</td><td>40</td></tr>
<tr><td>4.5～5.5</td><td>38</td></tr>
<tr><td>6.0～7.0</td><td>35</td></tr>
<tr><td>HPb59-1</td><td>31～40</td><td>2.0～8.0</td><td>43～22</td></tr>
<tr><td rowspan="8">紫铜、黄铜</td><td rowspan="4">40～45</td><td>2.0～3.0</td><td rowspan="9">102</td><td rowspan="9">98～99</td><td>46</td></tr>
<tr><td>3.5～4.5</td><td>43</td></tr>
<tr><td>5.0～6.5</td><td>40</td></tr>
<tr><td>7.0～8.0</td><td>37</td></tr>
<tr><td rowspan="4">46～50</td><td>2.0～3.0</td><td>51</td></tr>
<tr><td>3.5～4.0</td><td>48</td></tr>
<tr><td>4.5～6.0</td><td>46</td></tr>
<tr><td>6.5～8.0</td><td>43</td></tr>
<tr><td>HPb59-1</td><td>41～50</td><td>2.0～10.0</td><td>51～30</td></tr>
</table>

表 5-20 挤压铜合金制品常用实心坯料的直径

挤压机能力/MN	挤压筒直径/mm	坯料直径/mm
12MN	125	120
	150	145
	185	180
15MN	150	145
	200	195
	250	245
25MN	200	195
	250	245
	300	295
35MN	200	195
	250	245
	300	295
	370	360
	420	410

5.3.3 确定坯料长度

坯料长度选择是否合理，直接影响到挤压生产的效率、成品率以及制品的质量等技术经济指标。坯料越长，挤压制品越长，从而使切头尾、切压余的几何废料所占的比例降低，成品率提高；使一个挤压周期内的辅助时间所占的比例降低，生产效率提高。但是，随着坯料长度的增加，摩擦力增大，使挤压力增大，易发生“闷车”事故。挤压管材时，使作用在穿孔针上的摩擦拉力增大，易发生断针事故。当坯料直径一定时，增大其长度，会造成填充挤压过程的变形不均，易产生双鼓变形，从而影响制品的表面质量，易产生起皮、气泡缺陷。另外，坯料的长度还受挤压比大小、挤压方式（润滑穿孔针与不润滑穿孔针、正向与反向、立式与卧式挤压）、出料台的长度以及挤压筒长度的限制。由于挤压力与挤压比的对数值成正比关系，当挤压比大时，所需要的挤压力大。这时如果选择的坯料长度较大，就有可能使所需要的挤压力超出设备能力而出现挤不动的“闷车”现象。采用不润滑穿孔针方式挤压管材时，金属流动过程中作用在穿孔针上的摩擦拉力大约是润滑穿孔针挤压时的四倍，虽然这个摩擦拉力对挤压力的影响可能较小（在一定的坯料长度范围内），但对直径较细、强度较低的穿孔针的影响则很大，当坯料较长时，易发生断针事故。反向挤压时，坯料与挤压筒之间无摩擦，所需要的挤压力小，从而可采用比正向挤压更长的坯料，但挤压管材时必须兼顾穿孔针的强度。挤压制品的长度往往还要受到出料台长度（立式挤压机为地坑深度）的限制，当挤压比比较大时，如果选择的坯料较长，就有可能使挤出制品的长度超出出料台（或地坑）的最大允许长度，从而不得不增加压余长度，增加几何废料。

坯料的长度与挤压制品的合金、规格、品种和交货长度等有关。当交货长度为非定尺（乱尺）时，在保证产品质量和挤压生产顺利进行的情况下，应尽可能选用长坯料，以减少几何废料损失，提高成品率和生产效率。对于定尺交货的制品，其坯料长度应通过计算来确定，以免造成不必要的浪费。

5.3.3.1 挤压时的几个主要变形指数

(1)挤压比 λ

$$\lambda=\frac{F_{筒}}{F_{制}} \tag{5-3}$$

式中：$F_{筒}$——挤压筒断面积或挤压筒与穿孔针之间的环形面积，mm^2；

$F_{制}$——制品断面积，mm^2。

在用空心坯料挤压管材时，为了计算方便，其挤压比通常按下式计算：

$$\lambda=\frac{F_{锭}}{F_{制}}=\frac{(D_0-S_0)S_0}{(D_1-S_1)S_1} \tag{5-4}$$

式中：$F_{锭}$——坯料的断面积，mm^2；

$F_{制}$——挤压管材的断面积，mm^2；

D_0、S_0——空心坯料的外径和壁厚，mm；

D_1、S_1——挤压管材的外径和壁厚，mm。

(2)填充系数 K

$$K=\frac{F_{筒}}{F_{锭}} \tag{5-5}$$

式中：$F_{筒}$——挤压筒断面积或挤压筒与穿孔针之间的环形面积，mm^2；

$F_{锭}$——坯料断面积，mm^2。

5.3.3.2　坯料长度计算

(1)挤压铝合金型材、棒材

挤压型材、棒材定尺制品的挤压长度按下式确定：

$$L_{出}=L_{定}+L_{头}+L_{试}+L_{速}+L_{余} \tag{5-6}$$

式中：$L_{出}$——制品的挤压长度，mm；

$L_{定}$——制品的定尺长度，mm，当定尺长度较短时，按倍尺计算；

$L_{头}$——切头尾长度(表5-21)，mm；

$L_{试}$——取试样长度，mm，对于不是100%检查力学性能的小规格制品，可不考虑；

$L_{速}$——多孔挤压时的流速差，mm，2孔取300mm，4孔取500mm，6孔取1000～1500mm；

$L_{余}$——工艺余量，mm，一般取500～800mm。

表5-21　铝合金棒材、型材的切头切尾长度

制品种类	棒材直径或型材壁厚/mm	切头长度/mm	切尾长度/mm	
			硬合金	软合金
型材	≤4.0	100	500	500
	4.1～10.0	100	600	600
	>10.0	300	800	800

（续表）

制品种类	棒材直径或型材壁厚/mm	切头长度/mm	切尾长度/mm	
			硬合金	软合金
棒材	≤26	100	900	1000
	27～38	100	800	900
	40～105	150	700	800
	110～125	220	600	700
	130～150	220	500	600
	160～220	220	400	500
	230～300	300	300	400

注：硬合金指 7A04、2A11、2A12、2A14、2A80、2A50、5A05、5A06 等；软合金指纯铝、3A21、5A02、6063 等。

挤压型材、棒材用坯料长度按下式计算：

$$L_0=\left(\frac{L_{出}}{\lambda}\cdot K_m+H_1\right)K \tag{5-7}$$

式中：L_0——坯料长度，mm；

K_m——考虑型材壁厚正偏差时引起断面积增大对挤压比的修正系数；

H_1——增大残料厚度，mm。

型材面积系数(K_m)通常可用下式计算：

$$K_m=\frac{F+\Delta F}{F}=1+\frac{\Delta F}{F}\approx 1+\frac{\Delta S}{S} \tag{5-8}$$

式中：F、S——按名义尺寸计算的型材截面积(cm^2)和壁厚(mm)；

ΔF——壁厚正偏差所引起面积的增量，cm^2；

ΔS——壁厚允许正偏差，mm。

实际中，计算时留出的定尺余量很大，可不考虑正偏差对挤压比的影响，即取 $K_m=1$。但对于定尺较长、挤压比较小、生产量很大的制品，则要考虑其影响。型材挤压比的修正系数值如表 5-22 所示。

表 5-22 挤压比的修正系数值

S/mm	$\Delta S/mm$	Km	S/mm	$\Delta S/mm$	Km
1.0	0.20	1.20	5.0	0.30	1.06
1.5	0.20	1.13	6.0	0.30	1.05
2.0	0.20	1.10	7.0	0.35	1.05
2.5	0.20	1.08	8.0	0.35	1.04
3.0	0.25	1.08	9.0	0.35	1.04
3.5	0.25	1.07	10.0	0.35	1.03
4.0	0.30	1.07			

增大残料厚度(H_1)按下式计算：

$$H_1 = H_{正} + (L_{正} - 300)/\lambda \tag{5-9}$$

式中：$H_{正}$——正常残料厚度(表 5-23)，mm；

$L_{正}$——正常切尾长度(表 5-21)，mm。

表 5-23 挤压铝合金时的正常残料厚度

挤压筒直径/mm	正常残料厚度/mm	
	一般型材、棒材	纯铝排材
85、95	20	15
115、130	25	20
170、200	40	25
300、360	65	55
420、500	85	65

(2)挤压铝合金管材

挤压管材的坯料长度可按下式计算：

$$L_0 = \frac{nL_{定} + 800}{\lambda} + H_{余} \tag{5-10}$$

式中：L_0——坯料长度，mm；

$L_{定}$——管材定尺长度，mm；

n——每根挤出管材切成管毛料的定尺数；

$H_{余}$——挤压残料(压余)长度，mm。

其中，800 为常数，是考虑了切头尾、取试样的长度总和。

正向挤压铝合金管材的压余长度按表 5-24 选取，反向挤压时的压余长度按式(5-11)计算。

$$H_{余}=30+(D-d)/2 \tag{5-11}$$

式中：D——瓶式穿孔针的针杆直径；

d——瓶式穿孔针的针尖直径。

表 5-24 铝合金管材热挤压时的压余长度

挤压筒直径/mm	挤压管材种类	压余长度/mm
420～800	所有品种	60～80
150～230	所有品种	20～30
80～130	所有品种不定尺	10
	所有品种定尺	20
280～370	二次挤压用中间毛料	50
	厚壁管	40
	薄壁管毛料	30

对于热挤压厚壁管材，在通常情况下，其外径尺寸要求为正偏差，内径要求为负偏差，而且公差带很宽。为了充分估计挤出管材的实际壁厚比名义壁厚尺寸大很多时对压出长度的影响，用式(5-4)计算挤压比时，管材的名义壁厚 S_1 应加上一个修正值(表 5-25)。

表 5-25 外径全为正偏差、内径全为负偏差时厚壁管计算挤压比时的壁厚修正值

管材外径/mm	普通级				高精级			
	外径偏差/mm	内径偏差/mm	壁厚修正值/mm	修正量与偏差比	外径偏差/mm	内径偏差/mm	壁厚修正值/mm	修正量与偏差比
25	+1.32	−1.32	1.0	0.76	+1.08	−1.08	0.75	0.69

（续表）

管材外径/mm	普通级				高精级			
	外径偏差/mm	内径偏差/mm	壁厚修正值/mm	修正量与偏差比	外径偏差/mm	内径偏差/mm	壁厚修正值/mm	修正量与偏差比
＞25～50	＋1.66	－1.66	1.25	0.75	＋1.28	－1.28	1.0	0.78
＞50～100	＋1.98	－1.98	1.5	0.76	＋1.52	－1.52	1.25	0.82
＞100～150	＋3.40	－3.40	1.75	0.51	＋2.50	－2.50	1.5	0.60
＞150～200	＋5.00	－5.00	2.5	0.50	＋3.80	－3.80	2.0	0.53
＞200～250	＋6.60	－6.60	3.5	0.53	＋5.08	－5.08	2.5	0.49
＞250～300	＋8.20	－8.20	4.5	0.55	＋6.36	－6.36	3.5	0.55
＞300～350	＋10.00	－10.00	5.0	0.50	＋7.60	－7.60	4.0	0.53
＞350～400	＋11.60	－11.60	5.5	0.47	＋8.90	－8.90	4.5	0.51

计算采用的坯料长度很可能是一个小数或整数，最后一位数字不为零。为了便于管理，对于定尺制品，其坯料的长度按每 10mm 一挡锯切，不足部分向上进，即坯料长度只能长、不能短，但也不能过长，以免造成不必要的几何损失。坯料的长度尺寸偏差见表4－3所示。

对于不定尺制品，不计算坯料长度，一般根据经验和实际生产中的具体情况确定，其长度按 50mm 分挡锯切。为了提高生产效率和成品率，挤压纯铝、3A21、6063、5A02、6061 等软合金制品时，尽可能采用所允许的最长坯料。

5.4 挤压工艺规程

5.4.1 坯料加热规程

5.4.1.1 坯料的加热方式

坯料的加热方式主要有火焰炉加热、电阻炉加热和感应炉加热。

(1)火焰炉加热

火焰炉加热是挤压生产中应用非常广泛的一种坯料加热方式,铜合金、钢铁材料挤压坯料基本上都采用火焰炉加热,在中国南方和电力较缺乏的地方铝型材挤压企业也基本上都采用火焰炉加热。常用的火焰炉加热方式主要有柴油(或重油)炉加热、煤气(或天然气)炉加热和直接燃煤加热。火焰炉加热时,产生的火焰直接与坯料接触,温度高,加热速度较快,生产成本低,这是其主要优点。但是,火焰炉加热也存在着加热质量不高,金属烧损大,自动化程度低,劳动条件较差等许多缺点。例如,加热温度很不均匀,坯料断面温差大,造成挤压时的变形不均;火焰接触到的部位温度过高甚至会产生局部过烧,制品难以获得最佳性能;如果采用燃煤直接加热,虽然其成本可能是最低的,但对坯料、对环境的污染也是最大的。

(2)电阻炉加热

电阻炉是通过电热元件将电能转化为热能,在炉内对金属进行加热。电阻炉加热是铝合金挤压生产中经常采用的一种加热方式,在我国北方一些铝挤压企业应用较多。电阻炉和火焰炉相比较,具有以下优点:热效率较高,可达50%～80%;加热温度均匀,坯料断面温差小,温度容易控制;劳动条件较好;炉体寿命长等。但电阻炉耗电量高,通常一块坯料从进入炉子到出炉需要好几个小时,加热成本高。

(3)感应炉加热

感应炉是通过电磁感应原理,在金属表面层产生感应电流(涡流),依靠这些涡流的能量达到加热金属的目的。感应炉加热有以下特点:加热温度高,而且是非接触式加热;加热效率高,虽然从表面上看耗能较高，但由于加热速度很快（一般为几十秒到几分钟），生产效率高，因而是节能的，而且金属的氧化烧损很少；温度容易控制，加热均匀性好，产品质量稳定；可实现梯度加热，从而可实现等温挤压，制品纵向组织性能和尺寸的一致性好；容易实现自动控制；作业环境好，几乎没有热噪声和灰尘；加热炉体积小，工作占地少。

5.4.1.2 坯料加热操作规程

铝合金坯料加热操作规程如下：

(1)加热前，应认真检查加热炉仪表定温，确认无误后才能开始生产。

(2)在连续生产过程中，交接班时，应检查加热炉仪表定温、仪表指示温度和坯料的实际温度。

(3)装炉前应按卡片规定的批次、炉号、合金、规格、数量等，对坯料进行认真核对，确认无误后才能装炉。一般制品可以混炉生产（不同炉号的坯料可以混在一起生产）。但对于要求耐热性能的铝合金棒材、排材（如 2A12、2A16、2A70 等）、焊条线毛料以及特殊用途制品等，每批必须按同一炉号装炉。

(4)装炉前应清除坯料表面上的油污、灰尘、金属屑及其他脏物。

(5)装炉时严防混料，坯料应逐块检查，不同批次之间应有明显的标志予以区分。

(6)为了保证成品管材的力学性能，6A02 合金 F、T6 状态制品应使用没有进行均匀化退火的坯料；6A02 合金 O 状态制品应使用均匀化退火的坯料。

(7)加热炉仪表的最高定温一般不得超过如表 5-26 中规定的坯料最高允许加热温度。当坯料的实际温度超过此规定温度时，应取高倍试样检查是否过烧。过烧的坯料应扒炉报废。

(8)为了提高挤压速度，对无组织和性能要求的制品，在挤压机的能力允许的情况下（不发生“闷车”），坯料的加热温度应尽可能采用下限温度（320℃）。

(9)为了保证 2A11、2A12、7A04 等合金的型材、棒材具有良好的挤压效应，应采用较高的坯料加热温度（440℃～460℃）和较高的挤压筒温度(420℃～460℃)。

(10)为了控制制品的粗晶环深度,并获得细小的晶粒组织,当挤压筒温度为400℃～450℃时,2A11、2A12、7A04合金坯料的加热温度应控制在上限温度(440℃左右),6A02合金的坯料加热温度控制在较低温度(320℃～370℃)。

(11)为了保证耐热铝合金的高温性能,坯料的加热温度应控制在上限温度(440℃～450℃)。

(12)挤压2A11合金厚壁型材时,为了避免当低温挤压时(320℃～340℃)出现完全再结晶的粗晶组织,坯料的加热温度应控制在中上限。

(13)为保证纯铝排材具有高的力学性能,应采用较低的坯料加热温度(250℃～300℃)。

(14)为保证O、F状态交货的1050～1100、3A21、5A02、8A06合金型材、棒材具有高的伸长率和低的强度,应采用较高的坯料加热温度(420℃～480℃)。

(15)挤压6061、6063合金T5状态型材时,为保证挤压热处理效果,应采用较高的坯料加热温度(480℃～520℃)。

(16)用分流模、舌型模挤压空心型材时,坯料应加热到挤压温度的上限或接近最高允许加热温度。2A12合金坯料应加热到420℃～480℃,6A02合金坯料加热到460℃～530℃。

(17)采用在线淬火工艺时,坯料的加热温度应采用较高的温度(同时挤压速度也要保证),保证制品的挤压热处理效果。

(18)为了保证2A11、2A12合金热挤压厚壁管(外径大于120mm)的力学性能,坯料的加热温度应采用上限温度(420℃～450℃)。

(19)挤压铝合金型材、棒材、排材时的坯料加热温度和挤压筒温度按表5-27所示控制。

(20)铝合金管材正向、反向挤压时的坯料加热温度和挤压筒温度分别按表5-28、表5-29所示控制。

表 5-26 铝及铝合金坯料的最高允许加热温度

合金牌号	最高允许加热温度/℃
7A04、7A09	460
2A02、2A06、2A10、2A12、2A14	490
2A50、2A80、2A90	520
2A70	505
5A02、5A03、2A11、2A13、2A16、2A17	500
5A05、5B05、5A06、5A12	470
1070A、1060、1050A、1035、1200、8A06、3A21、6A02、4A01、6061、6063	550

表 5-27 铝合金型材、棒材、排材挤压用坯料的加热温度和挤压筒温度

合金牌号	制品种类	交货状态	坯料加热温度/℃	挤压筒温度/℃
所有	线坯和中间毛料		320～450	320～450
2A11、2A12、7A04、7A09	型材、棒材、排材	H112、T4、T6	320～450	320～450
1070A、1060、1050A、1035、1200、8A06、3A21、5A02	型材、棒材	H112、O	420～480	400～500
5A03、5A05、5B05、5A06、5A12	型材、棒材	H112、O	330～450	400～450
2A50、2B50、2A70、2A80、2A90	型材、棒材、排材	所有	370～450	400～450
6A02	型材、棒材	所有	320～370	400～450
1070A、1060、1050A、1035、1200、8A06、	排材	H112	250～320	250～400
1070A、1060、1050A、1035、1200、8A06、	排材	F	250～450	250～450
1070A、1060、1050A、1035、1200、8A06、3A21	空心型材	H112	460～530	420～450
6A02	空心型材	H112、T4、T6	460～530	420～450
2A11、2A12	空心型材	T4、H112	420～480	400～450
2A14	型材、棒材	O、T4	370～450	400～450

（续表）

合金牌号	制品种类	交货状态	坯料加热温度/℃	挤压筒温度/℃
2A02、2A16	型材、棒材、排材	所有	440～460	400～450
2A02、2A16	型材、棒材、排材（不要求高温性能）	所有	400～440	400～450
2A12	大梁型材	T4	420～450	420～450
2A12	T42 状态型材	O	400～440	400～450
6061、6063	型材、棒材、排材	T5	460～530	400～450

表 5-28 铝合金管材正向挤压时坯料的加热温度和挤压筒温度

合 金	坯料状态	坯料加热温度/℃	最高允许加热温度/℃	挤压筒温度/℃
纯铝	铸态	300～450	550	320～450
纯铝穿孔挤压	铸态	400～480		400～450
纯铝厚壁管	铸态	400～450		
6A02 厚壁管	铸态或均匀化	460～520	550	400～450
6A02 穿孔挤压	铸态或均匀化	400～480		
6A02 O 状态	均匀化	300～450		320～450
	二次毛料	350～480		
6061、6063	均匀化	480～520	550	400～450
5A02 厚壁管	均匀化	400～450	500	400～450
5A02	均匀化	320～450		320～450
5A03	均匀化	320～450	500	320～450
5A05、5A06	均匀化	360～440	470	340～450
	二次毛料	350～450		320～450
3A21 穿孔挤压	均匀化	400～480	550	400～450
3A21 厚壁管	均匀化	400～450		
3A21	均匀化	300～450		320～450
	二次毛料	350～480		
2A11	均匀化	320～450	500	320～450

（续表）

合 金	坯料状态	坯料加热温度/℃	最高允许加热温度/℃	挤压筒温度/℃
2A12	均匀化	320～450	490	320～450
2A14	均匀化	320～450	490	320～450
2A14 四筋管	均匀化	400～450		400～450
7A04、7A09	均匀化	360～440	460	340～450
	二次毛料	320～440		320～450

表 5－29 铝合金管材反向挤压时的坯料加热温度和挤压筒温度

合 金	坯料加热温度/℃	挤压筒温度/℃
5A02、5A03	350～480	400～450
2A11、2A12、2A14	350～450	400～450
5A05、5056、5A06	350～450	400～450
7A04	360～440	400～450
纯铝、3A21、6A02	300～450	350～450
6A02 厚壁管 F、T4、T6 状态	460～520	400～450
纯铝、5A02、3A21 厚壁管	400～450	400～450

其他金属及合金坯料加热制度如下：

镁及镁合金挤压坯料的加热温度如表 5－30 所示。钛及钛合金挤压坯料的加热温度如表 5－31 所示。铜、镍及其合金挤压坯料的加热温度如表 5－32 所示。钢铁材料挤压坯料的加热温度如表 5－33 所示。

表 5－30 镁及镁合金挤压坯料的加热温度

合 金	加热温度/℃
纯镁	350～440
MB2、MB5、MB7	300～400
镁铝合金	300～420

表 5-31 钛及钛合金挤压坯料的加热温度

合金牌号	坯料类型	加热温度/℃
TA1、TA2、TA3	光坯	750～900
TA1、TA2、TA3	铜包套	650～800
TC1、TC2	光坯	750～800
TC1、TC2	铜包套	630～700
TC3、TC4	光坯	850～1050

表 5-32 铜、镍及其合金挤压坯料的加热温度

合金牌号	加热温度/℃
T2、T3、T4、TU1、H90、H80	750～875
TUP	850～920
H96	750～850
H85	880～930
H68、H68-0.1、HSn70-1	740～800
H62、HFe59-1-1、HFe58-1-1、HSn62-1	670～780
HPb59-1、HPb63-0.1	620～680
HPb61-1	630～670
HAl 60-1、HAl 60-1-1、HPb63-3	650～700
HAl 59-3-2、HAl 67-2.5、HAl 66-6-3-2	700～800
HAl 77-2、HAl 70-1.5、QSi 3-1	750～820
HMn55-3-1	590～670
QSn8-0.4、HMn57-3-1、HNi56-3、H59	600～700
HMn58-2	570～630
HSi 80-3	740～790
QAl 9-4、QAl 9-2、QAl 5	830～900
QAl 10-3-1.5	750～830
QAl 10-4-4	825～900
QSi 1-3	850～900
QSn 4-0.3	750～800

（续表）

合金牌号	加热温度/℃
QSn 4－3	750～870
QSn 6.5－0.1、QSn 6.5－0.4、QSn 7－0.2	700～820
QCd1、QCr0.5、QCr0.3－0.2、QZr0.2、QZr0.4	800～850
QBe2、QBe2.15	720～800
BFe5－1	900～1000
B10	950～1000
BAl 13－3	870～930
B30－1－1、BSi 30－0.6、B30	900～960
BZn15－20	850～930
B40－1.5	950～1100
NCu28－2.5－1.5	975～1100
镍	950～1050

表 5－33　钢铁材料挤压坯料的加热温度

钢　种	加热温度/℃
碳素钢	1100～1300
低合金钢	1130～1270
滚珠轴承钢	1100～1150
铬不锈钢	1150～1200
铬镍不锈钢	1150～1210

5.4.2　工艺润滑规程

5.4.2.1　铝合金挤压工艺润滑

在挤压铝合金型材、棒材时，采用不润滑挤压工艺，因此不需要使用润滑剂。

挤压铝合金管材时，通常只对穿孔针进行润滑，以减小挤压过程中金属流动对穿孔针产生的摩擦拉力，改善穿孔针的工作条件，减少断针事故发生，延长针的使用寿命，并改善制品的内表面质量，提高挤压速度。即便是用实心坯料穿孔挤压时，为了减小穿孔过程中的摩擦阻力，也需要对穿孔针进行润滑。但直到目前为止，润滑挤压筒的挤压方法尚未在铝合金方面得到广泛应用，其主要原因是，润滑挤压时，用普通结构的模子不能完全消除死区，易导致制品的皮下缩尾、表面起皮、气泡等缺陷。

铝合金管材热挤压多采用黏性矿物油中添加各种固体填料的悬浮状润滑剂，如表 5-34 所示。其中，采用空心锭不穿孔挤压工艺时，最广泛使用的是编号为 1 的润滑剂。这种润滑剂的特点是挤压时，油的燃烧物和石墨所构成的润滑油膜具有足够的强度，可承受高压作用；但其韧性不足，在挤压比很大时，易产生局部润滑膜破裂，引起穿孔针黏金属，在挤出管材的内表面上造成擦伤缺陷。为了提高润滑剂的韧性可在其中加入一些表面活性物质，如编号为 3 的润滑剂中加入了硬脂酸铅。硬脂酸铅与铝起化学反应，析出的低熔点成分铅呈熔融状态，并在接触表面上形成塑性润滑膜，提高了润滑膜的韧性。同样地，编号为 4 的润滑剂加入铅丹也是同样的作用，但铅的化合物有毒，对人体健康有危害，其应用受到限制。编号为 2 的润滑剂质量较好，但硅油的成本较高，故一般在穿孔挤压时才使用这种润滑剂。

表 5-34 铝合金管材热挤压常用润滑剂

<table>
<tr><th>编号</th><th>润滑剂名称</th><th>质量/%</th></tr>
<tr><td rowspan="2">1</td><td>72 号或 74 号汽缸油</td><td>60～80</td></tr>
<tr><td>山东鳞片状石墨（0.038mm 以上）</td><td>20～40</td></tr>
<tr><td rowspan="2">2</td><td>250 号苯甲基硅油</td><td>30～40</td></tr>
<tr><td>山东鳞片状石墨（0.038mm 以上）</td><td>60～70</td></tr>
<tr><td rowspan="4">3</td><td>72 号或 74 号汽缸油</td><td>65</td></tr>
<tr><td>硬脂酸铅</td><td>15</td></tr>
<tr><td>山东鳞片状石墨（0.038mm 以上）</td><td rowspan="2">10</td></tr>
<tr><td>滑石粉</td></tr>
<tr><td rowspan="3">4</td><td>山东鳞片状石墨（0.038mm 以上）</td><td>10～25</td></tr>
<tr><td>72 号或 74 号汽缸油</td><td>55～80</td></tr>
<tr><td>铅丹</td><td>10～20</td></tr>
<tr><td rowspan="5">5</td><td>二氢松香脂乙醇（40%）</td><td rowspan="3">6</td></tr>
<tr><td>四氢松香脂乙醇（45%）</td></tr>
<tr><td>松香脂乙醇（15%）</td></tr>
<tr><td>2,6-2 代丁基-4-甲基酚</td><td>0.1</td></tr>
<tr><td>无机矿物油</td><td>余量</td></tr>
</table>

在润滑剂的使用方面应注意以下几点，以防挤出管材内表面产生

起皮、气泡、擦伤等缺陷。

(1)组成润滑剂的各种物质的质量要符合要求。如果矿物油(汽缸油)的闪点低,涂抹在温度很高的穿孔针上易燃烧挥发,降低润滑效果;如果其中的水分含量超标,易造成管材内表面产生气泡、起皮;如果石墨的颗粒过大,易造成管材内表面(特别是挤压纯铝及软铝合金管材时)的石墨压入缺陷。

(2)润滑剂的配比要适当。如果润滑剂中的石墨偏少,润滑剂过稀,涂抹在针上的油膜就很薄,润滑膜强度低,易破裂,在挤压过程中穿孔针易黏金属,造成管材内表面出现擦伤缺陷。如果石墨的含量过多,润滑剂过稠,管材内表面易产生石墨压入缺陷。

(3)配制润滑剂时搅拌要均匀,避免其中有未搅拌开的石墨团块存在,造成管材内表面石墨压入缺陷。特别是在寒冷季节,由于矿物油本身的黏度较大,气温低时流动性变差,更不容易搅拌均匀。在这种情况,可适当将矿物油加热,以增加其流动性。

(4)润滑剂涂抹要均匀。目前,除了某些挤压机上采用机械涂抹润滑剂外,在绝大部分挤压机上,润滑剂的涂抹方法仍以手工操作为主。如果润滑剂涂抹不均匀,在润滑剂少的部位,易较早出现干摩擦,造成穿孔针黏金属,使管材内表面产生擦伤缺陷。如果针表面上某些部位没有涂抹上润滑剂,则会出现更严重的擦伤缺陷。

(5)向穿孔针上涂抹润滑剂时要迅速,特别是涂抹润滑剂后应立即进行挤压操作,防止间隔时间过长,润滑剂中的油分挥发掉而影响润滑效果。

(6)要防止穿孔针上的润滑剂淌滴到挤压筒中,造成制品表面产生起皮、气泡缺陷。

(7)在使用润滑剂前,应及时清除掉穿孔针上的金属黏结物及润滑剂燃烧后留下的残焦,以免影响润滑效果。

5.4.2.2 铜合金挤压工艺润滑

由于氧化铜本身具有良好的润滑性,铜及含锌量(质量分数)在15%以下的黄铜、锡青铜等通常采用无润滑挤压。但为了有利于压余与挤压模的分离,减少模具、穿孔针的磨损,降低挤压力,提高制品表面质量等目的，可用石墨-植物油系润滑油对挤压模、穿孔针进行润滑。

挤压白铜、青铜时，通常采用40号机油和30％～40％鳞片状石墨的液态混合物作为润滑剂。

在卧式挤压机上，常用石油沥青作为穿孔针、挤压垫和模子的润滑剂。

在铜合金挤压生产中，有时使用玻璃润滑剂。玻璃润滑剂属于固体润滑剂，高温时具有很强的黏着性、高熔点和高抗压强度。当与热坯料接触时，由粉末状变成胶质状固体，在坯料表面形成一层胶体薄膜。这种薄膜不仅具有润滑作用，还起隔热作用，在减少摩擦、提高制品表面质量的同时，还可保护工具不受热冲击，延长其使用寿命。

玻璃润滑剂的使用方法如下：

(1)挤压模润滑

在挤压模前面放一个特制的环状玻璃垫，其内孔比模孔稍大一些，外缘直径比挤压筒小4～5mm，厚度为3～10mm。玻璃垫用40目的玻璃粉与2.5％工业水玻璃以及2.5％水配成糊状后再成形并自然干燥。

(2)挤压筒润滑

用玻璃丝布包在坯料上，或者将玻璃粉散在加热炉出口端的倾斜平台上(约3mm厚)，加热好的坯料出炉后从其上滚过表面即黏附上一层玻璃粉。

(3)穿孔针润滑

穿孔针的润滑方式一般采用在其表面涂一层沥青然后包上玻璃丝布。

采用玻璃润滑挤压，制品的表面黏附有玻璃，除去的方法有喷砂法、急冷法和化学法。其中，急冷法是将挤出的制品立即投入冷水中使其自然脱落；化学法是将制品投入氢氟酸和硫酸的溶液中浸15～25min，取出后用冷水冲洗约5min即可。

5.4.2.3 钛合金挤压工艺润滑

挤压钛合金时，通常采用两种主要类型的润滑剂：含有诸如石墨等固体薄片的油基润滑剂、玻璃类润滑剂。金属铜包套润滑有时也用于某些钛挤压产品。钛合金挤压机的主要差别一般体现在润滑方式上。

由于玻璃具有良好的隔热性，可提高坯料温度场的均一性，故钛合金的热挤压多以玻璃润滑为主。

5.4.2.4 钢铁材料挤压工艺润滑

钢铁材料热挤压时的工艺润滑通常采用玻璃润滑，其挤压示意图见图 2-13 所示。

挤压模与坯料之间的润滑多采用窗玻璃系的 SiO_2-Na_2O-CaO-MgO 玻璃，这种玻璃在 1000℃下的黏度约为 100Pa·s。坯料内外表面润滑用玻璃，主要根据坯料的温度、接触时间等因素，通过调整玻璃的成分和玻璃粉末的粒度，调整挤压温度下玻璃的黏度。碳钢、合金钢热挤压润滑用玻璃的成分和粉末粒度如表 5-35 所示。

表 5-35 碳钢、合金钢热挤压润滑用玻璃的成分(%)与粉末粒度

类别	SiO_2	Al_2O_3	B_2O_3	Na_2O	K_2O	CaO	MgO	使用位置	玻璃粉末粒度尺寸/mm
A	33.6	1.7	36.1	16.0	0.8	7.9	3.9	外表面	0.115 以上
B	46.0	22.0	1.0	19.0		8.5	4.5	内表面	0.295～0.175 (＜50%) 0.175～0.115 (＞50%)
C	72.0	1.8		13.6	1.0	8.0	3.6	模/坯料间	0.833～0.295 (70%) 0.295～0.175 (30%)

5.4.3 挤压操作规程

5.4.3.1 挤压前的准备

(1)按设备使用规程及安全规程检查、润滑设备，进行空行程运转，证明设备正常才能开始生产。在连续生产的过程中，应认真交接

班，仔细了解上一班的生产、质量、设备和工具等情况。

(2)检查坯料加热炉、模具加热炉、挤压筒的仪表定温和实际指示温度，以及坯料的实际温度是否符合规定要求。铝合金挤压时的模具加热炉温度范围一般控制在400℃～450℃。

(3)检查工模具(包括挤压模、挤压垫、穿孔针等)的规格、型号和尺寸是否与生产卡片一致，质量是否符合要求。

(4)准备好导路及各种专用工具(如挤压铝合金变断面型材用的钩子、钳子等)。

(5)根据所要生产的合金、品种及挤压生产方式，配制好工艺润滑剂。

(6)认真检查出料台的情况，消除可能造成制品划伤的各种隐患。

(7)按规定要求加热模具。模具在加热炉内的保温时间一般为：6MN挤压机的不少于1h，8MN挤压机的不少于1.5h，10MN以上吨位挤压机的不少于2h。穿孔针加热时，其螺纹部分不允许加热。

(8)挤压铝合金变断面型材的大头模可加热，也可不加热，但不允许只加热其中的一半而不加热另一半，以免金属流动不均匀。

5.4.3.2 铝合金型材、棒材挤压

(1)挤压前要进行试模，经试模合格后才能正式挤压。对于断面形状较复杂的硬合金型材，试模时的坯料最好用软合金。

(2)挤压前对出炉待压的坯料进行测温，至少每挤压10个坯料应测温一次，但每批不少于一次，并如实把挤压筒温度、坯料温度记录在卡片上。

(3)为防止“闷车”，应迅速装配、更换挤压工具。在开始挤压时采用规定的上限温度，挤压3～5个坯料后可转入正常温度挤压。

(4)为防止缩尾、成层和气泡等，挤压垫、挤压轴、挤压筒内套等不允许涂润滑油或弄脏。

(5)平模挤压时，模面允许涂油润滑。分流模挤压时，不允许涂润滑剂，应保持模面清洁，以保证焊缝质量。

(6)挤压速度应根据制品的合金、规格、形状、尺寸、表面状况等因素而决定。对于空心型材，为保证焊缝质量，速度不宜过快。

(7)挤压2A50合金时,如果发现制品表面有气泡,可将坯料出炉温度降到380℃~420℃再挤压。

(8)变换规格时,应检查第一根和第二根制品的头尾尺寸、表面和外形质量及定尺压出长度,只有全面检查合格后才能投入生产。生产过程中,质检员、操作手和助手都应随时注意制品的表面、外形和尺寸等的变化情况,发现问题应及时处理。

(9)应严格控制残料长度。挤压基本残料长度按表5-36所示控制。对于增大残料挤压的制品,其残料长度根据产品的质量要求及具体生产工艺情况来决定,并标注在加工卡片上。

表5-36 铝合金型材、棒材、排材挤压基本残料长度

挤压筒直径/mm	500	420	360	300	200	170	130	115	95	85
一般制品残料长度/mm	85	85	65	65	40	40	25	25	20	20
纯铝排材残料长度/mm	65	65	55	55	25	25	20	20	15	15

(10)多孔模挤压时,各孔流出的长度差不得超过下列值:2孔应小于500mm;3~6孔小于800mm;6孔以上小于1500mm。当长度差超过上述规定时,应通过修模等予以调整。

(11)挤压生产过程中对每批产品都必须认真、仔细地检查,发现不合格时要及时处理,并将具体情况反映给修模工,以便修模工正确地修模。

(12)为了避免表面擦伤,要保持滚道、中断锯台、石墨导路无铝屑等异物;要防止冷床上料积成堆,互相摩擦。型材之间要保持一定的间隔。

(13)操作人员所使用的手套、石棉布等严防沾污、潮湿,制品不得触及酸、碱、盐等物。

(14)型材、棒材、排材的挤压表面质量应符合相应技术标准对成品的要求。棒材表面不得有起皮、气泡、裂纹、粗擦伤、严重表面粗糙及腐蚀斑点存在,允许有深度不超过直径负偏差的个别小压坑、擦伤等存在。排材表面不允许有裂纹和腐蚀斑点存在,允许有不超过尺寸负偏差的压坑、划伤等存在。型材表面不允许有裂纹、腐蚀斑点、粗擦伤、严重的表面粗糙、起皮、气泡等存在，允许有局部的、轻微的碰伤、划伤、压坑、擦伤等存在。

(15)产品的挤压尺寸偏差应保证拉伸矫直后能够满足标准的要求。

(16)按 GB/T3191 标准的除了镁含量的平均值大于或等于 2.5% 的铝镁合金(5A02、5A03、5A05、5A06、5083)，即非铝镁系合金的棒材直径(方棒、六角棒指内切圆直径)的挤压偏差按表 5-37 所示控制；镁含量的平均值大于或等于 2.5% 的铝镁合金(5A02、5A03、5A05、5A06、5083)的棒材直径(方棒、六角棒指内切圆直径)的挤压偏差按表 5-38 所示控制；方棒、六角棒的圆角半径挤压允许偏差按表 5-39 所示控制；方棒、六角棒的挤压允许扭拧度按表 5-40 所示控制；挤压棒材的不圆度不得超过直径的允许挤压偏差。

(17)纯铝排材的挤压偏差按表 5-41 所示控制，铝合金排材的挤压偏差按表 5-42 所示控制。

表 5-37 非铝镁系合金棒材的挤压偏差(mm)

直 径	A 级		B 级		C 级		D 级	
	成品偏差	挤压偏差	成品偏差	挤压偏差	成品偏差	挤压偏差	成品偏差	挤压偏差
5～6	−0.30	+0.02 −0.10	−0.48	+0.02 −0.20				
>6～10	−0.36	+0.04 −0.12	−0.58	+0.04 −0.25				
>10～18	−0.43	+0.05 −0.15	−0.70	+0.05 −0.30	−1.10	+0.05 −0.45	−1.30	+0.05 −0.55
>18～28	−0.52	+0.06 −0.18	−0.84	+0.06 −0.35	−1.30	+0.06 −0.55	−1.50	+0.06 −0.65
>28～50	−0.62	+0.08 −0.20	−1.00	+0.08 −0.40	−1.60	+0.08 −0.65	−2.00	+0.08 −0.80

（续表）

直径	A级		B级		C级		D级	
	成品偏差	挤压偏差	成品偏差	挤压偏差	成品偏差	挤压偏差	成品偏差	挤压偏差
>50～80	−0.74	+0.10 −0.25	−1.20	+0.10 −0.50	−1.90	+0.10 −0.80	−2.50	+0.10 −0.90
>80～120	−1.10	+0.10 −0.40	−1.40	+0.10 −0.60	−2.20	+0.10 −0.90	−3.20	+0.10 −1.20
>120～180			−1.60	+0.00 −0.70	−2.50	+0.00 −1.00	−3.80	+0.00 −1.60
>180～250			−1.90	+0.00 −0.80	−2.90	+0.00 −1.30	−4.50	+0.00 −2.10
>250～300			−2.20	+0.00 −0.90	−3.30	+0.00 −1.60	−5.50	+0.00 −2.50
>300～400					−4.20	+0.00 −2.00	−7.20	+0.00 −3.00
>400～500							−8.00	+0.00 −3.50
>500～600							−9.00	+0.00 −4.00

表5-38　含镁量≥2.5%的铝镁系合金棒材的挤压偏差(mm)

直径	A级		B级		C级		D级	
	成品偏差	挤压偏差	成品偏差	挤压偏差	成品偏差	挤压偏差	成品偏差	挤压偏差
5～6	−0.45	+0.02 −0.15	−0.72	+0.02 −0.30				
>6～10	−0.54	+0.04 −0.18	−0.87	+0.04 −0.35				

（续表）

直 径	A 级		B 级		C 级		D 级	
	成品偏差	挤压偏差	成品偏差	挤压偏差	成品偏差	挤压偏差	成品偏差	挤压偏差
>10～18	−0.60	+0.05 −0.20	−1.05	+0.05 −0.45	−1.65	+0.05 −0.70	−1.95	+0.05 −0.85
>18～28	−0.70	+0.06 −0.25	−1.26	+0.06 −0.50	−1.95	+0.06 0.80	−2.25	+0.06 −0.95
>28～50	−0.80	+0.08 −0.30	−1.50	+0.08 −0.6	−2.40	+0.08 −1.00	−3.00	+0.08 −1.30
>50～80	−1.00	+0.10 −0.35	−1.80	+0.10 −0.75	−2.85	+0.10 −1.20	−3.75	+0.10 −1.60
>80～120	−1.65	+0.10 −0.55	−2.10	+0.10 −0.85	−3.30	+0.10 −1.40	−4.80	+0.10 −2.00
>120～180			−2.40	+0.00 −1.00	−3.75	+0.00 −1.60	−5.70	+0.00 −2.30
>180～250			−2.85	+0.00 −1.15	−4.35	+0.00 −1.80	−6.75	+0.00 −2.70
>250～300			−3.30	+0.00 −1.35	−4.95	+0.00 −2.00	−8.25	+0.00 −3.30
>300～400					−6.00	+0.00 −2.50	−10.8	+0.00 −4.40
>400～500							−12.0	+0.00 −5.00
>500～600							−13.5	+0.00 −5.50

表 5-39 挤压方棒、六角棒圆角半径允许偏差(mm)

制品的边长或宽度	圆角半径不大于	
	普通级	高精级
<25	2	1.0
≥25~50	3	1.5
>50	5	2.0

表 5-40 方棒和六角棒的挤压允许扭拧度

方棒、六角棒内切圆直径/mm	≤14	>14~30	>30
允许扭拧度/度/m	90	60	45

表 5-41 纯铝排材的挤压偏差(mm)

厚度					宽度				
制品规格	成品偏差	挤压偏差	拉伸余量	工艺余量	制品规格	成品偏差	挤压偏差	拉伸余量	工艺余量
≤3.0	±0.35	+0.38 -0.10	0.03	0.25	≤10.0	±0.40	+0.45 -0.00	0.05	0.40
4.0~6.0	±0.40	+0.44 -0.10	0.04	0.30	12.0~15.0	±0.50	+0.58 +0.05	0.08	0.55
8.0~10.0	±0.50	+0.55 -0.15	0.05	0.35	20.0~35.0	±0.60	+0.70 +0.10	0.10	0.70
12.0~18.0	±0.60	+0.65 -0.15	0.05	0.45	40.0~80.0	±1.00	+1.20 +0.10	0.20	1.10
20.0	±0.70	+0.75 -0.20	0.05	0.50	100.0~120.0	±1.20	+1.40 +0.30	0.20	1.50
22.0~30.0	±0.80	+0.85 -0.25	0.05	0.55	125.0~150.0	±1.50	+1.80 +0.40	0.30	1.90
32.0~50.0	±0.90	+0.95 -0.30	0.05	0.60	160.0~180.0	±1.80	+2.10 +0.50	0.30	2.30
60.0~80.0	±1.00	+1.05 -0.30	0.05	0.70	190.0~220.0	±2.00	+2.30 +0.50	0.30	2.50

（续表）

厚度					宽度				
制品规格	成品偏差	挤压偏差	拉伸余量	工艺余量	制品规格	成品偏差	挤压偏差	拉伸余量	工艺余量
					230.0～250.0	±2.20	+2.50 +0.60	0.30	2.80
					260.0～300.0	±3.00	+3.30 +0.60	0.30	3.60

表 5-42 铝合金排材的挤压偏差(mm)

厚度					宽度				
制品规格	成品偏差	挤压偏差	拉伸余量	工艺余量	制品规格	成品偏差	挤压偏差	拉伸余量	工艺余量
3.0～6.0	±0.40	+0.44 −0.15	0.04	0.25	≤12.0	±0.50	+0.60 −0.10	0.10	0.40
7.0～15.0	±0.50	+0.55 −0.20	0.05	0.30	13.0～35.0	±0.60	+0.62 −0.05	0.12	0.55
16.0～30.0	±0.80	+0.85 −0.40	0.05	0.40	36.0～80.0	±1.00	+1.30 −0.20	0.30	0.80
31.0～50.0	±1.00	+1.05 −0.50	0.05	0.50	81.0～150.0	±1.50	+1.90 +0.00	0.40	1.50
51.0～100.0	±1.20	+1.25 −0.60	0.05	0.60	151.0～250.0	±2.00	+2.70 +0.00	0.70	2.00
					251.0～300.0	±3.00	+4.00 −0.10	1.00	2.90

(18)按 GB/T14846 标准的铝合金型材的壁厚尺寸的挤压偏差按表 5-43、表 5-44 所示控制；型材的非壁厚(外形)尺寸(图 5-13)的挤压偏差按表 5-45、表 5-46、表 5-47、表 5-48、表 5-49、表 5-50 所示控制；型材的挤压允许扭拧度按表 5-51、表 5-52 所示控制；型材的圆角半径挤压允许偏差按表 5-53 所示控制。

(19)对于直径较大的棒材、截面积较大的型材和排材，如果因设备能力不能进行拉伸矫直或用户不要求进行拉伸矫直，其拉伸率为零，故挤压后的尺寸应符合成品尺寸偏差的要求。

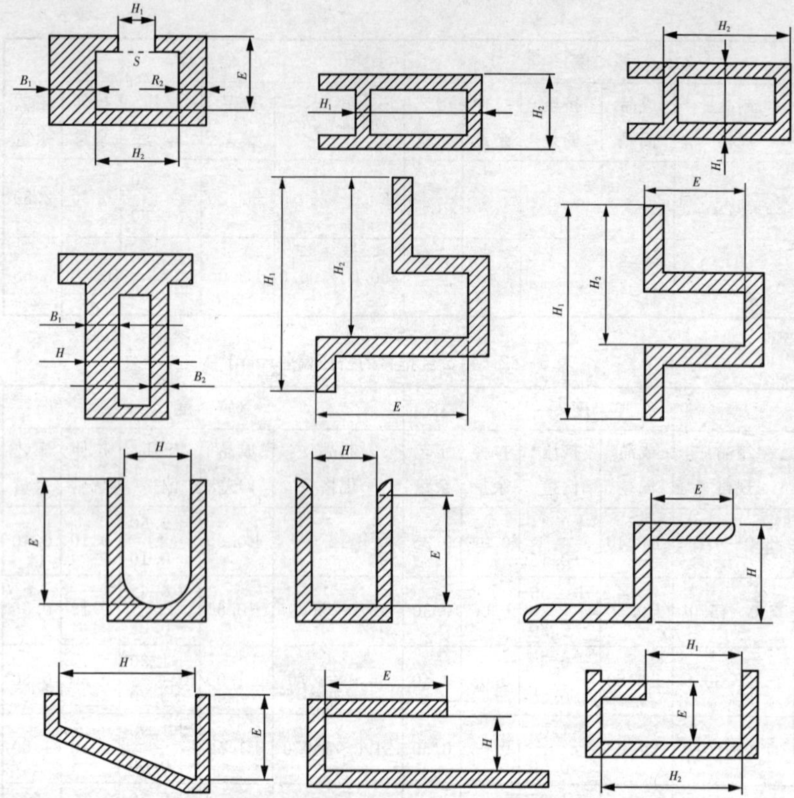

图 5－13　型材的非壁厚尺寸示意图

表 5－43　按 GB/T14846 标准的Ⅰ类(软铝合金)型材壁厚的挤压偏差

<table>
<tr><th rowspan="3">精度等级</th><th rowspan="3">型材外接圆直径/mm</th><th rowspan="3">公称壁厚/mm</th><th colspan="6">型材壁厚尺寸允许偏差/mm</th></tr>
<tr><th colspan="2">A 组</th><th colspan="2">B 组</th><th colspan="2">C 组</th></tr>
<tr><th>成品偏差</th><th>挤压偏差</th><th>成品偏差</th><th>挤压偏差</th><th>成品偏差</th><th>挤压偏差</th></tr>
<tr><td rowspan="3"></td><td rowspan="3"></td><td>≤1.5</td><td>±0.23</td><td>+0.24
−0.05</td><td>±0.30</td><td>+0.31
−0.08</td><td>±0.38</td><td>+0.39
−0.10</td></tr>
<tr><td>>1.5～3</td><td>±0.23</td><td>+0.25
−0.05</td><td>±0.38</td><td>+0.40
−0.09</td><td>±0.45</td><td>+0.47
−0.12</td></tr>
<tr><td>>3～6</td><td>±0.30</td><td>+0.34
−0.8</td><td>±0.60</td><td>+0.64
−0.15</td><td>±0.75</td><td>+0.79
−0.19</td></tr>
</table>

（续表）

精度等级	型材外接圆直径/mm	公称壁厚/mm	型材壁厚尺寸允许偏差/mm					
			A 组		B 组		C 组	
			成品偏差	挤压偏差	成品偏差	挤压偏差	成品偏差	挤压偏差
普通级	≤100	>6～10	±0.38	+0.43 −0.09	±0.90	+0.95 −0.22	±1.13	+1.18 −0.30
		>10～15	±0.45	+0.50 −0.11	±1.20	+1.25 −0.30	±1.50	+1.55 −0.40
		>15～20	±0.53	+0.58 −0.13	±1.80	+1.85 −0.45	±2.25	+2.30 −0.58
		>20～30	±0.60	+0.65 −0.15	±2.25	+2.30 −0.56	±2.85	+2.90 −0.70
		>30～40	±0.68	+0.73 −0.17				
	>100～300	≤1.5	±0.30	+0.31 −0.08	±0.45	+0.46 −0.12	±0.53	+0.54 −0.14
		>1.5～3	±0.38	+0.40 −0.09	±0.60	+0.62 −0.15	±0.75	+0.77 −0.19
		>3～6	±0.45	+0.49 −0.11	±0.90	+0.94 −0.23	±1.13	+1.17 −0.29
		>6～10	±0.53	+0.57 −0.13	±1.20	+1.25 −0.30	±1.50	+1.55 −0.38
		>10～15	±0.60	+0.65 −0.15	±1.50	+1.55 −0.38	±1.82	+1.87 −0.46
		>15～20	±0.68	+0.73 −0.17	±2.20	+2.25 −0.55	±2.85	+2.90 −0.72
		>20～30	±0.75	+0.80 −0.18	±2.70	+2.75 −0.68	±3.30	+3.35 −0.83
		>30～40	±0.90	+0.95 −0.23	±3.00	+3.05 −0.75	±3.75	+3.80 −0.94
		>40～50	±1.05	+1.10 −0.25				

（续表）

精度等级	型材外接圆直径/mm	公称壁厚/mm	型材壁厚尺寸允许偏差/mm					
			A 组		B 组		C 组	
			成品偏差	挤压偏差	成品偏差	挤压偏差	成品偏差	挤压偏差
普通级	＞300～500	≤1.5	±0.38	+0.39 −0.09				
		＞1.5～3	±0.53	+0.55 −0.13	±0.90	+0.92 −0.23	±1.13	+1.15 −0.28
		＞3～6	±0.60	+0.64 −0.15	±1.20	+1.24 −0.30	±1.50	+1.54 −0.37
		＞6～10	±0.68	+0.73 −0.17	±1.50	+1.55 −0.37	±1.80	+1.85 −0.45
		＞10～15	±0.75	+0.80 −0.18	±1.80	+1.85 −0.45	±2.25	+2.30 −0.56
		＞15～20	±0.83	+0.88 −0.21	±2.55	+2.60 −0.63	±3.00	+3.05 −0.75
		＞20～30	±0.90	+0.95 −0.23	±3.00	+3.05 −0.75	±3.75	+3.80 −0.94
		＞30～40	±1.05	+1.10 −0.26	±3.30	+3.35 −0.82	±4.05	+4.10 −1.01
		＞40～50	±1.20	+1.25 −0.30				
	＞500～1000	＞1.5～3	±0.60	+0.62 −0.15	±1.20	+1.22 −0.30	±1.50	+1.52 −0.37
		＞3～6	±0.75	+0.79 −0.18	±1.50	+1.54 −0.37	±1.80	+1.84 −0.45
		＞6～10	±0.83	+0.88 −0.21	±1.80	+1.85 −0.45	±2.25	+2.30 −0.56
		＞10～15	±0.90	+0.95 −0.23	±2.25	+2.30 −0.56	±2.85	+2.90 −0.71
		＞15～20	±0.98	+1.03 −0.24	±3.00	+3.05 −0.75	±3.75	+3.80 −0.94

（续表）

精度等级	型材外接圆直径/mm	公称壁厚/mm	型材壁厚尺寸允许偏差/mm					
			A 组		B 组		C 组	
			成品偏差	挤压偏差	成品偏差	挤压偏差	成品偏差	挤压偏差
		>20～30	±1.05	+1.10 −0.26	±3.75	+3.80 −0.94	±4.50	+4.55 −1.12
		>30～40	±1.20	+1.25 −0.30	±4.05	+4.10 −1.01	±4.95	+5.00 −1.24
		>40～50	±1.35	+1.40 −0.33				
	≤100	≤1.5	±0.15	+0.16 −0.04	±0.20	+0.21 −0.05	±0.25	+0.26 −0.06
		>1.5～3	±0.15	+0.17 −0.04	±0.25	+0.27 −0.06	±0.30	+0.32 −0.07
		>3～6	±0.20	+0.24 −0.05	±0.40	+0.44 −0.10	±0.50	+0.54 −0.12
		>6～10	±0.25	+0.30 −0.06	±0.60	+0.65 −0.15	±0.75	+0.80 −0.18
		>10～15	±0.30	+0.35 −0.07	±0.80	+0.85 −0.20	±1.00	+1.05 −0.25
		>15～20	±0.35	+0.40 −0.08	±1.20	+1.25 −0.30	±1.50	+1.55 −0.37
		>20～30	±0.40	+0.45 −0.10	±1.50	+1.55 −0.37	±1.90	+1.95 −0.47
		>30～40	±0.45	+0.50 −0.11				
		≤1.5	±0.20	+0.21 −0.05	±0.30	+0.31 −0.07	±0.35	+0.36 −0.08
		>1.5～3	±0.25	+0.27 −0.06	±0.40	+0.42 −0.10	±0.50	+0.52 −0.12
		>3～6	±0.30	+0.34 −0.07	±0.60	+0.64 −0.15	±0.75	+0.79 −0.18

（续表）

精度等级	型材外接圆直径/mm	公称壁厚/mm	型材壁厚尺寸允许偏差/mm					
			A 组		B 组		C 组	
			成品偏差	挤压偏差	成品偏差	挤压偏差	成品偏差	挤压偏差
高精级	>100～300	>6～10	±0.35	+0.40 −0.08	±0.80	+0.85 −0.20	±1.00	+1.05 −0.25
		>10～15	±0.40	+0.45 −0.10	±1.00	+1.05 −0.25	±1.20	+1.25 −0.30
		>15～20	±0.45	+0.50 −0.11	±1.50	+1.55 −0.37	±1.90	+1.95 −0.47
		>20～30	±0.50	+0.55 −0.12	±1.80	+1.85 −0.45	±2.20	+2.25 −0.55
		>30～40	±0.60	+0.65 −0.15	±2.00	+2.05 −0.50	±2.50	+2.55 −0.62
		>40～50	±0.70	+0.75 −0.17				
	>300～500	≤1.5	±0.25	+0.26 −0.06				
		>1.5～3	±0.35	+0.37 −0.08	±0.60	+0.62 −0.15	±0.75	+0.77 −0.18
		>3～6	±0.40	+0.44 −0.10	±0.80	+0.84 −0.20	±1.00	+1.04 −0.25
		>6～10	±0.45	+0.50 −0.11	±1.00	+1.05 −0.25	±1.20	+1.25 −0.30
		>10～15	±0.50	+0.55 −0.12	±1.20	+1.25 −0.30	±1.50	+1.55 −0.37
		>15～20	±0.55	+0.60 −0.13	±1.70	+1.75 −0.42	±2.00	+2.05 −0.50
		>20～30	±0.60	+0.65 −0.15	±2.00	+2.05 −0.50	±2.50	+2.55 −0.62
		>30～40	±0.70	+0.75 −0.17	±2.20	+2.25 −0.55	±2.70	+2.75 −0.67
		>40～50	±0.80	+0.85 −0.20				

（续表）

精度等级	型材外接圆直径/mm	公称壁厚/mm	型材壁厚尺寸允许偏差/mm					
			A　组		B　组		C　组	
			成品偏差	挤压偏差	成品偏差	挤压偏差	成品偏差	挤压偏差
	＞500～1000	＞1.5～3	±0.40	+0.42 −0.10	±0.80	+0.82 −0.20	±1.00	+1.02 −0.25
		＞3～6	±0.50	+0.54 −0.12	±1.00	+1.04 −0.25	±1.20	+1.24 −0.30
		＞6～10	±0.55	+0.60 −0.13	±1.20	+1.25 −0.30	±1.50	+1.55 −0.37
		＞10～15	±0.60	+0.65 −0.15	±1.50	+1.55 −0.37	±1.90	+1.95 −0.47
		＞15～20	±0.65	+0.70 −0.16	±2.00	+2.05 −0.50	±2.50	+2.55 −0.62
		＞20～30	±0.70	+0.75 −0.17	±2.50	+2.55 −0.62	±3.00	+3.05 −0.75
		＞30～40	±0.80	+0.85 −0.20	±2.70	+2.75 −0.67	±3.30	+3.35 −0.82
		＞40～50	±0.90	+0.95 −0.22				
	≤100	≤1.5	±0.10	+0.11 −0.02	±0.13	+0.14 −0.03	±0.17	+0.18 −0.04
		＞1.5～3	±0.10	+0.12 −0.02	±0.17	+0.19 −0.04	±0.20	+0.22 −0.05
		＞3～6	±0.13	+0.17 −0.03	±0.27	+0.31 −0.07	±0.33	+0.37 −0.08
		＞6～10	±0.17	+0.22 −0.04	±0.40	+0.45 −0.10	±0.50	+0.55 −0.12
		＞10～15	±0.19	+0.24 −0.05	±0.53	+0.58 −0.13	±0.67	+0.72 −0.16
		＞15～20	±0.21	+0.26 −0.05	±0.80	+0.85 −0.20	±1.00	+1.05 −0.25
		＞20～30	±0.23	+0.28 −0.06	±1.00	+1.05 −0.25	±1.27	+1.32 −0.31
		＞30～40	±0.25	+0.30 −0.06				

（续表）

精度等级	型材外接圆直径/mm	公称壁厚/mm	型材壁厚尺寸允许偏差/mm					
			A 组		B 组		C 组	
			成品偏差	挤压偏差	成品偏差	挤压偏差	成品偏差	挤压偏差
超高精级	>100～300	≤1.5	±0.13	+0.14 −0.03	±0.20	+0.21 −0.05	±0.23	+0.24 −0.05
		>1.5～3	±0.16	+0.18 −0.04	±0.25	+0.27 −0.06	±0.28	+0.30 −0.07
		>3～6	±0.18	+0.22 −0.04	±0.40	+0.44 −0.10	±0.50	+0.54 −0.12
		>6～10	±0.20	+0.25 −0.05	±0.53	+0.58 −0.13	±0.67	+0.72 −0.16
		>10～15	±0.20	+0.25 −0.05	±0.67	+0.72 −0.16	±0.80	+0.85 −0.20
		>15～20	±0.23	+0.28 −0.05	±1.00	+1.05 −0.25	±1.27	+1.32 −0.31
		>20～30	±0.25	+0.30 −0.06	±1.20	+1.25 −0.30	±1.47	+1.52 −0.36
		>30～40	±0.30	+0.35 −0.07	±1.33	+1.38 −0.33	±1.57	+1.62 −0.39
		>40～50	±0.35	+0.40 −0.08				
	>300～500	≤1.5	±0.17	+0.18 −0.04				
		>1.5～3	±0.23	+0.25 −0.05	±0.38	+0.40 −0.09	±0.40	+0.42 −0.10
		>3～6	±0.27	+0.31 −0.06	±0.53	+0.57 −0.13	±0.67	+0.71 −0.16
		>6～10	±0.30	+0.35 −0.07	±0.57	+0.62 −0.14	±0.80	+0.85 −0.20
		>10～15	±0.33	+0.38 −0.08	±0.80	+0.85 −0.20	±1.00	+1.05 −0.25

（续表）

精度等级	型材外接圆直径/mm	公称壁厚/mm	型材壁厚尺寸允许偏差/mm					
			A 组		B 组		C 组	
			成品偏差	挤压偏差	成品偏差	挤压偏差	成品偏差	挤压偏差
		>15～20	±0.37	+0.42 −0.09	±1.13	+1.18 −0.28	±1.33	+1.38 −0.33
		>20～30	±0.40	+0.45 −0.10	±1.33	+1.38 −0.33	±1.67	+1.72 −0.41
		>30～40	±0.47	+0.52 −0.11	±1.47	+1.52 −0.36	±1.80	+1.85 −0.45
		>40～50	±0.53	+0.58 −0.13				
	>500～1000	>1.5～3	±0.27	+0.29 −0.06	±0.40	+0.42 −0.10	±0.45	+0.47 −0.11
		>3～6	±0.33	+0.37 −0.08	±0.67	+0.71 −0.16	±0.80	+0.84 −0.20
		>6～10	±0.37	+0.42 −0.09	±0.80	+0.85 −0.20	±1.00	+1.05 −0.25
		>10～15	±0.40	+0.45 −0.10	±1.00	+1.05 −0.25	±1.27	+1.32 −0.31
		>15～20	±0.43	+0.48 −0.10	±1.33	+1.38 −0.33	±1.67	+1.72 −0.41
		>20～30	±0.46	+0.51 −0.11	±1.67	+1.72 −0.41	±2.00	+2.05 −0.50
		>30～40	±0.48	+0.53 −0.12	±1.80	+1.85 −0.45	±2.20	+2.25 −0.55
		>40～50	±0.60	+0.65 −0.15				

表 5-44 按 GB/T14846 标准的Ⅱ类(硬铝合金)型材壁厚的挤压偏差

精度等级	型材外接圆直径/mm	公称壁厚/mm	型材壁厚尺寸允许偏差/mm					
			A 组		B 组		C 组	
			成品偏差	挤压偏差	成品偏差	挤压偏差	成品偏差	挤压偏差
普通级	≤100	≤1.5	±0.30	+0.31 −0.07	±0.45	+0.46 −0.11	±0.53	+0.54 −0.13
		>1.5～3	±0.38	+0.40 −0.09	±0.53	+0.55 −0.13	±0.68	+0.70 −0.17
		>3～6	±0.45	+0.49 −0.11	±0.82	+0.86 −0.20	±0.90	+0.94 −0.22
		>6～10	±0.53	+0.58 −0.13	±1.18	+1.23 −0.29	±1.50	+1.55 −0.37
		>10～15	±0.60	+0.65 −0.15	±1.90	+1.95 −0.47	±1.95	+2.00 −0.48
		>15～20	±0.68	+0.73 −0.17	±2.26	+2.31 −0.56	±2.85	+2.90 −0.71
		>20～30	±0.75	+0.80 −0.18	±2.70	+2.32 −0.67	±3.30	+3.35 −0.82
		>30～40	±0.90	+0.95 −0.22				
	>100～300	≤1.5	±0.38	+0.39 −0.09	±0.60	+0.61 −0.15	±0.75	+0.76 −0.18
		>1.5～3	±0.45	+0.47 −0.11	±0.75	+0.77 −0.18	±0.98	+1.00 −0.24
		>3～6	±0.53	+0.57 −0.13	±1.05	+1.09 −0.26	±1.35	+1.40 −0.33
		>6～10	±0.68	+0.73 −0.17	±1.50	+1.55 −0.37	±1.95	+2.00 −0.48
		>10～15	±0.75	+0.80 −0.18	±1.95	+2.00 −0.48	±2.55	+2.60 −0.63
		>15～20	±0.83	+0.88 −0.20	±2.70	+2.75 −0.67	±3.30	+3.35 −0.82
		>20～30	±0.90	+0.95 −0.22	±3.30	+3.35 −0.82	±4.05	+4.10 −1.01
		>30～40	±1.05	+1.10 −0.26	±3.75	+3.80 −0.93		
		>40～50	±1.20	+1.25 −0.30				

（续表）

精度等级	型材外接圆直径/mm	公称壁厚/mm	型材壁厚尺寸允许偏差/mm					
			A 组		B 组		C 组	
			成品偏差	挤压偏差	成品偏差	挤压偏差	成品偏差	挤压偏差
	>300～500	≤1.5	±0.53	+0.54 −0.13				
		>1.5～3	±0.68	+0.70 −0.17	±1.05	+1.07 −0.26	±1.35	+1.37 −0.33
		>3～6	±0.90	+0.94 −0.22	±1.35	+1.39 −0.33	±1.80	+1.84 −0.45
		>6～10	±0.98	+1.03 −0.24	±1.80	+1.85 −0.45	±2.25	+2.30 −0.56
		>10～15	±1.05	+1.10 −0.26	±2.25	+2.30 −0.56	±2.85	+2.90 −0.71
		>15～20	±1.12	+1.17 −0.28	±3.00	+3.05 −0.75	±3.75	+3.80 −0.93
		>20～30	±1.20	+1.25 −0.30	±3.75	+3.80 −0.93	±4.60	+4.65 −1.15
		>30～40	±1.35	+1.40 −0.33	±4.50	+4.55 −1.12		
		>40～50	±1.50	+1.55 −0.37				
	>500～1000	>1.5～3	±0.75	+0.77 −0.18	±1.35	+1.37 −0.33	±1.80	+1.82 −0.45
		>3～6	±0.90	+0.94 −0.22	±1.80	+1.84 −0.45	±1.95	+1.99 −0.48
		>6～10	±1.05	+1.10 −0.26	±2.25	+2.30 −0.56	±2.85	+2.90 −0.71
		>10～15	±1.20	+1.25 −0.30	±2.70	+2.75 −0.67	±3.45	+3.50 −0.86
		>15～20	±1.28	+1.33 −0.32	±3.25	+3.30 −0.81	±4.65	+4.70 −1.16
		>20～30	±1.35	+1.40 −0.33	±4.50	+4.55 −1.12	±5.55	+5.60 −1.38
		>30～40	±1.50	+1.55 −0.37	±4.80	+4.85 −1.20		
		>40～50	±1.65	+1.70 −0.41				

（续表）

精度等级	型材外接圆直径/mm	公称壁厚/mm	型材壁厚尺寸允许偏差/mm					
			A 组		B 组		C 组	
			成品偏差	挤压偏差	成品偏差	挤压偏差	成品偏差	挤压偏差
高精级	≤100	≤1.5	±0.20	+0.21 −0.05	±0.30	+0.31 −0.07	±0.35	+0.36 −0.08
		>1.5～3	±0.25	+0.27 −0.06	±0.35	+0.37 −0.08	±0.45	+0.47 −0.11
		>3～6	±0.30	+0.34 −0.07	±0.55	+0.59 −0.13	±0.60	+0.64 −0.15
		>6～10	±0.35	+0.40 −0.08	±0.75	+0.80 −0.18	±1.00	+1.05 −0.25
		>10～15	±0.40	+0.45 −0.10	±1.00	+1.05 −0.25	±1.30	+1.35 −0.32
		>15～20	±0.45	+0.50 −0.11	±1.50	+1.55 −0.37	±1.90	+1.95 −0.47
		>20～30	±0.50	+0.55 −0.12	±1.80	+1.85 −0.45	±2.20	+2.25 −0.55
		>30～40	±0.60	+0.65 −0.15				
	>100～300	≤1.5	±0.25	+0.26 −0.06	±0.40	+0.41 −0.10	±0.50	+0.51 −0.12
		>1.5～3	±0.30	+0.32 −0.07	±0.50	+0.52 −0.12	±0.65	+0.67 −0.16
		>3～6	±0.35	+0.39 −0.08	±0.70	+0.74 −0.17	±0.90	+0.94 −0.22
		>6～10	±0.45	+0.50 −0.11	±1.00	+1.05 −0.25	±1.30	+1.35 −0.32
		>10～15	±0.50	+0.55 −0.12	±1.30	+1.35 −0.32	±1.70	+1.75 −0.42
		>15～20	±0.55	+0.60 −0.13	±1.80	+1.85 −0.45	±2.20	+2.25 −0.55
		>20～30	±0.60	+0.65 −0.15	±2.20	+2.25 −0.55	±2.70	+2.75 −0.67
		>30～40	±0.70	+0.75 −0.17	±2.50	+2.55 −0.62		
		>40～50	±0.80	+0.85 −0.20				

（续表）

精度等级	型材外接圆直径/mm	公称壁厚/mm	型材壁厚尺寸允许偏差/mm					
			A 组		B 组		C 组	
			成品偏差	挤压偏差	成品偏差	挤压偏差	成品偏差	挤压偏差
	>300～500	≤1.5	±0.35	+0.36 −0.08				
		>1.5～3	±0.45	+0.47 −0.11	±0.70	+0.72 −0.17	±0.90	+0.92 −0.22
		>3～6	±0.60	+0.64 −0.15	±0.90	+0.94 −0.22	±1.20	+1.24 −0.30
		>6～10	±0.65	+0.70 −0.16	±1.20	+1.25 −0.30	±1.50	+1.55 −0.37
		>10～15	±0.70	+0.75 −0.17	±1.50	+1.55 −0.37	±1.90	+1.95 −0.47
		>15～20	±0.75	+0.80 −0.18	±2.00	+2.05 −0.50	±2.50	+2.55 −0.62
		>20～30	±0.80	+0.85 −0.20	±2.50	+2.55 −0.62	±3.10	+3.15 −0.77
		>30～40	±0.90	+0.95 −0.22	±3.00	+3.05 −0.75		
		>40～50	±1.00	+1.05 −0.25				
	>500～1000	>1.5～3	±0.50	+0.52 −0.12	±0.90	+0.92 −0.22	±1.20	+1.22 −0.30
		>3～6	±0.60	+0.64 −0.15	±1.00	+1.04 −0.25	±1.30	+1.34 −0.32
		>6～10	±0.70	+0.75 −0.17	±1.50	+1.55 −0.37	±1.90	+1.95 −0.47
		>10～15	±0.80	+0.85 −0.20	±1.80	+1.85 −0.45	±2.30	+2.35 −0.57
		>15～20	±0.85	+0.90 −0.21	±2.50	+2.55 −0.62	±3.10	+3.15 −0.77
		>20～30	±0.90	+0.95 −0.22	±3.00	+3.05 −0.75	±3.70	+3.75 −0.92
		>30～40	±1.00	+1.05 −0.25	±3.20	+3.25 −0.80		
		>40～50	±1.10	+1.15 −0.27				

（续表）

精度等级	型材外接圆直径/mm	公称壁厚/mm	型材壁厚尺寸允许偏差/mm					
			A 组		B 组		C 组	
			成品偏差	挤压偏差	成品偏差	挤压偏差	成品偏差	挤压偏差
	≤100	≤1.5	±0.13	+0.14 −0.03	±0.20	+0.21 −0.05	±0.23	+0.24 −0.06
		>1.5～3	±0.14	+0.16 −0.03	±0.23	+0.25 −0.06	±0.28	+0.30 −0.07
		>3～6	±0.16	+0.20 −0.04	±0.37	+0.41 −0.09	±0.40	+0.44 −0.10
		>6～10	±0.17	+0.22 −0.04	±0.50	+0.55 −0.12	±0.67	+0.72 −0.16
		>10～15	±0.19	+0.24 −0.05	±0.67	+0.72 −0.16	±0.87	+0.92 −0.21
		>15～20	±0.21	+0.26 −0.05	±1.00	+1.05 −0.25	±1.27	+1.32 −0.31
		>20～30	±0.23	+0.28 −0.06	±1.20	+1.25 −0.30	±1.47	+1.52 −0.36
		>30～40	±0.25	+0.30 −0.06				
超高精级	>100～300	≤1.5	±0.15	+0.16 −0.03	±0.23	+0.24 −0.06	±0.25	+0.26 −0.06
		>1.5～3	±0.15	+0.17 −0.03	±0.28	+0.30 −0.07	±0.30	+0.32 −0.07
		>3～6	±0.18	+0.22 −0.04	±0.47	0.51 −0.11	±0.60	+0.64 −0.15
		>6～10	±0.20	+0.25 −0.05	±0.67	+0.72 −0.16	±0.87	+0.92 −0.21
		>10～15	±0.20	+0.25 −0.05	±0.87	+0.92 −0.21	±1.13	+1.18 −0.28
		>15～20	±0.23	+0.28 −0.06	±1.20	+1.25 −0.30	±1.47	+1.52 −0.36
		>20～30	±0.25	+0.30 −0.06	±1.47	+1.52 −0.36	±1.50	+1.55 −0.37
		>30～40	±0.30	+0.35 −0.07	±1.50	+1.55 −0.37		
		>40～50	±0.36	+0.41 −0.09				

（续表）

精度等级	型材外接圆直径/mm	公称壁厚/mm	型材壁厚尺寸允许偏差/mm					
			A 组		B 组		C 组	
			成品偏差	挤压偏差	成品偏差	挤压偏差	成品偏差	挤压偏差
	>300～500	≤1.5	±0.30	+0.31 −0.07				
		>1.5～3	±0.30	+0.32 −0.07	±0.38	+0.40 −0.09	±0.40	+0.42 −0.10
		>3～6	±0.35	+0.39 −0.08	±0.50	+0.54 −0.12	±0.80	+0.84 −0.20
		>6～10	±0.38	+0.43 −0.09	±0.80	+0.85 −0.20	±1.00	+1.05 −0.25
		>10～15	±0.40	+0.45 −0.10	±1.00	+1.05 −0.25	±1.27	+1.32 −0.31
		>15～20	±0.41	+0.46 −0.10	±1.33	+1.38 −0.33	±1.67	+1.72 −0.41
		>20～30	±0.43	+0.48 −0.11	±1.67	+1.72 −0.41	±2.07	+2.12 −0.51
		>30～40	±0.45	+0.50 −0.11	±2.00	+2.05 −0.50		
		>40～50	±0.50	+0.55 −0.12				
	>500～1000	>1.5～3	±0.35	+0.37 −0.08	±040	+0.42 −0.10	±0.45	+0.47 −0.11
		>3～6	±0.38	+0.42 −0.09	±0.67	+0.71 −0.16	±0.87	+0.91 −0.21
		>6～10	±0.41	+0.46 −0.10	±1.00	+1.05 −0.25	±1.27	+1.32 −0.31
		>10～15	±0.41	+0.46 −0.10	±1.20	+1.25 −0.30	±1.53	+1.58 −0.38
		>15～20	±0.42	+0.47 −0.10	±1.67	+1.72 −0.41	±2.07	+2.12 −0.51
		>20～30	±0.45	+0.50 −0.11	±2.03	+2.08 −0.50	±2.30	+2.35 −0.57
		>30～40	±0.48	+0.53 −0.12	±2.13	+2.18 −0.53		
		>40～50	±0.60	+0.65 −0.15				

表 5-45 Ⅰ类(软合金)型材非壁厚尺寸(H)挤压允许偏差(普通级)

按 GB/T14846 标准中的 H 尺寸			≤10	>10~25	>25~50	>50~100	>100~150	>150~200	>200~300	>300~450	>450~600	>600~800
外接圆直径			≤100									
实体不小于75%的 H 尺寸的允许偏差		成品偏差	±0.30	±0.36	±0.60	±0.84						
		挤压偏差	+0.40 +0.04	+0.48 +0.07	+0.75 +0.20	+1.14 +0.41						
实体小于75%的 H 尺寸对应于 E 尺寸的允许偏差	≤20	成品偏差	±0.30	±0.36	±0.60	±0.84						
		挤压偏差	+0.40 +0.04	+0.48 +0.07	+0.75 +0.20	+1.14 +0.41						
	>20~30	成品偏差	±0.48	±0.54	±0.78	±1.02						
		挤压偏差	+0.58 +0.07	+0.66 +0.10	+0.93 +0.26	+1.32 +0.51						
	>30~40	成品偏差	±0.60	±0.66	±0.90	±1.14						
		挤压偏差	+0.70 +0.08	+0.78 +0.13	+1.05 +0.30	+1.44 +0.57						
	>40~60	成品偏差	±0.78	±0.84	±1.08	±1.32						
		挤压偏差	+0.88 +0.11	+0.96 +0.16	+1.23 +0.36	+1.62 +0.66						
	>60~80	成品偏差	±0.90	±0.96	±1.20	±1.44						
		挤压偏差	+1.00 +0.13	+1.08 +0.19	+1.35 +0.40	+1.74 +0.72						
	>80~100	成品偏差	±1.02	±1.08	±1.32	±1.56						
		挤压偏差	+1.12 +0.14	+1.20 +0.21	+1.47 +0.44	+1.86 +0.78						

（续表）

按GB/T14846标准中的H尺寸			≤10	>10～25	>25～50	>50～100	>100～150	>150～200	>200～300	>300～450	>450～600	>600～800
外接圆直径			>100～200									
实体不小于75%的H尺寸的允许偏差		成品偏差	±0.36	±0.48	±0.72	±1.08	±1.32	±1.56				
		挤压偏差	+0.46 +0.05	+0.60 +0.10	+0.87 +0.24	+1.38 +0.54	+1.82 0.66	+2.26 +0.78				
实体小于75%的H尺寸对应于E尺寸的允许偏差	≤20	成品偏差	±0.36	±0.48	±0.72	±1.08	±1.32	±1.56				
		挤压偏差	+0.46 +0.05	+0.60 +0.10	+0.87 +0.24	+1.38 +0.54	+1.82 0.66	+2.26 +0.78				
	>20～30	成品偏差	±0.54	±0.66	±0.90	±1.26	±1.50	±1.74				
		挤压偏差	+0.64 +0.08	+0.78 +0.13	+1.05 +0.30	+1.56 +0.63	+2.00 +0.75	+2.96 +0.87				
	>30～40	成品偏差	±0.66	±0.78	±1.02	±1.38	±1.62	±1.86				
		挤压偏差	+0.76 +0.09	+0.90 +0.15	+1.17 +0.34	+1.68 +0.69	+2.12 +0.81	+2.56 +0.93				
	>40～60	成品偏差	±0.84	±0.96	±1.20	±1.56	±1.80	±2.04				
		挤压偏差	+0.94 +0.12	+1.08 +0.19	+1.35 +0.40	+1.86 +0.78	+2.30 +0.90	+2.74 +1.02				
	>60～80	成品偏差	±0.96	±1.08	±1.32	±1.68	±1.92	±2.16				
		挤压偏差	+1.06 +014	+1.20 +0.21	+1.47 +0.44	+1.98 +0.84	+2.42 +0.96	+2.86 +1.08				
	>80～100	成品偏差	±1.08	±1.20	±1.44	±1.80	±2.04	±2.28				
		挤压偏差	+1.18 +0.15	+1.32 +0.24	+1.59 +0.48	+2.10 +0.90	+2.54 +1.02	+2.98 +1.14				

（续表）

按 GB/T14846 标准中的 H 尺寸			≤10	>10~25	>25~50	>50~100	>100~150	>150~200	>200~300	>300~450	>450~600	>600~800
实体小于75%的 H 尺寸对应于 E 尺寸的允许偏差	>100~125	成品偏差	±1.32	±1.44	±1.68	±2.04	±2.28	±2.52				
		挤压偏差	+1.42 +0.19	+1.56 +0.29	+1.83 +0.56	+2.34 +1.02	+2.78 +1.14	+3.22 +1.26				
	>125~150	成品偏差	±1.56	±1.68	±1.92	±2.28	±2.52	±2.76				
		挤压偏差	+1.66 +0.22	+1.80 +0.34	+2.07 +0.64	+2.58 +1.14	+3.02 +1.26	+3.46 +1.38				
	>150~180	成品偏差	±1.80	±1.92	±2.16	±2.52	±2.76	±3.00				
		挤压偏差	+1.90 +0.26	+2.04 +0.38	+2.31 +0.72	+2.82 +1.26	+3.26 +1.38	+3.70 +1.50				
外接圆直径			>200~300									
实体不小于75%的 H 尺寸的允许偏差		成品偏差	±0.42	±0.60	±0.96	±1.32	±1.56	±1.80	±2.04			
		挤压偏差	+0.52 +0.06	+0.72 +0.12	+1.11 +0.32	+1.62 +0.66	+2.06 +0.78	+2.50 +0.90	+2.94 +1.02			
实体小于75%的 H 尺寸对应于 E 尺寸的允许偏差	≤20	成品偏差	±0.42	±0.60	±0.96	±1.32	±1.56	±1.80	±2.04			
		挤压偏差	+0.52 +0.06	+0.72 +0.12	+1.11 +0.32	+1.62 +0.66	+2.06 +0.78	+2.50 +0.90	+2.94 +1.02			
	>20~30	成品偏差	±0.60	±0.78	±1.14	±1.50	±1.74	±1.98	±2.22			
		挤压偏差	+0.70 +0.09	+0.90 +0.16	+1.29 +0.38	+1.80 +0.75	+2.24 +0.87	+2.68 +0.99	+3.12 +1.11			
	>30~40	成品偏差	±0.72	±0.90	±1.26	±1.62	±1.86	±2.10	±2.34			
		挤压偏差	+0.82 +0.10	+1.02 +0.18	+1.41 +0.42	+1.92 +0.81	+2.36 +0.93	+2.80 +1.05	+3.24 +1.17			

（续表）

按 GB/T14846 标准中的 H 尺寸			≤10	>10 ~25	>25 ~50	>50 ~100	>100 ~150	>150 ~200	>200 ~300	>300 ~450	>450 ~600	>600 ~800
实体小于75%的 H 尺寸对应于 E 尺寸的允许偏差	>40 ~60	成品偏差	±0.90	±1.08	±1.44	±1.80	±2.04	±2.28	±2.52			
		挤压偏差	+1.00 +0.13	+1.20 +0.22	+1.59 +0.48	+2.10 +0.90	+2.54 +1.02	+2.98 +1.14	+3.42 +1.26			
	>60 ~80	成品偏差	±1.02	±1.20	±1.56	±1.92	±2.16	±2.40	±2.64			
		挤压偏差	+1.12 +0.15	+1.32 +0.24	+1.71 +0.52	+2.22 +0.96	+2.66 +1.08	+3.10 +1.20	+3.54 +1.32			
	>80 ~100	成品偏差	±1.14	±1.32	±1.68	±2.04	±2.28	±2.52	±2.76			
		挤压偏差	+1.24 +0.16	+1.44 +0.26	+1.83 +0.56	+2.34 +1.02	+2.78 +1.14	+3.22 +1.26	+3.66 +1.38			
	>100 ~125	成品偏差	±1.38	±1.56	±1.92	±2.28	±2.52	±2.76	±3.00			
		挤压偏差	+1.48 +0.20	+1.68 +0.31	+2.07 +0.64	+2.58 +1.14	+3.02 +1.26	+3.46 +1.38	+3.90 +1.50			
	>125 ~150	成品偏差	±1.62	±1.80	±2.16	±2.52	±2.76	±3.00	±3.24			
		挤压偏差	+1.72 +0.23	+1.92 +0.36	+2.31 +0.72	+2.82 +1.26	+3.26 +1.38	+3.70 +1.50	+4.14 +1.62			
	>150 ~180	成品偏差	±1.86	±2.04	±2.40	±2.76	±3.00	±3.24	±3.48			
		挤压偏差	+1.96 +0.27	+2.16 +0.41	+2.55 +0.80	+3.12 +1.38	+3.50 +1.50	+3.94 +1.62	+4.38 +1.74			
	>180 ~210	成品偏差	±2.10	±2.28	±2.64	±3.00	±3.24	±3.48	±3.72			
		挤压偏差	+2.20 +0.30	+2.40 +0.46	+2.79 +0.88	+3.30 +0.15	+3.74 +1.62	+4.18 +1.74	+4.62 +1.86			

（续表）

按 GB/T14846 标准中的 H 尺寸			≤10	>10 ~25	>25 ~50	>50 ~100	>100 ~150	>150 ~200	>200 ~300	>300 ~450	>450 ~600	>600 ~800
实体小于 75% 的 H 尺寸对应于 E 尺寸的允许偏差	>210 ~250	成品偏差	±2.34	±2.52	±2.88	±3.24	±3.48	±3.72	±3.96			
		挤压偏差	+2.44 +0.33	+2.64 +0.50	+3.03 +0.96	+3.54 +1.62	+3.98 +1.74	+4.42 +1.86	+4.86 +1.98			
	>250	成品偏差	±2.58	±2.76	±3.12	±3.48	±3.72	±3.96	±4.20			
		挤压偏差	+2.68 +0.37	+2.88 +0.55	+3.27 +1.04	+3.78 +1.74	+4.22 +1.86	+4.66 +1.98	+5.10 +2.10			
外接圆直径			>300~500									
实体不小于 75% 的 H 尺寸的允许偏差		成品偏差	±0.48	±0.72	±1.08	±1.56	±1.80	±2.16	±2.52	±3.36	±4.56	
		挤压偏差	+0.58 +0.07	+0.84 +0.14	+1.23 +0.36	+1.86 +0.78	+2.30 +0.90	+2.86 +1.08	+3.42 +1.26	+4.46 +1.68	+5.66 +2.28	
实体小于 75% 的 H 尺寸对应于 E 尺寸的允许偏差	≤20	成品偏差	±0.48	±0.72	±1.08	±1.56	±1.80	±2.16	±2.52	±3.36	±4.56	
		挤压偏差	+0.58 +0.07	+0.84 +0.14	+1.23 +0.36	+1.86 +0.78	+2.30 +0.90	+2.86 +1.08	+3.42 +1.26	+4.46 +1.68	+5.66 +2.28	
	>20 ~30	成品偏差	±0.66	±0.90	±1.26	±1.74	±1.98	±2.34	±2.70	±3.54	±4.74	
		挤压偏差	+0.76 +0.09	+1.02 +0.18	+1.41 +0.42	+2.04 +0.87	+2.48 +0.99	+3.04 +1.17	+3.60 +1.35	+4.64 +1.77	+5.84 +2.37	
	>30 ~40	成品偏差	±0.78	±1.02	±1.38	±1.86	±2.10	±2.46	±2.82	±3.66	±4.86	
		挤压偏差	+0.88 +0.11	+1.14 +0.20	+1.53 +0.46	+2.16 +0.93	+2.60 +1.05	+3.16 +1.23	+3.72 +1.41	+4.76 +1.83	+5.96 +2.43	
	>40 ~60	成品偏差	±0.96	±1.20	±1.56	±2.04	±2.28	±2.64	±3.00	±3.84	±5.04	
		挤压偏差	+1.06 +0.14	+1.32 +0.24	+1.71 +0.52	+2.34 +1.02	+2.78 +1.14	+3.34 +1.32	+3.90 +1.50	+4.94 +1.92	+6.14 +2.52	

（续表）

按 GB/T14846 标准中的 H 尺寸			≤10	>10~25	>25~50	>50~100	>100~150	>150~200	>200~300	>300~450	>450~600	>600~800
实体小于75%的 H 尺寸对应于 E 尺寸的允许偏差	>60~80	成品偏差	±1.08	±1.32	±1.68	±2.16	±2.40	±2.76	±3.12	±3.96	±5.16	
		挤压偏差	+1.18 +0.15	+1.44 +0.26	+1.83 +0.56	+2.46 +1.08	+2.90 +1.20	+3.46 +1.38	+4.02 +1.56	+5.06 +1.98	+6.26 +2.58	
	>80~100	成品偏差	±1.20	±1.44	±1.80	±2.28	±2.52	±2.88	±3.24	±4.08	±5.28	
		挤压偏差	+1.30 +0.17	+1.56 +0.29	+1.95 +0.60	+2.58 +1.14	+3.02 +1.26	+3.58 +1.44	+4.14 +1.62	+5.18 +2.04	+6.38 +2.64	
	>100~125	成品偏差	±1.44	±1.68	±2.04	±2.52	±2.76	±3.12	±3.48	±4.32	±5.52	
		挤压偏差	+1.54 +0.20	+1.80 +0.34	+2.19 +0.68	+2.82 +1.26	+3.26 +1.38	+3.82 +1.56	+4.38 +1.74	+5.42 +2.16	+6.62 +2.76	
	>125~150	成品偏差	±1.68	±1.92	±2.28	±2.76	±3.00	±3.36	±3.72	±4.56	±5.76	
		挤压偏差	+1.78 +0.24	+2.04 +0.38	+2.43 +0.76	+3.06 +1.38	+3.50 +1.50	+4.06 +1.68	+4.62 +1.86	+5.66 +2.28	+6.86 +2.88	
	>150~180	成品偏差	±1.92	±2.16	±2.52	±3.00	±3.24	±3.60	±3.96	±4.80	±6.00	
		挤压偏差	+2.02 +0.27	+2.28 +1.08	+2.67 +0.84	+3.30 +1.50	+3.74 +1.62	+4.30 +1.80	+4.86 +1.98	+5.90 +2.40	+7.10 +3.00	
	>180~210	成品偏差	±2.16	±2.40	±2.76	±3.24	±3.48	±3.84	±4.20	±5.04	±6.24	
		挤压偏差	+2.26 +0.31	+2.52 +0.48	+2.91 +0.92	+3.54 +1.62	+3.98 +1.74	+4.54 +1.92	+5.10 +2.10	+6.14 +2.52	+7.34 +3.12	

（续表）

按 GB/T14846 标准中的 H 尺寸			≤10	>10 ~25	>25 ~50	>50 ~100	>100 ~150	>150 ~200	>200 ~300	>300 ~450	>450 ~600	>600 ~800
实体小于75%的 H 尺寸对应于 E 尺寸的允许偏差	>210 ~250	成品偏差	±2.40	±2.64	±3.00	±3.48	±3.72	±4.08	±4.44	±5.28	±6.48	
		挤压偏差	+2.50 +0.34	+2.76 +0.53	+3.15 +1.00	+3.78 +1.74	+4.22 +1.86	+4.78 +2.04	+5.34 +2.22	+6.38 +2.64	+7.58 +3.24	
	>250	成品偏差	±2.64	±2.88	±3.24	±3.72	±3.96	±4.32	±4.68	±5.52	±6.72	
		挤压偏差	+2.74 +0.38	+3.00 +0.58	+3.39 +1.08	+4.02 +1.86	+4.46 +1.98	+5.02 +2.16	+5.58 +2.34	+6.62 +2.76	+7.82 +3.36	
外接圆直径			>500~1000									
实体不小于75%的 H 尺寸的允许偏差		成品偏差	±0.60	±0.84	±1.20	±1.80	±2.04	±2.40	±2.88	±3.60	±5.04	±6.00
		挤压偏差	+0.70 +0.09	+0.96 +0.17	+1.35 +0.40	+2.10 +0.90	+2.54 +1.02	+3.10 +1.20	+3.78 +1.44	+4.70 +1.80	+6.14 +2.52	+7.10 +3.00
实体小于75%的 H 尺寸对应于 E 尺寸的允许偏差	≤20	成品偏差	±0.60	±0.84	±1.20	±1.80	±2.04	±2.40	±2.88	±3.60	±5.04	±6.00
		挤压偏差	+0.70 +0.09	+0.96 +0.17	+1.35 +0.40	+2.10 +0.90	+2.54 +1.02	+3.10 +1.20	+3.78 +1.44	+4.70 +1.80	+6.14 +2.52	+7.10 +3.00
	>20 ~30	成品偏差	±0.78	±1.02	±1.38	±1.98	±2.22	±2.58	±3.06	±3.78	±5.22	±6.18
		挤压偏差	+0.88 +0.11	+1.14 +0.20	+1.53 +0.46	+2.28 +0.99	+2.72 +1.11	+3.28 +1.29	+3.96 +1.53	+4.88 +1.89	+6.32 +2.61	+7.28 +3.09
	>30 ~40	成品偏差	±0.90	±1.14	±1.50	±2.10	±2.34	±2.70	±3.18	±3.90	±5.34	±6.30
		挤压偏差	+1.00 +0.13	+1.26 +0.23	+1.65 +0.50	+2.40 +1.05	+2.84 +1.17	+3.40 +1.35	+4.08 +1.59	+5.00 +1.95	+6.44 +2.67	+7.40 +3.15
	>40 ~60	成品偏差	±1.08	±1.32	±1.68	±2.28	±2.52	±2.88	±3.36	±4.08	±5.52	±6.48
		挤压偏差	+1.18 +0.15	+1.44 +0.26	+1.83 +0.56	+2.58 +1.14	+3.02 +1.26	+3.58 +1.44	+4.26 +1.68	+5.18 +2.04	+6.62 +2.76	+7.58 +3.24

（续表）

按 GB/T14846 标准中的 H 尺寸			≤10	>10～25	>25～50	>50～100	>100～150	>150～200	>200～300	>300～450	>450～600	>600～800
实体小于75%的 H 尺寸对应于 E 尺寸的允许偏差	>60～80	成品偏差	±1.20	±1.44	±1.80	±2.40	±2.64	±3.00	±3.48	±4.20	±5.64	±6.60
		挤压偏差	+1.30 +0.17	+1.56 +0.29	+1.95 +0.60	+2.70 +1.20	+3.14 +1.32	+3.70 +1.50	+4.38 +1.74	+5.30 +2.10	+6.74 +2.82	+7.70 +3.30
	>80～100	成品偏差	±1.32	±1.56	±1.92	±2.52	±2.76	±3.12	±3.60	±4.32	±5.76	±6.72
		挤压偏差	+1.42 +0.19	+1.68 +0.31	+2.07 +0.64	+2.82 +1.26	+3.26 +1.38	+3.82 +1.56	+4.50 +1.80	+5.42 +2.16	+6.86 +2.88	+7.82 +3.36
	>100～125	成品偏差	±1.56	±1.80	±2.16	±2.76	±3.00	±3.36	±3.84	±4.56	±6.00	±6.96
		挤压偏差	+1.66 +0.22	+1.92 +0.36	+2.31 +0.72	+3.06 +1.38	+3.50 +1.50	+4.06 +1.68	+4.74 +1.92	+5.66 +2.28	+7.10 +3.00	+8.06 +3.48
	>125～150	成品偏差	±1.80	±2.04	±2.40	±3.00	±3.24	±3.60	±4.08	±4.80	±6.24	±7.20
		挤压偏差	+1.90 +0.26	+2.16 +0.41	+2.55 +0.80	+3.30 +1.50	+3.74 +1.62	+4.30 +1.80	+4.98 +2.04	+5.90 +2.40	+7.34 +3.12	+8.30 +3.60
	>150～180	成品偏差	±2.04	±2.28	±2.64	±3.24	±3.48	±3.84	±4.32	±5.04	±6.48	±7.44
		挤压偏差	+2.14 +0.29	+2.40 +0.46	+2.79 +0.88	+3.54 +1.62	+3.98 +1.74	+4.54 +1.92	+5.22 +2.16	+6.14 +2.52	+7.58 +3.24	+8.54 +3.72
	>180～210	成品偏差	±2.28	±2.52	±2.88	±3.48	±3.72	±4.08	±4.56	±5.28	±6.72	±7.68
		挤压偏差	+2.38 +0.33	+2.64 +0.50	+3.03 +0.96	+3.78 +1.74	+4.52 +1.86	+4.78 +2.04	+5.46 +2.28	+6.38 +2.64	+7.82 +3.36	+8.78 +3.84
	>210～250	成品偏差	±2.52	±2.76	±3.12	±3.72	±3.96	±4.32	±4.80	±5.52	±6.96	±7.92
		挤压偏差	+2.62 +0.36	+2.88 +0.55	+3.27 +1.04	+4.02 +1.86	+4.46 +1.98	+5.02 +2.16	+5.70 +2.40	+6.62 +2.76	+8.06 +3.48	+9.02 +3.96
	>250	成品偏差	±2.76	±3.00	±3.36	±3.96	±4.20	±4.56	±5.04	±5.76	±7.20	±8.16
		挤压偏差	+2.86 +0.39	+3.12 +0.60	+3.51 +1.12	+4.26 +1.98	+4.70 +2.10	+5.26 +2.28	+5.94 +2.52	+6.86 +2.88	+8.30 +3.60	+9.26 +4.08

表 5-46 Ⅰ类(软合金)型材非壁厚尺寸(*H*)挤压允许偏差(高精级)

按 GB/T14846 标准中的 *H* 尺寸			≤10	>10~25	>25~50	>50~100	>100~150	>150~200	>200~300	>300~450	>450~600	>600~800
外接圆直径			≤100									
实体不小于75%的 *H* 尺寸的允许偏差		成品偏差	±0.25	±0.30	±0.50	±0.70						
		挤压偏差	+0.35 +0.04	+0.42 +0.06	+0.65 +0.17	+1.00 +0.35						
实体小于75%的 *H* 尺寸对应于 *E* 尺寸的允许偏差	≤20	成品偏差	±0.25	±0.30	±0.50	±0.70						
		挤压偏差	+0.35 +0.04	+0.42 +0.06	+0.65 +0.17	+1.00 +0.35						
	>20~30	成品偏差	±0.40	±0.45	±0.65	±0.85						
		挤压偏差	+0.50 +0.06	+0.57 +0.09	+0.80 +0.22	+1.15 +0.43						
	>30~40	成品偏差	±0.50	±0.55	±0.75	±0.95						
		挤压偏差	+0.60 +0.07	+0.67 +0.11	+0.90 +0.25	+1.25 +0.48						
	>40~60	成品偏差	±0.65	±0.70	±0.90	±1.10						
		挤压偏差	+0.75 +0.09	+0.82 +0.14	+1.05 +0.30	+1.40 +0.55						
	>60~80	成品偏差	±0.75	±0.80	±1.00	±1.20						
		挤压偏差	+0.85 +0.11	+0.92 +0.16	+1.15 +0.33	+1.50 +0.60						
	>80~100	成品偏差	±0.85	±0.90	±1.10	±1.30						
		挤压偏差	+0.95 +0.12	+1.02 +0.18	+1.25 +0.37	+1.60 +0.65						

（续表）

按 GB/T14846 标准中的 H 尺寸			≤10	>10 ~25	>25 ~50	>50 ~100	>100 ~150	>150 ~200	>200 ~300	>300 ~450	>450 ~600	>600 ~800
外接圆直径			>100~200									
实体不小于75%的 H 尺寸的允许偏差		成品偏差	±0.30	±0.40	±0.60	±0.90	±1.10	±1.30				
		挤压偏差	+0.40 +0.04	+0.52 +0.08	+0.75 +0.20	+1.20 +0.45	+1.60 +0.55	+2.00 +0.65				
实体小于75%的 H 尺寸对应于 E 尺寸的允许偏差	≤20	成品偏差	±0.30	±0.40	±0.60	±0.90	±1.10	±1.30				
		挤压偏差	+0.40 +0.04	+0.52 +0.08	+0.75 +0.20	+1.20 +0.45	+1.60 +0.55	+2.00 +0.65				
	>20 ~30	成品偏差	±0.45	±0.55	±0.75	±1.05	±1.25	±1.45				
		挤压偏差	+0.55 +0.06	+0.67 +0.11	+0.90 +0.25	+1.35 +0.52	+1.75 +0.62	+2.15 +0.72				
	>30 ~40	成品偏差	±0.55	±0.65	±0.85	±1.15	±1.35	±1.55				
		挤压偏差	+0.65 +0.08	+0.77 +0.13	+1.00 +0.28	+1.45 +0.57	+1.85 +0.67	+2.25 +0.77				
	>40 ~60	成品偏差	±0.70	±0.80	±1.00	±1.30	±1.50	±1.70				
		挤压偏差	+0.80 +0.10	+0.92 +0.16	+1.15 +0.33	+1.60 +0.65	+2.00 +0.75	+2.40 +0.85				
	>60 ~80	成品偏差	±0.80	±0.90	±1.10	±1.40	±1.60	±1.80				
		挤压偏差	+0.90 +0.11	+1.02 +0.18	+1.25 +0.37	+1.70 +0.70	+2.10 +0.80	+2.50 +0.90				
	>80 ~100	成品偏差	±0.90	±1.00	±1.20	±1.50	±1.70	±1.90				
		挤压偏差	+1.00 +0.13	+1.12 +0.20	+1.35 +0.40	+1.80 +0.75	+2.20 +0.85	+2.60 +0.95				

（续表）

按 GB/T14846 标准中的 H 尺寸			≤10	>10 ~25	>25 ~50	>50 ~100	>100 ~150	>150 ~200	>200 ~300	>300 ~450	>450 ~600	>600 ~800
实体小于75%的 H 尺寸对应于 E 尺寸的允许偏差	>100 ~125	成品偏差	±1.10	±1.20	±1.40	±1.70	±1.90	±2.10				
		挤压偏差	+1.20 +0.16	+1.32 +0.24	+1.55 +0.47	+2.00 +0.85	+2.40 +0.95	+2.80 +1.05				
	>125 ~150	成品偏差	±1.30	±1.40	±1.60	±1.90	±2.10	±2.30				
		挤压偏差	+1.40 +0.18	+1.52 +0.28	+1.75 +0.53	+2.20 +0.95	+2.60 +1.05	+3.00 +1.15				
	>150 ~180	成品偏差	±1.50	±1.60	±1.80	±2.10	±2.30	±2.50				
		挤压偏差	+1.60 +0.21	+1.72 +0.32	+1.95 +0.60	+2.40 +1.05	+2.80 +1.15	+3.20 +1.25				
外接圆直径			>200~300									
实体不小于75%的 H 尺寸的允许偏差		成品偏差	±0.35	±0.50	±0.80	±1.10	±1.30	±1.50	±1.70			
		挤压偏差	+0.45 +0.05	+0.62 +0.10	+0.95 +0.27	+1.40 +0.55	+1.80 +0.65	+2.20 +0.75	+2.60 +0.85			
实体小于75%的 H 尺寸对应于 E 尺寸的允许偏差	≤20	成品偏差	±0.35	±0.50	±0.80	±1.10	±1.30	±1.50	±1.70			
		挤压偏差	+0.45 +0.05	+0.62 +0.10	+0.95 +0.27	+1.40 +0.55	+1.80 +0.65	+2.20 +0.75	+2.60 +0.85			
	>20 ~30	成品偏差	±0.50	±0.65	±0.95	±1.25	±1.45	±1.65	±1.85			
		挤压偏差	+0.60 +0.07	+0.77 +0.13	+1.10 +0.32	+1.55 +0.62	+1.95 +0.72	+2.35 +0.82	+2.75 +0.92			
	>30 ~40	成品偏差	±0.60	±0.75	±1.05	±1.35	±1.55	±1.75	±1.95			
		挤压偏差	+0.70 +0.08	+0.87 +0.15	+1.20 +0.35	+1.65 +0.67	+2.05 +0.77	+2.45 +0.87	+2.85 +0.97			

（续表）

按 GB/T14846 标准中的 *H* 尺寸			≤10	>10 ~25	>25 ~50	>50 ~100	>100 ~150	>150 ~200	>200 ~300	>300 ~450	>450 ~600	>600 ~800
实体小于 75% 的 *H* 尺寸对应于 *E* 尺寸的允许偏差	>40 ~60	成品偏差	±0.75	±0.90	±1.20	±1.50	±1.70	±1.90	±2.10			
		挤压偏差	+0.85 +0.11	+1.02 +0.18	+1.35 +0.40	+1.80 +0.75	+2.20 +0.85	+2.60 +0.95	+3.00 +1.05			
	>60 ~80	成品偏差	±0.85	±1.00	±1.30	±1.60	±1.80	±2.00	±2.20			
		挤压偏差	+0.95 +0.12	+1.12 +0.20	+1.45 +0.43	+1.90 +0.80	+2.30 +0.90	+2.70 +1.00	+3.10 +1.10			
	>80 ~100	成品偏差	±0.95	±1.10	±1.40	±1.70	±1.90	±2.10	±2.30			
		挤压偏差	+1.05 +0.13	+1.22 +0.22	+1.55 +0.47	+2.00 +0.85	+2.40 +0.95	+2.80 +1.05	+3.20 +1.15			
	>100 ~125	成品偏差	±1.15	±1.30	±1.60	±1.90	±2.10	±2.30	±2.50			
		挤压偏差	+1.25 +0.16	+1.42 +0.26	+1.75 +0.53	+2.20 +0.95	+2.60 +1.05	+3.00 +1.15	+3.40 +1.25			
	>125 ~150	成品偏差	±1.35	±1.50	±1.80	±2.10	±2.30	±2.50	±2.70			
		挤压偏差	+1.45 +0.19	+1.62 +0.30	+1.95 +0.60	+2.40 +1.05	+2.80 +1.15	+3.20 +1.25	+3.60 +1.35			
	>150 ~180	成品偏差	±1.55	±1.70	±2.00	±2.30	±2.50	±2.70	±2.90			
		挤压偏差	+1.65 +0.22	+1.82 +0.34	+2.15 +0.67	+2.60 +1.15	+3.00 +1.25	+3.40 +1.35	+3.80 +1.45			
	>180 ~210	成品偏差	±1.75	±1.90	±2.20	±2.50	±2.70	±2.90	±3.10			
		挤压偏差	+1.85 +0.25	+2.02 +0.38	+2.35 +0.73	+2.80 +1.25	+3.20 +1.35	+3.60 +1.45	+4.00 +1.55			

（续表）

按 GB/T14846 标准中的 H 尺寸			≤10	>10~25	>25~50	>50~100	>100~150	>150~200	>200~300	>300~450	>450~600	>600~800
实体小于75%的 H 尺寸对应于 E 尺寸的允许偏差	>210~250	成品偏差	±1.95	±2.10	±2.40	±2.70	±2.90	±3.10	±3.30			
		挤压偏差	+2.05 +0.28	+2.22 +0.42	+2.55 +0.80	+3.00 +1.35	+3.40 +1.45	+3.80 +1.55	+4.20 +1.65			
	>250	成品偏差	±2.15	±2.30	±2.60	±2.90	±3.10	±3.30	±3.50			
		挤压偏差	+2.25 +0.31	+2.42 +0.46	+2.75 +0.87	+3.20 +1.45	+3.60 +1.55	+4.00 +1.65	+4.40 +1.75			
外接圆直径			>300~500									
实体不小于75%的 H 尺寸的允许偏差		成品偏差	±0.40	±0.60	±0.90	±1.30	±1.50	±1.80	±2.10	±2.80	±3.80	
		挤压偏差	+0.50 +0.06	+0.72 +0.12	+1.05 +0.30	+1.60 +0.65	+2.00 +0.75	+2.50 +0.90	+3.00 +1.05	+3.90 +1.40	+4.90 +1.90	
实体小于75%的 H 尺寸对应于 E 尺寸的允许偏差	≤20	成品偏差	±0.40	±0.60	±0.90	±1.30	±1.50	±1.80	±2.10	±2.80	±3.80	
		挤压偏差	+0.50 +0.06	+0.72 +0.12	+1.05 +0.30	+1.60 +0.65	+2.00 +0.75	+2.50 +0.90	+3.00 +1.05	+3.90 +1.40	+4.90 +1.90	
	>20~30	成品偏差	±0.55	±0.75	±1.05	±1.45	±1.65	±1.95	±2.25	±2.95	±3.95	
		挤压偏差	+0.65 +0.08	+0.87 +0.15	+1.20 +0.35	+1.75 +0.72	+2.15 +0.82	+2.65 +0.97	+3.15 +1.12	+4.05 +1.47	+5.05 +1.97	
	>30~40	成品偏差	±0.65	±0.85	±1.15	±1.55	±1.75	±2.05	±2.35	±3.05	±4.05	
		挤压偏差	+0.75 +0.09	+0.97 +0.17	+1.30 +0.38	+1.85 +0.77	+2.25 +0.87	+2.75 +1.02	+3.25 +1.17	+4.15 +1.52	+5.15 +2.02	
	>40~60	成品偏差	±0.80	±1.00	±1.30	±1.70	±1.90	±2.20	±2.50	±3.20	±4.20	
		挤压偏差	+0.90 +0.11	+1.12 +0.20	+1.45 +0.43	+2.00 +0.85	+2.40 +0.95	+2.90 +1.10	+3.40 +1.25	+4.30 +1.60	+5.30 +2.10	

（续表）

按 GB/T14846 标准中的 H 尺寸			≤10	>10 ~25	>25 ~50	>50 ~100	>100 ~150	>150 ~200	>200 ~300	>300 ~450	>450 ~600	>600 ~800
实体小于 75% 的 H 尺寸对应于 E 尺寸的允许偏差	>60 ~80	成品偏差	±0.90	±1.10	±1.40	±1.80	±2.00	±2.30	±2.60	±3.30	±4.30	
		挤压偏差	+1.00 +0.13	+1.22 +0.22	+1.55 +0.47	+2.10 +0.90	+2.50 +1.00	+3.00 +1.15	+3.50 +1.30	+4.40 +1.65	+5.40 +2.15	
	>80 ~100	成品偏差	±1.00	±1.20	±1.50	±1.90	±2.10	±2.40	±2.70	±3.40	±4.40	
		挤压偏差	+1.10 +0.14	+1.32 +0.24	+1.65 +0.50	+2.20 +0.95	+2.60 +1.05	+3.10 +1.20	+3.60 +1.35	+4.50 +1.70	+5.50 +2.20	
	>100 ~125	成品偏差	±1.20	±1.40	±1.70	±2.10	±2.30	±2.60	±2.90	±3.60	±4.60	
		挤压偏差	+1.30 +0.17	+1.52 +0.28	+1.85 +0.57	+2.40 +1.05	+2.80 +1.15	+3.30 +1.30	+3.80 +1.45	+4.70 +1.80	+5.70 +2.30	
	>125 ~150	成品偏差	±1.40	±1.60	±1.90	±2.30	±2.50	±2.80	±3.10	±3.80	±4.80	
		挤压偏差	+1.50 +0.20	+1.72 +0.32	+2.05 +0.63	+2.60 +1.15	+3.00 +1.25	+3.50 +1.40	+4.00 +1.55	+4.90 +1.90	+5.90 +2.40	
	>150 ~180	成品偏差	±1.60	±1.80	±2.10	±2.50	±2.70	±3.00	±3.30	±4.00	±5.00	
		挤压偏差	+1.70 +0.23	+1.92 +0.36	+2.25 +0.70	+2.80 +1.25	+3.20 +1.35	+3.70 +1.50	+4.20 +1.65	+5.10 +2.00	+6.10 +2.50	
	>180 ~210	成品偏差	±1.80	±2.00	±2.30	±2.70	±2.90	±3.20	±3.50	±4.20	±5.20	
		挤压偏差	+1.90 +0.26	+2.12 +0.40	+2.45 +0.77	+3.00 +1.35	+3.40 +1.45	+3.90 +1.60	+4.40 +1.75	+5.30 +2.10	+6.30 +2.60	

（续表）

按 GB/T14846 标准中的 H 尺寸			≤10	>10~25	>25~50	>50~100	>100~150	>150~200	>200~300	>300~450	>450~600	>600~800
实体小于75%的 H 尺寸对应于 E 尺寸的允许偏差	>210~250	成品偏差	±2.00	±2.20	±2.50	±2.90	±3.10	±3.40	±3.70	±4.40	±5.40	
		挤压偏差	+2.10 +0.28	+2.32 +0.44	+2.65 +0.83	+3.20 +1.45	+3.60 +1.55	+4.10 +1.70	+4.60 +1.85	+5.50 +2.20	+6.50 +2.70	
	>250	成品偏差	±2.20	±2.40	±2.70	±3.10	±3.30	±3.60	±3.90	±4.60	±5.60	
		挤压偏差	+2.30 +0.31	+2.52 +0.48	+2.85 +0.90	+3.40 +1.55	+3.80 +1.65	+4.30 +1.80	+4.80 +1.95	+5.70 +2.30	+6.70 +2.80	
外接圆直径			>500~1000									
实体不小于75%的 H 尺寸的允许偏差		成品偏差	±0.50	±0.70	±1.00	±1.50	±1.70	±2.00	±2.40	±3.00	±4.20	±5.00
		挤压偏差	+0.60 +0.07	+0.82 +0.14	+1.15 +0.33	+1.80 +0.75	+2.20 +0.85	+2.70 +1.00	+3.30 +1.20	+4.10 +1.50	+5.30 +2.10	+6.10 +2.50
实体小于75%的 H 尺寸对应于 E 尺寸的允许偏差	≤20	成品偏差	±0.50	±0.70	±1.00	±1.50	±1.70	±2.00	±2.40	±3.00	±4.20	±5.00
		挤压偏差	+0.60 +0.07	+0.82 +0.14	+1.15 +0.33	+1.80 +0.75	+2.20 +0.85	+2.70 +1.00	+3.30 +1.20	+4.10 +1.50	+5.30 +2.10	+6.10 +2.50
	>20~30	成品偏差	±0.65	±0.85	±1.15	±1.65	±1.85	±2.15	±2.55	±3.15	±4.35	±5.15
		挤压偏差	+0.75 +0.09	+0.97 +0.17	+1.30 +0.38	+1.95 +0.82	+2.35 +0.92	+2.85 +1.07	+3.45 +1.27	+4.25 +1.57	+5.45 +2.17	+6.25 +2.57
	>30~40	成品偏差	±0.75	±0.95	±1.25	±1.75	±1.95	±2.25	±2.65	±3.25	±4.45	±5.25
		挤压偏差	+0.85 +0.11	+1.07 +0.19	+1.40 +0.42	+2.05 +0.87	+2.45 +0.97	+2.95 +1.12	+3.55 +1.32	+4.35 +1.62	+5.55 +2.22	+6.35 +2.62
	>40~60	成品偏差	±0.90	±1.10	±1.40	±1.90	±2.10	±2.40	±2.80	±3.40	±4.60	±5.40
		挤压偏差	+1.00 +0.13	+1.22 +0.22	+1.55 +0.47	+2.20 +0.95	+2.60 +1.05	+3.10 +1.20	+3.70 +1.40	+4.50 +1.70	+5.70 +2.30	+6.50 +2.70

（续表）

按 GB/T14846 标准中的 *H* 尺寸			≤10	>10 ～25	>25 ～50	>50 ～100	>100 ～150	>150 ～200	>200 ～300	>300 ～450	>450 ～600	>600 ～800
实体小于 75% 的 *H* 尺寸对应于 *E* 尺寸的允许偏差	>60 ～80	成品偏差	±1.00	±1.20	±1.50	±2.00	±2.20	±2.50	±2.90	±3.50	±4.70	±5.50
		挤压偏差	+1.10 +0.14	+1.32 +0.24	+1.65 +0.50	+2.30 +1.00	+2.70 +1.10	+3.20 +1.25	+3.80 +1.45	+4.60 +1.75	+5.80 +2.35	+6.60 +2.75
	>80 ～100	成品偏差	±1.10	±1.30	±1.60	±2.10	±2.30	±2.60	±3.00	±3.60	±4.80	±5.60
		挤压偏差	+1.20 +0.16	+1.42 +0.26	+1.75 +0.53	+2.40 +1.05	+2.80 +1.15	+3.30 +1.30	+3.90 +1.50	+4.70 +1.80	+5.90 +2.40	+6.70 +2.80
	>100 ～125	成品偏差	±1.30	±1.50	±1.80	±2.30	±2.50	±2.80	±3.20	±3.80	±5.00	±5.80
		挤压偏差	+1.40 +0.18	+1.62 +0.30	+1.95 +0.60	+2.60 +1.15	+3.00 +1.25	+3.50 +1.40	+4.10 +1.60	+4.90 +1.90	+6.10 +2.50	+6.90 +2.90
	>125 ～150	成品偏差	±1.50	±1.70	±2.00	±2.50	±2.70	±3.00	±3.40	±4.00	±5.20	±6.00
		挤压偏差	+1.60 +0.21	+1.82 +0.34	+2.15 +0.67	+2.80 +1.25	+3.20 +1.35	+3.70 +1.50	+4.30 +1.70	+5.10 +2.00	+6.30 +2.60	+7.10 +3.00
	>150 ～180	成品偏差	±1.70	±1.90	±2.20	±2.70	±2.90	±3.20	±3.60	±4.20	±5.40	±6.20
		挤压偏差	+1.80 +0.24	+2.02 +0.38	+2.35 +0.73	+3.00 +1.35	+3.40 +1.45	+3.90 +1.60	+4.50 +1.80	+5.30 +2.10	+6.50 +2.70	+7.30 +3.10
	>180 ～210	成品偏差	±1.90	±2.10	±2.40	±2.90	±3.10	±3.40	±3.80	±4.40	±5.60	±6.40
		挤压偏差	+2.00 +0.27	+2.22 +0.42	+2.55 +0.80	+3.20 +1.45	+3.60 +1.55	+4.10 +1.70	+4.70 +1.90	+5.50 +2.20	+6.70 +2.80	+7.50 +3.20
	>210 ～250	成品偏差	±2.10	±2.30	±2.60	±3.10	±3.30	±3.60	±4.00	±4.60	±5.80	±6.60
		挤压偏差	+2.20 +0.30	+2.42 +0.46	+2.75 +0.87	+3.40 +1.55	+3.80 +1.65	+4.30 +1.80	+4.90 +2.00	+5.70 +2.30	+6.90 +2.90	+7.70 +3.30
	>250	成品偏差	±2.30	±2.50	±2.80	±3.30	±3.50	±3.80	±4.20	±4.80	±6.00	±6.80
		挤压偏差	+2.40 +0.33	+2.62 +0.50	+2.95 +0.93	+3.60 +1.65	+4.00 +1.75	+4.50 +1.90	+5.10 +2.10	+5.90 +2.40	+7.10 +3.00	+7.90 +3.40

表 5-47 Ⅰ类(软合金)型材非壁厚尺寸(H)挤压允许偏差(超高精级)

按 GB/T14846 标准中的 H 尺寸			≤10	>10～25	>25～50	>50～100	>100～150	>150～200	>200～300	>300～450	>450～600	>600～800
外接圆直径			≤100									
实体不小于75%的 H 尺寸的允许偏差		成品偏差	±0.17	±0.20	±0.33	±0.47						
		挤压偏差	+0.27 +0.03	+0.32 +0.04	+0.48 +0.11	+0.77 +0.23						
实体小于75%的 H 尺寸对应于 E 尺寸的允许偏差	≤20	成品偏差	±0.17	±0.20	±0.33	±0.47						
		挤压偏差	+0.27 +0.03	+0.32 +0.04	+0.48 +0.11	+0.77 +0.23						
	>20～30	成品偏差	±0.27	±0.30	±0.43	±0.57						
		挤压偏差	+0.37 +0.04	+0.42 +0.06	+0.58 +0.14	+0.87 +0.28						
	>30～40	成品偏差	±0.33	±0.37	±0.50	±0.63						
		挤压偏差	+0.43 +0.05	+0.49 +0.07	+0.65 +0.17	+0.93 +0.31						
	>40～60	成品偏差	±0.43	±0.47	±0.60	±0.73						
		挤压偏差	+0.53 +0.06	+0.59 +0.09	+0.75 +0.20	+1.03 +0.36						
	>60～80	成品偏差	±0.50	±0.53	±0.67	±0.80						
		挤压偏差	+0.60 +0.07	+0.65 +0.11	+0.82 +0.22	+1.10 +0.40						
	>80～100	成品偏差	±0.57	±0.60	±0.73	±0.87						
		挤压偏差	+0.67 +0.08	+0.72 +0.12	+0.88 +0.24	+1.17 +0.43						

（续表）

按 GB/T14846 标准中的 H 尺寸			≤10	>10 ~25	>25 ~50	>50 ~100	>100 ~150	>150 ~200	>200 ~300	>300 ~450	>450 ~600	>600 ~800
外接圆直径			>100~200									
实体不小于 75%的 H 尺寸的允许偏差		成品偏差	±0.20	±0.37	±0.40	±0.60	±0.73	±0.87				
		挤压偏差	+0.30 +0.03	+0.49 +0.07	+0.55 +0.13	+0.90 +0.30	+1.23 +0.36	+1.57 +0.43				
实体小于 75%的 H 尺寸对应于 E 尺寸的允许偏差	≤20	成品偏差	±0.20	±0.37	±0.40	±0.60	±0.73	±0.87				
		挤压偏差	+0.30 +0.03	+0.49 +0.07	+0.55 +0.13	+0.90 +0.30	+1.23 +0.36	+1.57 +0.43				
	>20 ~30	成品偏差	±0.30	±0.37	±0.50	±0.70	±0.83	±0.97				
		挤压偏差	+0.40 +0.04	+0.49 +0.07	+0.65 +0.17	+1.00 +0.35	+1.33 +0.41	+1.67 +0.48				
	>30 ~40	成品偏差	±0.37	±0.43	±0.57	±0.77	±0.90	±1.03				
		挤压偏差	+0.47 +0.05	+0.55 +0.09	+0.72 +0.19	+1.07 +0.38	+1.40 +0.45	+1.73 +0.51				
	>40 ~60	成品偏差	±0.47	±0.53	±0.67	±0.87	±1.00	±1.13				
		挤压偏差	+0.57 +0.07	+0.65 +0.11	+0.82 +0.22	+1.17 +0.43	+1.50 +0.50	+1.83 +0.56				
	>60 ~80	成品偏差	±0.53	±0.60	±0.73	±0.93	±1.07	±1.20				
		挤压偏差	+0.63 +0.07	+0.72 +0.12	+0.88 +0.24	+1.23 +0.46	+1.57 +0.53	+1.90 +0.60				
	>80 ~100	成品偏差	±0.60	±0.67	±0.80	±1.00	±1.13	±1.27				
		挤压偏差	+0.70 +0.08	+0.79 +0.13	+0.95 +0.27	+1.30 +0.50	+1.63 +0.56	+1.97 +0.63				

（续表）

按GB/T14846标准中的*H*尺寸			≤10	>10~25	>25~50	>50~100	>100~150	>150~200	>200~300	>300~450	>450~600	>600~800
实体小于75%的*H*尺寸对应于*E*尺寸的允许偏差	>100~125	成品偏差	±0.73	±0.80	±0.93	±1.13	±1.27	±1.40				
		挤压偏差	+0.83 +0.10	+0.92 +0.16	+1.08 +0.31	+1.43 +0.56	+1.77 +0.63	+2.10 +0.70				
	>125~150	成品偏差	±0.87	±0.93	±1.07	±1.27	±1.40	±1.53				
		挤压偏差	+0.97 +0.12	+1.05 +0.19	+1.22 +0.36	+1.57 +0.63	+1.90 +0.70	+2.23 +0.76				
	>150~180	成品偏差	±1.00	±1.07	±1.20	±1.40	±1.53	±1.67				
		挤压偏差	+1.10 +0.14	+1.19 +0.21	+1.35 +0.40	+1.70 +0.70	+2.03 +0.76	+2.37 +0.83				
外接圆直径			>200~300									
实体不小于75%的*H*尺寸的允许偏差		成品偏差	±0.23	±0.33	±0.53	±0.73	±0.87	±1.00	±1.13			
		挤压偏差	+0.33 +0.04	+0.45 +0.07	+0.68 +0.18	+1.03 +0.36	+1.37 +0.43	+1.70 +0.50	+2.03 +0.56			
实体小于75%的*H*尺寸对应于*E*尺寸的允许偏差	≤20	成品偏差	±0.23	±0.33	±0.53	±0.73	±0.87	±1.00	±1.13			
		挤压偏差	+0.33 +0.04	+0.45 +0.07	+0.68 +0.18	+1.03 +0.36	+1.37 +0.43	+1.70 +0.50	+2.03 +0.56			
	>20~30	成品偏差	±0.33	±0.43	±0.63	±0.83	±0.97	±1.10	±1.23			
		挤压偏差	+0.43 +0.05	+0.55 +0.09	+0.78 +0.21	+1.13 +0.41	+1.47 +0.48	+1.80 +0.55	+2.13 +0.61			
	>30~40	成品偏差	±0.40	±0.50	±0.70	±0.90	±1.03	±1.17	±1.30			
		挤压偏差	+0.50 +0.06	+0.62 +0.10	+0.85 +0.23	+1.20 +0.45	+1.53 +0.51	+1.87 +0.58	+2.20 +0.65			

（续表）

按 GB/T14846 标准中的 *H* 尺寸			≤10	>10~25	>25~50	>50~100	>100~150	>150~200	>200~300	>300~450	>450~600	>600~800
实体小于 75% 的 *H* 尺寸对应于 *E* 尺寸的允许偏差	>40~60	成品偏差	±0.50	±0.60	±0.80	±1.00	±1.13	±1.27	±1.40			
		挤压偏差	+0.60 +0.07	+0.72 +0.12	+0.95 +0.27	+1.30 +0.50	+1.63 +0.56	+1.97 +0.63	+2.30 +0.70			
	>60~80	成品偏差	±0.57	±0.67	±0.87	±1.07	±1.20	±1.33	±1.47			
		挤压偏差	+0.67 +0.08	+0.79 +0.13	+1.02 +0.29	+1.37 +0.53	+1.70 +0.60	+2.03 +0.66	+2.37 +0.73			
	>80~100	成品偏差	±0.63	±0.73	±0.93	±1.13	±1.27	±1.40	±1.53			
		挤压偏差	+0.73 +0.09	+0.85 +0.15	+1.08 +0.31	+1.43 +0.56	+1.77 +0.63	+2.10 +0.70	+2.43 +0.76			
	>100~125	成品偏差	±0.77	±0.87	±1.07	±1.27	±1.40	±1.53	±1.67			
		挤压偏差	+0.87 +0.11	+0.99 +0.17	+1.22 +0.36	+1.57 +0.63	+1.90 +0.70	+2.23 +0.76	+2.57 +0.83			
	>125~150	成品偏差	±0.90	±1.00	±1.20	±1.40	±1.53	±1.67	±1.80			
		挤压偏差	+1.00 +0.13	+1.12 +0.20	+1.35 +0.40	+1.70 +0.70	+2.03 +0.76	+2.37 +0.83	+2.70 +0.90			
	>150~180	成品偏差	±1.03	±1.13	±1.33	±1.53	±1.67	±1.80	±1.93			
		挤压偏差	+1.13 +0.15	+1.25 +0.23	+1.48 +0.44	+1.83 +0.76	+2.17 +0.83	+2.50 +0.90	+2.83 +0.96			
	>180~210	成品偏差	±1.17	±1.27	±1.47	±1.67	±1.80	±1.93	±2.07			
		挤压偏差	+1.27 +0.17	+1.39 +0.25	+1.62 +0.49	+1.97 +0.83	+2.30 +0.90	+2.63 +0.96	+2.97 +1.03			

（续表）

按 GB/T14846 标准中的 H 尺寸			≤10	>10～25	>25～50	>50～100	>100～150	>150～200	>200～300	>300～450	>450～600	>600～800
实体小于 75% 的 H 尺寸对应于 E 尺寸的允许偏差	>210～250	成品偏差	±1.30	±1.40	±1.60	±1.80	±1.93	±2.07	±2.20			
		挤压偏差	+1.40 +0.18	+1.52 +0.28	+1.75 +0.53	+2.10 +0.90	+2.43 +0.96	+2.77 +1.03	+3.10 +1.10			
	>250	成品偏差	±1.43	±1.53	±1.73	±1.93	±2.07	±2.20	±2.33			
		挤压偏差	+1.53 +0.20	+1.65 +0.31	+1.88 +0.58	+2.23 +0.96	+2.57 +1.03	+2.90 +1.10	+3.23 +1.16			
外接圆直径			>300～500									
实体不小于 75%的 H 尺寸的允许偏差		成品偏差	±0.27	±0.40	±0.60	±0.87	±1.00	±1.20	±1.40	±1.87	±2.53	
		挤压偏差	+0.37 +0.04	+0.52 +0.08	+0.75 +0.20	+1.17 +0.43	+1.50 +0.50	+1.90 +0.60	+2.30 +0.70	+2.97 +0.93	+3.63 +1.26	
实体小于 75% 的 H 尺寸对应于 E 尺寸的允许偏差	≤20	成品偏差	±0.27	±0.40	±0.60	±0.87	±1.00	±1.20	±1.40	±1.87	±2.53	
		挤压偏差	+0.37 +0.04	+0.52 +0.08	+0.75 +0.20	+1.17 +0.43	+1.50 +0.50	+1.90 +0.60	+2.30 +0.70	+2.97 +0.93	+3.63 +1.26	
	>20～30	成品偏差	±0.37	±0.50	±0.70	±0.97	±1.10	±1.30	±1.50	±1.97	±2.63	
		挤压偏差	+0.47 +0.05	+0.62 +0.10	+0.85 +0.23	+1.27 +0.48	+1.60 +0.55	+2.00 +0.65	+2.40 +0.75	+3.07 +0.98	+3.73 +1.31	
	>30～40	成品偏差	±0.43	±0.57	±0.77	±1.03	±1.17	±1.37	±1.57	±2.03	±2.70	
		挤压偏差	+0.53 +0.06	+0.69 +0.11	+0.92 +0.26	+1.33 +0.51	+1.67 +0.58	+2.07 +0.68	+2.47 +0.78	+3.13 +1.01	+3.80 +1.35	
	>40～60	成品偏差	±0.53	±0.67	±0.87	±1.13	±1.27	±1.47	±1.67	±2.13	±2.80	
		挤压偏差	+0.63 +0.07	+0.79 +0.13	+1.02 +0.29	+1.43 +0.56	+1.77 +0.63	+2.17 +0.73	+2.57 +0.83	+3.23 +1.06	+3.90 +1.40	

（续表）

按 GB/T14846 标准中的 H 尺寸			≤10	>10 ~25	>25 ~50	>50 ~100	>100 ~150	>150 ~200	>200 ~300	>300 ~450	>450 ~600	>600 ~800
实体小于 75% 的 H 尺寸对应于 E 尺寸的允许偏差	>60 ~80	成品偏差	±0.60	±0.73	±0.93	±1.20	±1.33	±1.53	±1.73	±2.20	±2.87	
		挤压偏差	+0.70 +0.08	+0.85 +0.15	+1.08 +0.31	+1.50 +0.60	+1.83 +0.66	+2.23 +0.76	+2.63 +0.86	+3.30 +1.10	+3.97 +1.43	
	>80 ~100	成品偏差	±0.67	±0.80	±1.00	±1.27	±1.40	±1.60	±1.80	±2.27	±2.93	
		挤压偏差	+0.77 +0.09	+0.92 +0.16	+1.15 +0.33	+1.57 +0.63	+1.90 +0.70	+2.30 +0.80	+2.70 +0.90	+3.37 +1.13	+4.03 +1.46	
	>100 ~125	成品偏差	±0.80	±0.93	±1.13	±1.40	±1.53	±1.73	±1.93	±2.40	±3.07	
		挤压偏差	+0.90 +0.11	+1.05 +0.19	+1.28 +0.38	+1.70 +0.70	+2.03 +0.76	+2.43 +0.86	+2.83 +0.96	+3.50 +1.20	+4.17 +1.53	
	>125 ~150	成品偏差	±0.93	±1.07	±1.27	±1.53	±1.67	±1.87	±2.07	±2.53	±3.20	
		挤压偏差	+1.03 +0.13	+1.19 +0.21	+1.42 +0.42	+1.83 +0.76	+2.17 +0.83	+2.57 +0.93	+2.97 +1.03	+3.63 +1.26	+4.30 +1.60	
	>150 ~180	成品偏差	±1.07	±1.20	±1.40	±1.67	±1.80	±2.00	±2.20	±2.67	±3.33	
		挤压偏差	+1.17 +0.15	+1.32 +0.24	+1.55 +0.47	+1.97 +0.83	+2.30 +0.90	+2.70 +1.00	+3.10 +1.10	+3.77 +1.33	+4.43 +1.66	
	>180 ~210	成品偏差	±1.20	±1.33	±1.53	±1.80	±1.93	±2.13	±2.33	±2.80	±3.47	
		挤压偏差	+1.30 +0.17	+1.45 +0.27	+1.68 +0.51	+2.10 +0.90	+2.43 +0.96	+2.83 +1.06	+3.23 +1.16	+3.90 +1.40	+4.57 +1.73	

（续表）

按 GB/T14846 标准中的 H 尺寸			≤10	>10 ~25	>25 ~50	>50 ~100	>100 ~150	>150 ~200	>200 ~300	>300 ~450	>450 ~600	>600 ~800
实体小于75%的 H 尺寸对应于 E 尺寸的允许偏差	>210 ~250	成品偏差	±1.33	±1.47	±1.67	±1.93	±2.07	±2.27	±2.47	±2.93	±3.60	
		挤压偏差	+1.43 +0.19	+1.59 +0.29	+1.82 +0.56	+2.23 +0.96	+2.57 +1.03	+2.97 +1.13	+3.37 +1.23	+4.03 +1.46	+4.70 +1.80	
	>250	成品偏差	±1.47	±1.60	±1.80	±2.07	±2.20	±2.40	±2.60	±3.07	±3.73	
		挤压偏差	+1.57 +0.21	+1.72 +0.32	+1.95 +0.60	+2.37 +1.03	+2.70 +1.10	+3.10 +1.20	+3.50 +1.30	+4.17 +1.53	+4.83 +1.86	
外接圆直径			>500~1000									
实体不小于75%的 H 尺寸的允许偏差		成品偏差	±0.33	±0.47	±0.67	±1.00	±1.13	±1.33	±1.60	±2.00	±2.80	±3.33
		挤压偏差	+0.43 +0.05	+0.59 +0.09	+0.82 +0.22	+1.30 +0.50	+1.63 +0.56	+2.03 +0.66	+2.50 +0.80	+3.10 +1.00	+3.90 +1.40	+4.93 +1.66
实体小于75%的 H 尺寸对应于 E 尺寸的允许偏差	≤20	成品偏差	±0.33	±0.47	±0.67	±1.00	±1.13	±1.33	±1.60	±2.00	±2.80	±3.33
		挤压偏差	+0.43 +0.05	+0.59 +0.09	+0.82 +0.22	+1.30 +0.50	+1.63 +0.56	+2.03 +0.66	+2.50 +0.80	+3.10 +1.00	+3.90 +1.40	+4.43 +1.66
	>20 ~30	成品偏差	±0.43	±0.57	±0.77	±1.10	±1.23	±1.43	±1.70	±2.10	±2.90	±3.43
		挤压偏差	+0.53 +0.06	+0.69 +0.11	+0.92 +0.26	+1.40 +0.55	+1.73 +0.61	+2.13 +0.71	+2.60 +0.85	+3.20 +1.05	+4.00 +1.45	+4.53 +1.71
	>30 ~40	成品偏差	±0.50	±0.63	±0.83	±1.17	±1.30	±1.50	±1.77	±2.17	±2.97	±3.50
		挤压偏差	+0.60 +0.07	+0.75 +0.13	+0.98 +0.28	+1.47 +0.58	+1.80 +0.65	+2.20 +0.75	+2.67 +0.88	+3.27 +1.08	+4.07 +1.48	+4.60 +1.75
	>40 ~60	成品偏差	±0.60	±0.73	±0.93	±1.27	±1.40	±1.60	±1.87	±2.27	±3.07	±3.60
		挤压偏差	+0.70 +0.08	+0.85 +0.15	+1.08 +0.31	+1.57 +0.63	+1.90 +0.70	+2.30 +0.80	+2.77 +0.93	+3.37 +1.13	+4.17 +1.53	+4.70 +1.80

（续表）

按 GB/T14846 标准中的 H 尺寸			≤10	>10~25	>25~50	>50~100	>100~150	>150~200	>200~300	>300~450	>450~600	>600~800
实体小于 75% 的 H 尺寸对应于 E 尺寸的允许偏差	>60~80	成品偏差	±0.67	±0.80	±1.00	±1.33	±1.47	±1.67	±1.93	±2.33	±3.13	±3.67
		挤压偏差	+0.77 +0.09	+0.92 +0.16	+1.15 +0.33	+1.63 +0.66	+1.97 +0.73	+2.37 +0.83	+2.83 +0.96	+3.43 +1.16	+4.23 +1.56	+4.77 +1.83
	>80~100	成品偏差	±0.73	±0.87	±1.07	±1.40	±1.53	±1.73	±2.00	±2.40	±3.20	±3.73
		挤压偏差	+0.83 +0.10	+0.99 +0.17	+1.22 +0.36	+1.70 +0.70	+2.03 +0.76	+2.43 +0.86	+2.90 +1.00	+3.50 +1.20	+4.30 +1.60	+4.83 +1.86
	>100~125	成品偏差	±0.87	±1.00	±1.20	±1.53	±1.67	±1.87	±2.13	±2.53	±3.33	±3.87
		挤压偏差	+0.97 +0.12	+1.12 +0.20	+1.35 +0.40	+1.83 +0.76	+2.17 +0.83	+2.57 +0.93	+3.03 +1.06	+3.63 +1.26	+4.43 +1.66	+4.97 +1.93
	>125~150	成品偏差	±1.00	±1.13	±1.33	±1.67	±1.80	±2.00	±2.27	±2.67	±3.47	±4.00
		挤压偏差	+1.10 +0.14	+1.25 +0.23	+1.48 +0.44	+1.97 +0.83	+2.30 +0.90	+2.70 +1.00	+3.17 +1.13	+3.77 +1.33	+4.57 +1.73	+5.10 +2.00
	>150~180	成品偏差	±1.13	±1.27	±1.47	±1.80	±1.93	±2.13	±2.40	±2.80	±3.60	±4.13
		挤压偏差	+1.23 +0.16	+1.39 +0.25	+1.62 +0.49	+2.10 +0.90	+2.43 +0.96	+2.83 +1.06	+3.30 +1.20	+3.90 +1.40	+4.70 +1.80	+5.23 +2.06
	>180~210	成品偏差	±1.27	±1.40	±1.60	±1.93	±2.07	±2.27	±2.53	±2.93	±3.73	±4.27
		挤压偏差	+1.37 +0.18	+1.52 +0.28	+1.75 +0.53	+2.23 +0.96	+2.57 +1.03	+2.97 +1.13	+3.43 +1.26	+4.03 +1.46	+4.83 +1.86	+5.37 +2.13
	>210~250	成品偏差	±1.40	±1.53	±1.73	±2.07	±2.20	±2.40	±2.67	±3.07	±3.87	±4.40
		挤压偏差	+1.50 +0.20	+1.65 +0.31	+1.88 +0.58	+2.37 +1.03	+2.70 +1.10	+3.10 +1.20	+3.57 +1.33	+4.17 +1.53	+4.97 +1.93	+5.50 +2.20
	>250	成品偏差	±1.53	±1.67	±1.87	±2.20	±2.33	±2.53	±2.80	±3.20	±4.00	±4.53
		挤压偏差	+1.63 +0.22	+1.79 +0.33	+2.02 +0.93	+2.50 +1.10	+2.83 +1.16	+3.23 +1.26	+3.70 +1.40	+4.30 +1.60	+5.10 +2.00	+5.63 +2.26

表 5-48 Ⅱ类(硬合金)型材非壁厚尺寸(H)挤压允许偏差(普通级)

<table>
<tr><td colspan="3">按 GB/T14846 标准中的 H 尺寸</td><td>≤10</td><td>>10~25</td><td>>25~50</td><td>>50~100</td><td>>100~150</td><td>>150~200</td><td>>200~300</td><td>>300~450</td><td>>450~600</td><td>>600~800</td></tr>
<tr><td colspan="3">外接圆直径</td><td colspan="10">≤100</td></tr>
<tr><td colspan="2" rowspan="2">实体不小于 75%的 H 尺寸的允许偏差</td><td>成品偏差</td><td>±0.48</td><td>±0.60</td><td>±0.96</td><td>±1.20</td><td></td><td></td><td></td><td></td><td></td><td></td></tr>
<tr><td>挤压偏差</td><td>+0.58
+0.07</td><td>+0.72
+0.12</td><td>+1.11
+0.32</td><td>+1.50
+0.60</td><td></td><td></td><td></td><td></td><td></td><td></td></tr>
<tr><td rowspan="12">实体小于 75%的 H 尺寸对应于 E 尺寸的允许偏差</td><td rowspan="2">≤20</td><td>成品偏差</td><td>±0.48</td><td>±0.60</td><td>±0.96</td><td>±1.20</td><td></td><td></td><td></td><td></td><td></td><td></td></tr>
<tr><td>挤压偏差</td><td>+0.58
+0.07</td><td>+0.72
+0.12</td><td>+1.11
+0.32</td><td>+1.50
+0.60</td><td></td><td></td><td></td><td></td><td></td><td></td></tr>
<tr><td rowspan="2">>20~30</td><td>成品偏差</td><td>±0.66</td><td>±0.78</td><td>±1.14</td><td>±1.38</td><td></td><td></td><td></td><td></td><td></td><td></td></tr>
<tr><td>挤压偏差</td><td>+0.76
+0.09</td><td>+0.90
+0.16</td><td>+1.29
+0.38</td><td>+1.68
+0.69</td><td></td><td></td><td></td><td></td><td></td><td></td></tr>
<tr><td rowspan="2">>30~40</td><td>成品偏差</td><td>±0.78</td><td>±0.90</td><td>±1.26</td><td>±1.50</td><td></td><td></td><td></td><td></td><td></td><td></td></tr>
<tr><td>挤压偏差</td><td>+0.88
+0.11</td><td>+1.02
+0.18</td><td>+1.41
+0.42</td><td>+1.80
+0.75</td><td></td><td></td><td></td><td></td><td></td><td></td></tr>
<tr><td rowspan="2">>40~60</td><td>成品偏差</td><td>±0.96</td><td>±1.08</td><td>±1.44</td><td>±1.68</td><td></td><td></td><td></td><td></td><td></td><td></td></tr>
<tr><td>挤压偏差</td><td>+1.06
+0.14</td><td>+1.20
+0.22</td><td>+1.59
+0.48</td><td>+1.98
+0.84</td><td></td><td></td><td></td><td></td><td></td><td></td></tr>
<tr><td rowspan="2">>60~80</td><td>成品偏差</td><td>±1.08</td><td>±1.20</td><td>±1.56</td><td>±1.80</td><td></td><td></td><td></td><td></td><td></td><td></td></tr>
<tr><td>挤压偏差</td><td>+1.18
+0.15</td><td>+1.32
+0.24</td><td>+1.71
+0.52</td><td>+2.10
+0.90</td><td></td><td></td><td></td><td></td><td></td><td></td></tr>
<tr><td rowspan="2">>80~100</td><td>成品偏差</td><td>±1.20</td><td>±1.32</td><td>±1.68</td><td>±1.92</td><td></td><td></td><td></td><td></td><td></td><td></td></tr>
<tr><td>挤压偏差</td><td>+1.30
+0.17</td><td>+1.44
+0.26</td><td>+1.83
+0.56</td><td>+2.22
+0.96</td><td></td><td></td><td></td><td></td><td></td><td></td></tr>
</table>

（续表）

按GB/T14846标准中的 H 尺寸			≤10	>10~25	>25~50	>50~100	>100~150	>150~200	>200~300	>300~450	>450~600	>600~800
外接圆直径			>100~200									
实体不小于75%的 H 尺寸的允许偏差		成品偏差	±0.60	±0.84	±1.08	±1.44	±1.80	±2.28				
		挤压偏差	+0.70 +0.08	+0.96 +0.17	+1.23 +0.36	+1.74 +0.72	+2.30 +0.90	+2.98 +1.14				
实体小于75%的 H 尺寸对应于 E 尺寸的允许偏差	≤20	成品偏差	±0.60	±0.84	±1.08	±1.44	±1.80	±2.28				
		挤压偏差	+0.70 +0.08	+0.96 +0.17	+1.23 +0.36	+1.74 +0.72	+2.30 +0.90	+2.98 +1.14				
	>20~30	成品偏差	±0.78	±1.02	±1.26	±1.62	±1.98	±2.46				
		挤压偏差	+0.88 +0.11	+1.14 +0.20	+1.41 +0.42	+1.92 +0.81	+2.48 +0.99	+3.16 +1.23				
	>30~40	成品偏差	±0.90	±1.14	±1.38	±1.74	±2.10	±2.58				
		挤压偏差	+1.00 +0.13	+1.26 +0.23	+1.53 +0.46	+2.04 +0.87	+2.60 +1.05	+3.28 +1.29				
	>40~60	成品偏差	±1.08	±1.32	±1.56	±1.92	±2.28	±2.76				
		挤压偏差	+1.18 +0.15	+1.44 +0.26	+1.71 +0.52	+2.22 +0.96	+2.78 +1.14	+3.46 +1.38				
	>60~80	成品偏差	±1.20	±1.44	±1.68	±2.04	±2.40	±2.88				
		挤压偏差	+1.30 +0.17	+1.56 +0.29	+1.83 +0.56	+2.34 +1.02	+2.90 +1.20	+3.58 +1.44				
	>80~100	成品偏差	±1.32	±1.56	±1.80	±2.16	±2.52	±3.00				
		挤压偏差	+1.42 +0.19	+1.68 +0.31	+1.95 +0.60	+2.46 +1.08	+3.02 +1.26	+3.70 +1.50				

（续表）

按GB/T14846标准中的H尺寸			≤10	>10~25	>25~50	>50~100	>100~150	>150~200	>200~300	>300~450	>450~600	>600~800
实体小于75%的H尺寸对应于E尺寸的允许偏差	>100~125	成品偏差	±1.56	±1.80	±2.04	±2.40	±2.76	±3.24				
		挤压偏差	+1.66 +0.22	+1.92 +0.36	+2.19 +0.68	+2.70 +1.20	+3.26 +1.38	+3.94 +1.62				
	>125~150	成品偏差	±1.80	±2.04	±2.28	±2.64	±3.00	±3.48				
		挤压偏差	+1.90 +0.26	+2.16 +0.41	+2.43 +0.76	+2.94 +1.32	+3.50 +1.50	+4.18 +1.74				
	>150~180	成品偏差	±0.34	±0.38	±0.42	±0.48	±0.54	±0.62				
		挤压偏差	+0.44 +0.05	+0.50 +0.08	+0.57 +0.14	+0.78 +0.24	+1.04 +0.27	+1.32 +0.31				
外接圆直径			>200~300									
实体不小于75%的H尺寸的允许偏差		成品偏差	±0.66	±0.96	±1.20	±1.56	±2.04	±2.64	±3.00			
		挤压偏差	+0.76 +0.09	+1.08 +0.19	+1.35 +0.40	+1.86 +0.78	+2.54 +1.02	+3.34 +1.32	+3.90 +1.50			
实体小于75%的H尺寸对应于E尺寸的允许偏差	≤20	成品偏差	±0.66	±0.96	±1.20	±1.56	±2.04	±2.64	±3.00			
		挤压偏差	+0.76 +0.09	+1.08 +0.19	+1.35 +0.40	+1.86 +0.78	+2.54 +1.02	+3.34 +1.32	+3.90 +1.50			
	>20~30	成品偏差	±0.84	±1.14	±1.38	±1.74	±2.22	±2.82	±3.18			
		挤压偏差	+0.94 +0.12	+1.26 +0.23	+1.53 +0.46	+2.04 +0.87	+2.72 +1.11	+3.52 +1.41	+4.08 +1.59			
	>30~40	成品偏差	±0.96	±1.26	±1.50	±1.86	±2.34	±2.94	±3.30			
		挤压偏差	+1.06 +0.14	+1.38 +0.25	+1.65 +0.50	+2.16 +0.93	+2.84 +1.17	+3.64 +1.47	+4.20 +1.65			

（续表）

按 GB/T14846 标准中的 *H* 尺寸			≤10	>10 ~25	>25 ~50	>50 ~100	>100 ~150	>150 ~200	>200 ~300	>300 ~450	>450 ~600	>600 ~800
实体小于75%的 *H* 尺寸对应于 *E* 尺寸的允许偏差	>40 ~60	成品偏差	±1.14	±1.44	±1.68	±2.04	±2.52	±3.12	±3.48			
		挤压偏差	+1.24 +0.16	+1.56 +0.29	+1.83 +0.56	+2.34 +1.02	+3.02 +1.26	+3.82 +1.56	+4.38 +1.74			
	>60 ~80	成品偏差	±1.26	±1.56	±1.80	±2.16	±2.64	±3.24	±3.60			
		挤压偏差	+1.36 +0.18	+1.68 +0.31	+1.95 +0.60	+2.46 +1.08	+3.14 +1.32	+3.94 +1.62	+4.50 +1.80			
	>80 ~100	成品偏差	±1.38	±1.68	±1.92	±2.28	±2.76	±3.36	±3.72			
		挤压偏差	+1.48 +0.20	+1.80 +0.34	+2.07 +0.64	+2.58 +1.14	+3.26 +1.38	+4.06 +1.68	+4.62 +1.86			
	>100 ~125	成品偏差	±1.62	±1.92	±2.16	±2.52	±3.00	±3.60	±3.96			
		挤压偏差	+1.72 +0.23	+2.04 +0.38	+2.31 +0.72	+2.82 +1.26	+3.50 +1.50	+4.30 +1.80	+4.86 +1.98			
	>125 ~150	成品偏差	±1.86	±2.16	±2.40	±2.76	±3.24	±3.84	±4.20			
		挤压偏差	+1.96 +0.26	+2.28 +0.43	+2.55 +0.80	+3.06 +1.38	+3.74 +1.62	+4.54 +1.92	+5.10 +2.10			
	>150 ~180	成品偏差	±0.35	±0.40	±0.44	±0.50	±0.58	±0.68	±0.74			
		挤压偏差	+0.45 +0.05	+0.52 +0.08	+0.59 +0.15	+0.80 +0.25	+1.08 +0.29	+1.38 +0.34	+1.64 +0.37			
	>180 ~210	成品偏差	±2.34	±2.64	±2.88	±3.24	±3.72	±4.32	±4.68			
		挤压偏差	+2.44 +0.33	+2.76 +0.53	+3.03 +0.96	+3.54 +1.62	+4.22 +1.86	+5.02 +2.16	+5.58 +2.34			

（续表）

按GB/T14846标准中的 H 尺寸			≤10	>10~25	>25~50	>50~100	>100~150	>150~200	>200~300	>300~450	>450~600	>600~800
实体小于75%的 H 尺寸对应于 E 尺寸的允许偏差	>210~250	成品偏差	±2.58	±2.88	±3.12	±3.48	±3.96	±4.56	±4.92			
		挤压偏差	+2.68 +0.37	+3.00 +0.58	+3.27 +1.04	+3.78 +1.74	+4.46 +1.98	+5.26 +2.28	+5.82 +2.46			
	>250	成品偏差	±2.82	±3.12	±3.36	±3.72	±4.20	±4.80	±5.16			
		挤压偏差	+2.92 +0.40	+3.24 +0.62	+3.51 +1.12	+4.02 +1.86	+4.70 +2.10	+5.50 +2.40	+6.06 +2.58			
外接圆直径			>300~500									
实体不小于75%的 H 尺寸的允许偏差		成品偏差	±0.72	±1.08	±1.44	±1.92	±2.16	±2.88	±3.36	±4.20	±5.40	
		挤压偏差	+0.82 +0.10	+1.20 +0.22	+1.59 +0.48	+2.22 +0.96	+2.66 +1.08	+3.58 +1.44	+4.26 +1.68	+5.30 +2.10	+6.50 +2.70	
实体小于75%的 H 尺寸对应于 E 尺寸的允许偏差	≤20	成品偏差	±0.72	±1.08	±1.44	±1.92	±2.16	±2.88	±3.36	±4.20	±5.40	
		挤压偏差	+0.82 +0.10	+1.20 +0.22	+1.59 +0.48	+2.22 +0.96	+2.66 +1.08	+3.58 +1.44	+4.26 +1.68	+5.30 +2.10	+6.50 +2.70	
	>20~30	成品偏差	±0.90	±1.26	±1.62	±2.10	±2.34	±3.06	±3.54	±4.38	±5.58	
		挤压偏差	+1.00 +0.13	+1.38 +0.25	+1.77 +0.54	+2.40 +1.05	+2.84 +1.17	+3.76 +1.53	+4.44 +1.77	+5.48 +2.19	+6.68 +2.79	
	>30~40	成品偏差	±1.02	±1.38	±1.74	±2.22	±2.46	±3.18	±3.66	±4.50	±5.70	
		挤压偏差	+1.12 +0.14	+1.50 +0.28	+1.89 +0.87	+2.52 +1.11	+2.96 +1.23	+3.88 +1.59	+4.56 +1.83	+5.60 +2.25	+6.80 +2.85	
	>40~60	成品偏差	±1.20	±1.56	±1.92	±2.40	±2.64	±3.36	±3.84	±4.68	±5.88	
		挤压偏差	+1.30 +0.17	+1.68 +0.31	+2.07 +0.64	+2.70 +1.20	+3.14 +1.32	+4.06 +1.68	+4.74 +1.92	+5.78 +2.34	+6.98 +2.94	

（续表）

按 GB/T14846 标准中的 H 尺寸			≤10	>10~25	>25~50	>50~100	>100~150	>150~200	>200~300	>300~450	>450~600	>600~800
实体小于 75% 的 H 尺寸对应于 E 尺寸的允许偏差	>60~80	成品偏差	±1.32	±1.68	±2.04	±2.52	±2.76	±3.48	±3.96	±4.80	±6.00	
		挤压偏差	+1.42 +0.19	+1.80 +0.34	+2.19 +0.68	+2.82 +1.26	+3.26 +1.38	+4.18 +1.74	+4.86 +1.98	+5.90 +2.40	+7.10 +3.00	
	>80~100	成品偏差	±1.44	±1.80	±2.16	±2.64	±2.88	±3.60	±4.08	±4.92	±6.12	
		挤压偏差	+1.54 +0.20	+1.92 +0.36	+2.31 +0.72	+2.94 +1.32	+3.38 +1.44	+4.30 +1.80	+4.98 +2.04	+6.02 +2.46	+7.22 +3.06	
	>100~125	成品偏差	±1.68	±2.04	±2.40	±2.88	±3.12	±3.84	±4.32	±5.16	±6.36	
		挤压偏差	+1.78 +0.24	+2.16 +0.41	+2.55 +0.80	+3.18 +1.44	+3.62 +1.56	+4.54 +1.92	+5.22 +2.16	+6.26 +2.58	+7.46 +3.18	
	>125~150	成品偏差	±1.92	±2.28	±2.64	±3.12	±3.36	±4.08	±4.56	±5.40	±6.60	
		挤压偏差	+2.02 +0.27	+2.40 +0.46	+2.79 +0.88	+3.42 +1.56	+3.86 +1.68	+4.78 +2.04	+5.46 +2.28	+6.50 +2.70	+7.70 +3.30	
	>150~180	成品偏差	±0.36	±0.42	±0.48	±0.56	±0.60	±0.72	±0.80	±0.94	±1.14	
		挤压偏差	+0.46 +0.05	+0.54 +0.08	+0.63 +0.16	+0.86 +0.28	+1.10 +0.30	+1.42 +0.36	+1.70 +0.40	+2.04 +0.47	+2.24 +0.57	
	>180~210	成品偏差	±2.40	±2.76	±3.12	±3.60	±3.84	±4.56	±5.04	±5.88	±7.08	
		挤压偏差	+2.50 +0.34	+2.88 +0.55	+3.27 +1.04	+3.90 +1.80	+4.34 +1.92	+5.26 +2.28	+5.94 +2.52	+6.98 +2.94	+8.18 +3.54	

（续表）

按 GB/T14846 标准中的 H 尺寸			≤10	>10~25	>25~50	>50~100	>100~150	>150~200	>200~300	>300~450	>450~600	>600~800
实体小于75%的 H 尺寸对应于 E 尺寸的允许偏差	>210~250	成品偏差	±2.64	±3.00	±3.36	±3.84	±4.08	±4.80	±5.28	±6.12	±7.32	
		挤压偏差	+2.74 +0.38	+3.12 +0.60	+3.51 +1.12	+4.14 +1.92	+4.58 +2.04	+5.50 +2.40	+6.18 +2.64	+7.22 +3.06	+8.42 +3.66	
	>250	成品偏差	±2.88	±3.24	±3.60	±4.08	±4.32	±5.04	±5.52	±6.36	±7.56	
		挤压偏差	+2.98 +0.41	+3.36 +0.65	+3.75 +1.20	+4.38 +2.04	+4.82 +2.16	+5.74 +2.52	+6.42 +2.76	+7.46 +3.18	+8.66 +3.78	
外接圆直径			>500~1000									
实体不小于75%的 H 尺寸的允许偏差		成品偏差	±0.84	±1.32	±1.56	±2.16	±2.40	±3.24	±3.72	±4.56	±6.00	±7.20
		挤压偏差	+0.94 +0.12	+1.44 +0.26	+1.71 +0.52	+2.46 +1.08	+2.90 +1.20	+3.94 +1.62	+4.62 +1.86	+5.66 +2.28	+7.10 +3.00	+8.30 +3.60
实体小于75%的 H 尺寸对应于 E 尺寸的允许偏差	≤20	成品偏差	±0.84	±1.32	±1.56	±2.16	±2.40	±3.24	±3.72	±4.56	±6.00	±7.20
		挤压偏差	+0.94 +0.12	+1.44 +0.26	+1.71 +0.52	+2.46 +1.08	+2.90 +1.20	+3.94 +1.62	+4.62 +1.86	+5.66 +2.28	+7.10 +3.00	+8.30 +3.60
	>20~30	成品偏差	±1.02	±1.50	±1.74	±2.34	±2.58	±3.42	±3.90	±4.74	±6.18	±7.38
		挤压偏差	+1.12 +0.14	+1.62 +0.30	+1.89 +0.58	+2.64 +1.17	+3.08 +1.29	+4.12 +1.71	+4.80 +1.95	+5.84 +2.37	+7.28 +3.09	+8.48 +3.69
	>30~40	成品偏差	±1.14	±1.62	±1.86	±2.46	±2.70	±3.54	±4.02	±4.86	±6.30	±7.50
		挤压偏差	+1.24 +0.16	+1.74 +0.32	+2.01 +0.62	+2.76 +1.23	+3.20 +1.35	+4.24 +1.77	+4.92 +2.01	+5.96 +2.43	+7.40 +3.15	+8.60 +3.75
	>40~60	成品偏差	±1.32	±1.80	±2.04	±2.64	±2.88	±3.72	±4.20	±5.04	±6.48	±7.68
		挤压偏差	+1.42 +0.19	+1.92 +0.36	+2.19 +0.68	+2.94 +1.32	+3.38 +1.44	+4.42 +1.86	+5.10 +2.10	+6.14 +2.52	+7.58 +3.24	+8.78 +3.84

（续表）

	按GB/T14846标准中的H尺寸		≤10	>10~25	>25~50	>50~100	>100~150	>150~200	>200~300	>300~450	>450~600	>600~800
实体小于75%的H尺寸对应于E尺寸的允许偏差	>60~80	成品偏差	±1.44	±1.92	±2.16	±2.76	±3.00	±3.84	±4.32	±5.16	±6.60	±7.80
		挤压偏差	+1.54 +0.20	+2.04 +0.38	+2.31 +0.72	+3.06 +1.38	+3.50 +1.50	+4.54 +1.92	+5.22 +2.16	+6.26 +2.58	+7.70 +3.30	+8.90 +3.90
	>80~100	成品偏差	±1.56	±2.04	±2.28	±2.88	±3.12	±3.96	±4.44	±5.28	±6.72	±7.92
		挤压偏差	+1.66 +0.22	+2.16 +0.41	+2.43 +0.76	+3.18 +1.44	+3.62 +1.56	+4.66 +1.98	+5.34 +2.22	+6.38 +2.64	+7.82 +3.36	+9.02 +3.96
	>100~125	成品偏差	±1.80	±2.28	±2.52	±3.12	±3.36	±4.20	±4.68	±5.52	±6.96	±8.16
		挤压偏差	+1.90 +0.26	+2.40 +0.46	+2.67 +0.84	+3.42 +1.56	+3.86 +1.68	+4.90 +2.10	+5.58 +2.34	+6.62 +2.76	+8.06 +3.48	+9.26 +4.08
	>125~150	成品偏差	±2.04	±2.52	±2.76	±3.36	±3.60	±4.44	±4.92	±5.76	±7.20	±8.40
		挤压偏差	+2.14 +0.29	+2.64 +0.50	+2.91 +0.92	+3.66 +1.68	+4.10 +1.80	+5.14 +2.22	+5.82 +2.46	+6.86 +2.88	+8.30 +3.60	+9.50 +4.20
	>150~180	成品偏差	±0.38	±0.46	±0.50	±0.60	±0.64	±0.78	±0.86	±1.00	±1.24	±1.44
		挤压偏差	+0.48 +0.05	+0.58 +0.09	+0.65 +0.17	+0.90 +0.30	+1.14 +0.32	+1.48 +0.39	+1.76 +0.43	+2.10 +0.50	+2.34 +0.62	+2.54 +0.72
	>180~210	成品偏差	±2.52	±3.00	±3.24	±3.84	±4.08	±4.92	±5.40	±6.24	±7.68	±8.88
		挤压偏差	+2.62 +0.36	+3.12 +0.60	+3.39 +1.08	+4.14 +1.92	+4.58 +2.04	+5.62 +2.46	+6.30 +2.70	+7.34 +3.12	+8.78 +3.84	+9.98 +4.44
	>210~250	成品偏差	±2.76	±3.24	±3.48	±4.08	±4.32	±5.16	±5.64	±6.48	±7.92	±9.12
		挤压偏差	+2.86 +0.39	+3.36 +0.65	+3.63 +1.16	+4.38 +2.04	+4.82 +2.16	+5.86 +2.58	+6.54 +2.82	+7.58 +3.24	+9.02 +3.96	+10.22 +4.56
	>250	成品偏差	±3.00	±3.48	±3.72	±4.32	±4.56	±5.40	±5.88	±6.72	±8.16	±9.36
		挤压偏差	+3.10 +0.43	+3.60 +0.70	+3.87 +1.24	+4.62 +2.16	+5.06 +2.28	+6.10 +2.70	+6.78 +2.94	+7.82 +3.36	+9.26 +4.08	+10.46 +4.68

表 5-49 Ⅱ类(硬合金)型材非壁厚尺寸(*H*)挤压允许偏差(高精级)

按 GB/T14846 标准中的 *H* 尺寸			≤10	>10~25	>25~50	>50~100	>100~150	>150~200	>200~300	>300~450	>450~600	>600~800
外接圆直径			≤100									
实体不小于75%的 *H* 尺寸的允许偏差		成品偏差	±0.40	±0.50	±0.80	±1.00						
		挤压偏差	+0.50 +0.06	+0.62 +0.10	+0.95 +0.27	+1.30 +0.50						
实体小于75%的 *H* 尺寸对应于 *E* 尺寸的允许偏差	≤20	成品偏差	±0.40	±0.50	±0.80	±1.00						
		挤压偏差	+0.50 +0.06	+0.62 +0.10	+0.95 +0.27	+1.30 +0.50						
	>20~30	成品偏差	±0.55	±0.65	±0.95	±1.15						
		挤压偏差	+0.65 +0.08	+0.77 +0.13	+1.10 +0.32	+1.45 +0.57						
	>30~40	成品偏差	±0.65	±0.75	±1.05	±1.25						
		挤压偏差	+0.75 +0.09	+0.87 +0.15	+1.20 +0.35	+1.55 +0.62						
	>40~60	成品偏差	±0.80	±0.90	±1.20	±1.40						
		挤压偏差	+0.90 +0.11	+1.02 +0.18	+1.35 +0.40	+1.70 +0.70						
	>60~80	成品偏差	±0.90	±1.00	±1.30	±1.50						
		挤压偏差	+1.00 +0.13	+1.12 +0.20	+1.45 +0.43	+1.80 +0.75						
	>80~100	成品偏差	±1.00	±1.10	±1.40	±1.60						
		挤压偏差	+1.10 +0.14	+1.22 +0.22	+1.55 +0.47	+1.90 +0.80						

（续表）

按 GB/T14846 标准中的 H 尺寸			≤10	>10～25	>25～50	>50～100	>100～150	>150～200	>200～300	>300～450	>450～600	>600～800
外接圆直径			>100～200									
实体不小于75%的 H 尺寸的允许偏差		成品偏差	±0.50	±0.70	±0.90	±1.20	±1.50	±1.90				
		挤压偏差	+0.60 +0.07	+0.82 +0.14	+1.05 +0.30	+1.50 +0.60	+2.00 +0.75	+2.60 +0.95				
实体小于75%的 H 尺寸对应于 E 尺寸的允许偏差	≤20	成品偏差	±0.50	±0.70	±0.90	±1.20	±1.50	±1.90				
		挤压偏差	+0.60 +0.07	+0.82 +0.14	+1.05 +0.30	+1.50 +0.60	+2.00 +0.75	+2.60 +0.95				
	>20～30	成品偏差	±0.65	±0.85	±1.05	±1.35	±1.65	±2.05				
		挤压偏差	+0.75 +0.09	+0.97 +0.17	+1.20 +0.35	+1.65 +0.67	+2.15 +0.82	+2.75 +1.02				
	>30～40	成品偏差	±0.75	±0.95	±1.15	±1.45	±1.75	±2.15				
		挤压偏差	+0.85 +0.11	+1.07 +0.19	+1.30 +0.57	+1.75 +0.72	+2.25 +0.87	+2.85 +1.07				
	>40～60	成品偏差	±0.90	±1.10	±1.30	±1.60	±1.90	±2.30				
		挤压偏差	+1.00 +0.13	+1.22 +0.22	+1.45 +0.43	+1.90 +0.80	+2.40 +0.95	+3.00 +1.15				
	>60～80	成品偏差	±1.00	±1.20	±1.40	±1.70	±2.00	±2.40				
		挤压偏差	+1.10 +0.14	+1.32 +0.24	+1.55 +0.47	+2.00 +0.85	+2.50 +1.00	+3.10 +1.20				
	>80～100	成品偏差	±1.10	±1.30	±1.50	±1.80	±2.10	±2.50				
		挤压偏差	+1.20 +0.16	+1.42 +0.26	+1.65 +0.50	+2.10 +0.90	+2.60 +1.05	+3.20 +1.25				

（续表）

按 GB/T14846 标准中的 H 尺寸			≤10	>10～25	>25～50	>50～100	>100～150	>150～200	>200～300	>300～450	>450～600	>600～800
实体小于75%的 H 尺寸对应于 E 尺寸的允许偏差	>100～125	成品偏差	±1.30	±1.50	±1.70	±2.00	±2.30	±2.70				
		挤压偏差	+1.40 +0.18	+1.62 +0.30	+1.85 +0.57	+2.30 +1.00	+2.80 +1.15	+3.40 +1.35				
	>125～150	成品偏差	±1.50	±1.70	±1.90	±2.20	±2.50	±2.90				
		挤压偏差	+1.60 +0.21	+1.82 +0.34	+2.05 +0.63	+2.50 +1.10	+3.00 +1.25	+3.60 +1.45				
	>150～180	成品偏差	±1.70	±1.90	±2.10	±2.40	±2.70	±3.10				
		挤压偏差	+1.80 +0.24	+2.02 +0.38	+2.25 +0.70	+2.70 +1.20	+3.20 +1.35	+3.80 +1.55				
外接圆直径			>200～300									
实体不小于75%的 H 尺寸的允许偏差		成品偏差	±0.55	±0.80	±1.00	±1.30	±1.70	±2.20	±2.50			
		挤压偏差	+0.65 +0.08	+0.92 +0.16	+1.15 +0.33	+1.60 +0.65	+2.20 +0.85	+2.90 +1.10	+3.40 +1.25			
实体小于75%的 H 尺寸对应于 E 尺寸的允许偏差	≤20	成品偏差	±0.55	±0.80	±1.00	±1.30	±1.70	±2.20	±2.50			
		挤压偏差	+0.65 +0.08	+0.92 +0.16	+1.15 +0.33	+1.60 +0.65	+2.20 +0.85	+2.90 +1.10	+3.40 +1.25			
	>20～30	成品偏差	±0.70	±0.95	±1.15	±1.45	±1.85	±2.35	±2.65			
		挤压偏差	+0.80 +010	+1.07 +0.19	+1.30 +0.38	+1.75 +0.72	+2.35 +0.92	+3.05 +1.17	+3.55 +1.32			
	>30～40	成品偏差	±0.80	±1.05	±1.25	±1.55	±1.95	±2.45	±2.75			
		挤压偏差	+0.90 +0.11	+1.17 +0.21	+1.40 +0.42	+1.85 +0.77	+2.45 +0.97	+3.15 +1.22	+3.65 +1.37			

（续表）

按 GB/T14846 标准中的 H 尺寸			≤10	>10~25	>25~50	>50~100	>100~150	>150~200	>200~300	>300~450	>450~600	>600~800
实体小于 75% 的 H 尺寸对应于 E 尺寸的允许偏差	>40~60	成品偏差	±0.95	±1.20	±1.40	±1.70	±2.10	±2.60	±2.90			
		挤压偏差	+1.05 +0.13	+1.32 +0.24	+1.55 +0.47	+2.00 +0.85	+2.60 +1.05	+3.30 +1.30	+3.80 +1.45			
	>60~80	成品偏差	±1.05	±1.30	±1.50	±1.80	±2.20	±2.70	±3.00			
		挤压偏差	+1.15 +0.15	+1.42 +0.26	+1.65 +0.50	+2.10 +0.90	+2.70 +1.10	+3.40 +1.35	+3.90 +1.50			
	>80~100	成品偏差	±1.15	±1.40	±1.60	±1.90	±2.30	±2.80	±3.10			
		挤压偏差	+1.25 +0.16	+1.52 +0.28	+1.75 +0.53	+2.20 +0.95	+2.80 +1.15	+3.50 +1.40	+4.00 +1.55			
	>100~125	成品偏差	±1.35	±1.60	±1.80	±2.10	±2.50	±3.00	±3.30			
		挤压偏差	+1.45 +0.19	+1.72 +0.32	+1.95 +0.60	+2.40 +1.05	+3.00 +1.25	+3.70 +1.50	+4.20 +1.65			
	>125~150	成品偏差	±1.55	±1.80	±2.00	±2.30	±2.70	±3.20	±3.50			
		挤压偏差	+1.65 +0.22	+1.92 +0.36	+2.15 +0.67	+2.60 +1.15	+3.20 +1.35	+3.90 +1.60	+4.40 +1.75			
	>150~180	成品偏差	±1.75	±2.00	±2.20	±2.50	±2.90	±3.40	±3.70			
		挤压偏差	+1.85 +0.25	+2.12 +0.40	+2.35 +0.73	+2.80 +1.25	+3.40 +1.45	+4.10 +1.70	+4.60 +1.85			
	>180~210	成品偏差	±1.95	±2.20	±2.40	±2.70	±3.10	±3.60	±3.90			
		挤压偏差	+2.05 +0.28	+2.32 +0.44	+2.55 +0.80	+3.00 +1.35	+3.60 +1.55	+4.30 +1.80	+4.80 +1.95			

（续表）

按 GB/T14846 标准中的 H 尺寸			≤10	>10 ~25	>25 ~50	>50 ~100	>100 ~150	>150 ~200	>200 ~300	>300 ~450	>450 ~600	>600 ~800
实体小于75%的 H 尺寸对应于 E 尺寸的允许偏差	>210 ~250	成品偏差	±2.15	±2.40	±2.60	±2.90	±3.30	±3.80	±4.10			
		挤压偏差	+2.25 +0.31	+2.52 +0.48	+2.75 +0.87	+3.20 +1.45	+3.80 +1.65	+4.50 +1.90	+5.00 +2.05			
	>250	成品偏差	±2.35	±2.60	±2.80	±3.10	±3.50	±4.00	±4.30			
		挤压偏差	+2.45 +0.33	+2.72 +0.52	+2.95 +0.93	+3.40 +1.55	+4.00 +1.75	+4.70 +2.00	+5.20 +2.15			
外接圆直径			>300~500									
实体不小于75%的 H 尺寸的允许偏差		成品偏差	±0.60	±0.90	±1.20	±1.60	±1.80	±2.40	±2.80	±3.50	±4.50	
		挤压偏差	+0.70 +0.08	+1.02 +0.18	+1.35 +0.40	+1.90 +0.80	+2.30 +0.90	+3.10 +1.20	+3.70 +1.40	+4.60 +1.75	+5.60 +2.25	
实体小于75%的 H 尺寸对应于 E 尺寸的允许偏差	≤20	成品偏差	±0.60	±0.90	±1.20	±1.60	±1.80	±2.40	±2.80	±3.50	±4.50	
		挤压偏差	+0.70 +0.08	+1.02 +0.18	+1.35 +0.40	+1.90 +0.80	+2.30 +0.90	+3.10 +1.20	+3.70 +1.40	+4.60 +1.75	+5.60 +2.25	
	>20 ~30	成品偏差	±0.75	±1.05	±1.35	±1.75	±1.95	±2.55	±2.95	±3.65	±4.65	
		挤压偏差	+0.85 +0.11	+1.17 +0.21	+1.50 +0.45	+2.05 +0.87	+2.45 +0.97	+3.25 +1.27	+3.85 +1.47	+4.75 +1.82	+5.75 +2.32	
	>30 ~40	成品偏差	±0.85	±1.15	±1.45	±1.85	±2.05	±2.65	±3.05	±3.75	±4.75	
		挤压偏差	+0.95 +0.12	+1.27 +0.23	+1.60 +0.48	+2.15 +0.92	+2.55 +1.02	+3.35 +1.32	+3.95 +1.52	+4.85 +1.87	+5.85 +2.37	
	>40 ~60	成品偏差	±1.00	±1.30	±1.60	±2.00	±2.20	±2.80	±3.20	±3.90	±4.90	
		挤压偏差	+1.10 +0.14	+1.42 +0.26	+1.75 +0.53	+2.30 +1.00	+2.70 +1.10	+3.50 +1.40	+4.10 +1.60	+5.00 +1.95	+6.00 +2.45	

（续表）

按 GB/T14846 标准中的 H 尺寸			≤10	>10 ~25	>25 ~50	>50 ~100	>100 ~150	>150 ~200	>200 ~300	>300 ~450	>450 ~600	>600 ~800
实体小于 75% 的 H 尺寸对应于 E 尺寸的允许偏差	>60 ~80	成品偏差	±1.10	±1.40	±1.70	±2.10	±2.30	±2.90	±3.30	±4.00	±5.00	
		挤压偏差	+1.20 +0.16	+1.52 +0.28	+1.85 +0.57	+2.40 +1.05	+2.80 +1.15	+3.60 +1.45	+4.20 +1.65	+5.10 +2.00	+6.10 +2.50	
	>80 ~100	成品偏差	±1.20	±1.50	±1.80	±2.20	±2.40	±3.00	±3.40	±4.10	±5.10	
		挤压偏差	+1.30 +0.17	+1.62 +0.30	+1.95 +0.60	+2.50 +1.10	+2.90 +1.20	+3.70 +1.50	+4.30 +1.70	+5.20 +2.05	+6.20 +2.55	
	>100 ~125	成品偏差	±1.40	±1.70	±2.00	±2.40	±2.60	±3.20	±3.60	±4.30	±5.30	
		挤压偏差	+1.50 +0.20	+1.82 +0.34	+2.15 +0.67	+2.70 +1.20	+3.10 +1.30	+3.90 +1.60	+4.50 +1.80	+5.40 +2.15	+6.40 +2.65	
	>125 ~150	成品偏差	±1.60	±1.90	±2.20	±2.60	±2.80	±3.40	±3.80	±4.50	±5.50	
		挤压偏差	+1.70 +0.23	+2.02 +0.38	+2.35 +0.73	+2.90 +1.30	+3.30 +1.40	+4.10 +1.70	+4.70 +1.90	+5.60 +2.25	+6.60 +2.75	
	>150 ~180	成品偏差	±1.80	±2.10	±2.40	±2.80	±3.00	±3.60	±4.00	±4.70	±5.70	
		挤压偏差	+1.90 +0.26	+2.22 +0.42	+2.55 +0.80	+3.10 +1.40	+3.50 +1.50	+4.30 +1.80	+4.90 +2.00	+5.80 +2.35	+6.80 +2.85	
	>180 ~210	成品偏差	±2.00	±2.30	±2.60	±3.00	±3.20	±3.80	±4.20	±4.90	±5.90	
		挤压偏差	+2.10 +0.28	+2.42 +0.46	+2.75 +0.87	+3.30 +1.50	+3.70 +1.60	+4.50 +1.90	+5.10 +2.10	+6.00 +2.45	+7.00 +2.95	

（续表）

按 GB/T14846 标准中的 H 尺寸			≤10	>10~25	>25~50	>50~100	>100~150	>150~200	>200~300	>300~450	>450~600	>600~800
实体小于75%的 H 尺寸对应于 E 尺寸的允许偏差	>210~250	成品偏差	±2.20	±2.50	±2.80	±3.20	±3.40	±4.00	±4.40	±5.10	±6.10	
		挤压偏差	+2.30 +0.31	+2.62 +0.50	+2.95 +0.93	+3.50 +1.60	+3.90 +1.70	+4.70 +2.00	+5.30 +2.20	+6.20 +2.55	+7.20 +3.05	
	>250	成品偏差	±2.40	±2.70	±3.00	±3.40	±3.60	±4.20	±4.60	±5.30	±6.30	
		挤压偏差	+2.50 +0.34	+2.82 +0.54	+3.15 +1.00	+3.70 +1.70	+4.10 +1.80	+4.90 +2.10	+5.50 +2.30	+6.40 +2.65	+7.40 +3.15	
外接圆直径			>500~1000									
实体不小于75%的 H 尺寸的允许偏差		成品偏差	±0.70	±1.10	±1.30	±1.80	±2.00	±2.70	±3.10	±3.80	±5.00	±6.00
		挤压偏差	+0.80 +0.10	+1.22 +0.22	+1.45 +0.43	+2.10 +0.90	+2.50 +1.00	+3.40 +1.35	+4.00 +1.55	+4.90 +1.90	+6.10 +2.50	+7.10 +3.00
实体小于75%的 H 尺寸对应于 E 尺寸的允许偏差	≤20	成品偏差	±0.70	±1.10	±1.30	±1.80	±2.00	±2.70	±3.10	±3.80	±5.00	±6.00
		挤压偏差	+0.80 +0.10	+1.22 +0.22	+1.45 +0.43	+2.10 +0.90	+2.50 +1.00	+3.40 +1.35	+4.00 +1.55	+4.90 +1.90	+6.10 +2.50	+7.10 +3.00
	>20~30	成品偏差	±0.85	±1.25	±1.45	±1.95	±2.15	±2.85	±3.25	±3.95	±5.15	±6.15
		挤压偏差	+0.95 +0.12	+1.37 +0.25	+1.60 +0.48	+2.25 +0.97	+2.65 +1.07	+3.55 +1.42	+4.15 +1.62	+5.05 +1.97	+6.25 +2.57	+7.25 +3.07
	>30~40	成品偏差	±0.95	±1.35	±1.55	±2.05	±2.25	±2.95	±3.35	±4.05	±5.25	±6.25
		挤压偏差	+1.05 +0.13	+1.47 +0.27	+1.70 +0.52	+2.35 +1.02	+2.75 +1.12	+3.65 +1.47	+4.25 +1.67	+5.15 +2.02	+6.35 +2.62	+7.35 +3.12
	>40~60	成品偏差	±1.10	±1.50	±1.70	±2.20	±2.40	±3.10	±3.50	±4.20	±5.40	±6.40
		挤压偏差	+1.20 +0.16	+1.62 +0.30	+1.85 +0.57	+2.50 +1.10	+2.90 +1.20	+3.80 +1.55	+4.40 +1.75	+5.30 +2.10	+6.50 +2.70	+7.50 +3.20

（续表）

按 GB/T14846 标准中的 *H* 尺寸			≤10	>10~25	>25~50	>50~100	>100~150	>150~200	>200~300	>300~450	>450~600	>600~800
实体小于75%的 *H* 尺寸对应于 *E* 尺寸的允许偏差	>60~80	成品偏差	±1.20	±1.60	±1.80	±2.30	±2.50	±3.20	±3.60	±4.30	±5.50	±6.50
		挤压偏差	+1.30 +0.17	+1.72 +0.32	+1.95 +0.60	+2.60 +1.15	+3.00 +1.25	+3.90 +1.60	+4.50 +1.80	+5.40 +2.15	+6.60 +2.75	+7.60 +3.25
	>80~100	成品偏差	±1.30	±1.70	±1.90	±2.40	±2.60	±3.30	±3.70	±4.40	±5.60	±6.60
		挤压偏差	+1.40 +0.18	+1.82 +0.34	+2.05 +0.63	+2.70 +1.20	+3.10 +1.30	+4.00 +1.65	+4.60 +1.85	+5.50 +2.20	+6.70 +2.80	+7.70 +3.30
	>100~125	成品偏差	±1.50	±1.90	±2.10	±2.60	±2.80	±3.50	±3.90	±4.60	±5.80	±6.80
		挤压偏差	+1.60 +0.21	+2.02 +0.38	+2.25 +0.70	+2.90 +1.30	+3.30 +1.40	+4.20 +1.75	+4.80 +1.95	+5.70 +2.30	+6.90 +2.90	+7.90 +3.40
	>125~150	成品偏差	±1.70	±2.10	±2.30	±2.80	±3.00	±3.70	±4.10	±4.80	±6.00	±7.00
		挤压偏差	+1.80 +0.24	+2.22 +0.42	+2.45 +0.77	+3.10 +1.40	+3.50 +1.50	+4.40 +1.85	+5.00 +2.05	+5.90 +2.40	+7.10 +3.00	+8.10 +3.50
	>150~180	成品偏差	±1.90	±2.30	±2.50	±3.00	±3.20	±3.90	±4.30	±5.00	±6.20	±7.20
		挤压偏差	+2.00 +0.27	+2.42 +0.46	+2.65 +0.83	+3.30 +1.50	+3.70 +1.60	+4.60 +1.95	+5.20 +2.15	+6.10 +2.50	+7.30 +3.10	+8.30 +3.60
	>180~210	成品偏差	±2.10	±2.50	±2.70	±3.20	±3.40	±4.10	±4.50	±5.20	±6.40	±7.40
		挤压偏差	+2.20 +0.30	+2.62 +0.50	+2.85 +0.90	+3.50 +1.60	+3.90 +1.70	+4.80 +2.05	+5.40 +2.25	+6.30 +2.60	+7.50 +3.20	+8.50 +3.70
	>210~250	成品偏差	±2.30	±2.70	±2.90	±3.40	±3.60	±4.30	±4.70	±5.40	±6.60	±7.60
		挤压偏差	+2.40 +0.33	+2.82 +0.54	+3.05 +0.97	+3.70 +1.70	+4.10 +1.80	+5.00 +2.15	+5.60 +2.35	+6.50 +2.70	+7.70 +3.30	+8.70 +3.80
	>250	成品偏差	±2.50	±2.90	±3.10	±3.60	±3.80	±4.50	±4.90	±5.60	±6.80	±7.80
		挤压偏差	+2.60 +0.36	+3.02 +0.58	+3.25 +1.03	+3.90 +1.80	+4.30 +1.90	+5.20 +2.25	+5.80 +2.45	+6.70 +2.80	+7.90 +3.40	+8.90 +3.90

表 5-50 Ⅱ类(硬合金)型材非壁厚尺寸(H)挤压允许偏差(超高精级)

按 GB/T14846 标准中的 H 尺寸			≤10	>10~25	>25~50	>50~100	>100~150	>150~200	>200~300	>300~450	>450~600	>600~800
外接圆直径			≤100									
实体不小于75%的 H 尺寸的允许偏差		成品偏差	±0.24	±0.29	±0.47	±0.59						
		挤压偏差	+0.34 +0.04	+0.41 +0.06	+0.62 +0.16	+0.89 +0.30						
实体小于75%的 H 尺寸对应于 E 尺寸的允许偏差	≤20	成品偏差	±0.24	±0.29	±0.47	±0.59						
		挤压偏差	+0.34 +0.04	+0.41 +0.06	+0.62 +0.16	+0.89 +0.30						
	>20~30	成品偏差	±0.32	±0.38	±0.56	±0.68						
		挤压偏差	+0.42 +0.05	+0.50 +0.08	+0.71 +0.19	+0.98 +0.34						
	>30~40	成品偏差	±0.38	±0.44	±0.62	±0.74						
		挤压偏差	+0.48 +0.06	+0.56 +0.09	+0.77 +0.21	+1.04 +0.37						
	>40~60	成品偏差	±0.47	±0.53	±0.71	±0.82						
		挤压偏差	+0.57 +0.07	+0.65 +0.11	+0.86 +0.24	+1.12 +0.41						
	>60~80	成品偏差	±0.53	±0.59	±0.78	±0.88						
		挤压偏差	+0.63 +0.08	+0.71 +0.12	+0.93 +0.26	+1.18 +0.44						
	>80~100	成品偏差	±0.59	±0.65	±0.84	±0.94						
		挤压偏差	+0.69 +0.09	+0.77 +0.13	+0.99 +0.28	+1.24 +0.47						

（续表）

按 GB/T14846 标准中的 H 尺寸			≤10	>10 ～25	>25 ～50	>50 ～100	>100 ～150	>150 ～200	>200 ～300	>300 ～450	>450 ～600	>600 ～800
外接圆直径			>100～200									
实体不小于75%的 H 尺寸的允许偏差		成品偏差	±0.29	±0.41	±0.53	±0.71	±0.88	±1.12				
		挤压偏差	+0.39 +0.04	+0.53 +0.08	+0.68 +0.18	+1.01 +0.36	+1.38 +0.44	+1.82 +0.56				
实体小于75%的 H 尺寸对应于 E 尺寸的允许偏差	≤20	成品偏差	±0.29	±0.41	±0.53	±0.71	±0.88	±1.12				
		挤压偏差	+0.39 +0.04	+0.53 +0.08	+0.68 +0.18	+1.01 +0.36	+1.38 +0.44	+1.82 +0.56				
	>20 ～30	成品偏差	±0.38	±0.50	±0.62	±0.79	±0.97	±1.21				
		挤压偏差	+0.48 +0.06	+0.62 +0.10	+0.77 +0.21	+1.09 +0.40	+1.47 +0.49	+1.91 +0.61				
	>30 ～40	成品偏差	±0.44	±0.56	±0.68	±0.85	±1.03	±1.26				
		挤压偏差	+0.54 +0.06	+0.68 +0.11	+0.83 +0.23	+1.15 +0.43	+1.53 +0.52	+1.96 +0.63				
	>40 ～60	成品偏差	±0.53	±0.65	±0.76	±0.94	±1.12	±1.35				
		挤压偏差	+0.63 +0.08	+0.77 +0.13	+0.91 +0.25	+1.24 +0.47	+1.62 +0.56	+2.05 +0.68				
	>60 ～80	成品偏差	±0.59	±0.71	±0.82	±1.00	±1.18	±1.41				
		挤压偏差	+0.69 +0.08	+0.83 +0.14	+0.97 +0.27	+1.30 +0.50	+1.68 +0.59	+2.11 +0.71				
	>80 ～100	成品偏差	±0.65	±0.76	±0.88	±1.05	±1.24	±1.47				
		挤压偏差	+0.75 +0.09	+0.88 +0.15	+1.03 +0.29	+1.35 +0.53	+1.74 +0.62	+2.17 +0.74				

（续表）

按 GB/T14846 标准中的 H 尺寸			≤10	>10~25	>25~50	>50~100	>100~150	>150~200	>200~300	>300~450	>450~600	>600~800
实体小于75%的 H 尺寸对应于 E 尺寸的允许偏差	>100~125	成品偏差	±0.76	±0.88	±1.00	±1.18	±1.35	±1.59				
		挤压偏差	+0.86 +0.11	+1.00 +0.18	+1.15 +0.33	+1.48 +0.59	+1.85 +0.68	+2.29 +0.80				
	>125~150	成品偏差	±0.88	±1.00	±1.12	±1.29	±1.47	±1.71				
		挤压偏差	+0.98 +0.13	+1.12 +0.20	+1.27 +0.37	+1.59 +0.65	+1.97 +0.74	+2.41 +0.86				
	>150~180	成品偏差	±1.00	±1.12	±1.23	±1.31	±1.59	±1.82				
		挤压偏差	+1.10 +0.14	+1.24 +0.22	+1.38 +0.41	+1.61 +0.66	+2.09 +0.80	+2.52 +0.91				
外接圆直径			>200~300									
实体不小于75%的 H 尺寸的允许偏差		成品偏差	±0.32	±0.47	±0.59	±0.76	±1.00	±1.29	±1.47			
		挤压偏差	+0.42 +0.05	+0.59 +0.09	+0.74 +0.20	+1.06 +0.38	+1.50 +0.50	+1.99 +0.65	+2.37 +0.74			
实体小于75%的 H 尺寸对应于 E 尺寸的允许偏差	≤20	成品偏差	±0.32	±0.47	±0.59	±0.76	±1.00	±1.29	±1.47			
		挤压偏差	+0.42 +0.05	+0.59 +0.09	+0.74 +0.20	+1.06 +0.38	+1.50 +0.50	+1.99 +0.65	+2.37 +0.74			
	>20~30	成品偏差	±0.41	±0.56	±0.68	±0.85	±1.09	±1.38	±1.56			
		挤压偏差	+0.51 +0.06	+0.68 +0.11	+0.83 +0.23	+1.15 +0.43	+1.59 +0.55	+2.08 +0.69	+2.46 +0.78			
	>30~40	成品偏差	±0.47	±0.62	±0.74	±0.91	±1.15	±1.44	±1.62			
		挤压偏差	+0.57 +0.07	+0.74 +0.12	+0.89 +0.25	+1.21 +0.46	+1.65 +0.58	+2.14 +0.72	+2.52 +0.81			

（续表）

按 GB/T14846 标准中的 H 尺寸			≤10	>10 ~25	>25 ~50	>50 ~100	>100 ~150	>150 ~200	>200 ~300	>300 ~450	>450 ~600	>600 ~800
实体小于 75% 的 H 尺寸对应于 E 尺寸的允许偏差	>40 ~60	成品偏差	±0.56	±0.71	±0.83	±1.00	±1.24	±1.53	±1.71			
		挤压偏差	+0.66 +0.08	+0.83 +0.14	+0.98 +0.28	+1.30 +0.50	+1.74 +0.62	+2.23 +0.77	+2.61 +0.86			
	>60 ~80	成品偏差	±0.62	±0.76	±0.88	±1.06	±1.29	±1.58	±1.76			
		挤压偏差	+0.72 +0.09	+0.88 +0.15	+1.03 +0.29	+1.36 +0.53	+1.79 +0.65	+2.28 +0.79	+2.66 +0.88			
	>80 ~100	成品偏差	±0.68	±0.82	±0.94	±1.12	±1.35	±1.65	±1.82			
		挤压偏差	+0.78 +0.10	+0.94 +0.16	+1.09 +0.31	+1.42 +0.56	+1.85 +0.68	+2.35 +0.83	+2.72 +0.91			
	>100 ~125	成品偏差	±0.79	±0.94	±1.06	±1.24	±1.47	±1.76	±1.94			
		挤压偏差	+0.89 +0.11	+1.06 +0.19	+1.21 +0.35	+1.54 +0.62	+1.97 +0.74	+2.46 +0.88	+2.84 +0.97			
	>125 ~150	成品偏差	±0.91	±1.06	±1.18	±1.35	±1.59	±1.88	±2.06			
		挤压偏差	+1.01 +0.13	+1.18 +0.21	+1.33 +0.39	+1.65 +0.68	+2.09 +0.80	+2.58 +0.94	+2.96 +1.03			
	>150 ~180	成品偏差	±1.03	±1.18	±1.29	±1.47	±1.71	±2.00	±2.18			
		挤压偏差	+1.13 +0.15	+1.30 +0.24	+1.44 +0.43	+1.77 +0.74	+2.21 +0.86	+2.70 +1.00	+3.08 +1.09			
	>180 ~210	成品偏差	±1.05	±1.29	±1.41	±1.59	±1.82	±2.12	±2.29			
		挤压偏差	+1.15 +0.15	+1.41 +0.26	+1.56 +0.47	+1.89 +0.80	+2.32 +0.91	+2.82 +1.06	+3.19 +1.15			

（续表）

按 GB/T14846 标准中的 *H* 尺寸			≤10	>10 ~25	>25 ~50	>50 ~100	>100 ~150	>150 ~200	>200 ~300	>300 ~450	>450 ~600	>600 ~800
实体小于75%的 *H* 尺寸对应于 *E* 尺寸的允许偏差	>210 ~250	成品偏差	±1.26	±1.41	±1.53	±1.71	±1.91	±2.23	±2.41			
		挤压偏差	+1.36 +0.18	+1.53 +0.28	+1.68 +0.51	+2.01 +0.86	+2.41 +0.96	+2.93 +1.12	+3.31 +1.21			
	>250	成品偏差	±1.38	±1.53	±1.65	±1.82	±2.03	±2.35	±2.53			
		挤压偏差	+1.48 +0.20	+1.65 +0.31	+1.80 +0.55	+2.12 +0.91	+2.53 +1.02	+3.05 +1.18	+3.43 +1.27			
外接圆直径			>300~500									
实体不小于75%的 *H* 尺寸的允许偏差		成品偏差	±0.35	±0.53	±0.71	±0.94	±1.06	±1.41	±1.65	±2.06	±2.65	
		挤压偏差	+0.45 +0.05	+0.65 +0.11	+0.86 +0.24	+1.24 +0.47	+1.56 +0.53	+2.11 +0.71	+2.55 +0.83	+3.16 +1.03	+3.75 +1.33	
实体小于75%的 *H* 尺寸对应于 *E* 尺寸的允许偏差	≤20	成品偏差	±0.35	±0.53	±0.71	±0.94	±1.06	±1.41	±1.65	±2.06	±2.65	
		挤压偏差	+0.45 +0.05	+0.65 +0.11	+0.86 +0.24	+1.24 +0.47	+1.56 +0.53	+2.11 +0.71	+2.55 +0.83	+3.16 +1.03	+3.75 +1.33	
	>20 ~30	成品偏差	±0.44	±0.62	±0.79	±1.03	±1.15	±1.50	±1.74	±2.15	±2.74	
		挤压偏差	+0.54 +0.06	+0.74 +0.12	+0.94 +0.26	+1.33 +0.52	+1.65 +0.58	+2.20 +0.75	+2.64 +0.87	+3.25 +1.08	+3.84 +1.37	
	>30 ~40	成品偏差	±0.50	±0.68	±0.85	±1.09	±1.21	±1.56	±1.79	±2.21	±2.79	
		挤压偏差	+0.60 +0.07	+0.80 +0.14	+1.00 +0.28	+1.39 +0.55	+1.71 +0.61	+2.26 +0.78	+2.69 +0.90	+3.31 +1.11	+3.89 +1.40	
	>40 ~60	成品偏差	±0.59	±0.76	±0.94	±1.18	±1.29	±1.65	±1.88	±2.29	±2.88	
		挤压偏差	+0.69 +0.08	+0.88 +0.15	+1.09 +0.31	+1.48 +0.59	+1.79 +0.65	+2.35 +0.83	+2.78 +0.94	+3.39 +1.15	+3.98 +1.44	

（续表）

按GB/T14846标准中的H尺寸			≤10	>10~25	>25~50	>50~100	>100~150	>150~200	>200~300	>300~450	>450~600	>600~800
实体小于75%的H尺寸对应于E尺寸的允许偏差	>60~80	成品偏差	±0.65	±0.82	±1.00	±1.24	±1.35	±1.71	±1.94	±2.35	±2.94	
		挤压偏差	+0.75 +0.09	+0.94 +0.16	+1.15 +0.33	+1.54 +0.62	+1.85 +0.68	+2.41 +0.86	+2.84 +0.97	+3.45 +1.18	+4.04 +1.47	
	>80~100	成品偏差	±0.71	±0.88	±1.06	±1.29	±1.41	±1.76	±2.00	±2.41	±3.00	
		挤压偏差	+0.81 +0.10	+1.00 +0.18	+1.21 +0.35	+1.59 +0.65	+1.91 +0.71	+2.46 +0.88	+2.90 +1.00	+3.51 +1.21	+4.10 +1.50	
	>100~125	成品偏差	±0.83	±1.00	±1.18	±1.41	±1.53	±1.88	±2.12	±2.53	±3.12	
		挤压偏差	+0.93 +0.12	+1.12 +0.20	+1.33 +0.39	+1.71 +0.71	+2.03 +0.77	+2.58 +0.94	+3.02 +1.06	+3.63 +1.27	+4.22 +1.56	
	>125~150	成品偏差	±0.94	±1.12	±1.29	±1.53	±1.65	±2.00	±2.24	±2.65	±3.24	
		挤压偏差	+1.04 +0.13	+1.24 +0.22	+1.44 +0.43	+1.83 +0.77	+2.15 +0.83	+2.70 +1.00	+3.14 +1.12	+3.75 +1.33	+4.34 +1.62	
	>150~180	成品偏差	±1.05	±1.23	±1.41	±1.65	±1.76	±2.12	±2.35	±2.76	±3.35	
		挤压偏差	+1.15 +0.15	+1.35 +0.62	+1.56 +0.71	+1.95 +0.83	+2.26 +0.88	+2.82 +1.06	+3.25 +1.18	+3.86 +1.38	+4.45 +1.68	
	>180~210	成品偏差	±1.17	±1.35	±1.53	±1.76	±1.88	±2.24	±2.47	±2.88	±3.47	
		挤压偏差	+1.27 +0.17	+1.47 +0.27	+1.68 +0.51	+2.06 +0.88	+2.38 +0.94	+2.94 +1.12	+3.37 +1.24	+3.98 +1.44	+4.57 +1.74	

（续表）

按 GB/T14846 标准中的 H 尺寸			≤10	>10~25	>25~50	>50~100	>100~150	>150~200	>200~300	>300~450	>450~600	>600~800
实体小于 75% 的 H 尺寸对应于 E 尺寸的允许偏差	>210~250	成品偏差	±1.29	±1.47	±1.65	±1.88	±2.00	±2.35	±2.59	±3.00	±3.59	
		挤压偏差	+1.39 +0.18	+1.59 +0.29	+1.80 +0.55	+2.18 +0.94	+2.50 +1.00	+3.05 +1.18	+3.49 +1.30	+4.10 +1.50	+4.69 +1.80	
	>250	成品偏差	±1.41	±1.59	±1.76	±2.00	±2.12	±2.47	±2.71	±3.12	±3.71	
		挤压偏差	+1.51 +0.20	+1.71 +0.32	+1.91 +0.59	+2.30 +1.00	+2.62 +1.06	+3.17 +1.24	+3.61 +1.36	+4.22 +1.56	+4.81 +1.86	
外接圆直径			>500~1000									
实体不小于 75% 的 H 尺寸的允许偏差		成品偏差	±0.41	±0.65	±0.76	±1.06	±1.18	±1.59	±1.82	±2.24	±2.94	±3.53
		挤压偏差	+0.51 +0.06	+0.77 +0.13	+0.91 +0.25	+1.36 +0.53	+1.68 +0.59	+2.29 +0.80	+2.72 +0.91	+3.34 +1.12	4.04 +1.47	+4.63 +1.77
实体小于 75% 的 H 尺寸对应于 E 尺寸的允许偏差	≤20	成品偏差	±0.41	±0.65	±0.76	±1.06	±1.18	±1.59	±1.82	±2.24	±2.94	±3.53
		挤压偏差	+0.51 +0.06	+0.77 +0.13	+0.91 +0.25	+1.36 +0.53	+1.68 +0.59	+2.29 +0.80	+2.72 +0.91	+3.34 +1.12	4.04 +1.47	+4.63 +1.77
	>20~30	成品偏差	±0.50	±0.74	±0.85	±1.15	±1.26	±1.68	±1.91	±2.32	±3.03	±3.62
		挤压偏差	+0.60 +0.07	+0.86 +0.15	+1.00 +0.28	+1.45 +0.58	+1.76 +0.63	+2.38 +0.84	+2.81 +0.96	+3.42 +1.16	+4.13 +1.52	+4.72 +1.81
	>30~40	成品偏差	±0.56	±0.79	±0.91	±1.21	±1.32	±1.74	±1.97	±2.38	±3.09	±3.68
		挤压偏差	+0.66 +0.08	+0.91 +0.16	+1.06 +0.30	+1.51 +0.61	+1.82 +0.66	+2.44 +0.87	+2.87 +0.99	+3.48 +1.19	+4.19 +1.55	+4.78 +1.84
	>40~60	成品偏差	±0.65	±0.88	±1.00	±1.29	±1.41	±1.82	±2.06	±2.47	±3.18	±3.76
		挤压偏差	+0.75 +0.09	+1.00 +0.18	+1.15 +0.33	+1.59 +0.65	+1.91 +0.71	+2.52 +0.91	+2.96 +1.03	+3.57 +1.24	+4.28 +1.59	+4.86 +1.88

（续表）

按 GB/T14846 标准中的 H 尺寸			≤10	>10~25	>25~50	>50~100	>100~150	>150~200	>200~300	>300~450	>450~600	>600~800
实体小于75%的 H 尺寸对应于 E 尺寸的允许偏差	>60~80	成品偏差	±0.71	±0.94	±1.06	±1.35	±1.47	±1.88	±2.12	±2.53	±3.24	±3.82
		挤压偏差	+0.81 +0.10	+1.06 +0.19	+1.21 +0.35	+1.65 +0.68	+1.97 +0.74	+2.58 +0.94	+3.02 +1.06	+3.63 +1.27	+4.34 +1.62	+4.92 +1.91
	>80~100	成品偏差	±0.76	±1.00	±1.12	±1.41	±1.53	±1.94	±2.18	±2.59	±3.29	±3.88
		挤压偏差	+0.86 +0.11	+1.12 +0.20	+1.27 +0.37	+1.71 +0.71	+2.03 +0.77	+2.64 +0.97	+3.08 +1.09	+3.69 +1.30	+4.39 +1.65	+4.98 +1.94
	>100~125	成品偏差	±0.88	±1.12	±1.24	±1.53	±1.65	±2.06	±2.29	±2.71	±3.41	±4.00
		挤压偏差	+0.98 +0.13	+1.24 +0.22	+1.39 +0.41	+1.83 +0.77	+2.15 +0.83	+2.76 +1.03	+3.19 +1.15	+3.81 +1.36	+4.51 +1.71	+5.10 +2.00
	>125~150	成品偏差	±1.00	±1.24	±1.35	±1.65	±1.76	±2.18	±2.41	±2.82	±3.53	±4.12
		挤压偏差	+1.10 +0.14	+1.36 +0.25	+1.50 +0.45	+1.95 +0.83	+2.26 +0.88	+2.88 +1.09	+3.31 +1.21	+3.92 +1.41	+4.63 +1.77	+5.22 +2.06
	>150~180	成品偏差	±1.12	±1.35	±1.47	±1.76	±1.88	±2.29	±2.53	±2.94	±3.65	±4.24
		挤压偏差	+1.22 +0.16	+1.47 +0.27	+1.62 +0.49	+2.06 +0.88	+2.38 +0.94	+2.99 +1.15	+3.43 +1.27	+4.04 +1.47	+4.75 +1.83	+5.34 +2.12
	>180~210	成品偏差	±1.24	±1.47	±1.59	±1.88	±2.00	±2.41	±2.65	±3.05	±3.76	±4.35
		挤压偏差	+1.34 +0.18	+1.59 +0.29	+1.74 +0.53	+2.18 +0.94	+2.50 +1.00	+3.11 +1.21	+3.55 +1.33	+4.15 +1.53	+4.86 +1.88	+5.45 +2.18
	>210~250	成品偏差	±1.36	±1.59	±1.71	±2.00	±2.12	±2.53	±2.76	±3.17	±3.88	±4.47
		挤压偏差	+1.46 +0.19	+1.71 +0.32	+1.86 +0.57	+2.30 +1.00	+2.62 +1.06	+3.23 +1.27	+3.66 +1.38	+4.27 +1.59	+4.98 +1.94	+5.57 +2.24
	>250	成品偏差	±1.47	±1.71	±1.82	±2.12	±2.23	±2.65	±2.88	±3.29	±4.00	±4.59
		挤压偏差	+1.57 +0.21	+1.83 +0.34	+1.97 +0.61	+2.42 +1.06	+2.73 +1.12	+3.35 +1.33	+3.78 +1.44	+4.39 +1.65	+5.10 +2.00	+5.69 +2.30

表 5-51 型材的挤压允许扭拧度(挤压机能力≤20MN)

型材最大外形尺寸/mm	型材最大厚度/mm	全长允许扭拧度/度	
		一般型材	预矫直型材
≤30.0	≤2.0	360	720
30.1～50.0	>2.0～3.0	180	540
50.1～70.0	>3.0～5.0	90	470
70.1～100.0	>5.0～8.0	60	430
>100.0	>8.0	36	360

表 5-52 型材的挤压允许扭拧度(挤压机能力>20MN)

型材最大外形尺寸/mm	型材最大厚度/mm	全长允许扭拧度/度
≤50	≤8.0	45
50.1～80	>8.0～12.0	40
>80.1	≥12.0	30

表 5-53 挤压型材的圆角半径允许偏差(mm)

圆角半径	允许偏差	圆角半径	允许偏差
≤1.0	不检查	3.1～10.1	±1.0
1.1～3.0	±0.5	10.1～25.0	±1.5

5.4.3.3 铝合金建筑型材挤压

挤压建筑用 6061、6063 铝合金型材时，除了应严格执行上述型材、棒材挤压的有关操作规程外，还应在以下几方面加以注意：

(1)对于 6061、6063 合金型材，应测量制品出模孔温度，其温度一般为 520℃～530℃。如果温度低于 500℃，应及时通过提高挤压速度或提高坯料加热温度的方法来提高出模孔温度。

(2)对于 6063 合金 T5 状态型材，当其断面最大壁厚小于 3mm 时，制品出模孔后应吹风冷却；大于 3mm 时，应喷水冷却。T4、T6 状态制品必须采用大冷却强度进行喷水冷却。

(3)对于 6061 合金 T5 状态型材，制品出模孔后应采用喷水冷却。

(4)挤压6061合金T4、T6状态型材时,如果没有在线热处理装置,一般不能直接在挤压机上进行水冷淬火,需要在专门的淬火炉上进行固溶处理。

(5)当放在冷床上的制品冷却到70℃以下时,进行拉伸矫直。矫直前应认真检查、测量型材各部位的形状、尺寸,避免拉伸后型材尺寸超负偏差或形状不合格。

(6)为了减少拉伸矫直时的夹头损失,应尽可能缩短矫直夹头的长度。当型材长度不一致时,应根据型材的实际长度,调节矫直机的钳口位置,不允许将型材折弯后矫直。

(7)大开口型材、空心型材在矫直时,夹头部位内腔要配有专用塞垫,减少型材变形部分的长度,或防止型材形状发生变化。

(8)矫直时的拉伸率一般控制在0.5%～1.5%,不得超过1.5%(以表面不产生橘皮现象或有明显的变形痕迹为原则)。

(9)矫直时,应根据每一根型材的具体弯曲、扭拧情况,采用不同的矫直方法,控制合适的拉伸率。不得一次矫直多根制品。

(10)型材矫直时,应轻拿轻放,用夹头将型材夹紧后应先绷紧,再拉伸。矫直后的型材禁止成堆放置,避免产生磕碰伤。

(11)型材应单根锯切。如果一次锯切多根型材,应并排放整齐并压紧后锯切。多根锯切时,应避免型材相互产生划伤。禁止小规格型材成堆锯切。

(12)锯切后的型材端头应整齐,切斜度不得超过2°,端头应无毛刺。

(13)锯切时,发现锯齿黏铝时应及时清理,以免影响型材切口质量及损坏锯片。

(14)首次锯切的制品应测量其长度尺寸,定尺长度允许偏差为+15mm。倍尺交货的型材,在满足长度允许偏差的情况下,应加上切口余量,每个切口为5mm。在锯切过程中应经常检查锯切长度,以防定尺挡板移动造成长度超上限。

(15)在锯切过程中,应注意观察每根型材的表面质量。对型材表面上存在的个别较明显缺陷,应切除后再切定尺。

(16)锯切后的型材应对其弯曲、扭拧、间隙、角度及表面进行全面检查。检查合格者应整齐摆放在料框中，并用料垫隔开，料垫间距不大于1000mm。装框的型材之间要留有一定的间隔，保证人工时效时热空气循环畅通。

(17)对于检查出不合格型材，应根据不合格的性质分别进行处理。对于型材存在的形位尺寸不合格，应及时进行整形处理；对于个别部位有塌陷的型材，如果不是很严重，可用木质或尼龙材料工具进行平整处理；对于表面局部存在有麻点的型材，应用细砂纸进行打磨。

(18)型材应按批装框。多批装框时，批与批之间应有特殊标记。装框时，小规格、薄壁、短定尺、易变形型材和空心型材，应尽量放置于框的上部。装框型材的高度不允许超过框的高度。

5.4.3.4　铝合金阶段变断面型材挤压

(1)挤压阶段变断面型材时，为了保证其大头部分的各向性能，其大头部分的挤压比要大于4。如果挤压比偏小，可适当增大镦粗时的横向变形量。

(2)挤压变断面型材时要精心操作，保证挤压速度稳定，防止型材产生局部弯曲和波浪。在距离过渡区300～500mm处应开始逐渐降低挤压速度，直至过渡区时速度降为零；挤压大头时开始的速度尽量慢(接近“闷车”速度)，以防止型材根部产生波浪、扩口、拉细和大头歪脖；当大头挤压出100mm以后开始过渡到正常挤压速度。一般情况下，对于2A12合金，型材部分的挤压速度应小于0.8m/min，大头部分小于1m/min；对于7A04合金，型材部分小于0.6m/min，大头部分小于0.8m/min。

(3)更换型材模时，应使用专用钩子仔细地将几块模子从型材上取下，一方面要防止碰伤型材；另一方面必须小心保护型材模的工作面，避免磕碰伤，并在挤压筒下方垫上一块铝板，以承接自动掉下来的模块。

(4)更换大头模时，挤压筒靠紧时的速度要慢，不能产生冲击，防止磕伤型材表面。

(5)变断面型材大头部分的尺寸按成品偏差控制，型材部分的挤压偏差按表5-54所示控制。

表 5-54 变断面型材部分实体尺寸挤压偏差

<table>
<tr><th rowspan="3">型材尺寸
/mm</th><th colspan="8">挤压偏差/mm</th></tr>
<tr><th colspan="4">厚 度</th><th colspan="4">外 形</th></tr>
<tr><th colspan="2">上偏差</th><th colspan="2">下偏差</th><th colspan="2">上偏差</th><th colspan="2">下偏差</th></tr>
<tr><td>1.5～2.9</td><td rowspan="5">图纸尺寸的上偏差</td><td>+0.05</td><td rowspan="5">图纸尺寸的下偏差</td><td>+0.20</td><td></td><td></td><td></td><td></td></tr>
<tr><td>3.0～3.5</td><td>+0.05</td><td>+0.25</td><td></td><td></td><td></td><td></td></tr>
<tr><td>3.6～6.0</td><td>+0.05</td><td>+0.25</td><td></td><td></td><td></td><td></td></tr>
<tr><td>6.1～12.0</td><td>+0.10</td><td>+0.30</td><td></td><td></td><td></td><td></td></tr>
<tr><td>12.0～16.0</td><td>+0.10</td><td>+0.40</td><td></td><td>+0.15</td><td></td><td>+0.55</td></tr>
<tr><td>16.1～25.0</td><td></td><td></td><td></td><td></td><td rowspan="5">图纸尺寸的上偏差</td><td>+0.15</td><td rowspan="5">图纸尺寸的下偏差</td><td>+0.55</td></tr>
<tr><td>25.1～50.0</td><td></td><td></td><td></td><td></td><td>+0.20</td><td>+0.80</td></tr>
<tr><td>50.1～75.0</td><td></td><td></td><td></td><td></td><td>+0.25</td><td>+1.0</td></tr>
<tr><td>75.1～100</td><td></td><td></td><td></td><td></td><td>+0.35</td><td>+1.25</td></tr>
<tr><td>100.1～125</td><td></td><td></td><td></td><td></td><td>+0.40</td><td>+1.25</td></tr>
</table>

(6)变断面型材应严格控制接近过渡区 100mm 范围型材的形状、尺寸。

① 八字型材的扩口尺寸不得超出挤压允许偏差范围：对大头无凹形的允许+0.4mm，有凹形的允许+0.8mm；不允许有并口。

② 八字型材两爪板应平直，其上翘不大于 0.4mm，下翘不大于 0.3mm。

③ 型材的高度尺寸距成品下限公差必须有 1.0mm 以上的余量。

④ 不允许有硬弯、扭拧、局部波浪。

⑤ 八字型材两爪板平面、工字型材上下梁平面、丁字型材立边平面的纵向和横向间隙不大于 0.4mm；八字型材上壁纵向间隙不大于 0.5mm；其他纵向及横向间隙不大于 0.5mm。

⑥ 从过渡区交界线起 25mm 范围内，型材部分的纵向间隙不大于 0.3mm。

(7)型材的均匀侧弯和上翘不大于 15mm/m，全长累计不大于 150mm。

(8)工字和丁字型材的扭拧度不大于 90°，八字型材不大于 30°。

(9)八字型材两臂侧板间隙,向内凸起时不大于 2.0mm,向外凸起时不大于 1.5mm;爪板上翘和下翘不大于 0.8mm。工字型材的上梁、下梁平面间隙不大于 1.0mm。丁字型材的立边平面横向间隙不大于 1.0mm。其余平面间隙不大于平面宽度的 2%。

(10)型材上分模线外允许有凸峰,但不允许有凹下。型材部分不加工面(八字型材上壁板)上的凸峰不大于 0.3mm,八字型材上壁板因错模引起的厚度差不大于 0.2mm。

5.4.3.5　铝合金管材挤压

挤压铝合金管材时,除了执行上述型材、建筑型材的有关操作规程外,还应按以下要求进行操作:

(1)挤压生产前应对穿孔针、针尖、模子及挤压垫等工具进行加热。工具加热炉的定温一般为 450℃左右。对于直径 75mm 以上的穿孔针和 60mm 以上的针尖,加热时间一般不少于 1h,其他规格的穿孔针、针尖和模子的加热时间不少于 0.5h。

(2)用瓶式针挤压管材时,挤压过程中针尖与针杆的配合应紧固,连接螺纹应上到位,不得有缝隙,不得松动。

(3)在卧式挤压机上采用润滑穿孔针方式挤压管材时,润滑穿孔针前应将挤压垫带出挤压筒,并使垫片套在穿孔针上。

(4)为防止产生挤压缩尾、成层、起皮等缺陷,挤压时不得润滑挤压垫和挤压筒。在挤压生产过程中,应防止润滑剂、铝皮等落入挤压筒中,一旦发现应及时清理。

(5)在挤压过程中应经常对模子、穿孔针表面进行光滑、清洁处理,始终保持模子、穿孔针的表面光滑、清洁。当采用不润滑穿孔针方式挤压时,黏附在穿孔针针杆上的铝套不要清除,但针尖工作带表面必须保持光滑、清洁。

(6)打磨穿孔针的针尖时,速度要快,避免温降过大;不要打磨过度,只需要将针尖上的黏结物清除干净即可;要均匀打磨,防止针尖出现细腰形或圆锥形。

(7)挤压的第一根管材(交接班、更换模具后)应测量其长度和头尾端尺寸(外径、内径、壁厚、偏心度),检查管材的表面(特别是内表面)质量,合格后方可继续生产。

(8)挤压厚壁管的表面应光滑,不允许有裂纹、腐蚀和外来夹杂物。允许有局部的轻微起皮、气泡、擦伤、划伤、碰伤、压坑等,其深度不超过管材内外径允许偏差的范围,并保证管材允许的最小尺寸。按GB/T4436—1995标准中高精级和普通级精度要求,挤压厚壁管材的直径偏差按表5-55、表5-56所示的要求控制。

表5-55 厚壁管(普通级)的挤压偏差(mm)

公称外径	成品允许偏差				挤压允许偏差			
	高镁合金		其他合金		高镁合金		其他合金	
	外径(+)	内径(-)	外径(+)	内径(-)	外径(+)	内径(-)	外径(+)	内径(-)
25	0.99	0.99	0.66	0.66	0.89~0.2	0.89~0.2	0.56~0.2	0.56~0.2
>25~50	1.30	1.30	0.83	0.83	1.20~0.2	1.20~0.2	0.73~0.2	0.73~0.2
>50~100	1.50	1.50	0.99	0.99	1.40~0.2	1.40~0.2	0.89~0.2	0.89~0.2
>100~150	2.50	2.50	1.70	1.70	2.40~0.2	2.40~0.2	1.60~0.2	1.60~0.2
>150~200	3.70	3.70	2.50	2.50	3.60~0.2	3.60~0.2	2.40~0.2	2.40~0.2
>200~250	5.00	5.00	3.30	3.30	4.90~0.2	4.90~0.2	3.20~0.2	3.20~0.2
>250~300	6.20	6.20	4.10	4.10	6.10~0.2	6.10~0.2	4.00~0.2	4.00~0.2
>300~350	7.40	7.40	5.00	5.00	7.30~0.2	7.30~0.2	4.90~0.2	4.90~0.2
>350~400	8.70	8.70	5.80	5.80	8.60~0.2	8.60~0.2	5.70~0.2	5.70~0.2

表5-56 厚壁管(高精级)的挤压偏差(mm)

公称外径	成品允许偏差				挤压允许偏差			
	高镁合金		其他合金		高镁合金		其他合金	
	外径(+)	内径(-)	外径(+)	内径(-)	外径(+)	内径(-)	外径(+)	内径(-)
25	0.76	0.76	0.54	0.54	0.66~0.2	0.66~0.2	0.44~0.2	0.44~0.2
>25~50	0.96	0.96	0.64	0.64	0.86~0.2	0.86~0.2	0.54~0.2	0.54~0.2
>50~100	1.14	1.14	0.76	0.76	1.04~0.2	1.04~0.2	0.66~0.2	0.66~0.2
>100~150	1.90	1.90	1.25	1.25	1.80~0.2	1.80~0.2	1.15~0.2	1.15~0.2
>150~200	2.85	2.85	1.90	1.90	2.75~0.2	2.75~0.2	1.80~0.2	1.80~0.2
>200~250	3.80	3.80	2.54	2.54	3.70~0.2	3.70~0.2	2.44~0.2	2.44~0.2

（续表）

公称外径	成品允许偏差				挤压允许偏差			
	高镁合金		其他合金		高镁合金		其他合金	
	外径（＋）	内径（－）	外径（＋）	内径（－）	外径（＋）	内径（－）	外径（＋）	内径（－）
＞250～300	4.78	4.78	3.18	3.18	4.68～0.2	4.68～0.2	3.08～0.2	3.08～0.2
＞300～350	5.70	5.70	3.80	3.80	5.60～0.2	5.60～0.2	3.70～0.2	3.70～0.2
＞350～400	6.68	6.68	4.45	4.45	6.58～0.2	6.58～0.2	4.35～0.2	4.35～0.2

(9)挤压拉伸、压延用管毛料的内表面应光滑，无裂纹、起皮、成层、深沟、重擦伤、气泡等。允许有轻微的压坑、擦伤、划道、石墨压入。

(10)挤压拉伸、压延用管毛料的外表面不允许有裂纹、严重的起皮、气泡、碰伤、划伤等。允许少量管毛料上有个别能刮掉的短条状深度较浅的起皮、气泡、擦伤、碰伤、划伤等。

(11)冷轧管用管毛料的外径尺寸允许偏差一般为±0.5mm；平均壁厚允许偏差为±0.25mm。

(12)冷拉拔用管毛料的内径尺寸允许偏差一般为±2.0mm；平均壁厚允许偏差为－0.35～＋0.15mm。

(13)为了使管毛料存在的偏心在冷加工过程中能够得到消除，按GB/T4436－1995标准中高精级和普通级精度要求生产的管毛料的壁厚尺寸允许偏差分别如表5-57和表5-58所示。

表5-57 按GB/T4436－1995标准高精级要求的管毛料壁厚允许偏差(单位:mm)

管毛料壁厚	成品管壁厚及允许偏差										
	0.5±0.05	0.75±0.05	1.0±0.08	1.5±0.10	2.0±0.10	2.5±0.15	3.0±0.15	3.5±0.20	4.0±0.20	4.5±0.20	5.0±0.20
	管毛料壁厚允许偏差										
1.5	0.30	0.20	0.24								
2.0	0.40	0.27	0.32	0.27							
2.5	0.50	0.33	0.40	0.33	0.25						
3.0	0.60	0.40	0.48	0.40	0.30	0.36					
3.5	0.70	0.47	0.56	0.47	0.35	0.42	0.35				

（续表）

管毛料壁厚	成品管壁厚及允许偏差										
	0.5±0.05	0.75±0.05	1.0±0.08	1.5±0.10	2.0±0.10	2.5±0.15	3.0±0.15	3.5±0.20	4.0±0.20	4.5±0.20	5.0±0.20
	管毛料壁厚允许偏差										
4.0	0.80	0.53	0.64	0.53	0.40	0.48	0.40	0.46			
4.5	0.90	0.60	0.72	0.60	0.45	0.54	0.45	0.51	0.45		
5.0	1.00	0.67	0.80	0.67	0.50	0.60	0.50	0.57	0.50	0.44	
5.5						0.66	0.55	0.63	0.55	0.49	0.44
6.0						0.72	0.60	0.69	0.60	0.53	0.48
6.5								0.74	0.65	0.58	0.52
7.0								0.80	0.70	0.62	0.56
7.5									0.75	0.67	0.60
8.0									0.80	0.71	0.64
8.5									0.85	0.76	0.68
9.0										0.80	0.72
9.5										0.84	0.76
10.0										0.89	0.80

表 5-58　按 GB/T4436－1995 标准普通级要求的管毛料壁厚允许偏差(mm)

管毛料壁厚	成品管壁厚及允许偏差										
	0.5±0.14	0.75±0.14	1.0±0.19	1.5±0.22	2.0±0.22	2.5±0.27	3.0±0.27	3.5±0.40	4.0±0.40	4.5±0.50	5.0±0.50
	管毛料壁厚允许偏差										
1.5	0.84	0.56	0.57								
2.0	1.12	0.75	0.76	0.59							
2.5	1.40	0.93	0.95	0.73	0.55						
3.0	1.68	1.12	1.14	0.88	0.66	0.65					
3.5	1.96	1.31	1.33	1.03	0.77	0.76	0.63				
4.0	2.24	1.49	1.52	1.17	0.88	0.86	0.72	0.91			

（续表）

管毛料壁厚	成品管壁厚及允许偏差										
	0.5±0.14	0.75±0.14	1.0±0.19	1.5±0.22	2.0±0.22	2.5±0.27	3.0±0.27	3.5±0.40	4.0±0.40	4.5±0.50	5.0±0.50
	管毛料壁厚允许偏差										
4.5	2.52	1.68	1.71	1.32	0.99	0.97	0.81	1.03	0.90		
5.0	2.80	1.87	1.90	1.47	1.10	1.08	0.90	1.14	1.00	1.11	
5.5						1.19	0.99	1.26	1.10	1.22	1.10
6.0						1.30	1.08	1.37	1.20	1.33	1.20
6.5								1.49	1.30	1.44	1.30
7.0								1.60	1.40	1.56	1.40
7.5									1.50	1.67	1.50
8.0									1.60	1.78	1.60
8.5									1.70	1.89	1.70
9.0										2.00	1.80
9.5										2.11	1.90
10.0										2.22	2.00

5.5 热处理规程

5.5.1 退 火

5.5.1.1 退火前的准备及装炉

(1)退火状态交货的铝合金制品，在退火前必须进行表面、形状、尺寸检查，合格者才能进行退火。退火后要进行复查。

(2)铝合金制品退火时应装在退火料框内进行。退火料框的底部和两侧应用铝板、铝管或其他耐高温软质材料做垫料，防止碰伤制品。

(3)制品装框时，长尺寸制品应放在下面，短尺寸制品放在上面；相同壁厚直径小的放在下面，直径大的放在上面；直径相近的壁厚大的放在下面，壁厚小的放在上面。

(4)型材、棒材退火时，每层制品之间应用垫料隔开，同一层制品之间也应留出一定的间隙，保证热空气循环畅通。

5.5.1.2 变形铝合金的退火制度

常用铝合金的退火制度如表 5-59、表 5-60 所示。

表 5-59 铝合金型材、棒材退火制度

合 金	炉子定温/℃	金属温度/℃	保温时间/h	冷却方式
1060、1035、8A06、5A02、3A21	500～510	495±10	1.5	不限
5A03、5A05、5A06	370～410	370～390	1.5	不限
2A11、2A12、2A14	400～460	400～450	3.0	冷却速度不大于 30℃/h，冷却到 270℃以下出炉
6A02	370～430	370～420	2～3	冷却速度不大于 50℃/h，冷却到 250℃以下出炉
7A04、7A09	400～440	400～430	3.0	冷却速度不大于 30℃/h，冷却到 150℃以下出炉

表 5-60 铝合金管材退火制度

制 品	合 金	定温/℃	金属温度/℃	保温时间/h	冷却方式
压延毛料、拉伸毛料、厚壁管成品	2A11、2A12、2A14	420～470	430～460	3.0	冷却速度不大于30℃/h，冷却到270℃以下出炉
压延毛料	5A03、5A05	370～420	370～400	2.5	空冷
	5A06	310～340	315～335	1.5	
拉伸毛料	5A02、3A21	460～520	470～500	1.5	空冷
	5A03、5A05、5A06	440～490	450～470		
	1070A、1060、1050A、1035、1200、8A06、6A02	410～460	410～440	2.5	

5.5.2 淬　火

5.5.2.1 淬火前的准备及装炉

(1)厚壁管淬火前,应将不通风的尾部切除,保证热空气循环畅通。

(2)对有严重弯曲和扭拧的制品,淬火前应进行预矫直处理。变断面型材在淬火前应进行严格的预矫正。

(3)在立式热空气循环淬火炉中加热时,应使制品挤压前端朝上。对于直径不大于12mm的棒材、厚度不大于3mm的型材和所有二次挤压制品,应使制品的挤压尾端朝上。变断面型材应使大头朝上。

(4)在立式淬火炉中进行淬火时,制品进炉前应用铝线打捆,防止淬火时卡炉,但也不能捆得太紧。大规格棒材、排材、变断面型材的大头部分不能互相贴紧,以免影响热空气流通,造成加热不均匀。打捆时,防止将易燃物品夹入其中,造成局部过烧。

(5)装炉前的炉温应接近淬火加热温度。不能在炉温高于规定的温度下装炉,但也不能在室温下装炉,避免升温时间过长造成晶粒粗大。

(6)在立式淬火炉进行淬火时,制品装炉加热前在水中的浸泡时间不能过长,一般不得超过15min,以免造成腐蚀。

5.5.2.2 制品的加热

(1)加热时应控制加热速度。2A12和2A11合金一次挤压棒材和二次挤压厚壁管材、2A12和7A04合金变断面型材,淬火加热时的升温时间控制在30～35min。

(2)相邻规格制品同一炉淬火时,保温时间应按大规格计算。

(3)铝合金挤压制品的淬火加热温度如表5-61所示,淬火加热时的保温时间如表5-62所示。

表5-61　变形铝合金挤压制品淬火加热温度

合　金	过烧温度/℃	工作室温度/℃			加热室温度/℃	备　注
		合适温度	允许温度	开始保温		
2A01		495～505				
2A02	512	501～504	500～505	500	503±5	

（续表）

合　金	过烧温度/℃	工作室温度/℃			加热室温度/℃	备　注
		合适温度	允许温度	开始保温		
2A04	512	503～508	502～508	502	505±5	
2A06	518	495～504	495～505	495	500±5	
2B11		496～499	495～500	495	497±5	
2B12	502	495～499	490～500	490	495±5	
2A10		511～519	510～520	510	515±5	
2A11	525	501～504	500～505	500	503±5	适用于型材、管材、二次挤压棒材
2A12	505	498～501	497～502	497	500±5	
2A11		496～498	495～499	495	497±5	适用于一次挤压棒材
2A12		494～496	493～497	493	495±5	
2A14	515	501～504	500～505	500	503±5	
2A16	545	530～539	530～540	530	535±5	
2A17	545	521～529	520～530	520	525±5	
2A50、2B50	545	510～514	510～515	510	512±5	
2A70、2A80	545	527～530	526～531	526	528±5	
2A90		517～520	516～521	516	518±5	
6005		540～550	540～551	540	545±5	
6061、6063		521～530	520～530	520	525±5	
6070	565	546～552	545～553	545	548±5	
6082		528～532	527～533	527	530±5	
6101		508～513	508～514	508	511±5	
6A02	570	517～520	516～521	516	518±5	
7A03		464～474	465～475	465	470±5	
7A04、7A09	525	473～476	472～477	472	474±5	

表 5-62 变形铝合金挤压制品淬火加热保温时间

制品厚度或直径/mm	保温时间/min	
	盐浴炉	空气炉
≤1.0	7～25	10～35
1.1～3.0	10～40	15～50
3.1～5.0	15～45	25～60
5.1～10.0	20～55	30～70
10.1～20.0	25～70	35～100
20.1～30.0	30～90	45～120
30.1～50.0	40～120	60～180
50.1～75.0	50～180	100～220
75.1～100.0	70～180	120～260
>100	80～200	150～300

5.5.2.3 制品的淬火

(1)制品淬火前的水温一般为10℃～35℃。对于厚度等于或大于60mm的制品,以及形状复杂、壁厚差别大的型材、变断面型材,水温应控制在30℃～50℃。

(2)淬火冷却时,制品应以最快速度全部浸入水中。淬火转移时间如表5-63所示。

表 5-63 变形铝合金挤压制品淬火转移时间

制品厚度或直径/mm	最长淬火转移时间/s
≤0.4	5
0.41～0.8	7
0.81～2.3	10
2.31～6.5	15
>6.5	20

5.5.3 时 效

5.5.3.1 时效前的准备

(1)人工时效状态交货的铝合金制品，在时效前必须进行表面、形状、尺寸检查，合格者才能进行人工时效。时效后进行力学性能检查(复查)。

(2)铝合金制品人工时效时应装在料框内进行。料框的底部和两侧应用铝管或其他耐高温的软质材料做垫料，防止碰伤制品。

(3)制品装框时，长尺寸制品应放在下面，短尺寸制品放在上面；相同壁厚直径小的放在下面，直径大的放在上面；直径相近的壁厚大的放在下面，壁厚小的放在上面。

(4)型材、棒材装框时效时，每层制品之间应用垫料隔开，同一层制品之间也应留出一定的间隙，保证热空气循环畅通。

5.5.3.2 铝合金制品的时效制度

(1)人工时效状态交货的制品，在淬火后应尽可能在较短的时间内进行人工时效。铝合金制品淬火至人工时效的间隔时间如表 5-64 所示。

(2)铝合金挤压制品的时效工艺制度如表 5-65 所示。

表 5-64 铝合金制品淬火至人工时效工艺的间隔时间

合 金	淬火后保持塑性时间/h	淬火至人工时效的间隔时间/h
2A02	2～3	<3 或 15～100
2A11	2～3	
2A12	1.5	不限
2A14	2～3	不限
2A17	2～3	
2A50	2～3	<6
2B50	2～3	<6
2A70	2～3	<6
2A80	2～3	不限
6A02	2～3	不限

（续表）

合　金	淬火后保持塑性时间/h	淬火至人工时效的间隔时间/h
6063		<1
7A04	6	<3 或>48
7A09	6	<4 或 2～10 昼夜
7A19	10	不限
7A33	4～5	3,5 或 7 昼夜

表 5－65　铝合金制品的时效工艺制度

合　金	制品种类	时效种类	时效制度		时效后的状态
			温度/℃	时间/h	
2A01	各种制品	自然时效	室温	96	T4
2A02	各种制品	人工时效Ⅰ	165～175	16	T6
		人工时效Ⅱ	185～195	24	T6
2A04、2A06	各种制品	自然时效	室温	120～240	T4
2A11、2A12	各种制品	自然时效	室温	96	T4
2A12	挤压型材壁厚不大于 5mm	人工时效	185～195	12	T62
				6～12	T6
2A16	各种制品	自然时效	室温	96	T4
		人工时效Ⅰ	160～170	10～16	T6
		人工时效Ⅱ	205～215	12	T6
	挤压型材壁厚 1.0～1.5mm	过时效	185～195	18	T73
2A17	各种制品	人工时效	180～190	16	T6
2219	各种制品	人工时效	160～170	18	T6
6A02	各种制品	自然时效	室温	96	T4
		人工时效	155～165	8～15	T6
2A50	各种制品	自然时效	室温	96	T4
		人工时效	150～160	6～15	T6
2B50	各种制品	人工时效	150～160	6～15	T6

（续表）

合　金	制品种类	时效种类	时效制度		时效后的状态
			温度/℃	时间/h	
2A70	各种制品	人工时效	185～195	8～12	T6
2A80	各种制品	人工时效	165～175	10～16	T6
2A90	挤压棒材	人工时效	155～165	4～15	T6
2A14	各种制品	自然时效	室温	96	T4
		人工时效	155～165	4～15	T6
4A11	各种制品	人工时效	165～175	8～12	T6
6005	各种制品	人工时效	170～180	8	T6
6061	各种制品	人工时效	160～170	8～12	T6
6063	各种制品	人工时效	195～205	8～12	T6
6070	各种制品	人工时效	155～165	8	T6
6082	各种制品	人工时效	165～175	3～4	T6
6101	各种制品	人工时效	170～180	6～8	T6
7A04	挤压制品	人工时效	135～145	16	T6
	各种制品	分级时效	115～125	3	
			155～165	3	
7A09	挤压制品	人工时效	135～145	16	T6
7A19	各种制品	人工时效	115～125	2	T6

5.6 矫直、精整规程

5.6.1 铝合金型材、棒材、管材的矫直、精整方法

挤压生产的各种铝合金制品，不同程度都存在着弯曲，即便是淬火前进行了预矫直处理的制品，在淬火后由于淬火应力作用也往往会产生弯曲。铝合金型材还会出现扭拧、波浪、角度不合格、平面间隙不合格、开口尺寸不合格等常见缺陷。当这些缺陷不是很严重时，通过合理的矫直、精整处理可以得到消除、矫正。铝合金型材、棒材的矫直

处理一般采用拉伸矫直和反弯矫直，铝合金管材一般采用旋转矫直。铝合金型材的整形处理一般采用辊式型材矫正机进行矫正。

5.6.1.1 拉伸矫直

拉伸矫直机的结构如图 5-14 所示。

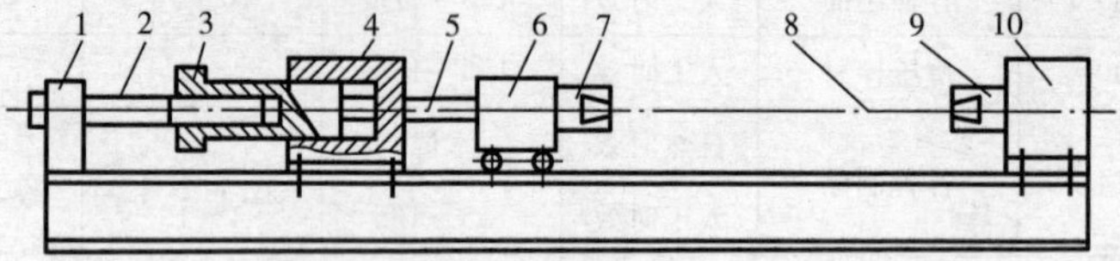

图 5-14 拉伸矫直机结构简图

1—尾架；2—回程柱塞；3—单回程油缸柱塞；4—带工作油缸的固定架；5—双拉杆；6—活动机架；7—活动夹头；8—被矫直材料；9—固定夹头；10—固定架

拉伸矫直是铝合金型材、棒材、异形断面管材最广泛使用的矫直方法，不仅可以消除制品的弯曲，对于型材的扭拧、波浪等也能得到处理。拉伸矫直的原理比较简单，无论制品的原始弯曲形态如何，只需拉伸变形超过金属的屈服极限，并达到一定程度，使各条纵向纤维的弹复能力趋于一致，在弹复后各处的残余弯曲量不超过允许值。

5.6.1.2 反弯矫直

矫直时，将制品放在两个支点上，使其凸起处向上，然后用压力压击凸起部位使其向反向弯曲。反弯矫直的方法有多种，最常用的是多辊矫直机递减反弯矫直，最简单的是手工矫直和压力机矫直。

递减反弯矫直的原理如图 5-15 所示，制品在矫直过程中受到多次反复弯曲，最后达到平直。反弯矫直时，在开始时的反弯量大，后面逐渐减小，一直到等于纯弹性反弯为止。目前在铝合金型材矫直生产中，常用的多辊矫直机有十辊矫直机、十二辊矫直机等。这种矫直机还可以对型材的断面形状进行矫正，如槽形型材底部的平面间隙、角度以及开口尺寸等。

个别型材在检查中发现的不太明显的弯曲通常用手工矫直的方法加以处理；退火、人工时效后的制品如果发现有弯曲，通常只能采用手工矫直的方法加以适当处理；一些淬火后的小规格薄壁管材如果弯曲过大，在进行辊矫前通常也采用手工矫直的方法进行预矫直。型材局部的塌陷、角度不合格等,也可以通过手工的方法加以处理。

压力机矫直主要用于处理大规格制品的局部弯曲,如棒材、大规格型材的弯头等。

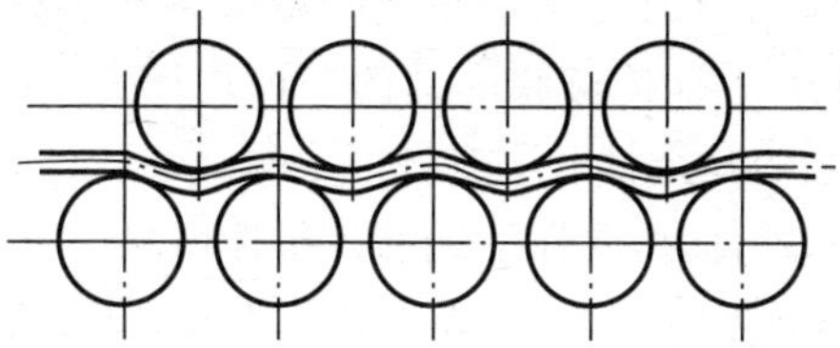

图 5-15 多辊矫直机的递减反弯矫直

5.6.1.3 旋转矫直

旋转矫直法主要用于圆管材和圆棒材的矫直。旋转矫直最常用的方法是多斜辊矫直,其矫直原理如图 5-16 所示。由于圆管材和圆棒材弯曲方向的随机性,采用前述的平面多辊矫直法和反弯矫直法,都很难得到满意的矫直效果。采用旋转矫直法,制品一面旋转前进,一面进行反弯矫直,正好可以得到全圆周性的矫直效果。

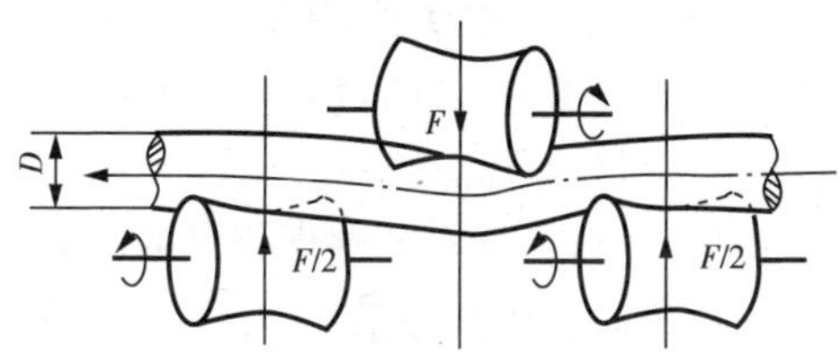

图 5-16 多斜辊旋转矫直示意图

对于不同的挤压制品,其弯曲、变形的形态不完全相同,有些是纯弯曲,有些是弯扭组合变形,有些还兼有波浪、平面间隙不合格、尺寸不合格、角度不合格等,要根据制品弯曲、变形的具体情况,选择合适的矫直、精整方法。

5.6.2 铝合金型材的矫直、精整工艺

5.6.2.1 铝合金型材的矫直、精整工艺要求

在铝合金挤压制品中,型材的弯曲、变形的形态是最为复杂的,几

乎所有的挤压型材，不同程度都存在着弯曲，而且在多数情况下与扭拧共存；在一些壁厚差较大的型材的壁薄部位、一些矩形管状型材的宽面上经常会出现波浪；正方形和矩形等管状型材有时会出现平面凹下；带有角度的型材有时会出现角度的增大或减小；槽形型材在角度发生变化的同时还伴有扩口和底部的平面内凹等。这些都造成了型材矫直、精整工艺的复杂性和困难性。

(1)型材拉伸矫直时，要仔细观察其扭拧情况。用带有旋转头的扭拧矫直机矫直时，在型材拉直后，旋转其扭拧头，首先使其矫正、扭拧消失，然后再进行拉伸变形。用无旋转头的矫直机矫直时，应注意弯曲和扭拧要同时矫正，避免矫直后再矫正扭拧可能造成变形量过大。

(2)制品矫直前应注意详细检查断面各部位尺寸。当尺寸接近负偏差极限时，应注意控制拉伸变形量或采用其他矫直方法，防止拉后尺寸超负偏差。

(3)型材拉伸矫直时的拉伸率一般为 0.5%～3%，建筑铝型材的拉伸率一般不得超过 1.5%。具体应根据制品的实际尺寸、弯曲扭拧程度和表面不产生橘皮现象等来决定。

(4)采用辊矫时，制品表面应清洁，不得粘有金属屑和灰尘；矫直机辊面应光滑，无金属屑等脏物，以防矫直时划伤制品表面或造成金属及非金属压入。

(5)淬火后的制品，应尽可能在其塑性最好的时间内(见表 5-64)矫直完毕，以防时效硬化影响矫直效果。

(6)人工时效制品应在人工时效以前进行完工矫正，人工时效后一般不进行矫正处理。在个别情况下如需矫正，只能是微量变形。7A04、7A09 合金制品在人工时效后不允许进行拉伸矫直，只允许用手工或在立式压力机上进行微量矫正。

(7)淬火后需要进行人工时效的制品，应在淬火至人工时效的时间间隔内(见表 5-64)矫直完毕。

(8)退火型材在退火前必须进行预拉伸矫直，退火后再进行完工拉伸矫直。为保证产品的最终尺寸，在预拉伸矫直时应留有负偏差一半以上的拉伸变形余量。

(9)空心制品和较大规格的槽形型材拉伸矫直时，应在夹头部位的制品内孔或槽中放置与之相配套的矫直芯子，以减少制品头部压扁变形的长度。

（10）变断面型材、大梁型材、高精度型材、挤压后变形较大的复杂型材，要根据制品的实际情况，在淬火前进行预拉伸和预精整，并在尺寸上留有足够的变形余量。变断面型材的预拉伸率一般控制在 1.0% 以下，并要严格测量靠近过渡区型材尺寸的变化。

（11）变断面型材局部的轻微波浪和间隙，允许用手锤通过衬垫（铝合金或夹布胶木）矫正。手工矫正与修正用的硬铝锤和钢锤（使用衬垫）的质量不应超过 3kg。

（12）当型材的角度、平面间隙、开口尺寸等形位尺寸不合格时，可以进行手工矫正或在多辊矫直机上采用递减反弯矫直法进行矫正。

（13）小规格制品拉伸矫直时，不得将几根制品同时进行拉伸矫直，以保证制品力学性能的均匀性。

5.6.2.2 铝合金型材的矫直、精整质量控制

（1）型材的弯曲度

型材的弯曲度是指将型材放在平台上，借自重使弯曲达到稳定时，沿型材长度方向测得的型材底面与平台之间的最大间隙（h_t）；或用 300mm 长直尺，沿型材长度方向靠在型材表面上测得的间隙最大值（h_s）。楔形型材和带圆头型材，还应检查侧向弯曲（刀弯），其弯曲度在每 1m 长度上不超过 4mm，在全长 L 上不超过 $4L$，最大不超过 30mm。

矫直、精整后的非建筑铝型材的弯曲度应符合表 5－66 所示规定，建筑铝型材的弯曲度应符合表 5－67 所示规定。

表 5－66 非建筑铝合金型材的弯曲度(mm)

型材外接圆直径	型材最小公称壁厚	弯曲度					
		普通级		高精级		超高精级	
		h_s	h_t	h_s	h_t	h_s	h_t
≤38	≤2.4	用手轻压，弯曲消除		1.3	$4L$	1.0	$3L$
	＞2.4	0.5	$2L$	0.3	$1L$	0.3	$0.7L$
＞38～250	所有	0.5	$2L$	0.3	$1L$	0.3	$0.7L$
＞250	所有	0.8	$2.5L$	0.5	$1.5L$		

表 5-67　建筑铝合金型材的弯曲度(mm)

型材外接圆直径	型材最小公称壁厚	弯曲度					
		普通级		高精级		超高精级	
		h_s	h_t	h_s	h_t	h_s	h_t
≤38	≤2.4	≤1.5	≤4L	≤1.3	≤3L	≤1.0	≤2L
	>2.4	≤0.5	≤2L	≤0.3	≤1L	≤0.3	≤0.7L
>38		≤0.5	≤1.5L	≤0.3	≤0.8L	≤0.3	≤0.5L

(2)型材的扭拧度

型材扭拧度的测量方法是:将型材放在平台上,借自重使其达到稳定时,型材弯曲和扭拧而使端部翘起,测量翘起部位与平台之间的最大间隙值 N。然后,从 N 值中减去型材翘起部位的弯曲值,余下部分就是扭拧度值。

型材的扭拧度按其外接圆直径分挡,以型材每 1mm 宽度上允许扭拧的毫米数表示。矫直、精整后的非建筑铝合金型材的扭拧度应符合表 5-68 所示规定,建筑铝合金型材的扭拧度应符合表 5-69 所示规定。

表 5-68　非建筑铝合金型材的扭拧度

精度级别	外接圆直径/mm	扭拧度/mm·mm^{-1}(宽)					
		C类型材		D类型材		A类、B类型材	
		每 1m 长度上	全长上	每 1m 长度上	全长上	每 1m 长度上	全长上
普通级	≤40	≤0.087	≤0.176	≤0.087	≤0.185	≤0.087	≤0.185
	>40～80	≤0.052	≤0.123	≤0.052	≤0.132	≤0.052	≤0.132
	>80～250	≤0.026	≤0.079	≤0.030	≤0.079	≤0.035	≤0.079
	>250～600			≤0.028	≤0.070	≤0.030	≤0.070
高精级	≤40	≤0.052	≤0.123	≤0.052	≤0.123	≤0.070	≤0.141
	>40～80	≤0.026	≤0.087	≤0.026	≤0.087	≤0.035	≤0.105
	>80～250	≤0.017	≤0.052	≤0.017	≤0.052	≤0.026	≤0.070
	>250～600			≤0.014	≤0.040	≤0.017	≤0.058

（续表）

精度级别	外接圆直径/mm	扭拧度/mm·mm^{-1}(宽)					
		C类型材		D类型材		A类、B类型材	
		每1m长度上	全长上	每1m长度上	全长上	每1m长度上	全长上
超高精级	≤40	≤0.026	≤0.052			≤0.052	≤0.123
	>40～80	≤0.017	≤0.035			≤0.026	≤0.087
	>80～250	≤0.009	≤0.026			≤0.017	≤0.052
	>250～600					≤0.014	≤0.044

表5-69 建筑铝合金型材的扭拧度

外接圆直径/mm	扭拧度/mm·mm^{-1}(宽)					
	普通级		高精级		超高精级	
	每1m长度上	全长上	每1m长度上	全长上	每1m长度上	全长上
>12.5～40	≤0.052	≤0.156	≤0.035	≤0.105	≤0.026	≤0.078
>40～80	≤0.035	≤0.105	≤0.026	≤0.078	≤0.017	≤0.052
>80～250	≤0.026	≤0.078	≤0.017	≤0.052	≤0.009	≤0.026

(3)型材横截面角度偏差

矫直、精整后型材的横截面角度偏差应符合表5-70所示规定。

表5-70 铝合金型材的角度允许偏差

型材类别	角度允许偏差		
	普通级	高精级	超高精级
A、B、D	±3°	±2°	±1°
C	±2°	±1°	±0.5°

(4)型材的波浪度

矫直、精整后型材的波浪度应符合表5-71所示规定。

表 5-71 铝合金型材的波浪度

波浪高度/mm	普通级	高精级	超高精级
≤0.25	允许	允许	允许
>0.25～0.5	允许	允许	每 2m 最多 1 处
>0.5～1	允许	每 1m 最多 1 处	不允许
>1～2	每 1m 最多 1 处	不允许	不允许
>2	不允许	不允许	不允许

(5)型材的平面间隙

型材的平面间隙是把直尺横放在型材平面上测得的型材平面与直尺之间的最大间隙值，或将型材放在平台上，沿宽度方向测得的型材平面与平台之间的最大间隙值（不包括开口部分的型材平面）。矫直、精整后的非建筑铝合金型材的平面间隙应符合表 5-72 所示规定，建筑铝合金型材的平面间隙应符合表 5-73 所示规定。

表 5-72 非建筑铝合金型材的平面间隙(mm)

<table>
<tr><th rowspan="3">型材类别</th><th rowspan="3">型材宽度 B</th><th colspan="5">平面间隙</th></tr>
<tr><th rowspan="2">普通级（空、实心型材）</th><th colspan="2">高精级</th><th colspan="2">超高精级</th></tr>
<tr><th>实心型材</th><th>空心型材</th><th>最小公称壁厚不大于 4.7mm 的空心型材</th><th>其他空心型材和实心型材</th></tr>
<tr><td rowspan="3">C</td><td>任意 25mm 宽度上</td><td>≤0.20</td><td>≤0.10</td><td>≤0.15</td><td><0.10</td><td><0.10</td></tr>
<tr><td>≤25</td><td>≤0.20</td><td>≤0.10</td><td>≤0.15</td><td><0.10</td><td><0.10</td></tr>
<tr><td>>25～250</td><td>≤0.8%B</td><td>≤0.4%B</td><td>≤0.6%B</td><td><0.4%B</td><td><0.4%B</td></tr>
<tr><td rowspan="4">A、B、D</td><td>任意 25mm 宽度上</td><td>≤0.50</td><td>≤0.20</td><td>≤0.20</td><td>≤0.15</td><td>≤0.10</td></tr>
<tr><td>≤25</td><td>≤0.50</td><td>≤0.20</td><td>≤0.20</td><td>≤0.15</td><td>≤0.10</td></tr>
<tr><td>>25～120</td><td>≤2%B</td><td>≤0.8%B</td><td>≤0.8%B</td><td>≤0.6%B</td><td>≤0.4%B</td></tr>
<tr><td>>120～600</td><td>≤1.5%B</td><td>≤0.7%B</td><td>≤0.7%B</td><td>≤0.5%B</td><td>≤0.35%B</td></tr>
</table>

表 5-73 建筑铝合金型材的平面间隙(mm)

型材宽度 B	平面间隙		
	普通级	高精级	超高精级
≤25	≤0.20	≤0.15	≤0.10
>25	≤0.8%B	≤0.6%B	≤0.4%B
任意 25mm 宽度上	≤0.20	≤0.15	≤0.10

(6)型材的曲面间隙

型材的曲面间隙是将标准样板紧贴在型材的曲面上,测得的型材曲面与样板之间的最大间隙值。型材的曲面间隙为每 25mm 的弦长上允许的最大值不超过 0.13mm,不足 25mm 的部分按 25mm 计算。当圆弧部分的圆心角大于 90°时,则应按 90°圆心角的弦长加上其余数圆心角的弦长来确定。

5.6.3 铝合金棒材的矫直、精整工艺

5.6.3.1 铝合金棒材的矫直、精整工艺要求

铝合金棒材按断面形状分为圆棒、方棒和六角棒。对于中、小规格圆棒材,既可以采用拉伸矫直,也可以采用旋转矫直;当棒材直径较粗时,通常采用拉伸矫直;对于直径粗而短的大规格棒材(如直径大于 200mm),当弯曲度较大时,可利用压力机进行反弯矫直;方棒和六角棒一般采用拉伸矫直。棒材矫直、精整的工艺要求可参照前述型材的工艺要求,同时还应注意以下几点:

(1)棒材拉伸矫直时的变形量要根据制品的实际尺寸、弯曲扭拧程度和其表面质量来决定,拉伸率的控制范围为 0.5%~3%。当制品的实际尺寸接近负偏差极限值时,要严格控制拉伸变形量或采用辊矫。采用大拉伸变形量时,应防止表面粗糙或拉断。

(2)对直径 10mm 以下小规格棒材拉伸矫直时,不得将几根长短不一的制品同时进行拉伸,以保证制品力学性能的均匀性和减少夹头损失。

(3)当棒材弯头比较严重时(指中等以上规格棒材),应先在压力机上进行预矫直以消除弯头,然后再进行拉伸矫直。

(4)方棒和六角棒矫直时,在拉直并使扭拧消失后,再进行拉伸变形。

(5)棒材辊矫(旋转矫直)前表面应清洁,矫直机辊面应光滑、清洁,防止划伤制品表面或造成金属及非金属压入。

(6)辊矫时,为了便于咬入,可在辊面上适当浇一些煤油。

5.6.3.2 铝合金棒材的矫直、精整质量控制

(1)棒材的表面质量

辊矫后的棒材表面应光滑,存在的压坑、矫直螺旋线的最大深度不得超出直径允许偏差,应保证棒材的最小直径。

软合金棒材拉伸矫直后,表面不得出现明显的粗糙和橘皮现象。

(2)棒材的弯曲度

矫直、精整后的棒材不允许有弯头。对于直径不大于10mm的棒材,矫直后有用手轻压即可消除的弯曲,其他规格棒材的弯曲度应符合表5-74所示规定。

表5-74 铝合金棒材的弯曲度(mm)

棒材直径	弯曲度			
	普通级		高精级	
	每1m长度上	全长(L)上	每1m长度上	全长(L)上
>10～100	≤3.0	≤3L,但最大为15	≤2.0	≤2L,但最大为10
>100～120	≤6.0	≤6L,但最大为25	≤5.0	≤5L,但最大为20
>120～130	≤10.0	≤10L,但最大为40	≤7.0	≤7L,但最大为30
>130～200	≤14.0	≤14L,但最大为50	≤10.0	≤10L,但最大为40

(3)方棒、六角棒的扭拧度

矫直、精整后的方棒和六角棒的扭拧度应符合表5-75的规定。

表5-75 铝合金方棒、六角棒的扭拧度

方棒、六角棒内切圆直径/mm	扭拧度			
	普通级		高精级	
	每1m长度上	全长(L)上	每1m长度上	全长(L)上
≤14	≤60°	≤60°L	≤40°	≤40°L

（续表）

方棒、六角棒内切圆直径/mm	扭拧度			
	普通级		高精级	
	每1m长度上	全长(L)上	每1m长度上	全长(L)上
>14～30	≤45°	≤45°L	≤30°	≤30°L
>30～50	≤30°	≤30°L	≤20°	≤20°L
>50～120	≤25°	≤25°L		

5.6.4 铝合金管材的矫直、精整工艺

5.6.4.1 铝合金管材的矫直、精整工艺要求

(1)管材在辊矫之前表面应清洁、无金属屑及灰尘；矫直机辊面应光滑、无金属屑及脏物，防止矫直后划伤管材表面或造成金属及非金属压入。

(2)管材辊矫时，为了使管材易于咬入，可在矫直辊上适当地浇上一些煤油。

(3)淬火后的管材，应尽可能在其塑性最好的时间内(见表5-64)矫直完毕，以防时效硬化影响矫直效果。

(4)淬火后需要进行人工时效的管材，应在淬火至人工时效的时间间隔内(见表5-64)矫直完毕，人工时效后一般不再进行矫直。7A04、7A09合金厚壁管材在人工时效后不允许进行矫直加工。

(5)退火状态管材，应在退火前进行矫直。退火后出现弯曲的管材，只能进行手工矫直。

(6)管材辊矫时，应注意各辊子压下量的调节，避免矫直后的管材表面出现明显的、具有一定深度的矫直螺旋线。

(7)管材辊矫后尺寸会发生一定变化，长度缩短，外径增大。对于尺寸精度要求高、定尺产品，应注意直径变化对其精度的影响，并防止出现短尺。一般情况下，定尺产品应在矫直后切定尺。

(8)管材拉伸矫直时，应在夹头部位的管材内孔中放与之相配套的矫直芯子，以减少管材头部压扁变形的长度。

5.6.4.2 铝合金管材的矫直、精整质量控制

(1)管材的表面质量

矫直后的管材表面应光滑,无划伤,无金属及非金属压入等。对于厚壁管材,矫直所产生的螺旋线,其深度不得超过 0.5mm。

(2)管材的弯曲度

矫直后的热挤压圆管(非退火状态)的弯曲度应符合表 5-76 所示规定。

表 5-76 铝合金挤压圆管的弯曲度(mm)

公称外径	弯曲度					
	普通级		高精级		超高精级	
	每 1m 长度上	全长 (*L*)上	每 1m 长度上	全长 (*L*)上	每 1m 长度上	全长 (*L*)上
25～150	≤3.0	≤3.0*L*	≤2.0	≤2.0*L*	≤1.0	≤1.0*L*
>150～250	≤4.0	≤4.0*L*	≤3.0	≤3.0*L*	≤2.0	≤2.0*L*

6 挤压制品的主要缺陷及质量控制

6.1 挤压制品的表面缺陷

6.1.1 裂纹

裂纹是挤压制品中最常见的缺陷之一，在挤压某些高温塑性较差的2A12、7A04等硬铝合金，以及锡磷青铜、铍青铜、锡黄铜等铜合金时，在制品的表面易出现周期性分布的横向裂纹，如图6-1所示。

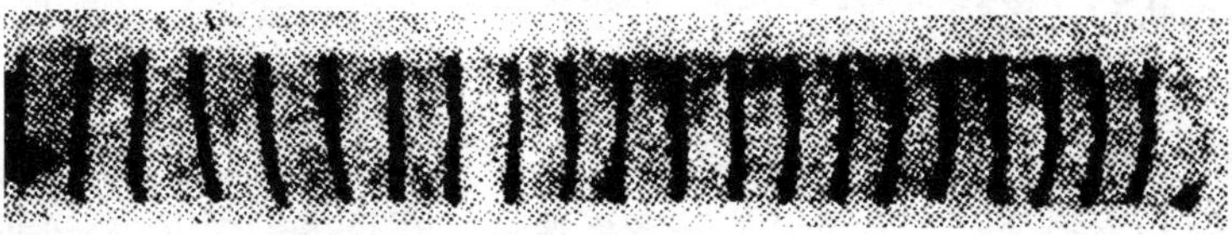

图6-1 挤压制品的表面裂纹

6.1.1.1 裂纹产生的原因及影响因素

裂纹的产生主要是由于金属流动不均匀导致局部出现拉应力的结果。在挤压过程中，由于金属流动不均匀，导致制品外部出现拉应力作用，内部受压应力作用。当这个拉应力值超过制品表面金属的强度时，在制品表面就会产生裂纹。但如果合金在此条件下具有足够的强度，则不一定会产生裂纹。

裂纹的产生与以下因素有关：

(1)坯料加热温度过高。在挤压过程中，影响合金强度的主要因素是温度。通常将在该温度下出现裂纹的温度称为“临界温度”。每一种合金都有自己的临界温度，它主要与合金的成分有关。如7A04 合金的临界温度为 470℃～480℃，2A12 合金的为 485℃～495℃，5A02 合金的为 520℃～530℃。挤压时，变形区内的温度除了与坯料的原始加热温度有关外，还与挤压过程中的温升有关，而温升的大小最主要与挤压速度有关。但如果坯料的加热温度过高，达到或接近这个临界温度，即便是采用很慢的挤压速度，也易产生裂纹。如果加热温度超过了合金的过烧温度，金属从模孔流出时就难以成形。

(2)挤压速度过快。根据速度-温度效应可知，挤压速度越快，金属的变形速率越高，产生的变形能就越大。挤压过程中的变形能 90%～95%以上都将转化为热量，从而会使变形区中的温度迅速升高(包括了摩擦热的作用)。如果此时坯料的原始加热温度较高，模具的散热效果也较差，则变形区中的温度很容易达到或超过临界温度，造成制品出现裂纹。

(3)模具的散热效果较差。在挤压过程中，变形区中的热量主要是通过模具散发出去。如果模具的散热效果较差，不能将产生的热量(摩擦热和变形热)及时散发出去，变形区中的温度就会越来越高，当变形区中的温度达到临界温度时，就会产生裂纹。这就是挤压制品尾端易出现裂纹的主要原因。

(4)更换合金时未及时调整挤压速度。在挤压过程中，不同的合金应采用不同的挤压速度。通常情况下，塑性较好的软合金的挤压速度快，塑性较差的硬合金的挤压速度慢。当挤压软合金结束后更换硬合金挤压时，如果不能及时将挤压速度降下来，就易造成制品出现裂纹。

(5)挤压比过大。虽然挤压比大小对制品是否产生裂纹没有直接影响，但是，挤压比大，变形量大，在相同的挤压速度条件下产生的变形热大。这时如果坯料的原始加热温度较高或挤压速度过快，就易造成变形区温度出现明显升高，也易造成制品出现裂纹。

(6)多孔模挤压时，模孔布置太靠近模子中心，或太靠近挤压筒壁。采用多孔模挤压时，如果各模孔布置过于靠近模子中心，就会造成模子端面上模孔内外侧金属分布不均匀，模孔内侧(靠向模子中心)一边金属供应量少，模孔外侧(靠向挤压筒壁)一边金属供应量多。当制品从模孔流出时，靠向模子中心一侧制品表面就会因金属供应不足而产生裂纹。相反的，如果各模孔布置过于靠近挤压筒壁，则靠向挤压筒壁一边制品表面会因金属供应不足而产生裂纹。

(7)模孔工作带入口棱角太尖锐。在挤压低塑性合金制品时，如果模孔工作带入口处没有圆角过渡，棱角太尖锐，也易造成制品表面出现裂纹。

6.1.1.2　减少裂纹的主要措施

(1)对于铝合金挤压制品来说，除了为获得具有较显著的挤压效应的制品和用分流模挤压空心制品需要采用较高的挤压温度外，其他制品一般都尽可能采用较低的挤压温度。这是由于采用较低的挤压温度既可以减少裂纹发生的倾向性，还有利于减少金属的变形不均，减小粗晶环的深度，并能提高挤压速度。

(2)当挤压温度较高、挤压比较大时，应适当降低挤压速度。

(3)挤压塑性较差的硬合金时，在挤压后期，应适当降低挤压速度。

(4)在可能的情况下，采用反向挤压、润滑挤压、坯料的梯温加热、冷却模具、温度-速度闭环控制等技术，均有利于减少裂纹产生的倾向性。

(5)合理设计加工模具，在生产过程中精心修模，均有利于减少裂纹的产生。

6.1.2　气泡和起皮

气泡和起皮(图 6 - 2)是挤压制品中较常见的缺陷之一。

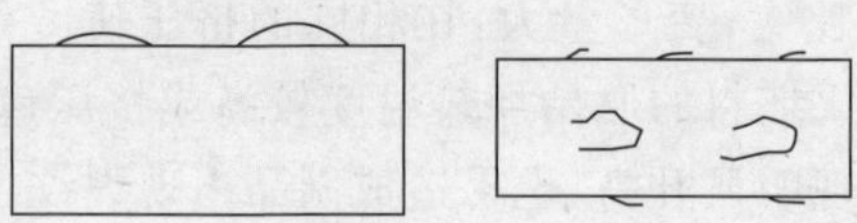

图 6－2　挤压制品表面气泡、起皮示意图

6.1.2.1　产生气泡和起皮缺陷的主要原因

(1)熔铸时除气不干净，在坯料中残留了较多气体。分散在坯料内部的气体，挤压前加热时，通过扩散与聚集成明显的气泡，挤压后残留在制品内部。

(2)坯料与挤压筒之间的间隙过大，或坯料直径超出允许负偏差。挤压镦粗时坯料发生鼓形变形量较大，当合金的塑性较差时，在坯料的侧表面易产生微小裂纹。随着挤压过程的进行，封闭在挤压筒与模子角落处的高压气体，就会进入坯料表面上的微裂纹中。随着金属从模孔流出，进入坯料表面微裂纹中的气体就会随着金属一起从模孔流出进入制品的表面层。如果这些气体被封闭在表皮金属的下面，出模孔后，一旦外部压力消失，由于气体膨胀压力的作用，就会在制品表面形成气泡；如果未能被封闭住，就会造成起皮。

(3)坯料表面缺陷较多、较深。如果坯料表面有较多的气孔、砂眼等缺陷，在镦粗时，高压气体就会进入到这些缺陷中也会造成制品的气泡、起皮缺陷。如果坯料表面铲槽太多、太深，也易造成制品的起皮、气泡缺陷。

(4)坯料加热温度、挤压筒温度过高。如果坯料加热温度过高，其表面强度降低，在镦粗过程中侧表面更易产生裂纹。另外，坯料加热温度、挤压筒温度过高，会造成封闭在挤压筒与模子角落处的气体的膨胀压力增大，更容易进入坯料表面的微裂纹中，造成制品表面气泡、起皮缺陷。

(5)挤压筒超差。在正常情况下，挤压筒与挤压垫之间的间隙是很小的，在挤压过程中，坯料表面层金属与挤压筒壁发生黏结而不能正常流动，被粘在了挤压筒壁上；但又会被随后到来的挤压垫刮下，最后进入到挤压制品的尾端(以缩尾的形式被切除)或压余中。挤压结束后，在挤压筒内壁上会残留一个厚度很薄的完整金属套，它对下一个坯料的挤压及制品质量不会构成影响。但如果挤压筒内衬因磨损而超差,一方面会造成每次挤压后筒内壁上都粘上较厚一层被挤压金属。在这一层金属中,含有较多的缺陷和脏物(坯料表面残留下来的),在挤压下一个坯料时,就会与新的坯料表面金属发生黏结,这部分金属就有可能随着新坯料金属一起流出模孔进入制品表面层,从而易造成制品表面产生起皮。另一方面会造成镦粗时的填充变形量增大,与坯料直径超负偏差一样,易造成制品产生气泡、起皮缺陷。

(6)同时使用的两个挤压垫直径相差较大。在挤压过程中,挤压垫也会因磨损而变小。如果同时使用的两个挤压垫直径不同,当用直径较小的挤压垫挤压时,就会在挤压筒内壁上残留较多金属,在挤压下一个坯料时,就易造成制品表面产生起皮缺陷。

(7)挤压筒不干净。如果挤压筒、挤压垫太脏沾有油污、水分等,在挤压过程中就更容易造成制品表面起皮、气泡缺陷。如果更换合金时挤压筒内清理不干净,就易造成制品起皮。

(8)润滑油中含有水分。润滑挤压时,如果润滑油中含有水分,在高温挤压条件下,水分蒸发变成水蒸气,就易造成制品表面产生气泡缺陷。

6.1.2.2 防止或减少气泡和起皮缺陷的措施

(1)在熔炼过程中采取有效措施减少熔体吸气,并进行有效的除气精炼,为挤压提供内部含气量少、气孔少、疏松少的坯料,对于减少制品气泡缺陷是有益的。

(2)减小镦粗变形量。在不影响坯料顺利装入挤压筒中的前提下,尽可能减小坯料与挤压筒的间隙,减小镦粗时金属的横向变形量,可有效防止坯料在镦粗过程中侧表面出现微裂纹,从而有效防止气泡、起皮缺陷产生。

(3)对坯料进行梯温加热,并使温度高的一端靠向模子,温度低的一端靠向挤压垫。如图 6-3 所示,镦粗时,温度高的前端由于变形抗力低而首先发生横向塑性变形,首先充满挤压筒;温度低的一端后发生变形,即从前向后顺序发生横向变形。从而避免产生单鼓变形,使得挤压筒中的气体从前向后逐渐被排出,从而避免产生气泡、起皮缺陷。

(4)尽可能减少使用因表面缺陷而进行了铲槽处理或车削加工的“条件坯料”。

(5)当挤压筒磨损超差时应及时更换挤压筒内衬或重新加工新的挤压垫。

(6)始终保持挤压筒、挤压垫清洁。

(7)控制合适的坯料加热温度和挤压筒温度。

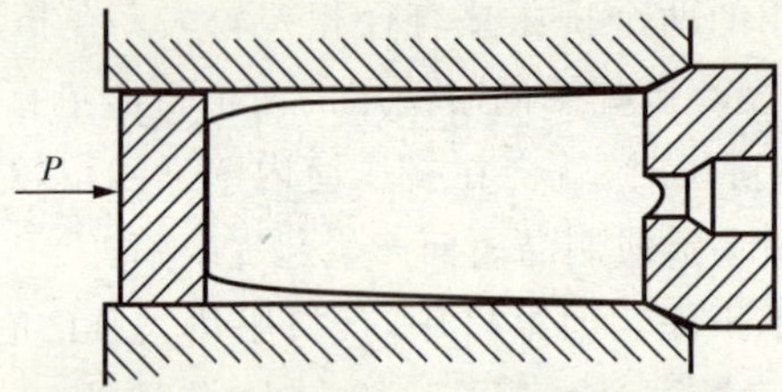

图 6-3　梯温加热后坯料的填充变形

6.1.3　制品外表面划伤、磕碰伤

6.1.3.1　产生划伤、磕碰伤的主要原因

划伤和磕碰伤是挤压制品最常见的缺陷之一。造成制品产生划伤、磕碰伤缺陷的主要原因有以下几方面：

(1)模子工作带不光滑或硬度小，摩擦大，容易黏金属。黏附在工作带上的金属，一方面会造成制品表面划伤；另一方面，由于它与变形金属为同种金属，在高温和高压下更容易发生黏结，造成更大的划伤。如果模子工作带多肉或少肉，就会造成制品表面出现较深的划沟或出现筋条。

(2)模子工作带出口处空刀尺寸太小，易黏附金属。这些黏附在出口部位的金属，容易与制品发生黏结，造成制品表面划伤或出现麻面。如果模子出口处不光滑，有棱角，当制品从工作带出来后，易造成划伤。

(3)导路、出料台不光滑。在配置导路生产时，制品从模孔出来后先经过导路再进入出料台，如果导路或出料台不光滑，有毛刺，制品进入导路和出料台时易产生划伤。如果出料台上的导辊不转动，制品在出料台上产生滑动摩擦，也易造成划伤。

(4)出料台上的制品未及时移走。挤压出的制品应及时从出料台上移走，如果放置在出料台上的制品未及时移走，新挤压的制品容易与出料台上原有的制品发生摩擦而产生划伤。

(5)多孔模挤压时流速差大。如果各模孔的流速差大，制品相互之间就会产生摩擦，由于刚出模孔的制品温度高，很容易发生黏结，从而造成划伤。

(6)模孔出现裂边或裂角。当模孔出现裂边或裂角时，造成工作带不光滑，划伤制品；且金属易进入裂纹中，造成该部位黏金属，划伤制品表面。

(7)小规格制品成堆锯切时，制品头部相互之间摩擦会造成头部划伤。

(8)在整个生产过程中没有注意轻拿轻放，或与制品接触部位料框的铁框没有用软质材料隔垫(或已损坏)等，都会造成磕碰伤。

6.1.3.2 防止划伤和磕碰伤的主要措施

(1)模具设计时，应合理设计工作带出口空刀的形状和尺寸，减小工作带出口部位黏金属的可能性。模具在使用过程中，应经常检查工作带出口部位是否粘有金属，一旦发现应及时清除。

(2)模具在使用过程中，应经常检查模具是否有损伤、裂纹等，并抛光工作带，及时清除粘在上面的金属，提高光滑度。模具在使用一段时间后，应按计划重新进行氮化处理，提高工作带表面的硬度和耐磨性。

(3)多孔模设计时，应注意模孔的合理布置，并做到中心对称，保证各模孔金属供应体积相等。多孔模挤压时，应注意观察各模孔流出制品长度的变化，当发现流速差较大时，对流速慢的应进行加快，或对流速快的加以阻碍。

(4)经常检查、处理导路和出料台上可能存在的棱角、损伤、毛刺等，保证出料台导辊运转灵活。检查料框隔垫是否完好，出现缺损应及时修补。

(5)小规格制品锯切时,严禁成堆锯切。如要一次锯切多根制品,应并排平放,压紧后再锯切。锯切后的制品端头打毛刺后再放入料框中。

(6)在整个生产过程中注意轻拿轻放,可有效防止或减少磕碰伤缺陷。

6.1.4 麻 面

挤压硬铝合金型材时,其表面上经常会出现许多麻点缺陷,称为"麻面",如图 6-4 所示。

图 6-4 挤压制品表面的麻点

6.1.4.1 麻面缺陷产生的主要原因及影响因素

实践证实,麻面缺陷的产生与模孔工作带出口端黏金属,以及挤压温度过高、挤压速度过快等有关。如图 6-5 所示,如果模孔工作带出口端粘有金属,当制品从模孔流出时,其表面会与工作带上所黏附的金属发生局部黏结。由于制品是连续向前流动的,这种黏结过程只是瞬间发生的,会很快与制品表面撕开,然后又会与新到来的表面发生黏结,如此黏结→撕开→再黏结→再撕开,在制品的表面上出现了许多小麻点。

影响模孔工作带黏金属的主要因素有以下几方面:

(1)模孔工作带出口端空刀量太小。如果工作带出口端空刀量太

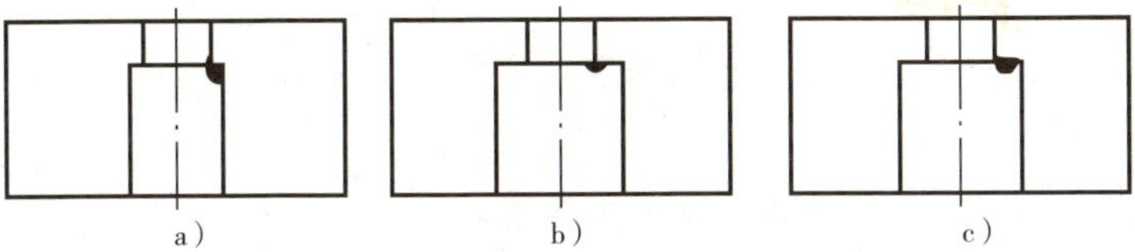

图 6-5 模孔工作带出口端黏金属示意图

a)工作带出口端空刀小;b)工作带出口端空刀大;c)工作带出口端有圆角

小,金属在流动过程中,由于各种物理化学作用的结果,就会在该部位产生堆积,如图 6-5a 所示。由于堆积的金属也与下部侧壁粘在一起,从而使金属与模子黏结牢固且量也多。

当空刀量较大时(见图 6-5b),金属不容易在此部位产生堆积。即便是有少量金属堆积在此部位,它只是黏结在工作带出口端的尖角处,而没有与侧壁黏结,与模子的黏结不牢固,很容易被流动金属冲刷掉,对制品表面质量不会产生明显影响。

(2)工作带出口端有圆角。虽然工作带出口端空刀量较大,但如果工作带出口端有圆角,制品从模孔流出时,制品与工作带之间在此部位就会出现一间隙,金属在此处就会产生堆积(见图 6-5c),且量较多,与模子黏结较牢固。

(3)工作带的表面状况及硬度。工作带表面越光滑,越不容易黏金属,即便是出现了黏金属现象,其量也少,与模子的黏结不牢固,很容易被流动的金属冲刷掉。在生产中只要勤光模,一般不会产生黏金属现象,挤压制品表面质量好。

如果工作带的表面硬度低,就越容易磨损,也越容易产生变形而使真实接触面积增大,从而更容易黏金属。

(4)挤压温度。挤压温度高,原子的扩散能力增强,有利于合金中元素向模子工作带表面层扩散,更容易产生黏金属现象。堆积在工作带出口端的金属也更容易与挤压制品表面产生黏结。

(5)挤压速度。挤压速度快,挤压过程中的温升大。同挤压温度升高一样,有利于合金中的元素向模子工作带表面层扩散,促使模子黏金属。

(6)变形程度。变形程度大,变形热大,同样也有利于合金中的元素向模子工作带表面层扩散，促使模子黏金属。

(7)金属变形抗力。金属的变形抗力大，产生的变形热大，同样也易使模子黏金属。

6.1.4.2 防止麻面缺陷的主要措施

在挤压铝合金时，由于铝本身的黏性比较大，且铝元素与铁元素的原子半径相差较小，在高温、高压下易发生元素间的相互扩散，因此，要完全防止模子工作带黏金属是比较困难的。但是，只要正确的设计、加工模子，采用合适的挤压工艺制度，并注意模子的正确使用，是可以减少或防止模子工作带黏金属，从而有效预防或消除麻面缺陷的。

(1)增大工作带出口端空刀量。实验证实，当模孔出口端直径比模孔直径大 4～6mm 时，在工作带出口端不易黏金属，挤压制品较少出现麻面缺陷。

(2)模子工作带出口处保持较尖锐的角度。如果模子工作带出口修成比较尖锐的角度，金属就不容易在此处产生堆积。特别在修模时，要注意避免修出圆角。

(3)将模子工作带制成斜面。如果模子工作带部分制作成带有一定锥度的斜面(图 6－6)，也可有效地防止工作带出口端黏金属。这是因为，在此情况下，由于制品是一直紧贴着工作带流出模孔，金属很难在此处产生堆积。从而防止麻面缺陷产生。

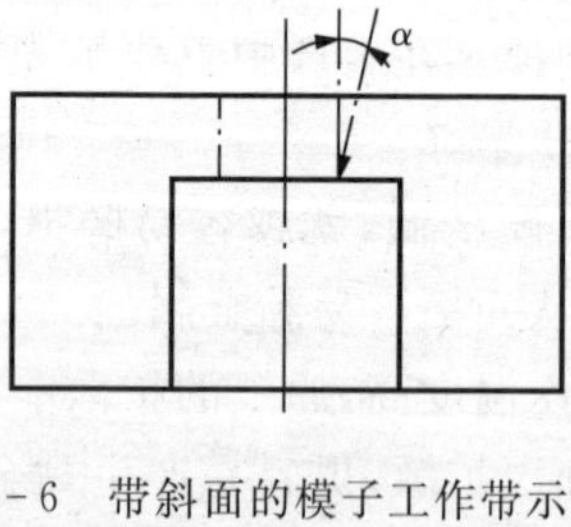

图 6－6　带斜面的模子工作带示意图

(4)对模子工作带进行渗硼、渗氮等处理。由于硼、氮等元素的原子半径远小于铁的原子半径，在模子工作带表面倾向于形成嵌入式固溶体，能够显著提高工作带表面的硬度和抗磨损能力，也对合金元素扩散层的形成起到一定的阻碍作用。从而防止工作带黏金属，防止制品表面出现麻面缺陷。

(5)采用合适的挤压工艺制度。在生产中注意正确地光模、修模，当模子使用一段时间后重新进行渗硼、渗氮等处理，也可以减少工作带黏金属，防止、减少麻面缺陷。

6.1.5 管材内表面纵向擦伤

铝合金管材挤压生产中，由于穿孔针黏铝等因素的影响，在挤出管材的内表面上经常会产生一种沿长度方向分布的擦伤缺陷，其形貌如图 6－7 所示；其擦伤部位的横截面金相照片如图 6－8 所示。

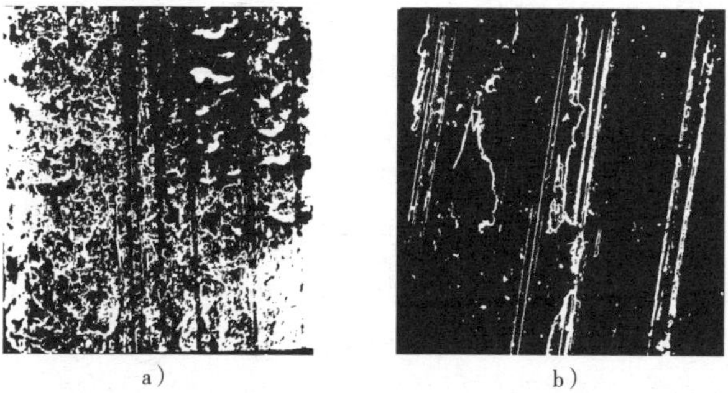

图 6－7 管材内表面纵向擦伤形貌

a)硬铝合金；b)软铝合金

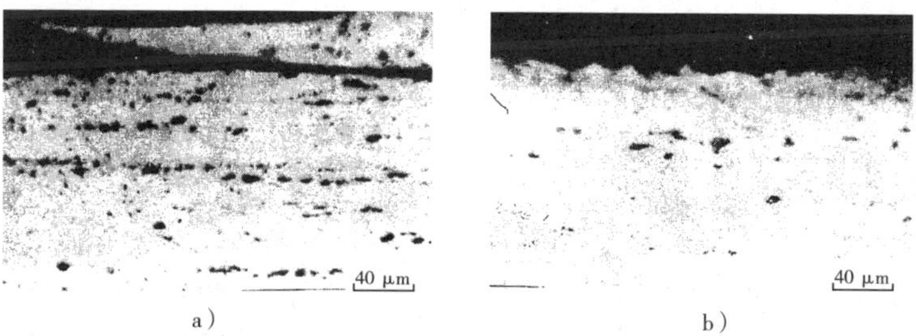

图 6－8 纵向擦伤横截面金相照片

a)有擦伤部位；b)无擦伤部位

在铝合金管材生产中，这种由于纵向擦伤所造成的废品约占整个擦伤废品总量的60%。这种擦伤缺陷多数出现在用润滑穿孔针方式挤压硬铝合金(2A12、7A04等)管材中，且越靠近制品尾端越严重。擦伤缺陷严重时，从管材的头部到尾部都会出现。在挤压软铝合金管材时，有时也会产生这种擦伤缺陷，但擦伤的深度、面积都比硬铝合金的较轻微。

6.1.5.1 纵向擦伤产生的主要原因及影响因素

挤压时工艺润滑的特点是一次性的，即在挤压过程中润滑剂不能连续加入。由于润滑剂的消耗，在挤压过程的后半周期，在穿孔针与金属的接触面上局部出现干摩擦，使得针与金属之间发生直接接触。在高温、高压下，由于接触面上分子(原子)间的吸附、扩散作用，以及穿孔针表面的微凹凸不平，在接触部位产生很强的黏结，造成了黏结部分金属不能正常流动而停止，并黏附在穿孔针表面。黏附在穿孔针上的金属，对后续金属的流动起到了阻碍作用。由于正对着黏结点的金属的流动受阻，而侧面金属则可以紧贴着穿孔针表面正常流动，从而在管材的内表面上出现了犁沟状的擦伤缺陷。由于黏结点对金属流动的阻碍，以及流动金属与黏结点金属的相互作用，会使黏结点进一步扩大，从而使擦伤的面积和深度进一步增加，造成更严重的擦伤。表层金属流动停滞而皮下金属仍正常流动，造成该处强烈的剪切变形并发热，在该处产生更强烈的黏结，当金属塑性较差时，会使擦伤部位的表层金属发生撕裂，如图6-8a所示。

影响管材内表面纵向擦伤的因素主要有以下几方面：

(1)穿孔针的表面状况

穿孔针的表面粗糙度越大，越容易黏结金属。当穿孔针的表面硬度较低时，微凸体的凸峰在高压下易产生弹性压扁，使得金属与穿孔针表面的真实接触面积增大，摩擦增大。如果穿孔针表面有较严重的磕碰伤，凹下部分易黏金属，凸起部分会击穿润滑膜，破坏润滑膜的连续性，并可能划伤管材表面。即便是穿孔针的质量是优良的，如果在生产过程中不认真修针，不及时清除干净黏结在针上的金属，同样也会造成严重的擦伤。

(2)穿孔针表面润滑状况

目前,铝合金管材挤压中用于润滑穿孔针的润滑剂主要是由汽缸油与石墨按照一定比例配制而成的混合物,其配比一般汽缸油占60%～80%,石墨占40%～20%。如果润滑剂过稀,涂抹在穿孔针上的油膜就很薄,且油膜强度低,在挤压过程中易出现针与铝的直接接触,造成穿孔针黏金属。如果润滑剂过稠,即石墨成分多,易造成石墨压入缺陷。如果组成润滑剂的汽缸油和石墨本身质量有问题,如汽缸油闪点低,涂抹在温度很高的穿孔针易燃烧,降低润滑效果;石墨的颗粒过大,易造成石墨压入。在卧式挤压机上挤压管材时,穿孔针与地面平行,当润滑剂较稀时,涂抹在针上的润滑剂易向其下部表面流动,使得针的上部和侧面润滑剂减少,而下部润滑剂增多,造成润滑不均匀;润滑剂少的部位易较早与金属直接接触,造成穿孔针不均匀黏金属。在实际生产中,穿孔针的润滑一般都是采用人工涂抹方式,如果润滑剂涂抹不均匀,也必然会造成润滑不均匀;如果有些部位没有涂抹上润滑剂,变形刚一开始,金属就会与穿孔针直接接触,造成穿孔针严重黏金属,引起管材内表面严重擦伤。正如前面所述,如果坯料内孔与穿孔针的直径差过小,涂抹润滑剂的穿孔针在从坯料内孔中穿过时,针表面的润滑剂易被坯料端面刮掉,影响润滑效果;刮掉的润滑剂落在挤压筒中会污染挤压筒,造成管材外表面起皮、气泡缺陷。另外,如果穿孔针润滑后不及时挤压,即涂抹润滑剂至挤压的间隔时间较长,润滑剂中的汽缸油会挥发,剩下的石墨不能形成连续的润滑膜,影响润滑效果。

(3)坯料内孔表面质量

空心坯料的生产通常有两种方式,一种是直接铸造空心锭,然后进行镗孔加工;另一种是用实心锭钻孔或在压力机上打孔。直径大于150mm的空心锭多采用直接铸造法生产,小于150mm的多采用钻孔或打孔方法生产。

铸造空心锭的加工程序一般是:铸造→车皮→镗孔→均匀化退火。在长时间的高温均匀化退火过程中,坯料表面会产生严重氧化而形成很厚的氧化膜。铝的氧化膜硬而脆,延伸性能很差,在挤压过程中不能随基体金属一起变形而破碎。破碎的氧化物颗粒如果黏附在穿孔针表面，易划伤管材内表面；如果随着金属一起沿穿孔针表面流动，将加速穿孔针的磨损，甚至划伤针的表面，使穿孔针更易黏金属。如果由于镗刀较钝造成坯料内孔表面粗糙，在均匀化退火时会产生更严重的氧化，使上述现象加剧，同时还易造成较严重的内表面螺旋纹状擦伤。如果改在均匀化后镗孔，虽然可避免高温均匀化退火时的氧化，但由于铝的黏性大，不易断屑，造成镗孔困难且表面粗糙。

(4)挤压工艺参数

变形程度(挤压比)增大，挤压力成正比升高，作用在穿孔针上的正压力增大，摩擦力增大。一方面，当变形金属与穿孔针接触面上出现干摩擦时，在正压力作用下针表面微凸体的凸峰产生弹性压扁，正压力增大，将使二者之间的真实接触面积增大；另一方面，由于变形热和摩擦热的增大，将使接触面上原子(分子)的吸附和扩散作用加强，有利于造成穿孔针黏金属。

挤压温度高，接触面上原子(分子)的吸附和扩散作用加强，有利于穿孔针黏金属。

挤压速度对穿孔针黏金属是通过温度变化起作用的。挤压速度提高，变形热增大，变形热、摩擦热来不及散失，使变形区金属温度升高，易造成穿孔针黏金属。另外，提高挤压速度易产生表面裂纹。

6.1.5.2 减少或消除纵向擦伤的措施

(1)对穿孔针表面进行抛光、渗氮、渗硼等处理，提高穿孔针的表面光洁度和硬度，并在使用一段时间后重新处理。

(2)穿孔针使用前要严格检查，发现缺陷及时处理。在使用过程中要加强修针，及时清除针上的黏结物，始终保持针表面的清洁、光滑。

(3)使用质量符合要求的润滑剂，严格按照要求的比例配制润滑剂，并加强搅拌，使石墨与汽缸油均匀混合。在向穿孔针上涂抹润滑剂时尽可能涂抹均匀，同时还要提高速度，减少间隙时间，避免汽缸油挥发。

(4)提高坯料内孔的镗孔质量。

(5)在不影响坯料装入挤压筒的前提下，尽可能减小坯料与挤压筒的间隙，避免穿孔针从坯料内孔穿过时刮掉润滑剂。

(6)采用合适的挤压温度、速度，特别在挤压硬铝合金时，为了提高挤压速度，尽可能采用较低的坯料加热温度。

6.1.6 管材内表面螺旋纹状擦伤

在用空心坯料润滑穿孔针方式挤压铝合金管材时，在管材的内表面上经常会出现如图 6-9 所示的螺旋纹状擦伤缺陷。如果将带有这种擦伤缺陷的管材进行淬火，沿着螺旋纹的轨迹，在管材内表面上会产生许多像鱼鳞似的小毛刺，因此也被称为鱼鳞状擦伤。这种螺旋纹状擦伤缺陷，主要产生在硬铝合金管材上，以 2A12 合金挤压薄壁管最为明显。

图 6-9 管材内表面螺旋纹状擦伤形貌

6.1.6.1 螺旋纹状擦伤缺陷产生原因及影响因素

螺旋纹状擦伤部位的金相照片如图 6-10 所示。从图 6-10a 的横截面金相照片可以看出，在擦伤部位管材内表面层，有一层不连续的黑色石墨夹层，各处的深度不同。从图 6-10b、图 6-10c 的表面金相照片可以看出，擦伤部分是两层铝中间夹着一层石墨。从照片上还可以看出，在管材内表面层形成的这种石墨夹层，有些部位被封闭在表层金属下面，有些部位未完全封闭，造成了表层金属不连续。无擦伤部位在其表面上只有石墨痕迹，但无这种分层现象(图 6-10d)。

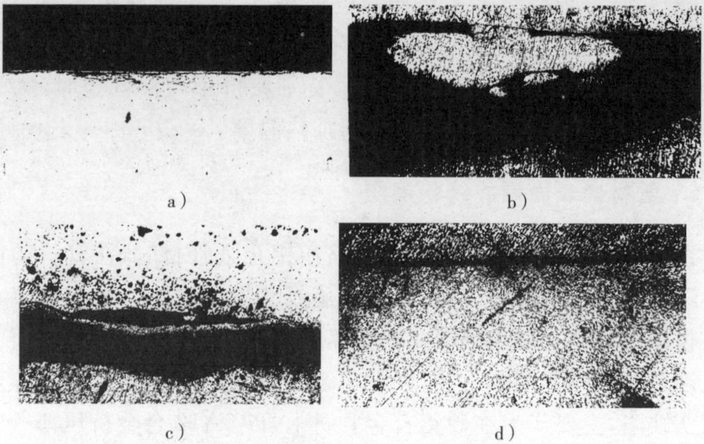

图 6－10　螺旋纹状擦伤金相照片

a)擦伤部位横截面；b)擦伤部位表面纵向；

c)擦伤部位表面横向；d)有石墨痕迹无擦伤表面；

螺旋纹状擦伤缺陷轻微时，在浓度为 10％～20％的氢氧化钠溶液中，经过 10～30min 蚀洗可基本消除，但会留下腐蚀小坑；严重时，即便是经过较长时间蚀洗也难以完全消除。图 6－11 所示是经过 30min 蚀洗后的横截面金相照片，其表面还有没蚀洗掉的部分。

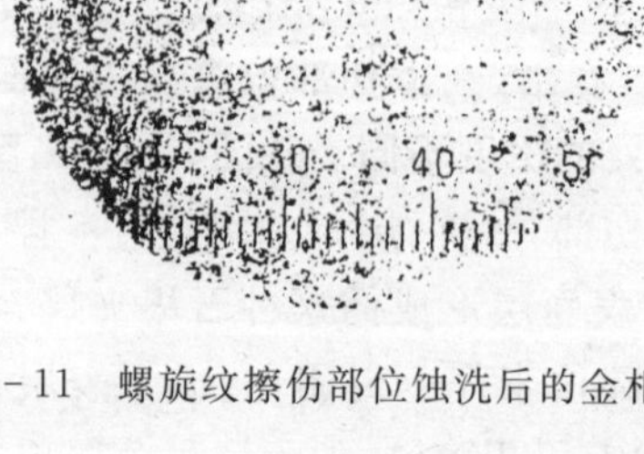

图 6－11　螺旋纹擦伤部位蚀洗后的金相照片

挤压管材内表面上的螺旋纹状擦伤缺陷，实质上是一种金属分层现象，其产生的条件是：第一，润滑挤压，即在穿孔针表面有润滑剂存在，且黏度较大；第二，坯料内孔表面有深的刀痕槽或因刀钝造成表面粗糙，出现了更深的刀槽或凹坑，如图 6－12a、图 6－12b 所示。如果刀痕较浅且光滑（图 6－12c），即便是润滑剂黏度很大，也不会出现螺旋纹状擦伤缺陷。

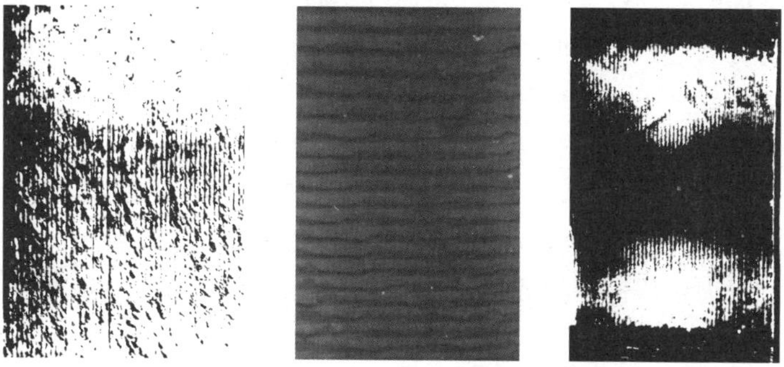

a）　b）　c）

图 6－12　坯料内孔表面状况

a）刀痕正常刀花不良；b）刀痕过深；c）正常光滑刀痕

图 6－13 是螺旋纹状擦伤的形成过程示意图。

在填充过程中，坯料在长度上被压缩产生径向变形流动，填充到坯料与挤压筒和穿孔针的间隙中。在填充过程中，处于刀痕槽底部和粗糙表面凹坑中的金属只发生径向流动，处于刀痕峰部和粗糙表面凸峰部位的金属，既可以发生径向流动，也可以发生纵向变形向刀痕槽和凹坑中流动，如图 6－13a 所示。金属在径向流动过程中，坯料内孔表面刀痕峰部的金属和粗糙表面凸峰部分的金属，首先会与穿孔针表面的润滑剂接触。随着填充变形过程的继续进行，针表面上的润滑剂，受到径向流动金属的挤压会流进刀痕槽和凹坑中，使得刀痕槽和凹坑中与针接触面之间的润滑剂增多，润滑膜增厚；而刀痕峰部和粗糙表面凸峰部分与针接触面之间的润滑剂量则相应减少、润滑膜厚度减薄。与此同时，由于处于刀痕槽中和凹坑底部的金属向针表面方向产生径向流动，使刀痕槽和凹坑的深度变浅；处于刀痕峰部和粗糙表面凸峰部位的金属，在向针表面方向径向流动的同时，沿纵向向刀痕槽和凹坑中流动，使得刀痕的峰与峰、粗糙部位的凸峰与凸峰之间的距离变窄、变小。

在一般情况下，坯料表面的镗刀痕深度小于刀痕槽的宽度，在填充过程中金属的纵向流动也比较小。当填充挤压阶段结束时，如果坯料内孔镗孔加工质量高，刀痕槽浅而光滑，刀痕峰部和槽底的金属基本上会同时到达穿孔针表面。这时，坯料内孔的镗刀痕基本消失或深度非常浅，坯料以较平坦的表面与针表面的润滑膜接触，穿孔针表面的润滑膜厚度也比较均匀。进入基本挤压阶段后，变形金属沿穿孔针表面发生纵向流动，产生延伸变形，即便是填充结束时坯料内孔的刀痕槽还存在，但由于深度很浅，出模孔时发生延伸变形被拉平，挤出管材的内表面光滑，不会出现螺旋纹状擦伤，如图 6－13b 所示。

如果刀痕峰部平滑或圆滑，但刀痕槽较深时，当刀痕峰部金属与穿孔针表面的润滑膜接触时，刀痕槽中的金属还没有接触到润滑膜。随着变形继续进行，由于润滑膜的剪切强度远小于金属的变形抗力，与刀痕峰部接触的润滑剂受压流向刀痕槽中，直到使槽中充满润滑剂，相应地，刀痕峰部与穿孔针接触部位的润滑膜减薄。与此同时，刀痕槽的宽度也因峰部金属的纵向流动而变窄。由于在穿孔针与坯料接触面上的各部位均充满了润滑剂，金属向穿孔针方向的径向流动即停止。这时，坯料内孔的镗刀痕不会消失，还有一定的深度，坯料内表面不平坦，穿孔针表面的润滑膜厚度也不均匀，在穿孔针表面与刀痕槽接触部位的润滑膜厚，与刀痕峰部接触部位的润滑膜薄。进入基本挤压阶段后，随着金属从模孔中流出，与穿孔针接触的表面层金属产生延伸变形，刀距拉长，刀痕槽变浅，但没有变平坦，有一部分润滑剂被从中挤出；还有一部分润滑剂仍保留在其中，沿着被拉长的刀痕呈螺旋纹状分布在管材内表面上，如图 6－13c 所示。随着挤压过程进行，接触面上的润滑剂因消耗而减少，在刀痕峰部与穿孔针的接触面上的某些部位，易出现干摩擦，导致金属流动速度滞后于皮下金属的流动速度，甚至发生黏结，从而将润滑剂封闭或半封闭在刀痕槽中。

如果坯料黏性大或刀钝，易造成镗孔后的刀花不良，坯料表面质量差，很粗糙，出现深槽或深坑。在填充过程中，润滑剂易被封闭在这些深槽或深坑中。而且，刀痕峰部尖锐、粗糙的凸峰很容易造成润滑膜被击穿，使得金属与针发生直接接触，造成接触面上润滑极不均匀，有些部位润滑膜厚，有些部位薄，甚至局部可能出现干摩擦。进入基本挤压阶段后，金属从模孔流出时，与穿孔针直接接触部位的金属，因为摩擦大，其流动速度必然滞后于皮下金属的流动速度，导致在挤出管材的内表面上，润滑剂被封闭或半封闭在拉长并呈螺旋纹状分布的凹坑中，如图 6－13d 所示。

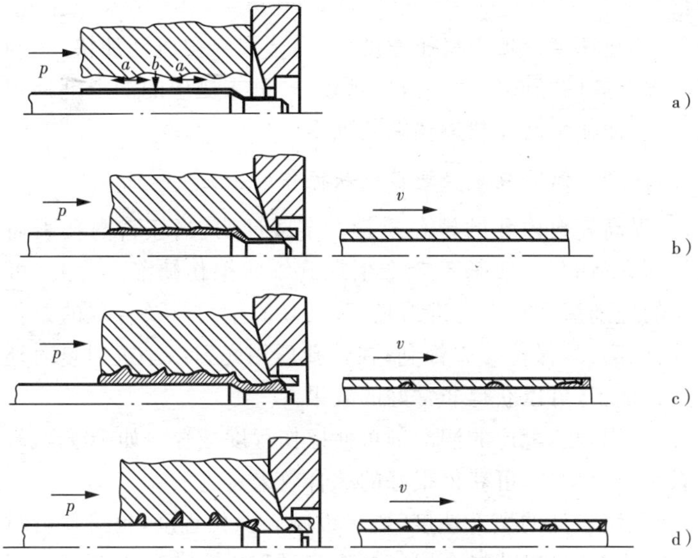

图 6－13　管材内表面螺旋纹状擦伤形成过程示意图
a)填充初期坯料内孔金属流动情况；b)坯料内孔刀痕浅而光滑；
c)刀痕深而光滑；d)刀痕粗糙

影响螺旋纹状擦伤的主要因素有以下几方面：

(1)坯料内孔表面质量。坯料内孔表面镗孔质量对螺旋纹状擦伤的形成有决定性的影响。刀痕槽浅而光滑的坯料内孔表面是不会形成螺旋纹状擦伤缺陷的。如果刀痕槽较深，易形成螺旋纹状擦伤缺陷。特别是刀痕粗糙时，会形成严重的螺旋纹状擦伤缺陷。

(2)润滑剂的配比。如果润滑剂中石墨的含量较高，即润滑剂的浓度大，其流动性变差，进入到刀痕槽和凹坑中的润滑剂在金属延伸变形过程中不易排出，则螺旋纹状擦伤缺陷越严重。

(3)坯料内孔与穿孔针的间隙。坯料内孔与穿孔针的间隙越大，填充时内径收缩率越大，金属径向流动的距离增大，有利于减小刀痕槽深度，从而使螺旋纹状擦伤缺陷减轻。

(4)挤压比。挤压比增大，坯料内孔表面层金属沿穿孔针表面的延伸变形增加，有利于刀痕槽中的润滑剂排出，使螺旋纹状擦伤缺陷减轻。

(5)填充速度。填充挤压速度增加，金属纵向流动加快，不利于刀痕槽底部金属的径向流动。刀痕槽较深，进入槽中的润滑剂易被封闭在其中，从而使螺旋纹状擦伤缺陷加重。

6.1.6.2 消除或减轻螺旋纹状擦伤的措施

(1)提高坯料内孔的镗孔质量。实践证明，当坯料内孔表面镗刀痕槽浅而光滑时，一般都不会产生螺旋纹状擦伤缺陷。为此，可以采用很浅的镗削深度和小的进刀量；采用高质量刀具及合理的刀具形状和参数；勤磨刀，保持刀刃锋利；在镗孔后用光刀以小进刀量对坯料内孔再进行加工，可以获得非常好的效果。

(2)采用合适配比的润滑剂可使擦伤程度减轻。如70%汽缸油和30%石墨搅拌均匀，可获得很好的综合效果。

(3)采用较低的填充速度，既可以减轻擦伤程度，也可使管材前端的偏心减小；并可以减轻金属径向流动过程中弯曲应力对穿孔针的作用，延长针的使用寿命。

6.1.7 管材内表面点状擦伤

实践证明，采用不润滑穿孔针方式挤压铝合金管材，可获得内表面质量优良的管材。但是，实际生产中发现，不润滑穿孔针挤压铝合金管材时，有时在其内表面上会出现与型材麻面相似的点状擦伤缺陷，如图 6－14 所示。这些点状擦伤缺陷多数出现在 2A11、2A12、7A04 等硬铝和超硬铝合金管材内表面上，轻微的是在管材内表面上产生许多小麻点，严重的则是具有一定深度的滴形坑或“金属豆”。

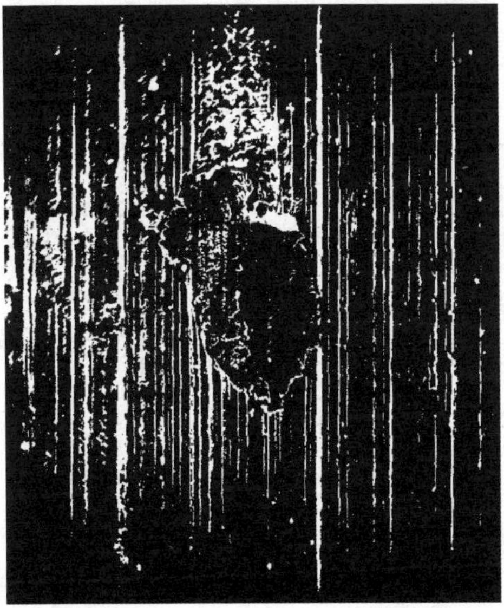

图 6－14 管材内表面滴形坑点状擦伤形貌

6.1.7.1 点状擦伤的产生原因及影响因素

点状擦伤的形成与穿孔针的针尖工作带圆柱段出现锥度有关。挤压铝合金管材用瓶式穿孔针的针尖工作带圆柱段长度一般为50mm以上，模子工作带长度一般为3～5mm，在正常情况下，模子工作带基本位于针尖工作带的中部。挤压过程中，当变形金属从针尖与模孔的间隙流出后，管材的内表面还要紧贴着针尖表面向前移动一段距离，然后与针尖脱离接触。但是，如果针尖工作带圆柱段由于修针不当等出现了锥度（图 6－15a），刚流出模孔的管材内表面即与针尖表面脱离接触，出现一间隙。在挤压过程中，金属就会在这个间隙中产生堆积，造成针尖工作带前端产生黏铝，如图 6－15b 所示。

针尖工作带前端出现黏铝后，流出模孔的管材内表面会与这部分黏铝接触。由于刚流出模孔的金属温度高达 400℃～500℃，在高温下，会出现管材内表面与黏铝的局部黏结。当它们之间的黏结较轻微时，会使管材内表面粗糙，出现小麻点。当黏结较严重时，将可能出现两种情况：一是粘在针尖上的金属与针之间的黏结牢固，会使黏结部位管材表面金属被撕下，在管材内表面出现图 6－14 所示的滴形坑状点状擦伤；二是粘在针尖上的金属与针之间的黏结不太牢固，会被流动的管材从黏结部位拉脱而粘在管材表面上，出现金属豆状的点状擦伤。

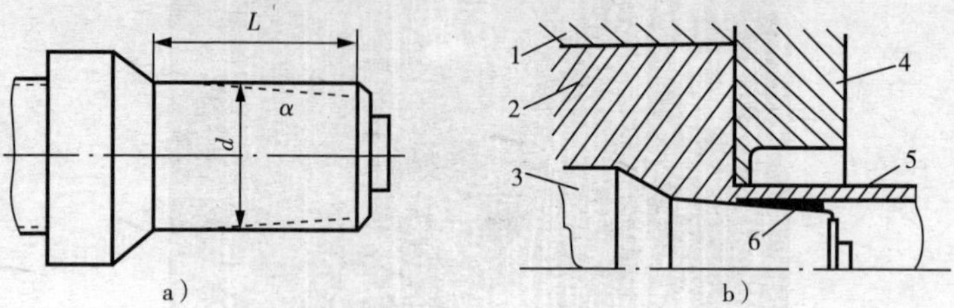

图 6－15 管材表面点状擦伤形成过程

1－挤压筒；2－坯料金属；3－穿孔针；4－模子；5－管材；6－黏铝

影响管材内表面点状擦伤的主要因素有以下几方面：

(1)针尖工作带圆柱段的锥度

根据前面的分析可知，针尖工作带圆柱段出现锥度是造成管材内表面点状擦伤的关键。针尖工作带圆柱段的锥度越大，其前端堆积的黏铝就越多，越容易产生点状擦伤，擦伤的程度也越严重。

(2)挤压温度

挤压温度越高，挤压过程中金属越容易在针尖上产生堆积。堆积的金属也越容易与管材表面金属产生黏结。

(3)挤压速度

挤压速度快，热效应大，使变形区金属温度升高，易促使针尖上黏金属。

(4)变形程度

变形程度大，变形热大，同样使变形区金属温度升高，易促使针尖上黏金属。

(5)针尖工作带表面状况

针尖工作带表面越粗糙，越容易黏金属。表面硬度越低，易产生弹性压扁而使真实接触面积增大，易黏金属；同时也易产生磨损出现锥度。

(6)坯料内孔加工工艺

挤压用空心锭通常都是先镗孔后进行均匀化退火。坯料在长时间的高温下加热,其表面会产生一层较厚的硬而脆的氧化膜,它不能随基体金属一起变形,在挤压过程中被压碎并随变形金属一起沿穿孔针表面流出进入管材内表面。这些硬度很高的破碎氧化物在从针尖表面流过时易划伤针尖工作带,从而易造成针尖黏金属。

(7)擦针

在挤压管材过程中,需要经常用砂布擦修针尖工作带使其保持光滑。如果修针不及时或针上的黏铝清除不干净,易造成管材内表面点状擦伤。特别是如果修针方法不当,将针尖圆柱段修成了圆锥形,会在针尖工作带前端造成金属堆积,这是管材内表面产生点状擦伤的最主要原因。而针尖工作带出现锥度,也主要是由于修针所造成。

6.1.7.2 防止点状擦伤缺陷的措施

避免针尖工作带圆柱段出现锥度是防止管材内表面出现点状擦伤缺陷最有效的手段。除此之外,通过以下措施也可以消除或减轻点状擦伤缺陷:

(1)提高针尖工作带表面的光洁度和硬度。可以在针尖加工后对其表面进行珩磨抛光、渗氮、渗硼等处理,并在使用一段时间后重复进行处理。

(2)针尖在使用前要认真检查,对于表面有磕碰伤和工作带锥度较大的针尖,要及时更换。使用过程中要勤修针,始终保持针尖表面光滑,并及时除去针上的黏铝。修针时注意均匀磨损,防止工作带出现锥度。

(3)采用合适的挤压温度和挤压速度。

(4)为防止针尖工作带前端可能黏金属,挤压时可在穿孔针前端涂抹少量润滑剂。

(5)如果使用的坯料需要进行均匀化退火处理,应在均匀化退火后进行镗孔加工,但应解决好镗孔时的断屑问题。

(6)采用实心锭穿孔挤压,或采用空心锭半穿孔工艺,利用穿孔针将坯料内孔表面层在均匀化退火时形成的氧化膜穿出锭外,则可以完全消除其内孔氧化膜的不利影响。

6.1.8 管材内表面石墨压入缺陷

采用润滑穿孔针方式挤压铝合金管材时，在挤出管材的内表面上，经常会发现如图 6－16 所示的石墨压入缺陷，其形状有点状、片状、条状等。这种缺陷在软铝合金管材表面最容易出现，缺陷的面积、深度比硬铝合金的严重。

图 6－16 石墨压入缺陷形貌

6.1.8.1 石墨压入的产生原因及影响因素

石墨压入缺陷产生的主要原因是由于在润滑剂中存在着石墨团块所致。其形成过程如图 6－17 所示。

首先，当含有未搅拌散开的石墨团块的润滑剂涂抹到温度很高的穿孔针上时，由于汽缸油的流动及易挥发性，使得石墨团块凸出在针表面上，造成穿孔针表面上的润滑膜厚度不均匀。随着填充过程中金属径向变形流动，坯料内孔表面层金属首先与润滑膜中凸出的石墨团块接触，并受到其阻碍，如图 6－17a 所示。由于石墨具有较高的抗压性能，而铝在高温下的硬度则很低，随着填充过程继续进行，未受到石墨团块阻碍的金属继续向针表面方向径向流动，而受到阻碍的一部分金属则不能正常继续径向流动。在填充变形结束时，在变形金属与润滑膜接触部位出现了如图 6－17b 所示的情况，石墨团块压入到金属表面层中。进入基本阶段后，金属沿穿孔针表面发生纵向变形流动，在润滑膜中发生剪切变形。由于石墨的抗剪切强度很低，于是石墨团块沿接触面被剪断，一部分同其他润滑剂一起留在穿孔针表面，而另一部分则随变形金属向着模孔方向流动，如图 6－17c 所示。随着金属从模孔中流出，并产生延伸变形，在挤出管材的内表面上形成了如图 6－17d 所示的石墨压入缺陷。

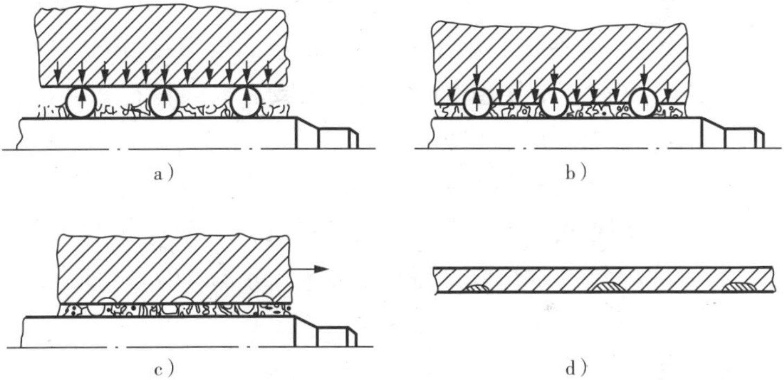

图 6－17　管材内表面石墨压入形成过程示意图

影响管材内表面石墨压入缺陷的主要因素有以下几方面：

(1)润滑剂的均匀性

挤压用润滑剂一般都是按照规定的比例，将石墨加入到汽缸油中搅拌均匀后使用。为防止润滑剂涂抹到穿孔针上发生燃烧而影响润滑效果，一般选用闪点较高、黏度较大的汽缸油作为基础油，石墨则选用粒度较小、润滑性能较好的鳞片状石墨。由于汽缸油的黏度大，特别是寒冷季节黏度更大，石墨加入后人工搅拌很难使其均匀。润滑剂搅拌越不均匀，其中未搅拌散开的石墨团块就越多，挤出管材内表面上的石墨压入缺陷就越严重。

(2)润滑剂的配比

在铝合金管材挤压生产中使用的润滑剂的配比(质量比)一般为：

74号汽缸油占60%～80%，粒度400目以上的鳞片状石墨占20%～40%。如果石墨含量过多，即便是搅拌比较均匀，分布在汽缸油中的石墨也往往是以小的团块状形式存在，从而在挤出管材的内表面上会出现较密、分布较均匀的点状石墨压入。在现场生产中，润滑剂的配制多数情况下是根据操作者自己的经验和估计重量配制的，难免有时会出现石墨含量过多的情况。如果润滑剂中石墨的成分较少，则易出现纵向直条状擦伤缺陷。

(3)润滑剂本身的质量

如果构成润滑剂的汽缸油和石墨本身质量不合格，如汽缸油中水分含量高、闪点低，挤压时易燃烧，使得接触面上只剩下不连续的石墨或小的石墨团块，易造成石墨压入，并且由于润滑不良，还易造成纵向擦伤。如果石墨中有灰分，杂质多，粒度大或有大颗粒石墨存在，也容易造成石墨压入缺陷。

(4)涂抹润滑剂至挤压的间隔时间

穿孔针上涂抹润滑剂后应立即进行挤压。如果涂抹润滑剂至挤压的间隔时间较长，润滑剂中汽缸油成分易挥发，同汽缸油闪点低一样，也易造成石墨压入。

(5)坯料内孔表面质量

坯料内孔表面质量不仅对管材内表面螺旋纹状擦伤有影响，对石墨压入也有影响。当坯料内孔镗孔质量较差时，在粗糙表面的凹坑中易贮存较多的润滑剂且在变形过程中不易排出，从而造成较严重的石墨压入。

(6)变形金属的本质

当变形金属的硬度较低时，在高温、高压下，穿孔针上的石墨团块易压入到金属中。这也是软铝合金比硬铝合金更容易产生石墨压入，且缺陷程度更为严重的主要原因之一。

(7)挤压工艺参数

一般来说，随着挤压温度升高，变形金属的硬度降低，易产生石墨压入。变形程度越大，挤压力越大，接触面上的正压力越大，在汽缸油因挥发而减少的情况下，易产生石墨压入。挤压速度变化会影响到变形区中温度的变化，但由于这个变形区位于穿孔针的前端部位，故对石墨压入的影响较小。

(8)润滑膜的均匀程度

如果涂抹在穿孔针上的润滑剂分布不均匀，在某些部位会聚集较多石墨，易造成石墨压入。如果积聚在穿孔针表面的石墨硬块未及时清除干净，也容易造成石墨压入。

6.1.8.2 防止石墨压入缺陷的措施

在用石墨作为铝合金管材挤压时的润滑剂(对穿孔针进行润滑)的主要成分情况下，要想完全避免石墨压入的产生是很困难的，但可以通过以下措施使缺陷减少、减轻。

(1)按规定比例科学、合理配制润滑剂。对于不同硬度的合金，采用不同的配制比例，挤压硬合金时，石墨成分可适当多一些；挤压软合金时，石墨成分应适当少一些。在不产生纵向擦伤的情况下，应尽量减少石墨含量。

(2)使用质量合格的汽缸油和石墨。

(3)配制润滑剂时，在向汽缸油中加入石墨过程中边加入边搅拌，在寒冷季节可将汽缸油适当加热，增加其流动性，有利于搅拌均匀。

(4)尽可能提高坯料内孔镗孔质量。

(5)生产过程中要加强修针，及时除去积聚在针表面上的石墨硬块。均匀、快速地向穿孔针上涂抹润滑剂，并尽可能减少停留时间。

6.2 挤压制品的形状、尺寸缺陷

6.2.1 弯 曲

弯曲是挤压制品最常见的缺陷，几乎所有的挤压制品都不同程度地存在一定的弯曲。弯曲分为均匀弯曲(图 6-18)、硬弯和弯头。

实心型材(图 6-18a、图 6-18b)的均匀弯曲是由于制品出模孔时单边受阻，金属流动不均匀所造成，即制品向着流速较慢的一边发生弯曲。其主要原因可能是模具设计时两边的工作带设计不当、模孔入口部位及工作带部位加工制造质量(光滑度)有差异、坯料加热温度不均匀等。如果是由于工作带设计不当所造成，只要在流速快的工作带部位加以阻碍，或将流速慢的部位加快就可以解决。如果是由于加工制造质量的差异所造成，则可用锉刀将流速较慢的部位进行抛光。当因这两种原因所造成的弯曲不严重时，可通过在流速较慢一侧模孔入口端面处适当涂润滑剂的方法加以解决。如果是由于坯料断面温度分布不均匀所造成，则弯曲的方向是随机的，没有规律性，需要从加热炉结构及加热方式方面采取措施。

影响空心型材产生均匀弯曲的因素比普通实心型材要复杂，处理的难度也相对较大。造成空心型材弯曲的原因可能有分流孔的面积大小不合适、分流孔的分布及距离模子中心的距离不合适、各分流孔加工制造质量有差异、模芯工作带和模孔工作带设计不当、坯料的加热温度不均匀等，需要根据对模具的认真检查、研究，做出正确的判断，在此基础上采取正确的处理方法。例如，对于如图 6－18c 所示的矩形管状型材，其断面是对称的，故对称布置的分流孔的面积应相等，距模子中心的距离也应相等。但如果有一个分流孔的面积小，或者距模子中心的距离稍远，则型材出模孔后就会朝向该分流孔一边弯曲。在修模时，则需要将该分流孔的面积扩大与对应的分流孔相等，或调整对称分流孔距模子中心的距离相等，并使面积也相等。对于不对称型材，则要根据型材断面的具体情况，正确判断分流孔面积及各分流孔布置的合理性，进行相应的处理。

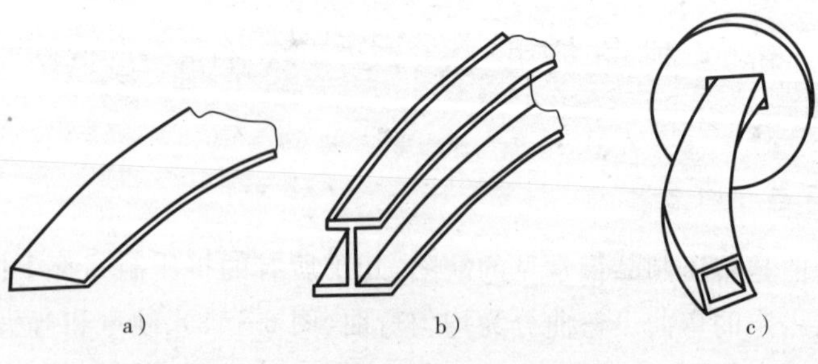

a） b） c）

图 6－18 型材弯曲示意图

制品出现的硬弯缺陷是由于在挤压过程中，流出模孔的制品，瞬时受到一侧向力的作用而造成。这个侧向力可能是制品头部碰到出料台上的障碍物等所引起；也可能是由于制品发生了弯曲，操作人员迅速将其扳回到出料台中央所引起（多数情况）。制品上出现的硬弯，不能通过拉伸矫直完全消除，残留在制品表面上的硬痕会影响制品的质量，应尽量避免。在实际生产中，当流出模孔的制品出现弯曲时，可慢慢地将其扳回到出料台中央位置，可避免出现硬弯。

弯头是由于制品刚流出模孔时的金属流速严重不均匀所造成，即一边从模孔流出很顺利，而对应的另一边阻力较大，使得制品迅速向流速慢的一边弯曲。弯头在一些大规格圆棒材生产中较为常见。造成弯头的主要原因可能是由于模孔尺寸较大，工作带各部位的光滑度不同，或工作带设计不当。对于大规格制品来说，其挤压长度一般都比较短，当制品出现弯头后，不能直接将弯头切除，否则会使成品率大大降低，甚至不够定尺长度，通常可在压力机上给予校直。

6.2.2　扭　拧

扭拧是挤压型材最常见的缺陷之一。型材在挤压过程中，受到与挤压方向垂直的力矩作用时，发生转动而使型材产生扭拧。扭拧主要有两种形式：麻花状扭拧和螺旋状扭拧，如图 6－19 所示。

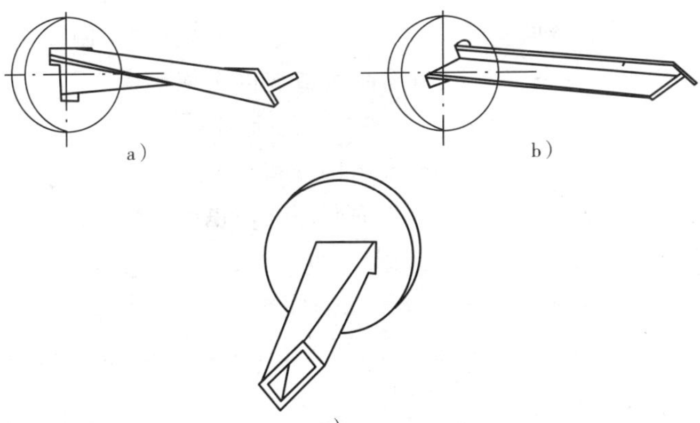

图 6－19　型材的扭拧缺陷

a）麻花状扭拧；b）螺旋状扭拧；c）空心型材扭拧

6.2.2.1 麻花状扭拧

产生麻花状扭拧的主要原因，是型材某一个壁的模孔的两侧摩擦大小不一样，使得金属从模孔中流出的速度不同所造成。出现麻花状扭拧时，型材端头各处流速差不明显，有一纵向对称轴线，型材扭拧好似绕此轴线进行旋转。型材的平面间隙不好，流速快的一侧有凸起。

修模时，可在模孔流速快的一侧工作带处做阻碍角或增加工作带长度进行阻碍；也可在另一侧进行加快，使之产生一反向力矩，以消除扭拧。

6.2.2.2 螺旋状扭拧

产生螺旋状扭拧的主要原因，是型材一个壁的流速大于其他壁的流速，流速快的壁愈来愈长，就会绕着流速慢的壁旋转。出现螺旋状扭拧时，型材端头不齐，流速快的壁较流速慢的先流出模孔。

修模时，可在流速快的壁的模孔工作带处做阻碍角或增加工作带长度，降低流动速度；或者将流速慢壁进行加快。

6.2.2.3 空心型材的扭拧

空心型材的扭拧与挤压空心型材的弯曲相似，也主要是由于模具设计时，各分流孔的面积大小、各分流孔的分布及距离模子中心的距离设计不合适而造成金属供应不平衡；或各分流孔加工制造质量有差异，进入焊合室时的摩擦阻力不同所造成的金属供应不平衡；或模芯工作带和模孔工作带设计不当，各个边的金属从模孔流出的阻力不同等，造成了型材各个边从模孔流出的速度不均匀，使型材产生扭拧。空心型材产生扭拧时，其角度、平面间隙往往也会发生变化。

在修模时，首先要准确判断哪一边流速快，哪一边流速慢；然后可采取适当扩大流速慢的一边分流孔的面积（向模子中心方向扩大，可减少工作量）、减小工作带长度等办法进行加快。也可以采用阻碍的方法对流速较快的一边进行阻碍。

6.2.3 波　浪

波浪是型材个别壁上出现的波纹状不平现象，在挤压一些型材的宽度较大且壁薄的立边、宽度较大的薄壁槽形型材的底边、槽形型材壁较薄的两个或一个立边、宽厚比较大的薄壁矩形管的宽边上经常出现。图 6-20 所示的是挤压宽厚比比较大的矩形薄壁管时在其宽边上产生的波浪缺陷。

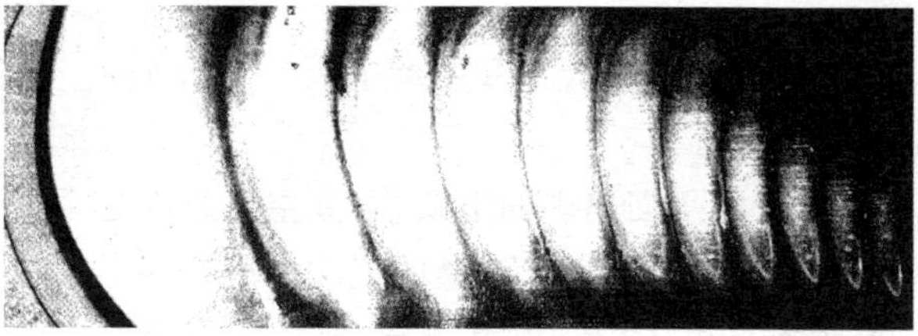

图 6-20 矩形管的波浪缺陷

挤压过程中,当型材某个壁的流速较快,且刚性较小,不能形成扭拧时,此壁受到压应力作用产生纵向弯曲,从而沿纵向产生周期性的波浪。

挤压实心型材、空心型材外露的立边上出现的波浪,主要是由于模具设计时该部位模孔工作带长度设计较短,金属的流动阻力较小(或其他部位的金属流动阻力较大)所造成。

挤压薄壁矩形管宽边上出现的波浪,主要与分流孔的大小、形状、布置的位置及模孔工作带长度有关。对于一些宽厚比较大的矩形管,分流孔布置的位置通常在宽边的两侧,窄边不布置分流孔或在两侧布置较小的分流孔。如果窄边处没有布置分流孔,而宽边处的分流孔在形状设计上没有考虑到这一因素的影响,则宽边处金属供应充足,金属流速快,而窄边及宽边的两头供应不足,金属流速慢,从而在宽边的中部出现波浪。如果窄边处的分流孔过小,而窄边处的分流孔又位于远离模子中心的位置,同样也会影响到窄边处金属的正常供应。如果窄边处的金属供应不足,而模孔工作带又与宽边处相同,同样会造成窄边的流速慢于宽边。

在修模时,对于实心型材流速快的部位,可通过在模孔工作带处挫一阻碍角或适当增加工作带长度的方法予以修正;也可以将流速慢的部位的工作带长度适当减短,或在流速慢的模孔入口端面处适当涂抹润滑油。对于空心型材外露的实心部位,若流速快,可通过在模孔工作带处设置阻碍角或增加工作带长度的方法予以修正,但不能涂抹润滑油。对于矩形管，较简单的方法，是将流速慢的短边处的模孔工作带长度适当减短。

6.2.4　矩形管四壁平面凹下

平面凹下是挤压矩形管、方管生产中较常见的缺陷，如图 6 - 21a 所示。

矩形管和方管的平面出现凹下缺陷，其主要原因是由于金属流出模孔时，其内壁的流动速度大于外壁的流动速度。矩形管和方管的四壁平面凹下，主要是由于模子刚性不够，挤压时模桥发生弹性变形使模芯下移，模芯上的工作带与模孔工作带配合的长度缩短（图 6 - 21b），造成模芯上的实际工作带长度缩短，使内侧流速加快而引起。挤压过程中，在强大的挤压力作用下，模桥因发生弹性变形而向下弯曲是不可避免的，其弯曲变形量的大小，与模桥本身的设计强度、被挤压金属的变形抗力、挤压温度、挤压比的大小等有关。在模具设计时，如果模芯工作带的上缘没有高出模孔入口平面一定的距离，而是与其平齐甚至低于模孔入口平面，当模桥向下弯曲变形较大时，就很容易造成模芯上的实际工作带长度缩短，从而造成管材的四壁出现平面凹下。

如果矩形管和方管仅是一个壁、两个壁或三个壁出现平面凹下，则可能是由于模芯与模子工作带配合不良所引起的流速不均造成的。

修模时，对于由于模芯下移造成的四壁平面凹下，在上模和下模的结合面上加入适当厚度的垫片（可用薄铜皮）；然后从上模、下模的外端面去掉与垫片相同的厚度，以保持模子总厚度不变（图 6 - 21c）。

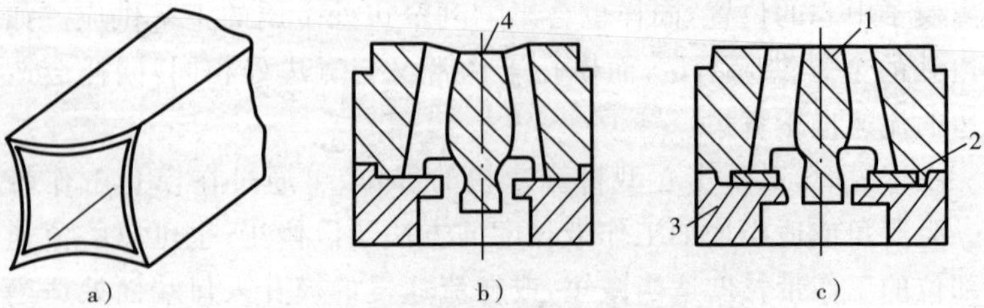

图 6 - 21　方管的四壁凹下及修模

1—模芯；2—外加垫片；3—模子；4—弹性变形部位

如果是管材的一个壁出现平面凹下，则应根据具体情况，可将该处的模芯工作带加以阻碍，或在相应处减薄模子工作带，或采取其他方法进行处理。

6.2.5 扩 口

扩口是挤压槽形型材时经常出现的一种缺陷，如图 6－22a 所示。当型材出现扩口时，会造成槽的底部出现外凹内凸，平面间隙不合格，还会使得底部的壁厚尺寸减小。

造成形材产生扩口的原因，是由于模具的悬臂部分在挤压过程中发生弹性变形，向下弯曲，工作带倾斜(图 6－22b)，使得型材底部内壁一侧模孔工作带的实际长度缩短，内壁金属流速加快，在型材的底部出现外凹内凸，造成形材出现扩口，同时易造成形材底部的平面间隙不合格。另外，由于模具悬臂部分的向下弯曲，造成了型材底部模孔尺寸减小，使型材底部壁厚尺寸易出现负偏差。

修模时，可用锉刀将工作带锉平，使模孔尺寸恢复(图 6－22c)。

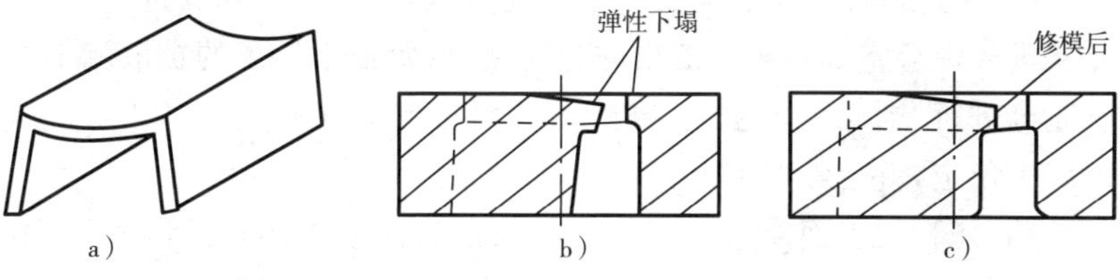

图 6－22 槽形型材的扩口及修正

6.2.6 空心型材焊缝质量不合格

6.2.6.1 影响焊缝质量的因素

在挤压一些大规格空心型材、硬合金空心型材时，易出现型材焊缝质量不合格的现象，严重时会出现如图 6－23 所示的角裂现象，焊合困难。

造成空心型材焊缝质量不合格的原因很多，主要有以下几方面：

(1)挤压比和挤压温度。焊合是接触面上元素相互扩散及吸引的结果。要使两股从分流孔进入焊合室的金属能够很好地焊合在一起，

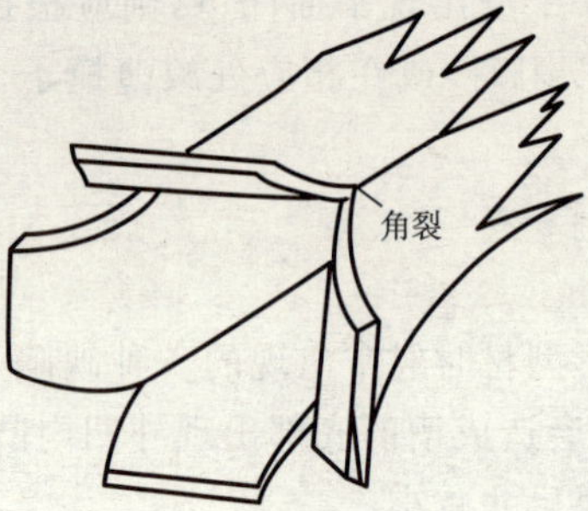

图 6-23 矩形管的角裂现象

一方面,需要有足够大的压力,使两个接触面能够紧紧地粘贴在一起而不易分开。但如果挤压比过小,在焊合室中就不能建立起足够大的静水压力值,势必会影响到焊合的效果,从而影响制品的焊缝质量。另一方面,焊合还需要有足够高的温度,使原子的扩散速度加快,才能使接触面上的金属在较短的时间内很好地焊合在一起。

(2)挤压速度。焊合需要一个时间过程,如果挤压速度过快,则金属从进入焊合室到从模孔流出的时间短,接触面上原子的扩散就不能够充分进行,则焊合效果就会降低,从而影响焊缝的质量。如果挤压速度不稳定,就会影响到焊缝质量的一致性。

(3)坯料的表面质量。如果坯料表面有较多的铸造缺陷及污物,部分进入焊合室中,必然会影响到金属的焊合,影响焊缝质量。

(4)压余的大小。在正向挤压条件下,坯料表面上的氧化膜、偏析瘤、微裂纹等铸造缺陷以及灰尘等污物,大部分都会进入到压余中而在挤压后期被切除,对制品的质量不会产生太大的影响。但如果压余太短,就会有一部分带有各种缺陷和污物的金属,流进分流孔乃至焊合室,在下一根制品挤压时,影响其焊合。如果压余清理不干净,在下一根制品挤压时,未切除干净的压余残留金属首先从分流孔进入焊合室,同样也会影响到下一根制品的焊合质量。

(5)模腔和模桥的清洁度。如果模腔和模桥不干净,有污物,这些污物进入焊合室必然影响金属的焊合,影响制品的焊缝质量。

(6)模具设计。如果焊合室面积小、高度矮,就会影响到焊合室的体积，造成金属供应不足而影响到焊合室中静水压力的大小，影响焊合质量。如前所述，金属的焊合需要一个时间过程，如果焊合室的高度矮，金属通过焊合室的时间短，同挤压速度过快一样，也会影响到焊合质量。

6.2.6.2 预防及解决焊缝质量不合格的措施

(1)在条件允许的情况下，尽可能采用较大的挤压比，这对于提高空心型材的焊缝质量是至关重要的。一般情况下，挤压铝合金空心型材时的挤压比应不小于20。

(2)提高挤压温度，特别在挤压前几根制品时，坯料的加热温度应采用上限温度。如果挤压比较小，为保证焊缝质量，在不产生过烧的前提下，坯料的加热温度可采用其最高允许加热温度。

(3)降低挤压速度。一般情况下，对于挤压6063铝合金空心型材来说，其挤压速度应不大于15m/min，如果型材断面比较复杂，挤压速度应更慢一些。

(4)坯料表面应光滑，无铸造缺陷、污物等，在加热前应清除干净表面上的灰尘。挤压大规格空心型材时，为防止因挤压比较小而影响焊缝质量，可采用车皮坯料。

(5)模具在使用前，应将模腔及模桥等处的灰尘及污物清理干净；如果模具生锈，应将锈蚀处理干净，防止其进入焊合室影响焊合质量。

(6)增大压余的长度，防止挤压后期带有较多缺陷和污物的金属进入模腔及焊合室。

(7)对于因受设备条件限制，无法采用较大挤压比的大规格空心型材，在模具设计时，应尽可能增大焊合室的面积和高度，或采用舌型模。在修模时，可利用砂轮等扩大焊合室面积，增加焊合室高度。

6.2.7 型材局部尺寸不合格

在挤压如图6－24所示的壁厚差较大的型材、宽厚比较大的排材、外形尺寸大而边部尺寸较小的薄壁型材，以及其他形状的很多型材时，由于金属的流速不均、金属供应不足等，易造成制品局部尺寸不合格。

挤压图6-24a所示的壁厚差很大的型材时，在其薄壁的端头部位(图中虚线处)，易出现壁厚尺寸超负偏差，型材的整体高度偏小甚至超负偏差。其产生原因，主要是由于壁厚部位的金属流速快，对流动慢的壁薄部位产生一拉应力作用，使其壁厚变薄，高度尺寸变小。修模时，可按照图中虚线所标注的位置，将壁薄部位的头部模孔尺寸适当扩大，以加快该部位金属的流动速度。

挤压图6-24b所示的纯铝和软铝合金排材时，在其截面中部位置(图中1的实线处)，易出现厚度超负偏差。其产生原因，主要是由于中部金属流速快，金属供应不及时所造成。如果因挤压力较大，模具整体发生弯曲变形，就会出现与图6-22b所示的情况相似，也会造成排材中部厚度尺寸减小。修模时，可按照图中1的实线所标注位置，将模孔尺寸适当扩大。

挤压图6-24c所示的外形尺寸较大的型材时，在型材的两端(图中1、2两处)易出现厚度尺寸减薄，且型材的总宽度(图中L尺寸)减小现象。其产生的原因如下：①由于1、2两处靠近模子边缘，同时也距离挤压筒边缘较近，金属流动阻力大，易造成充不满模孔现象；②由于型材中间部位较厚，流速快，使1、2两处受较大拉力，将其拉细、拉薄。修模时，可将1、2两处工作带减薄，或增大模孔尺寸，或采用局部润滑等方法，加快金属流速。

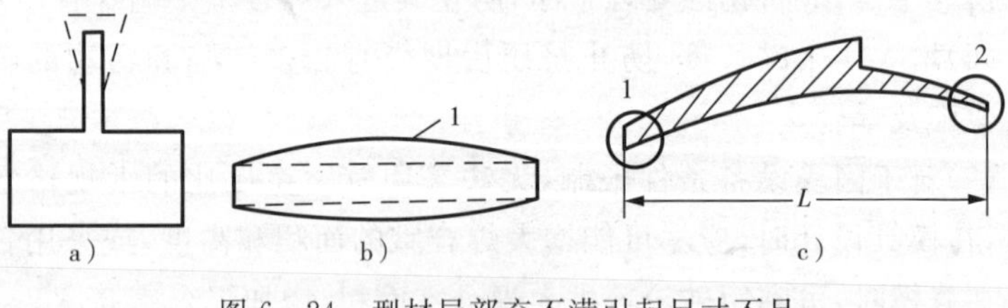

图6-24 型材局部充不满引起尺寸不足

a)壁厚差大的型材；b)纯铝和软铝合金排材；c)外形尺寸大的型材

7 挤压工模具的使用与管理

根据挤压机的结构、用途以及所生产的制品种类不同，挤压工具的组成和结构形式也不一样。挤压工具一般包括：模子与模垫、穿孔针、挤压筒、挤压轴和挤压垫等主体工具，以及模支承、支承环、模座（模子滑架、压型嘴、反向挤压用空心模子轴）、针支承、针座、轴座、堵头、导路等配套工具。

挤压筒、挤压轴和挤压垫是大型基本主体工具，其特点是尺寸较大、质量较大、通用性较强、使用寿命较长。模子与模垫、穿孔针是直接参与金属成形的工具，其特点如下：

(1)规格多。除了挤压管材和棒材时几个模子可共用一个模垫外，每一个规格制品至少需要一套模具(包括模子与模垫)。当某一个规格制品的产量较大，或挤压复杂断面型材时，往往需要准备 2～3 个甚至更多数量的模子。用瓶式针挤压管材时每一种规格至少需要一个针尖，用圆柱形针挤压管材时至少还需要一个穿孔针。同样，当挤压某一规格的管材其产量比较大时，还需要准备多个针尖或圆柱形穿孔针。

(2)在挤压过程中更换频繁。更换产品规格就需要更换模具，因而更换频繁。

(3)工作条件极为恶劣，消耗量很大。模子、穿孔针及针尖等，在挤压前需要进行预加热，在挤压过程中其与变形金属直接接触，承受着长时间高温、高压、剧烈摩擦的作用，损耗大，寿命较短。

(4)成本高。模具费用在挤压生产成本中占有较大比例,可达到30%左右。

挤压工模具的正确使用与科学管理,对于延长其使用寿命,保证挤压过程的顺利进行,以及提高挤压制品的质量等都非常重要。

7.1 挤压筒

挤压筒是尺寸规格最大、质量最大、工作条件最恶劣、结构设计最复杂、加工难度最大、价格最昂贵的大型基本挤压工具之一。挤压筒是用于容纳高温金属坯料的,是金属产生塑性变形的主要场所。在挤压过程中,挤压筒需要承受着高温、高压、剧烈摩擦和复杂状态应力的作用。为了改善挤压筒的受力条件,使作用在挤压筒壁中的应力分布均匀并降低作用在挤压筒内套上的拉应力的峰值,增加承载能力,延长其使用寿命,挤压筒通常都是由两层以上的衬套,以过盈配合热装组合在一起构成的。挤压筒各层衬套的配合面形状有圆柱形、圆锥形或端部带台阶的圆柱形,如图 7-1 所示。

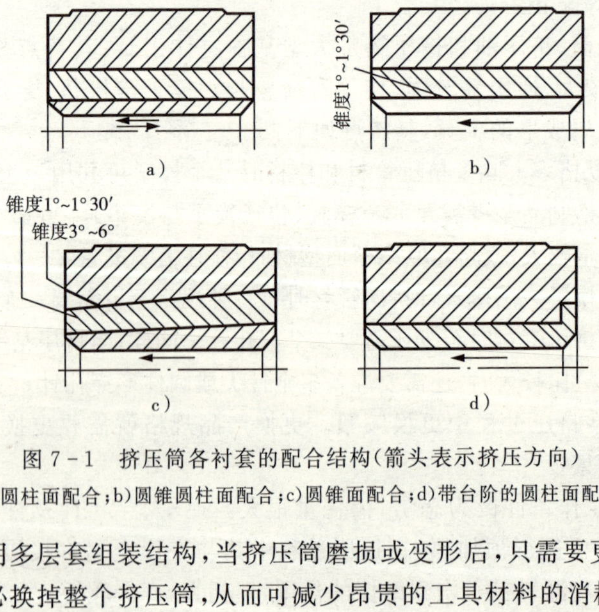

图 7-1 挤压筒各衬套的配合结构(箭头表示挤压方向)

a)圆柱面配合;b)圆锥圆柱面配合;c)圆锥面配合;d)带台阶的圆柱面配合

采用多层套组装结构,当挤压筒磨损或变形后,只需要更换内衬套而不必换掉整个挤压筒,从而可减少昂贵的工具材料的消耗。可以根据挤压筒不同衬套的工作条件和受力状况，选用不同的材料，与高温金属直接接触的内衬套可以选用强度较高的高级热作模具钢；中间衬套选用中等强度的钢材；而外套则可选用普通钢材，减少昂贵工具材料的用量，从而降低工具的成本。另外，由于每层套的厚度和质量减小，便于工具材料的熔炼、锻造、加工和热处理，有利于保证质量，也使材料的选择具有更大的灵活性和合理性。

7.1.1　挤压筒的使用

(1)为了减小金属流动的不均匀性和挤压筒免受过于剧烈的热冲击，挤压筒在工作前对其内衬套应预加热，在工作中应保温。挤压筒内衬套工作表面的温度应基本接近被挤压金属的温度，挤压铝、镁合金时，挤压筒的预加热温度一般为400℃～450℃。挤压筒的预加热主要有两种方式：一种是将挤压筒放在专用的挤压筒加热炉内进行加热，加热炉的定温一般为400℃，最高不超过450℃，保温时间不少于6h；另一种是直接通电加热。挤压筒在工作过程中应通电保温，避免降温。挤压工在生产过程中应经常观察挤压筒温度的变化，发现问题应及时处理，避免温度降低过多造成"闷车"。

(2)在生产过程中，如遇短时间停机，应注意挤压筒保温。通常情况下，应将挤压筒靠在模座上，将挤压轴的前端伸进挤压筒中，减少热量从前后两端散发。

(3)将挤压垫送入挤压筒中时，应放正送入，避免歪斜，防止出现卡筒事故，损伤挤压筒内衬。

(4)在挤压生产过程中，黏结在挤压筒内壁上的金属套应保持完整。当黏结的金属层达到一定厚度时，用调整挤压垫尺寸的方法将其清除掉，一般每月清理一次。

(5)对于设计有前后定心锥的挤压筒，在长期使用过程中锥面因磨损会影响定心作用，为了延长挤压筒的使用寿命，可将挤压筒内套卸下调头安装后继续使用。

7.1.2　挤压筒的失效

挤压筒在使用过程中会发生磨损、变形及损坏，造成失效而影响其正常使用。造成挤压筒失效的情况主要有以下几方面：

(1)磨损超差。在挤压过程中，挤压筒内表面是在高温、高压、剧烈摩擦的条件下工作，磨损是不可避免的且磨损量很大。挤压筒内衬磨损会使其直径增大，如果超过一定数值后，就会使挤压制品产生起皮、成层、气泡等缺陷。由于挤压筒与挤压垫之间的间隙增大，可能会造成金属倒流包住挤压垫而使得挤压垫与压余分离困难。挤压筒内衬的工作部分与非工作部分的直径允许偏差如表 7-1 所示。

表 7-1 挤压筒内衬工作部分与非工作部分的直径允许偏差

挤压机能力/MN	内套检查时间	内套工作部分与非工作部分的直径允许偏差/mm
50	不超过半年	<1.0
35	不超过半年	<1.0
16～20	不超过一个月	<0.7
8～12	不超过半个月	<0.5
6	不超过一星期	<0.3

(2)挤压筒变形。在使用过程中，挤压筒有时会出现内套外涨，使外套内孔变形而不能使用。

(3)内套纵向裂纹。如果挤压筒内套的材料强度不够，或内外套的配合过盈量偏小，在使用过程中就易造成内套产生纵向裂纹。这种情况在一些内孔直径小的高比压挤压筒中较易出现。

(4)不能送电加热。在清洗或更换挤压筒内套时，碱溶液或水滴到了外套加热器中，或者是由于加热铜棒因绝缘不好，或使用时间过长被熔断，造成接地。

(5)挤压筒端面不平。挤压筒在使用过程中与模座及模支承的长时间碰撞会造成挤压筒端面不平，与模支承配合不严密，产生“大帽”。

(6)挤压筒内套脱出。内外套采用圆柱面配合的挤压筒(见图 7-1a)，如果装配的公盈值偏小，在使用过程中易出现内套向后脱出，造成挤压筒与模座之间出现间隙而产生“大帽”。

7.1.3 挤压筒内套更换及维修

当挤压筒在使用过程中出现上述损坏情况时，应将挤压筒卸下更换内套或进行维修。卸挤压筒内套时，可将挤压筒置于专用加热炉内，加热至400℃～450℃，保温8～24h；然后吊放在支架上并使内套悬空，向内套的内孔中通水冷却。由于内套比外套冷却快，内套收缩产生间隙，靠自重从外套中脱出。

(1)当挤压筒内套出现裂纹时，应报废，重新加工新内套。

(2)当挤压筒内套因磨损超差时，更换下来的内套不必报废，可将内孔进行扩孔，直至工作部分与非工作部分的直径差为零，然后按新的内孔尺寸配置新挤压垫后继续使用。当内套扩径量达到一定尺寸(5～10mm)后，可以将更换下来的挤压筒内套改制成较大规格挤压筒所用的内套(如将ϕ170mm筒改成ϕ200mm筒)。

(3)当挤压筒内套产生变形后，可视变形情况报废或改制。

(4)当挤压筒内套端面出现凹坑等不平时，可采用焊接的方式进行补焊，然后修平后继续使用。

(5)当挤压筒内套出现脱出现象时，可将内套卸下，在内外套之间夹薄铜皮重新装配后继续使用。

(6)当加热器不能送电时，可将用于加热的铜棒退出，更换新铜棒，或进行处理。

挤压筒内套从设备上更换下来前，应采用调整挤压垫片的方法将其内套上所黏金属进行清理，该挤压垫的直径应小于挤压筒内径0.1～0.2mm。更换下来的挤压筒内套应用碱液蚀洗干净。蚀洗时严禁碱液流入挤压筒的电阻加热器上。

7.2 挤压轴

在挤压生产中，挤压轴承担着传递主柱塞压力对金属进行挤压变形的作用。挤压轴在工作中不仅受到压应力作用，还受到偏心载荷作用，后者主要是由于挤压轴与挤压筒不可能完全同心所造成。

挤压轴分为实心与空心两种，如图7-2所示。实心挤压轴用于单动式挤压机(图7-2a、图7-2b)，空心挤压轴用于双动式挤压机(图7-2c、图7-2d)。

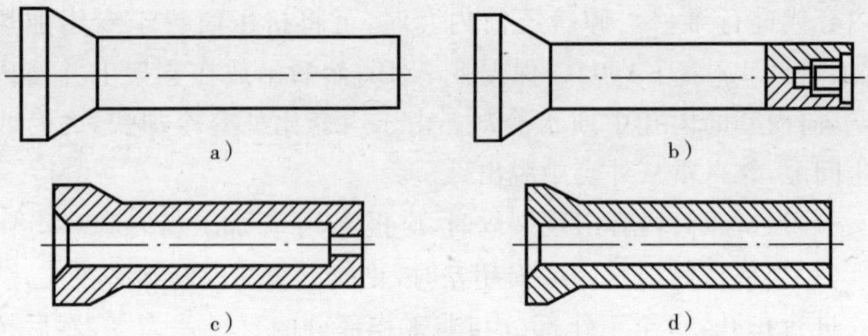

图 7-2　挤压轴结构示意图

a)挤压型材棒材用实心挤压轴；b)挤压管材用实心挤压轴；

c)台肩式空心挤压轴；d)通孔式空心挤压轴

7.2.1　挤压轴的失效

与其他挤压工具相比较，挤压轴是使用寿命比较长的大型挤压工具。挤压轴在使用过程中的失效情况主要有三种：

(1)弯曲。挤压轴的弯曲变形除了与其本身的材料强度及热处理效果有很大关系外，还与其长径比(长度与直径的比值)有很大关系。当挤压轴的长径比较大时，在很大的压应力作用下，挤压轴易发生失稳而产生弯曲变形。在挤压时，如果出现了“闷车”现象，这时挤压轴将承受最大压应力作用，在较长时间的“闷车”过程中，挤压轴也容易发生失稳而弯曲。在实际生产中，一些小吨位挤压机的小规格挤压筒所使用的挤压轴最容易出现弯曲现象。

(2)断裂。挤压轴的断裂主要是由于偏心载荷作用的结果。在挤压过程中，挤压轴不仅受到很大的压应力作用，还会受到偏心载荷作用。当挤压轴与挤压筒的不同心度较大时，挤压轴就会受到较大的偏心载荷作用，在很大的压应力和偏心载荷的共同作用下，挤压轴易发生断裂。当轴干与轴座之间的过渡圆弧较小时，挤压轴也容易发生断裂。

(3)端面压堆。挤压轴是在高温、高压应力下工作的，特别是与挤压垫接触的端头部位所受到的热冲击最大，其强度最低。在长期的使用过程中，其端头部位易发生塑性变形而被镦粗。挤压轴端面压堆后，会影响挤压轴顺利出入挤压筒；对于空心挤压轴，还会影响穿孔针出入挤压轴。

7.2.2 挤压轴的使用及维修

(1)在生产过程中应定期检查挤压轴、挤压筒及模子的同轴度,尽可能消除不同心现象。

(2)刚开始挤压时,挤压轴应慢速前进,减轻挤压轴与挤压垫的碰撞,降低对挤压轴、挤压垫及模具的损害。

(3)在挤压生产过程中,要注意观察挤压轴的运行情况,发现挤压轴呈蛇形前进、出现上抬等情况时应立即进行检查、处理。

(4)在小吨位挤压机的小挤压筒上,挤压硬铝合金型材和挤压比很大的小规格型材时,应尽可能使用较短坯料,以减小挤压力;并尽可能避免出现"闷车"现象,减小挤压轴的受力。

(5)定期检查挤压轴端面的变形情况,当镦粗比较明显时,应及时进行加工处理,将端部适当车小,对于空心轴还应将内孔适当车大。

(6)当挤压轴发生断裂情况后,可视情况进行焊接后继续使用,以降低工具费用。

7.3 穿孔针

穿孔针是用来对坯料进行穿孔并确定制品内孔尺寸的,是挤压管材生产中工作条件最恶劣、消耗量最大的工具。用空心坯料挤压时,穿孔针起芯棒作用,只用来控制制品的内孔形状和尺寸。

采用实心坯料穿孔挤压时,在穿孔过程中,穿孔针受到压应力和侧面摩擦力的作用,当穿孔针的直径较小、所使用坯料较长时,在压应力和摩擦力的共同作用下,穿孔针易发生弯曲而受到偏心载荷的作用,出现失稳甚至断裂。

在卧式挤压机上采用空心坯料不穿孔挤压时,由于镦粗过程中金属沿径向的不均匀变形流动,也会使穿孔针受到径向力的作用而产生一弯曲应力。

无论是采用实心坯料穿孔挤压或采用空心坯料不穿孔挤压,当金属开始从模孔流出时,穿孔针都将受到摩擦拉应力的作用。

7.3.1 穿孔针的配置

在无缝管挤压生产中，最常用的穿孔针的结构形式是瓶式针和圆柱形针。一般情况下，在具有独立穿孔系统的双动式挤压机上多使用瓶式针(图 7-3)，采用固定穿孔针方式挤压管材；在无独立穿孔系统的单动式挤压机上使用圆柱形针(图 7-4)，采用随动针方式挤压管材。

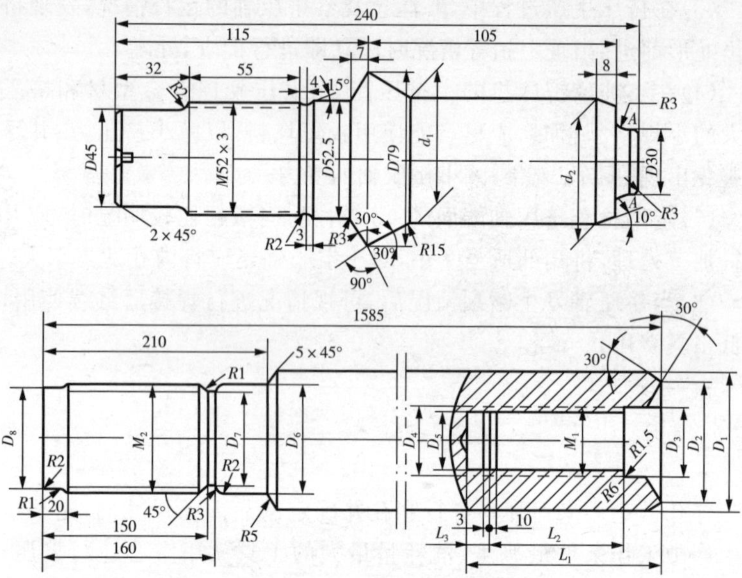

图 7-3 35MN 挤压机所用瓶式穿孔针的针杆及针尖的结构尺寸

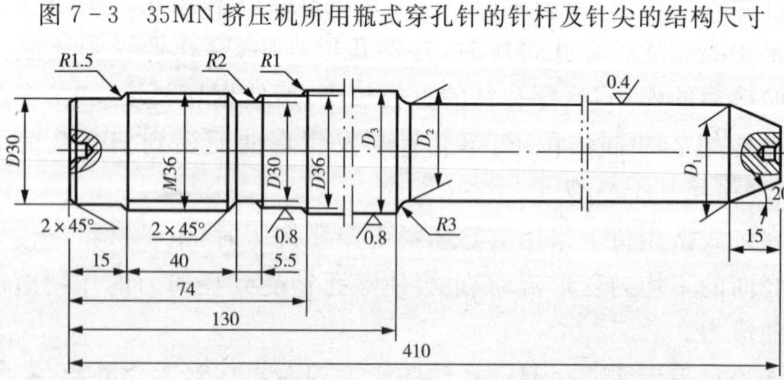

图 7-4 6.3MN 立式挤压机用圆柱形穿孔针的结构尺寸

穿孔针的规格是根据挤压筒大小配置的，在大规格的挤压筒上使用较大直径的穿孔针，用于挤压大规格管材。部分挤压机上穿孔针的配置如表 7－2 所示。

表 7－2 穿孔针配置明细表

<table>
<tr><th colspan="2">挤压机</th><th rowspan="2">挤压筒直径 /mm</th><th rowspan="2">穿孔针形式</th><th rowspan="2">针杆直径 /mm</th><th rowspan="2">针尖直径 /mm</th></tr>
<tr><th>能力/MN</th><th>结构形式</th></tr>
<tr><td rowspan="10">125</td><td rowspan="20">双动卧式</td><td rowspan="2">800</td><td rowspan="20">瓶式针</td><td>510</td><td>495～415</td></tr>
<tr><td>430</td><td>410～345</td></tr>
<tr><td rowspan="3">650</td><td>360</td><td>335～280</td></tr>
<tr><td>300</td><td>270～230</td></tr>
<tr><td>250</td><td>225～185</td></tr>
<tr><td rowspan="3">500</td><td>300</td><td>285～230</td></tr>
<tr><td>250</td><td>220～160</td></tr>
<tr><td>210</td><td>180～110</td></tr>
<tr><td rowspan="2">420</td><td>210</td><td>180～135</td></tr>
<tr><td>150</td><td>130～85</td></tr>
<tr><td rowspan="6">35</td><td rowspan="4">370</td><td>200</td><td>192～153</td></tr>
<tr><td>160</td><td>152～125</td></tr>
<tr><td>130</td><td>124～80</td></tr>
<tr><td>100</td><td>79～13</td></tr>
<tr><td rowspan="2">280</td><td>130</td><td>124～80</td></tr>
<tr><td>100</td><td>79～13</td></tr>
<tr><td rowspan="2">25</td><td rowspan="2">260</td><td>75</td><td>72～13</td></tr>
<tr><td>95</td><td>92～73</td></tr>
<tr><td rowspan="2">16.3</td><td>200</td><td>90</td><td>49～13</td></tr>
<tr><td>170</td><td>65</td><td>60～13</td></tr>
<tr><td rowspan="3">6.3</td><td rowspan="3">单动立式</td><td>135</td><td rowspan="3">圆柱形针</td><td></td><td>72～13</td></tr>
<tr><td>120</td><td></td><td>60～13</td></tr>
<tr><td>100</td><td></td><td>45～13</td></tr>
</table>

7.3.2 穿孔针的使用

(1)挤压前,应认真检查穿孔针、挤压筒及模子的同轴度,避免穿孔针在刚进入挤压筒中就会因挤压垫的定心作用而使其受到弯曲应力作用。

(2)穿孔针在使用前应认真检查尺寸、表面质量和连接状况。穿孔针的表面应光滑、清洁,不得有磕碰伤、划伤、黏金属。瓶式针的针尖与针杆之间的配合要紧固,不得松动,不得有缝隙。

(3)瓶式穿孔针安装到针支承上时要到位,避免挤压时因针长出而冲坏模子并对穿孔针带来损害。

(4)穿孔针在使用前应进行加热,其加热温度不超过 450℃。直径 60mm 及以上的穿孔针(包括针尖)的加热时间一般不少于 1h,直径小于 60mm 的不少于 0.5h。加热穿孔针时,其连接螺纹部位不得加热。

(5)挤压前应充分润滑穿孔针,润滑剂涂抹要快、均匀。涂抹润滑剂前要修针,及时清除针上的黏结物,并将针打磨光滑。

(6)打磨穿孔针的针尖时,速度要快,避免温降过大。不要打磨过度,只需要将针尖上的黏结物清除干净即可。要均匀打磨,防止针尖工作圆柱段出现细腰形或圆锥形。

(7)当采用不润滑穿孔针方式挤压铝合金管材时,黏附在穿孔针针杆上的铝套不要清除,但针尖工作带表面必须保持光滑、清洁。

(8)用实心坯料穿孔挤压时,在镦粗结束后,挤压轴应从挤压筒中稍向后退出一定距离;然后再进行穿孔作业,以减小穿孔力,保护穿孔针安全。

(9)在卧式挤压机上用空心坯料挤压管材时,镦粗时的速度要慢,以防因金属径向流动过快产生较大冲击力造成断针。

(10)当挤压管材的量比较大时,应用几个穿孔针轮换使用,避免一个穿孔针长时间过度使用而发生疲劳损坏。

7.3.3 穿孔针的失效

穿孔针是直接参与金属成形的主要工具,在挤压过程中与变形金属直接接触,承受着高温、高压、剧烈摩擦及复杂应力的作用。穿孔针的失效形式主要有以下几种：

(1)磨损。磨损是穿孔针的主要失效形式，表现为表面粗糙、麻面、擦伤、划伤、直径变细等。穿孔针表面粗糙、麻面、擦伤、划伤，易造成穿孔针黏金属，使管材内表面产生擦伤、划伤缺陷；穿孔针直径变细，挤压管材的平均壁厚增大，挤压定尺产品时易造成短尺。穿孔针表面粗糙，出现麻面，主要是由于其表面硬度较低，在高温高压下与变形金属的剧烈摩擦所致；出现擦伤、划伤，除了与其表面硬度偏低有关外，还与坯料内孔表面有过多的硬质氧化物有关，以及坯料中可能存在有硬度很高的金属夹杂物有关；穿孔针直径变细主要是修针所造成。

(2)弯曲。用实心坯料穿孔挤压管材时，在位于针正前方的金属压应力和侧面摩擦力的共同作用下，穿孔针不同程度都会发生弯曲变形。当使用的穿孔针直径较粗且比较短，或使用坯料的长度较短时，穿孔针的稳定性较好，弯曲变形量小，对穿孔针的寿命和挤压管材的质量都不会带来大的影响。但是，如果使用的穿孔针细而长，或使用的坯料长度较大时，穿孔针的稳定性差，弯曲变形量大。当穿孔针的弯曲变形量过大时，将造成穿孔后的坯料出现较大偏心，造成挤压管材严重偏心，并可能造成穿孔针损坏。这种情况，在挤压机所配置的小规格挤压筒上用小直径穿孔针挤压变形抗力高的硬合金管材时容易发生。

在卧式挤压机上用空心坯料不穿孔挤压管材时，如果坯料与挤压筒的间隙过大，在镦粗过程中，金属径向变形流动作用在穿孔针上的力，就会使穿孔针发生弯曲变形，造成管材偏心，并影响穿孔针的安全使用。

如果挤压轴及穿孔针与挤压筒的不同心度较大，无论是用实心坯料穿孔挤压还是用空心坯料不穿孔挤压，受挤压垫的定心作用，穿孔针都会受到径向力的作用而发生弯曲变形。

(3)拉细。无论是用实心坯料穿孔挤压还是用空心坯料不穿孔挤压，在穿孔结束或镦粗结束后的挤压过程中，随着金属从模孔中流出，穿孔针因摩擦而受到拉应力的作用。当这个摩擦拉应力过大时，易造成穿孔针被拉长而变细。这种现象，在用固定针方式无润滑挤压管材时，当穿孔针的直径较细、使用的坯料较长、挤压比较大以及穿孔针的强度较低等情况下容易发生。

(4)断裂。穿孔针的断裂有拉断和弯曲断裂。拉断是由于摩擦拉力过大所造成。在无润滑挤压的条件下，作用在穿孔针上的摩擦拉力大约是润滑挤压条件下的3～4倍。当穿孔针直径较细，使用的坯料较长，挤压比较大，穿孔针的强度较低或有缺陷时，穿孔针易被拉断。拉断的位置可能在穿孔针的根部或中间任意部位，有时还可能出现在针尖与针杆的连接部位。

弯曲断裂主要是由于穿孔针受到较大的径向力作用的结果。如前所述，当使用空心坯料挤压管材时，如果坯料与挤压筒的间隙过大，在镦粗过程中穿孔针会受到来自变形金属径向流动所产生的径向作用力；当穿孔针与挤压筒的不同心度较大时，穿孔针会受到挤压垫所产生的径向作用力。径向力的作用会在穿孔针上产生弯曲应力，且越靠近穿孔针的根部，其弯曲应力越大。穿孔针的弯曲断裂主要产生于根部与针支承的螺纹连接部位。断针大部分都是在填充阶段结束、金属刚刚从模孔流出时发生的。

(5)工作圆柱段锥度过大。穿孔针(针尖)的工作圆柱段出现较大锥度是由于修针所造成。对于瓶式针来说，虽然其针尖工作带圆柱段有很小的锥度，但如果修针不当，使针尖圆柱段出现较大锥度，不仅使挤压管材的壁厚增厚，在无润滑挤压铝合金管材时还易造成管材内表面出现点状擦伤缺陷；如果将针尖圆柱段修成葫芦形，则针尖易黏金属。对于圆柱形穿孔针，在长度方向上也带有一定的锥度(针体前后端的直径差一般为0.2～0.5mm)，但如果修针不当，使其锥度增大，挤压管材的前后端尺寸偏差就会增大。

7.3.4 穿孔针的管理及维修

(1)穿孔针按机台进行管理比较方便。对于瓶式针，其针尖应按照针杆直径大小进行分类管理，避免在使用时拿错针尖(针尖直径相同，但与针杆的连接螺纹尺寸可能不同)。对于无独立穿孔系统挤压机上使用的圆柱形穿孔针，则按挤压筒直径大小进行分类管理较为方便。

(2)每一个穿孔针(包括针尖)都应建立档案,主要内容包括:制作厂家、入库日期与存放位置、检验情况、使用记录(包括每一次的生产时间、产量、管材内径尺寸、氮化情况)、报废及补充情况等。

(3)穿孔针在使用前应进行反复氮化处理,使其在保持足够韧性的情况下大大提高其表面硬度,以减少使用时的热磨损。使用一段时间后,其表面应重新进行抛光、渗氮处理。

(4)穿孔针使用完毕后,应尽快清理干净,经检查合格后入库或放在指定位置,并将使用情况(挤压管材的内径尺寸等)记入档案。

(5)发现穿孔针表面粗糙、麻面、擦伤、划伤,应及时修磨光滑,并重新进行热处理及渗氮处理,提高其表面硬度和光洁度。

(6)穿孔针磨损超差后,可改制成小规格的针继续使用,以降低工具费用。

7.4 挤压垫

挤压垫是用来将挤压轴与高温坯料隔开,防止挤压轴与高温坯料直接接触,避免挤压轴端部变形和过早磨损,延长挤压轴的使用寿命。同时,可防止金属倒流,避免出现包轴事故。

根据挤压机的结构形式、挤压方法的不同,挤压垫的结构形式也不完全一样,最常用的挤压垫的结构形式主要有三种,如图 7 - 5 所示。在立式小吨位挤压机上所用的挤压垫,多采用与挤压模相适应的凸起锥形挤压垫(图 7 - 5c),它能使挤压压余的厚度减小到很薄,如 6.17MN 挤压机正常压余厚度仅为 10mm。但在大吨位的卧式挤压机上,如果采用锥形挤压垫,分离压余比较困难,故采用平面挤压垫(图 7 - 5a、图 7 - 5b)。为了减小挤压垫与变形金属的黏结摩擦,一般采用一端带凸缘(工作带)的挤压垫。工作时,带凸缘一端与坯料接触,另一端与挤压轴接触。在反向挤压时,通常还采用两端带凸缘的双工作带挤压垫,可提高挤压垫送入及其在挤压筒中的稳定性。

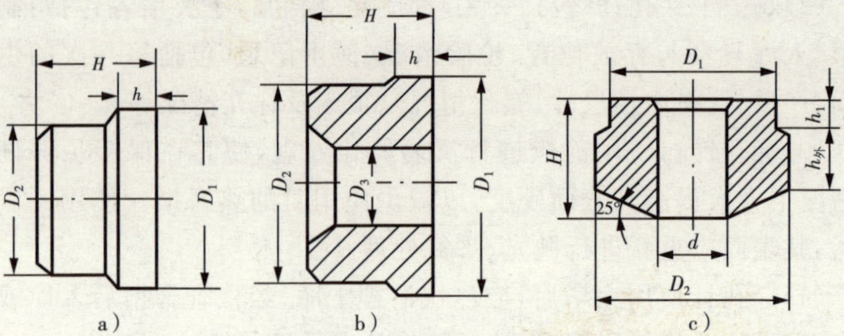

图 7-5 挤压铝合金常用挤压垫的结构形式

a)挤压型材棒材用挤压垫;b)挤压管材用挤压垫;c)立式挤压机用挤压垫

7.4.1 挤压垫的配置

(1)挤压垫的外径尺寸 $D_{垫}$

挤压垫的结构尺寸取决于挤压机的结构形式和挤压筒的直径。挤压垫片的外径是根据挤压筒内套的实际内径确定的,如果挤压垫直径过大,将挤压垫送入挤压筒较困难,易损伤挤压筒内衬,并加速挤压筒磨损;但如果挤压垫直径过小,易造成金属倒流并包住挤压垫,造成挤压垫与压余分离困难。

挤压垫的外径尺寸的计算式为

$$D_{垫}=D_{t}-\Delta D \tag{7-1}$$

式中:D_t——挤压筒直径,mm;

ΔD——挤压筒直径与挤压垫外径之差。对于卧式挤压机,ΔD 可取 0.15~1.5mm;对于立式挤压机,ΔD 可取 0.15~0.4mm。挤压筒直径大时取上限,挤压筒直径小时取下限。

ΔD 的取值不能太大,否则易造成金属倒流,可能形成局部脱皮挤压,残留在挤压筒内的金属残片在下次挤压时被包在制品上形成起皮、分层等缺陷。挤压管材用挤压垫,当 ΔD 的取值过大时,不能有效地控制穿孔针的位置,从而造成管材偏心;但如果 ΔD 的取值太小,将增大挤压筒的磨损,降低挤压筒的寿命,在操作不当时,挤压垫还容易被卡在挤压筒中。

(2)挤压垫的内径尺寸 $d_{垫}$

挤压垫的内径尺寸主要取决于穿孔针的结构和尺寸。卧式挤压机一般用瓶式针，其挤压垫的内径尺寸主要取决于穿孔针的针杆直径，其计算式为

$$d_{垫} = d_{杆} + \Delta d \qquad (7-2)$$

式中：$d_{杆}$——穿孔针的针杆直径，mm；

Δd——挤压垫内径与穿孔针的针杆直径之差，通常可取 0.3～1.2mm，穿孔针粗时取上限，穿孔针细时取下限。

Δd 的取值不能太大，否则不仅起不到对穿孔针的定心作用，同时可能引起金属倒流，严重时包住穿孔针，使挤压不能顺利进行。但如果 Δd 过小，穿孔针进出困难，操作不便，易划伤穿孔针，当操作不当时，挤压垫易卡在穿孔针上。

一般情况下，挤压筒内径与挤压垫、挤压垫内孔与穿孔针的直径差可按表 7－3 所示控制，当超出表中上限值时应及时更换挤压垫。

表 7－3 挤压筒内径、穿孔针直径与挤压垫的直径差

挤压机能力/MN	30～50	16～25	8～15	<8
挤压筒内径与挤压垫的直径差/mm	0.50～0.80	0.30～0.70	0.20～0.60	0.15～0.30
穿孔针与挤压垫内孔的直径差/mm	0.40～0.60	0.30～0.50		

另外，在生产过程中两个轮换使用的挤压垫的直径差不能太大，避免用直径较小的挤压垫挤压后残留在挤压筒内壁上的金属，在下次用大挤压垫挤压时包覆在制品上形成起皮等缺陷。两个挤压垫的直径差可按表 7－4 所示控制。

表 7－4 两个轮换使用的挤压垫的直径允许偏差

挤压机能力/MN	6.3	7.5	12.5	20	35	50
挤压垫直径差/mm	0.05	0.08	0.1	0.1	0.1	0.15

脱皮挤压时，ΔD 的取值为 2～3mm，其值大一些可以保证脱皮完整。有时坯料表面质量较差，有夹杂物、偏析瘤、表面拉裂等铸造缺陷，脱皮挤压时可将 ΔD 的值取大一些。

部分挤压机上挤压铝合金用挤压垫的规格尺寸如表7－5所示。

表7－5　部分挤压机用挤压垫的尺寸

挤压机能力/MN	挤压筒直径/mm	瓶式针的针杆或圆柱形针的后端圆台直径/mm	挤压垫尺寸/mm	
			$D_{垫}$	$d_{垫}$
6.3	100	$30^{-0.5}$,$40^{-0.5}$,$50^{-0.5}$	99.8	30,40,50
	120	$40^{-0.5}$,$50^{-0.5}$,$60^{-0.5}$,$70^{-0.5}$	119.8	40,50,60,70
	135	$50^{-0.5}$,$60^{-0.5}$,$70^{-0.5}$	134.8	50,60,70
7.5	90		89.7	
	100		99.7	
12.5	130		129.6	
16	170	65	169.8	65.2
	200	90	199.8	90.2
20	170		169.6	
	200		169.5	
25	260	75	259.6	75.3
		95	259.6	95.3
35	280	100	279.5	100.6
	370	130	279.5	130.6
		130	369.5	130.6
		160	369.5	160.6
		200	369.5	200.6
50	300		299.4	
	360		359.3	
	420		419.2	
	500		499	
125	420	210,150	419.4	211,151
	500	300,250,210	499.2	301,251,211
	650	360,300,250	649	361.2,301,251
	800	510,430	798.8	511.2,431.2

7.4.2 挤压垫的使用

挤压垫是基本挤压工具中最不容易损坏的工具。挤压垫的失效多数情况下不是由于挤压垫本身损坏所造成,而是由于挤压筒内孔的磨损变大,造成了挤压垫与挤压筒之间的间隙变大而不能使用。挤压垫在使用过程中应注意以下几点:

(1)挤压垫在使用前应清除干净所黏附的金属及其他脏污,并仔细测量其内径、外径尺寸,确保能够满足所配套使用的挤压筒及穿孔针的需要。特别是在无独立穿孔系统的挤压机上采用随动针方式挤压管材时,应认真检查穿孔针与挤压垫的配合尺寸,防止出现针后端圆台直径大于挤压垫内孔尺寸。

(2)挤压垫在使用前应进行预热,避免温度过低造成坯料尾端温降过大,特别是在反向挤压铝合金时,防止因坯料尾端温度过低在挤压后期出现"闷车"现象。

(3)为防止缩尾,严禁润滑挤压垫。

(4)当挤压筒内孔因磨损进行扩孔处理后,应按照新的内孔尺寸重新配置挤压垫。原挤压垫不必报废,可留作制造新筒后使用,或改制成小挤压筒上使用的挤压垫。

(5)挤压垫的工作带压塌后,应报废或改制成小挤压筒上使用的挤压垫。

7.5 挤压模

挤压模是挤压生产中最重要的工具,直接完成金属的塑性成形(挤压无缝管时与穿孔针一起实现金属的塑性成形),它是在挤压过程中承受高温、高压、剧烈摩擦作用最严重的工具。挤压制品的品种、规格繁多,断面复杂,使用要求呈多样化,仅以铝合金挤压型材为例,其品种规格大约有 50000 种以上。其特点是:绝大多数断面是不对称的,型材断面与坯料的断面不相似,型材断面各部位的壁厚差大,多数断面上还带有各种形状的半空心、空心且不止一个,等等。其结果是:一方面造成金属从模孔各部位的流出速度不均匀,挤压制品出现弯曲、扭拧、波浪、尺寸不合格、裂纹等各种缺陷，降低了成品率和产品质量，增大了后续处理的难度和工作量；另一方面易造成模具的早期失效及损坏，降低了模具的使用寿命，增加了工具费用。尽管模具设计和制造者都在努力改进自己的工作，力求设计、制造出完美（试模一次合格、模具使用寿命很长、制品尺寸精度高且表面质量好）的模具，但由于受挤压工艺、操作、模具的正确使用及维修等多种因素的影响，实际是很难达到的。

7.5.1 挤压模具的失效

挤压模具是挤压生产中用量最多、损耗最大的工具，挤压模具的失效及损坏形式主要有磨损、变形、疲劳破坏及断裂。

7.5.1.1 磨 损

磨损是挤压模具的主要失效形式。挤压模具的磨损失效形式主要表现在工作带上有压坑、麻面、粗糙、擦伤、划伤、模孔尺寸变大等。模具工作带上的压坑、麻面、粗糙、擦伤、划伤等，易造成工作带黏金属，使制品产生划伤；制品表面粗糙，挤压痕明显，造成金属流速不均匀；模孔尺寸变大，制品断面尺寸易超上限，定尺制品可能会造成短尺。模具工作带上出现压坑、麻面、粗糙，主要是由于硬度偏低，在高温高压下与变形金属的剧烈摩擦所造成；出现擦伤、划伤，一方面是由于工作带表面硬度偏低，另一方面是坯料表面有较厚的硬质氧化物在挤压时破碎，流出模孔时划伤工作带。如果坯料中存在有硬度很高的金属夹杂物，流出模孔时可能会损坏工作带。模孔尺寸变大，除了与金属变形流动所造成的磨损有很大关系外，还与挤压过程中的不正确修模或修模次数过多有直接关系。

7.5.1.2 塑性变形

在通常情况下，模具被认为是刚性体，只发生弹性变形而不发生塑性变形。但是，由于模具是在高温、高压、剧烈摩擦的条件下工作的，除了模具本身需要加热到较高的温度外，它与高温坯料长时间接触，挤压过程中产生的变形热、摩擦热，将会使其表面温度升高很多而产生软化现象，在很大的压力以及冲击载荷的作用下，会发生塑性变形。此时,尽管磨损不严重,也没有出现裂纹等情况,但制品的尺寸超差。模具发生塑性变形通常表现在舌型模的模桥、分流模的分流桥压塌,模芯变细拉长,工作带压塌等。

7.5.1.3　大弹性变形

在高压下,模具的弹性变形是不可避免的。当弹性变形量比较小时,对挤压制品的尺寸精度影响不大。但是,如果弹性变形量过大,就会造成制品尺寸超差。例如,具有较大悬臂梁的深槽型材模具,如果悬臂梁弯曲变形量过大(通常认为其端部的挠度大于1mm),即工作带部位出现明显的弹性下塌,就会造成型材槽底的壁厚尺寸超差,并造成型材严重扩口;如果挤压矩形管的舌型模的模桥、分流模的分流桥弯曲变形量过大(弹性下塌),在挤压过程中模芯工作带下移使实际工作带长度缩短,易造成管壁凹下,管壁平面间隙超差。

7.5.1.4　疲劳破坏

疲劳破坏是挤压模具最常见的失效形式之一,热挤压模具的损坏大多数与疲劳破坏有关。在挤压过程中,由于变形热、摩擦热的作用,模具表面的温度要远高于其内部温度,表面强度低,在高压、剧烈摩擦作用下易产生麻面、擦伤、划伤等缺陷,而摩擦又使得模具表面金属承受很大的拉应力作用,从而在模具表面易产生显微裂纹。挤压结束后,模具表面的冷却速度大于其内部,由于内外部的冷却不均匀而使表面层继续受到拉应力的作用,从而会使得挤压过程中产生的显微裂纹得以扩展。模具在长时间的使用过程中,这种显微裂纹就可能逐渐积累形成疲劳裂纹而损坏。

7.5.1.5　裂　纹

常见的模具裂纹形式有:具有直角的方棒模、型材模的角裂,舌型模的模桥断裂,分流模的分流桥断裂,双孔扁宽型材模两模孔间连接梁的断裂,深槽类型材模悬臂梁的弯曲断裂,等等。这些模具出现裂纹或因裂纹而断裂,多数是在挤压变形抗力高的硬合金时发生的。模具的角裂,主要因为在设计其角部时没有设计过度圆角,或圆角过小;模具加工时,角部加工不光滑、有毛刺,从而在该部位易产生应力集中。模桥、分流桥及悬臂梁等的断裂,一方面可能是由于承受的负荷过大所造成；另一方面是由于疲劳裂纹的聚集扩展所造成。

7.5.2 挤压模具的合理使用

(1)模具使用前应认真检查其型号、尺寸精度、表面质量等。特别是对于铝合金建筑型材来说，用同一个模具挤压的型材，表面处理的方式分别采用粉末喷涂和阳极氧化，其最终的型材壁厚尺寸是不一样的，要根据制品的具体要求选用合适的模具。对于已经使用过的模具，应查看上一次挤压制品的实际尺寸记录，看能否满足要求。模具工作带上所黏金属应清除干净；模具表面上的锈蚀、灰尘及脏物应清除干净。

(2)模具在使用前期，应进行多次氮化处理，使模具在保持足够韧性的情况下大大提高其表面硬度，以减少模具使用时的热磨损。

(3)模具(包括模子和模垫)在使用前应进行加热，加热温度为400℃～450℃。模具加热要均匀、热透，一般情况下，10MN 以下挤压机用模具的加热时间为 1～2h，10MN 以上挤压机用模具的加热时间为 2～3h。

(4)舌型模、分流模挤压时，模具的加热温度取上限。同时，挤压温度也应取上限，以降低金属的变形抗力，并提高焊合质量。

(5)用瓶式针采用固定针方式挤压管材时，应检查穿孔针是否上到位，防止挤压时穿孔针的针杆进入模孔而冲坏模子。

(6)挤压断面较复杂的硬铝合金型材时，应先用纯铝坯料进行试模，然后再转入正常挤压，避免直接挤压强度高的合金时发生“闷车”或损坏模具。

(7)挤压时上压要缓慢，速度要均匀，防止冲击力过大而损坏模具。待制品流出模孔后再适当提高挤压速度。

(8)在挤压过程中使用润滑剂时，不能润滑舌型模和分流模。

(9)一套模具每一次挤压的通过量不宜过多，当挤压到一定数量时，应更换保养，换上另外一套模具继续生产，避免疲劳损坏。

(10)对于新加工的模具，由于其组织性能还不能够完全适应挤压生产这种高温、高压、剧烈摩擦及复杂应力作用的工作环境，刚开始时的使用强度不宜过大。经过一段时间的使用，待组织性能稳定后可适当提高使用强度。

(11)挤压实心制品时,可在机台上经常对模具工作带适当抛光,改善制品表面质量。

(12)模子使用结束后,应尽快将残留在模腔中的金属清理干净,经检查、保养后放入库房,并将使用情况记录在模具使用档案中。

(13)管材模、棒材模因磨损超差后,可改制成较大规格的模具继续使用,以降低模具费用。

7.5.3 挤压模具的修理

由于挤压制品断面形状复杂与繁多、对产品尺寸要求的高精度、生产工艺因素的影响与变化,以及模具设计制造过程中存在的误差等,往往会造成挤压制品尺寸不合格或出现各种各样的缺陷而影响产品质量,影响挤压生产的顺利进行。这就要求在现场进行处理,根据制品产生的不同缺陷,正确判断其原因,对模具进行必要的修理。

挤压模具的修理主要是调整金属流速、修改模孔尺寸和光模。

7.5.3.1 调整金属流速

为了保证金属从模孔各部位流出的速度均匀,在修模时,需要对流速慢的部位给予加快,对流速快的部位给予阻碍。

(1)平模调整金属流速的方法

① 加快

加快金属流速的方法主要有两种:减薄工作带(图 7-6)和做促流角(图 7-7)。

减薄工作带可从正面(金属进入模孔方向)减薄,也可从反面(流出模孔方向)减薄。从正面减薄工作带的方法是在模子工作端面上,将需要加快部位的工作带用砂轮磨掉一定厚度,缩短工作带长度,加快金属流速,如图 7-6a 中 1 处所示。打磨范围应尽可能大一些,应圆滑过渡,避免产生尖角或凸台,否则会引起阻碍。这种方法的优点是操作容易,缺点是挤压黏性较大的合金时会影响挤压垫与压余的顺利分离。从反面减薄工作带的方法是用风动砂轮从模子出口端深入到工作带处,将工作带减薄,如图 7-6b 中 2 处所示。这种方法适合出口端尺寸较大的厚壁型材模具的修模。

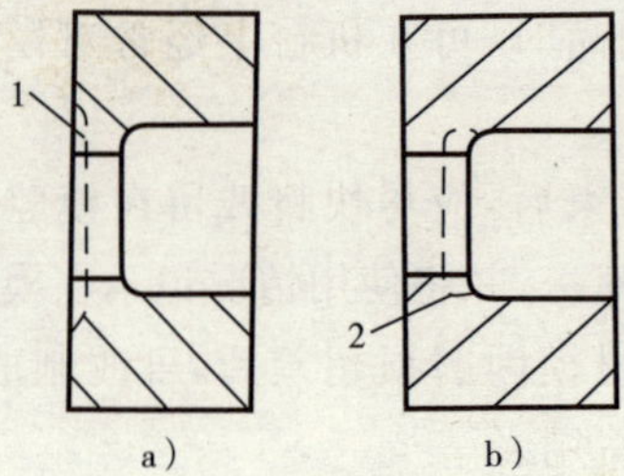

图 7-6　减薄工作带的加快修模示意图

a）正面减薄；b）反面减薄

做促流角是在金属流速较慢部位的模孔入口端面处做一个促流斜面，迫使金属向模孔中流动，该斜面与模子平面间的夹角叫促流角。促流角对金属流动起促进作用的主要原因是，在挤压过程中，模子端面对金属产生反作用力 dN，这个反作用力在水平方向的分力为 dx，在这个水平分力的作用下，促使金属向流动阻力大的壁薄部位流动（相当于增加流速较慢部位的金属供给量），起到调节流速的作用。促流角一般取 3°～10°。

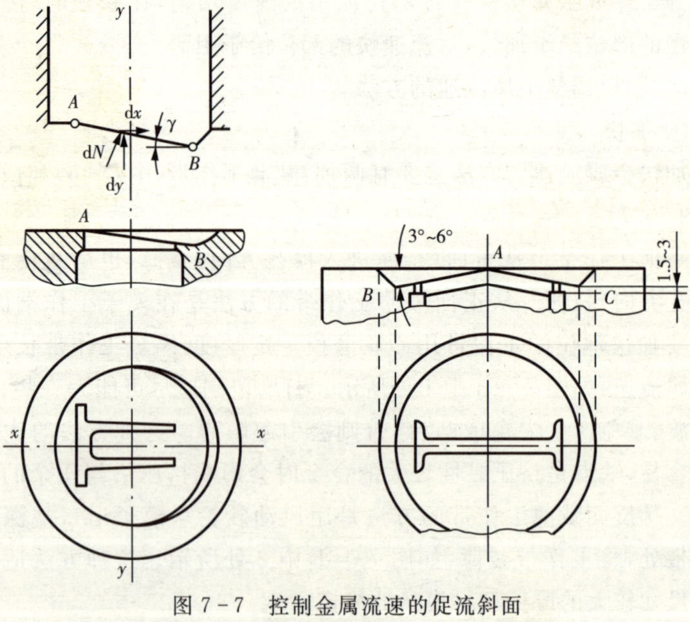

图 7-7　控制金属流速的促流斜面

另外，如果金属的流速差不是很大时，可在流速较慢一侧的模孔入口端面上涂少量润滑剂，减小金属流入模孔时的摩擦阻力；或者用锉刀将工作带适当抛光，减小工作带的摩擦阻力，不必采取减薄工作带和做促流角的修理方法。

② 阻碍

阻碍金属流动的方法主要有：做阻碍角（图 7-8）、打麻点（图 7-9a）、工作带补焊（图 7-9b）和堆焊（图 7-9c）等。

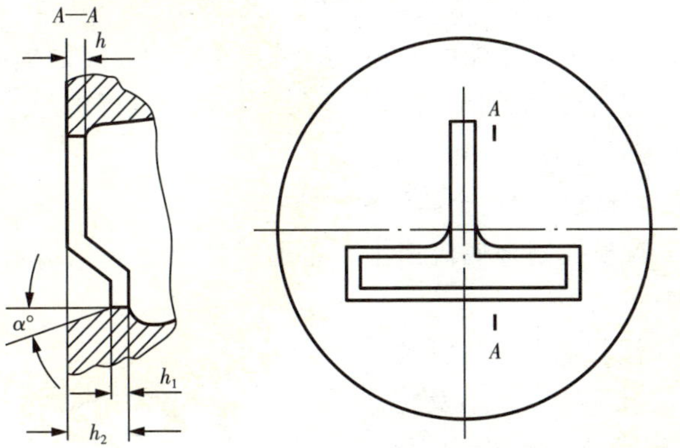

图 7-8 控制金属流速的阻碍角

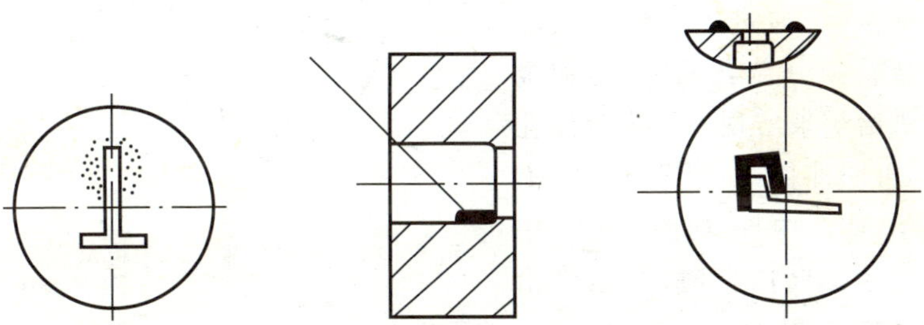

图 7-9 阻碍金属流动的其他修模方法

a)打麻点；b)工作带补焊；c)堆焊

设计阻碍角，就是在金属流速较快的型材模孔入口侧做一个小斜面，以增加金属的流动阻力，这个小斜面与模子轴线的夹角叫阻碍角。阻碍角对金属流动起阻碍作用的主要原因是增大了摩擦面积，使金属流动时产生附加弯曲变形，延长了流动路程。阻碍角一般取 3°～12°，最大不超过 15°。

打麻点是在模子工作端面需要减缓金属流动速度的部位，沿模孔周围打上深度为 0.5～1mm，直径为 1～3mm 的密集小坑，增加金属与模子端面的摩擦阻力，降低金属流速。对于较复杂的模具，需要与阻碍角同时使用才能显示出效果。

工作带补焊是在金属流速较快的部位，从模子工作带出口端补焊一段适当长度的工作带，增大金属的流动阻力。

堆焊是在模子工作端面上需要减缓金属流动速度的模孔周围，用电焊堆起一道凸台，增加金属流入模孔的阻力。堆焊的原理与打麻点相同，但阻碍的效果比打麻点明显。

(2)平面分流模调整金属流速的方法

平面分流模控制金属流速主要是通过调整金属供给量和金属的供给速度来实现。

平面分流模修模时，可通过改变分流孔形状、大小及位置来调整金属的流动速度，如图 7－10 所示。对于流速较慢的部位，可通过扩大供给该部位金属的分流孔面积，增加金属供给量来实现。扩大分流孔时，可向外扩，如图 7－10 中 D 所示；或向内扩，如图 7－10 中 B 所示。向内扩时，金属供给速度加快，从而减少扩大分流孔的工作量。

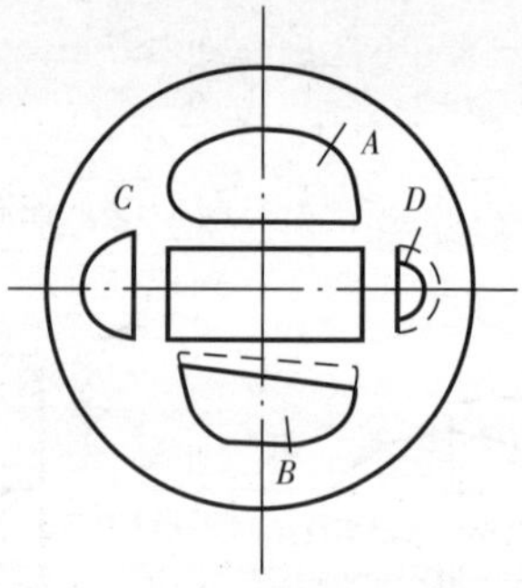

图 7－10 调整分流孔的修模示意图

如图 7－11 所示，平面分流模修模时，也可通过调整模桥入口角度，改变金属的流动阻力大小来调整金属的流动速度。增大入口角度（如图 7－11 中 2 所示），增大了金属进入分流孔后的摩擦阻力，延缓了金属进入焊合室的供给速度；相反，减小入口角度（如图 7－11 中 1 所示），则加快了金属进入焊合室的供给速度。

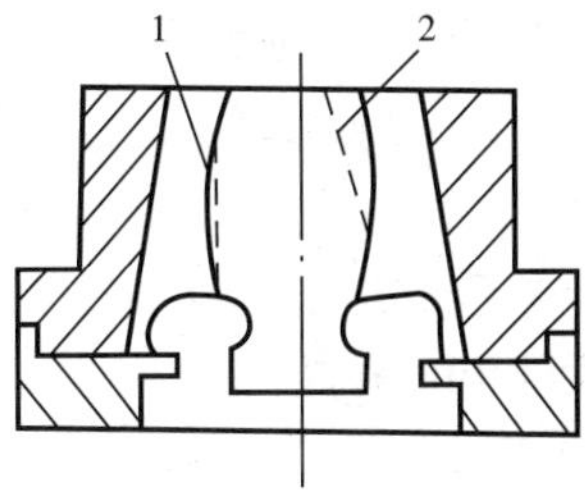

图 7－11 调整模桥入口角度的修模示意图

7.5.3.2 修改模孔尺寸

(1)扩大模孔尺寸

当挤压制品的实际尺寸超出负偏差要求时，则需要将模孔尺寸适当扩大。扩大模孔尺寸的方法比较简单，通常是用锉刀修模。修模时，锉刀要端平，防止将模子工作带修成斜面。扩大模孔尺寸时，一次锉修量不能太大，应逐渐锉修到规定尺寸，以防超出正偏差。

(2)缩小模孔尺寸

缩小模孔尺寸比扩大尺寸困难得多，主要方法有打击法、补焊法、镀铬法等。

① 打击法

打击法是指用打模锤敲击需要缩孔处的工作端面，将工作带打出一定的“堆凸”状，然后再把凸出的工作带表面锉平，达到所要求的模孔尺寸，如图 7－12 所示。

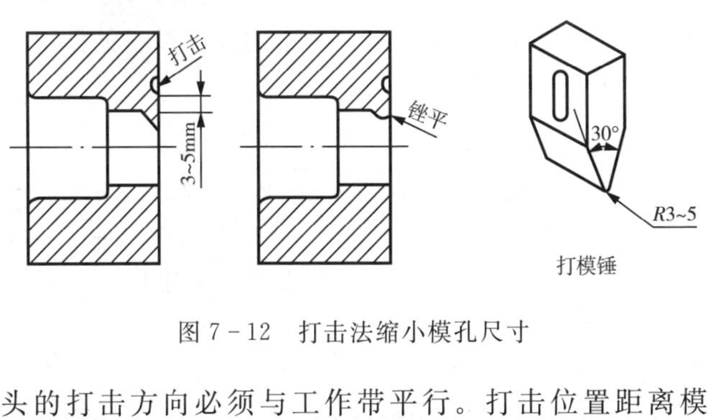

图 7－12 打击法缩小模孔尺寸

锤头的打击方向必须与工作带平行。打击位置距离模孔 3～

5mm 处，太近易将工作带打塌，太远起不到缩小模孔尺寸的作用。打击的位置最好选择在模孔流速较慢的一侧，这是因为锉平后，既缩小了模孔尺寸，又因工作带长度缩短而加快金属流速。打击时应将模具加热到 300℃～400℃，便于打击变形，避免打裂。此方法适合于模孔尺寸稍超出正偏差要求的模具修理。

② 补焊法

补焊法是指用电焊在需要缩孔处的工作带上焊上一层与模具材料相当的金属，然后将其锉平到所需要的尺寸。焊前应将模具加热到 400℃～480℃，焊后要进行去应力处理。此方法适合型材壁厚尺寸较大、超出正偏差较多的模具修理。

③ 镀铬法

镀铬法是指将模孔需要缩孔处打磨光滑，将不需要缩孔的地方保护起来，然后放到镀铬槽中镀上一层适当厚度的铬层，达到缩孔的目的。镀铬层硬度高，表面光滑，厚度可达到 1mm 左右。此方法适合于用锉刀难以修正的模具修理。

7.5.3.3 光　模

光模是挤压生产现场经常使用的修模方法。当挤压制品出现表面粗糙、擦伤、划伤、麻面等缺陷时，或者模孔经过上述修理后重新投入生产前，应进行光模处理。光模的主要方法有：锉修＋细砂布抛光法；布砂轮抛光法；挤压珩磨机抛光法；锉修＋超声波二合一抛光法；锉修＋超声波＋电解三合一抛光法；喷砂抛光法；等等。其中锉修＋细砂布抛光法比较简单，可以在机台上不用换下模子的情况下进行修模（不包括舌型模和平面分流模）。

7.5.4 挤压模具的分类管理

挤压制品的品种、规格繁多，每一个品种、规格的制品，都需要分别用不同的模具来生产。即便是相同的产品，由于不同客户的要求（尺寸精度、表面处理方式等）不完全相同，所使用的模具往往也不相同。因此，对于一个具有一定生产规模的挤压生产企业来说，其模具是非常多的，如何管理好、使用好这些模具，对于保证生产过程顺利进行、提高生产效率、提高产品质量、延长模具使用寿命等都是非常重要的。

挤压模具可根据挤压制品的品种、挤压设备等进行分类管理。

7.5.4.1 按品种分类管理

按照挤压制品的品种可将挤压模具分为管材模具和棒材、排材模具以及型材模具三大类。

(1)管材模具

按照 GB/T4437 国家标准，热挤压铝合金管材分为无缝圆管和有缝管两大类。但在实际生产中，通常所说的管材一般都是指采用穿孔针方式生产的无缝圆管；而采用平面分流模或舌型模生产的有缝管(包括圆管、矩形管、正多边形管等)，由于其生产方法与空心型材相同，通常都按空心型材对待。

热挤压铝合金无缝管材的模具，按照管材的尺寸精度等级不同又可分为普通级管材用模具和高精级管材用模具。每一个级别的挤压模具还可分为挤压高镁铝合金管材用模具(尺寸允许偏差较大)和其他铝合金管材用模具(尺寸允许偏差较小)。这些模具都必须单独进行管理。另外，挤压特殊尺寸要求的管材，其模具也要单独管理。

挤压冷轧、冷拔用管毛料时，如果有相应规格的热挤压管材模具，则无须单独加工模具。

因此，挤压铝合金管材的模具，就可以按照高镁铝合金普通级模具、高镁铝合金高精级模具、其他铝合金普通级模具、其他铝合金高精级模具以及特殊制品模具这 5 类按规格大小排列进行管理。

(2)棒材、排材模具

热挤压棒材的品种有圆棒、方棒和六角棒，热挤压排材是指非正方形的实心矩形截面制品。因此，其模具可按照圆棒材模、方棒模、六角棒模和排材模这 4 类进行管理。

对于热挤压铝合金棒材，按尺寸精度分为 A、B、C、D 四个等级，挤压不同精度的棒材，应使用不同的模具。因此，挤压铝合金棒材的模具，可按照 A 级、B 级、C 级、D 级圆棒材模，A 级、B 级、C 级、D 级方棒模，A 级、B 级、C 级、D 级六角棒模共 12 类进行管理。

(3)型材模具

热挤压铝合金型材的种类、规格繁多,形状复杂,模具的数量非常庞大。根据挤压制品的用途及使用特点,可将模具分为建筑型材用模具和非建筑型材(也称为工业型材)用模具进行分类管理。

建筑铝型材通常是按系列配套使用,其模具可按系列分类管理。铝合金建筑型材的精度等级分为普通级、高精级和超高精级,故其模具可按照XX系列门普通级、高精级、超高精级和XX系列窗普通级、高精级、超高精级等分成若干系列进行管理。另外,对于同一型号的型材,如果最终产品的表面处理方式不同(喷涂或氧化),则模孔的尺寸也应该不同,即不能使用同一套模具。

非建筑型材的种类、规格多,一般没有固定的系列,其模具可按照型材的断面特征分为实心型材用模具、空心型材用模具和半空心型材用模具分类管理。对于实心型材用模具,可按照角形型材、丁字型材、槽形型材、Z字型材、工字型材和其他异形型材等用模具进行分类管理。对于空心型材用模具,则可按照有缝管材(圆管、矩形管、正多边形管)用模具、其他空心型材用模具进行分类管理。

7.5.4.2 按设备分类管理

挤压模具也可以按设备类型及机台进行管理。型号、吨位相同的挤压机所使用的模具可放置在一起;但对于一些特殊要求的制品或挤压过程中易出现质量问题的制品用模具,应按照机台单独管理。

对于相邻吨位挤压机上可以互换使用的模具,应按照最先或最佳配置的原则进行管理。

7.5.4.3 建立模具档案

每一个模具,从进厂检验、使用、直到报废,整个过程都要有详细的记录,特别是使用过程中的记录要完整、详细。其主要内容包括:模具的制作厂家、制作日期、进厂检验情况、使用记录(包括每一次的生产时间、生产量、存在什么问题、是如何处理的、结果如何、修模情况、氮化情况等)、模具的报废及补充情况等。这些都应利用计算机实行网络化管理。

附　录

附录 1　黑色金属硬度与强度换算值(GB/T1172—1999)

(适用于含碳量由低到高的钢种)

硬度			抗拉强度 σ_b/MPa								
洛氏	维氏	布氏 (F/D2=30)	碳钢	铬钢	铬钒钢	铬镍钢	铬钼钢	铬镍钼钢	铬锰硅钢	超高强度钢	不锈钢
HRC	HV	HBS									
20	226	225	774	742	736	782	747		781		740
21	230	229	793	760	753	792	760		794		758
22	235	234	813	779	770	803	774		809		777
23	241	240	833	798	788	815	789		824		796
24	247	245	854	818	807	829	805		840		816
25	253	251	875	838	826	843	822		856		837
26	259	257	897	859	847	859	840	859	874		858
27	266	263	919	880	869	876	860	879	893		879
28	273	269	942	902	892	894	880	901	912		901
29	280	276	965	925	915	914	902	923	933		924
30	288	283	989	948	940	935	924	947	954		947
31	296	291	1014	972	966	957	948	972	977		971
32	304	298	1039	996	993	981	974	999	1001		996
33	313	306	1065	1022	1022	1007	1001	1027	1026		1021
34	321	314	1092	1048	1051	1034	1029	1056	1052		1047
35	331	323	1119	1074	1082	1063	1058	1087	1079	1170	1074
36	340	332	1147	1102	1114	1093	1090	1119	1108	1219	1101
37	350	341	1177	1131	1148	1125	1122	1153	1139	1267	1130
38	360	350	1207	1161	1183	1159	1157	1189	1171	1313	1161

（续表）

39	371	360	1238	1192	1219	1195	1192	1226	1204	1359	1193
40	381	370	1271	1225	1257	1233	1230	1265	1240	1404	1226
41	393	380	1305	1260	1296	1273	1269	1306	1277	1450	1262
42	404	391	1340	1296	1337	1314	1310	1348	1316	1496	1299
43	416	401	1378	1335	1380	1358	1353	1392	1357	1544	1339
44	428	413	1417	1376	1424	1404	1397	1439	1400	1594	1383
45	441	424	1459	1420	1469	1451	1444	1487	1445	1646	1429
46	454	436	1503	1468	1517	1502	1492	1537	1493	1702	1479
47	468	449	1550	1519	1566	1554	1542	1589	1543	1761	1533
48	482		1600	1574	1617	1608	1595	1643	1595	1824	1592
49	497		1653	1633	1670	1665	1649	1699	1651	1892	1655
50	512		1710	1698	1724	1724	1706	1758	1709	1966	1725
51	527			1768	1780	1786	1764	1819	1770	2047	
52	544			1845	1839	1850	1825	1881	1834	2135	
53	561				1899	1917	1888	1947	1901	2230	
54	578				1961	1986			1971	2334	
55	596				2026	2058			2045	2448	
56	615									2572	

（主要适用于低碳钢）

硬度							抗拉强度 σ_b /MPa
洛氏	表面洛氏			维氏	布氏 HBS		
HRB	HR15T	HR30T	HR45T	HV	F/D2=10	F/D2=30	
60	80.4	56.1	30.4	105	102		375
61	80.7	56.7	31.4	106	103		379
62	80.9	57.4	32.4	108	104		382
63	81.2	58	33.5	109	105		386
64	81.5	58.7	34.5	110	106		390
65	81.8	59.3	35.5	112	107		395

（续表）

66	82.1	59.9	36.6	114	108		399
67	82.3	60.6	37.6	115	109		404
68	82.6	61.2	38.6	117	110		409
69	82.9	61.9	39.7	119	112		415
70	83.2	62.5	40.7	121	113		421
71	83.4	63.1	41.7	123	115		427
72	83.7	63.8	42.8	125	116		433
73	84	64.4	43.8	128	118		440
74	84.3	65.1	44.8	130	120		447
75	84.5	65.7	45.9	132	122		455
76	84.8	66.3	46.9	135	124		463
77	85.1	67	47.9	138	126		471
78	85.4	67.6	49	140	128		480
79	85.7	68.2	50	143	130		489
80	85.9	68.9	51	146	133		498
81	86.2	69.5	52.1	149	136		508
82	86.5	70.2	53.1	152	138		518
83	86.8	70.8	54.1	156		152	529
84	87	71.4	55.2	159		156	540
85	87.3	72.1	56.2	163		159	551
86	87.6	72.7	57.2	166		163	563
87	87.9	73.4	58.3	170		166	576
88	88.1	74	59.3	174		170	589
89	88.4	74.6	60.3	178		174	603
90	88.7	75.3	61.4	183		178	617
91	89	75.9	62.4	187		182	631
92	89.3	76.6	63.4	191		187	646
93	89.5	77.2	64.5	196		192	662
94	89.8	77.8	65.5	201		197	678

（续表）

95	90.1	78.5	66.5	206		203	695
96	90.4	79.1	67.6	211		209	712
97	90.6	79.8	68.6	216		215	730
98	90.9	80.4	69.6	222		221	749
99	91.2	81	70.7	227		226	768
100	91.5	81.7	71.7	233		231	788

附录 2　铜合金硬度与强度换算值(GB/T3771—1983)

硬度							抗拉强度 σ_b/MPa			
布氏		维氏	洛氏				黄铜		铍青铜	
$HB30D^2$	d_{10}、$2d_5$、$4d_{2.5}$	HV	HRC	HRA	HRB	HRF	板	棒	板	棒
110.0	5.631	111.4	—	—	62.1	91.9	379	392		
112.0	5.585	113.5	—	—	63.2	92.6	382	397		
114.0	5.541	115.6	—	—	64.3	93.2	386	403		
116.0	5.497	117.7	—	—	65.4	93.8	390	408		
118.0	5.454	119.8	—	—	66.6	94.5	394	414		
120.0	5.413	121.9	—	—	67.7	95.1	398	420		
122.0	5.372	124.0	—	—	68.8	95.8	402	425		
124.0	5.332	126.1	—	—	69.9	96.4	407	431		
126.0	5.293	128.2	—	—	71.0	97.0	412	437		
128.0	5.255	130.3	—	—	72.1	97.7	417	443		
130.0	5.218	132.4	—	—	73.1	98.2	422	449		
132.0	5.181	134.5	—	—	74.1	98.8	428	456		
134.0	5.145	136.6	—	—	75.1	99.4	434	462		
136.0	5.110	138.6	—	—	76.1	100.0	440	468		
138.0	5.076	140.7	—	—	77.0	100.5	446	475		
140.0	5.042	142.8	—	—	77.9	101.0	453	481		
142.0	5.009	144.9	—	—	78.8	101.5	460	488		
144.0	4.977	147.0	—	—	79.7	102.0	467	495		

（续表）

146.0	4.945	149.1	—	—	80.5	102.5	474	502	—	
148.0	4.914	151.2	—	—	81.2	102.9	482	509	—	
150.0	4.883	153.3	—	—	82.0	103.3	489	516	—	
152.0	4.853	155.4	—	—	82.7	103.7	498	523	—	
154.0	4.823	157.5	—	—	83.3	104.1	506	530	—	
156.0	4.794	159.6	—	—	84.0	104.5	514	537	—	
158.0	4.766	161.7	—	—	84.6	104.8	523	545	—	
160.0	4.738	163.8	—	—	85.2	105.2	532	552	—	
162.0	4.710	165.9	—	—	85.8	105.5	541	560	—	
164.0	4.683	168.0	—	—	86.3	105.8	551	567	—	
166.0	4.657	170.1	—	—	86.8	106.1	561	575	—	
168.0	4.631	172.1	—	—	87.4	106.4	571	583	—	
170.0	4.605	174.2	—	—	87.9	106.7	581	591	556	662
172.0	4.580	176.3	—	—	88.4	107.0	591	599	562	667
174.0	4.555	178.4	—	—	88.8	107.2	602	607	569	673
176.0	4.530	180.5	—	—	89.3	107.5	613	615	576	678
178.0	4.506	182.6	—	—	89.8	107.8	624	624	582	683
180.0	4.483	184.7	—	—	90.3	108.1	636	632	589	689
182.0	4.459	186.8	—	—	90.8	108.4	648	640	596	694
184.0	4.436	188.9	—	—	91.3	108.7	659	649	603	700
186.0	4.414	191.0	—	—	91.8	109.0	672	658	609	705
188.0	4.392	193.1	—	—	92.3	109.2	684	666	616	711
190.0	4.370	195.2	—	—	92.8	109.5	697	675	623	717
192.0	4.348	197.3	—	—	93.3	109.8	710	684	630	722
194.0	4.327	199.4	—	—	93.9	110.2	723	693	637	728
196.0	4.306	201.5	—	—	94.4	110.4	736	702	643	734
198.0	4.285	203.5	—	—	95.0	110.8	750	712	650	740
200.0	4.265	205.6	—	—	95.6	111.1	764	721	657	746
202.0	4.244	207.7	—	—	96.2	111.5	—	—	664	752

（续表）

204.0	4.225	209.8	—	—	96.8	111.8	—	—	671	758
206.0	4.205	211.9	—	—	97.5	112.2	—	—	678	764
208.0	4.186	214.0	—	—	98.1	112.6	—	—	685	770
210.0	4.167	216.1	—	—	98.8	113.0	—	—	692	776
212.0	4.148	218.2	18.0	59.2	—	—	—	—	699	782
214.0	4.129	220.3	18.4	59.4	—	—	—	—	706	789
216.0	4.111	222.4	18.8	59.6	—	—	—	—	713	795
218.0	4.093	224.5	19.1	59.8	—	—	—	—	720	801
220.0	4.075	226.6	19.5	60.0	—	—	—	—	727	808
222.0	4.058	228.7	19.9	60.2	—	—	—	—	734	814
224.0	4.040	230.8	20.2	60.3	—	—	—	—	741	820
226.0	4.023	232.9	20.6	60.5	—	—	—	—	748	827
228.0	4.006	235.0	20.9	60.7	—	—	—	—	755	833
230.0	3.990	237.0	21.3	60.9	—	—	—	—	762	840
232.0	3.973	239.1	21.7	61.1	—	—	—	—	769	847
234.0	3.957	241.2	22.0	61.3	—	—	—	—	776	853
236.0	3.941	243.3	22.4	61.5	—	—	—	—	783	860
238.0	3.925	245.4	22.7	61.6	—	—	—	—	790	867
240.0	3.909	247.5	23.0	61.8	—	—	—	—	797	874
242.0	3.894	249.6	23.4	62.0	—	—	—	—	804	880
244.0	3.878	251.7	23.7	62.1	—	—	—	—	812	887
246.0	3.863	253.8	24.1	62.3	—	—	—	—	819	894
248.0	3.848	255.9	24.4	62.5	—	—	—	—	826	901
250.0	3.833	258.0	24.7	62.6	—	—	—	—	833	908
252.0	3.819	260.1	25.1	62.8	—	—	—	—	840	915
254.0	3.804	262.2	25.4	63.0	—	—	—	—	848	922
256.0	3.790	264.3	25.7	63.1	—	—	—	—	855	929
258.0	3.776	266.4	26.0	63.3	—	—	—	—	862	936
260.0	3.762	268.5	26.4	63.5	—	—	—	—	869	943

（续表）

262.0	3.748	270.5	26.7	63.6	—	—	—	—	877	951
264.0	3.734	272.6	27.0	63.8	—	—	—	—	884	958
266.0	3.721	274.7	27.3	64.0	—	—	—	—	891	965
268.0	3.707	276.8	27.6	64.1	—	—	—	—	899	972
270.0	3.694	278.9	27.9	64.3	—	—	—	—	906	980
272.0	3.681	281.0	28.2	64.4	—	—	—	—	913	987
274.0	3.668	283.1	28.6	64.6	—	—	—	—	921	994
276.0	3.655	285.2	28.9	64.8	—	—	—	—	928	1002
278.0	3.643	287.3	29.2	64.9	—	—	—	—	936	1009
280.0	3.630	289.4	29.5	65.1	—	—	—	—	943	1017
282.0	3.618	291.5	29.8	65.2	—	—	—	—	950	1024
284.0	3.605	293.6	30.1	65.4	—	—	—	—	958	1032
286.0	3.593	295.7	30.4	65.5	—	—	—	—	965	1039
288.0	3.581	297.8	30.7	65.7	—	—	—	—	973	1047
290.0	3.569	299.9	31.0	65.8	—	—	—	—	980	1054
292.0	3.557	301.9	31.2	65.9	—	—	—	—	988	1062
294.0	3.545	304.0	31.5	66.1	—	—	—	—	995	1070
296.0	3.534	306.1	31.8	66.2	—	—	—	—	1003	1077
298.0	3.522	308.2	32.1	66.4	—	—	—	—	1010	1085
300.0	3.511	310.3	32.4	66.5	—	—	—	—	1018	1093
302.0	3.500	312.4	32.7	66.7	—	—	—	—	1026	1100
304.0	3.489	314.5	33.0	66.9	—	—	—	—	1033	1108
306.0	3.478	316.6	33.2	67.0	—	—	—	—	1041	1116
308.0	3.467	318.7	33.5	67.1	—	—	—	—	1048	1124
310.0	3.456	320.8	33.8	67.3	—	—	—	—	1056	1131
312.0	3.445	322.9	34.1	67.4	—	—	—	—	1064	1139
314.0	3.434	325.0	34.3	67.5	—	—	—	—	1071	1147
316.0	3.424	327.1	34.6	67.7	—	—	—	—	1079	1155
318.0	3.413	329.2	34.9	67.8	—	—	—	—	1087	1163

（续表）

320.0	3.403	331.3	35.2	68.0	—	—	—	—	1094	1171
322.0	3.393	333.4	35.4	68.1	—	—	—	—	1102	1179
324.0	3.383	335.4	35.7	68.2	—	—	—	—	1110	1187
326.0	3.372	337.5	36.0	68.4	—	—	—	—	1117	1195
328.0	3.636	339.6	36.2	68.5	—	—	—	—	1125	1203
330.0	3.353	341.7	36.5	68.6	—	—	—	—	1133	1210
332.0	3.343	343.8	36.7	68.7	—	—	—	—	1141	1218
334.0	3.333	345.9	37.0	68.9	—	—	—	—	1149	1227
336.0	3.323	348.0	37.3	69.0	—	—	—	—	1156	1235
338.0	3.314	350.1	37.5	69.1	—	—	—	—	1164	1243
340.0	3.304	352.2	37.8	69.3	—	—	—	—	1172	1251
342.0	3.295	354.3	38.0	69.4	—	—	—	—	1180	1259
344.0	3.286	356.4	38.3	69.5	—	—	—	—	1188	1267
346.0	3.276	358.5	38.5	69.7	—	—	—	—	1196	1275
348.0	3.267	360.6	38.8	69.8	—	—	—	—	1204	1283
350.0	3.258	362.7	39.0	69.9	—	—	—	—	1211	1291
352.0	3.249	364.8	39.3	70.1	—	—	—	—	1219	1299
354.0	3.240	366.9	39.5	70.2	—	—	—	—	1227	1307
356.0	3.231	368.9	39.9	70.4	—	—	—	—	1235	1316
358.0	3.223	371.0	40.2	70.5	—	—	—	—	1243	1324
360.0	3.214	373.1	40.4	70.6	—	—	—	—	1251	1332
362.0	3.205	375.2	40.6	70.7	—	—	—	—	1259	1340
364.0	3.197	377.3	40.9	70.9	—	—	—	—	1267	1348
366.0	3.188	379.4	41.1	71.0	—	—	—	—	1275	1356
368.0	3.180	381.5	41.3	71.1	—	—	—	—	1283	1365
370.0	3.171	383.6	41.5	71.2	—	—	—	—	1291	1373
372.0	3.163	385.7	41.7	71.3	—	—	—	—	1299	1381
374.0	3.155	387.8	42.0	71.4	—	—	—	—	1307	1389
376.0	3.147	389.9	42.2	71.5	—	—	—	—	1315	1397

（续表）

378.0	3.138	392.0	42.4	71.6	—	—	—	—	1324	1406
380.0	3.130	394.1	42.7	71.8	—	—	—	—	1332	1414
382.0	3.122	396.2	42.9	71.9	—	—	—	—	1340	1422
384.0	3.114	398.3	43.2	72.0	—	—	—	—	1348	1430
386.0	3.107	400.3	43.4	72.1	—	—	—	—	1356	1438
388.0	3.099	402.4	43.6	72.2	—	—	—	—	1364	1447
390.0	3.091	404.5	43.9	72.4	—	—	—	—	1372	1455
392.0	3.083	406.6	44.1	72.5	—	—	—	—	1381	1463
394.0	3.076	408.7	44.3	72.6	—	—	—	—	1389	1471
396.0	3.068	410.8	44.6	72.8	—	—	—	—	1397	1480
398.0	3.061	412.9	44.8	72.9	—	—	—	—	1405	1488
400.0	3.053	415.0	45.0	73.0	—	—	—	—	1413	1496
402.0	3.046	417.1	45.3	73.1	—	—	—	—	1422	1504
404.0	3.038	419.2	45.5	73.2	—	—	—	—	1430	1512
406.0	3.031	421.3	45.7	73.3	—	—	—	—	1438	1521
408.0	3.024	423.4	45.9	73.4	—	—	—	—	1447	1529
410.0	3.017	425.5	46.2	73.6	—	—	—	—	1455	1537
412.0	3.009	427.6	46.4	73.7	—	—	—	—	1463	1545
414.0	3.002	429.7	46.6	73.8	—	—	—	—	1472	1553
416.0	2.995	431.8	46.8	73.9	—	—	—	—	1480	1562
418.0	2.988	433.8	47.0	74.0	—	—	—	—	1488	1570
420.0	2.981	435.9	47.3	74.1	—	—	—	—	1497	1578

附录 3 铝合金硬度与强度的换算值(GBN166—1982)

硬度					抗拉强度 σ_b/MPa						
布氏 $F=10D^2$		维氏	洛氏		退火、淬火人工时效				淬火自然时效		变形铝合金
HB	d_{10}、$2d_5$、$4d_{2.5}$	HV	HRB	HRF	2A11 2A12	7A04	2A50	2A14	2A11 2A12	2A50 2A14	
55	4.67	56.1		52.5	197	207	208	207			215

（续表）

56	4.631	57.1		53.7	201	209	209	209			218
57	4.592	58.2		55	204	212	211	211			221
58	4.555	59.3		56.2	208	216	215	215			224
59	4.518	60.4		57.4	211	220	219	219			227
60	4.483	61.5		58.6	215	225	223	223			230
61	4.448	62.6		59.7	218	230	228	229			233
62	4.414	63.6		60.9	222	235	233	234			235
63	4.381	64.7		62	225	240	239	240			238
64	4.348	65.8		63.1	229	246	245	246			241
65	4.316	66.9	6.9	64.2	232	252	251	252			244
66	4.285	68	8.8	65.2	236	257	257	258			247
67	4.254	69.1	10.8	66.3	239	263	263	263			250
68	4.225	70.1	12.7	67.3	243	269	269	269			253
69	4.195	71.2	14.6	68.3	246	274	274	275			256
70	4.167	72.3	16.5	69.3	250	279	280	280			259
71	4.139	73.4	18.2	70.2	253	284	285	285			263
72	4.111	74.5	20	71.1	257	289	291	290			266
73	4.084	75.6	21.9	72.1	260	294	295	295			269
74	4.058	76.7	23.4	72.9	264	298	300	299			272
75	4.032	77.7	25.1	73.8	267	302	305	303			275
76	4.006	78.8	26.8	74.7	271	306	309	307			278
77	3.981	79.9	28.3	75.5	274	310	312	310			281
78	3.957	81	29.8	76.3	278	313	316	314			285
79	3.933	82.1	31.3	77.1	281	316	319	317			288
80	3.909	83.2	32.9	77.9	285	319	322	319			291
81	3.886	84.2	34.2	78.6	288	322	325	322			294
82	3.863	85.3	35.5	79.3	292	325	327	324			298
83	3.841	86.4	36.9	80	295	327	329	326			301
84	3.819	87.5	38.2	80.7	299	330	331	328			304

（续表）

85	3.797	88.6	39.5	81.4	302	332	333	330			307
86	3.776	89.7	40.8	82.1	306	334	334	332			311
87	3.755	90.7	42	82.7	309	336	336	334			314
88	3.734	91.8	43.1	83.3	313	337	337	335			317
89	3.714	92.9	44.3	83.9	316	339	338	337			321
90	3.694	94	45.4	84.5	320	341	339	338	351	414	324
91	3.675	95.1	46.5	85.1	323	342	340	340	357	417	328
92	3.655	96.2	47.7	85.7	327	344	341	341	363	421	331
93	3.636	97.2	48.6	86.2	330	346	342	343	368	425	335
94	3.618	98.3	49.6	86.7	334	347	343	345	374	429	338
95	3.599	99.4	50.7	87.3	337	349	345	346	379	433	341
96	3.581	100.5	51.7	87.8	341	350	346	348	385	436	345
97	3.563	101.6	52.6	88.3	344	352	347	350	390	440	349
98	3.545	102.7	53.4	88.7	348	354	349	352	396	444	352
99	3.528	103.7	54.3	89.2	351	356	351	354	402	448	356
100	3.511	104.8	55.3	89.7	355	358	353	357	407	451	359
101	3.494	105.9	56	90.1	358	360	355	359	413	455	363
102	3.478	107	57	90.6	362	362	357	362	418	459	366
103	3.461	108.1	57.7	91	365	365	360	364	424	463	370
104	3.445	109.2	58.5	91.4	369	367	363	367	429	466	374
105	3.429	110.2	59.3	91.8	372	370	366	370	435	470	377
106	3.413	111.1	60	92.2	376	372	370	373	441	474	381
107	3.398	112.4	60.8	92.6	379	375	373	376	446	479	385
108	3.383	113.5	61.5	93	383	378	377	379	452	482	388
109	3.367	114.6	62.3	93.4	386	381	382	383	457	485	392
110	3.353	115.7	63.1	93.8	390	385	386	386	463	489	396
111	3.338	116.7	63.6	94.1	393	388	391	390	468	493	400
112	3.323	117.8	64.4	94.5	397	391	396	394	474	497	403
113	3.309	118.9	65	94.8	400	395	402	397	480	500	407

（续表）

114	3.295	120	65.7	95.2	404	399	407	401	485	504	411
115	3.281	121.1	66.3	95.5	407	403	413	405	491	508	415
116	3.267	122.2	67	95.9	411	407	419	409	496	512	419
117	3.254	123.2	67.6	96.2	414	411	425	413	502	516	422
118	3.240	124.3	68.2	96.5	418	415	432	417	507	519	426
119	3.227	125.4	68.8	96.8	421	419	438	421	513	523	430
120	3.214	126.5	69.3	97.1	425	423	444	425	519	527	434
121	3.201	127.6	69.9	97.4	428	427	451	429	524	531	438
122	3.188	128.7	70.6	97.8	432	431	457	432	530	534	442
123	3.175	129.7	71.2	98.1	435	435	464	436	535	538	446
124	3.163	130.8	71.6	98.3	439	440	470	440	540	542	450
125	3.151	131.9	72.2	98.6	442	444	476	444	546	546	454
126	3.138	133	72.7	98.9	446	448	482	448	552	550	458
127	3.126	134.1	73.3	99.2	449	452	488	452	558	553	462
128	3.114	135.2	73.9	99.5	453	457	493	455	563	557	466
129	3.103	136.2	74.4	99.8	456	461	498	459	569	561	470
130	3.091	137.3	74.8	100	460	465	503	463	574	565	474
131	3.079	138.4	75.4	100.3	463	469	507	467	580		478
132	3.068	139.5	76	100.6	467	473	511	471	585		482
133	3.057	140.6	76.3	100.8	470	477	514	474	591		486
134	3.046	141.7	76.9	101.1	474	480	517	478	597		491
135	3.035	142.7	77.3	101.3	477	484	519	483	602		495
136	3.024	143.8	77.9	101.6	481	488	521	487	608		499
137	3.013	144.9	78.2	101.8	484	491	522	491	613		503
138	3.002	146	78.8	102.1	488	495	523	496	619		507
139	2.992	147.1	79.2	102.3	491	498		501			512
140	2.981	148.2	79.8	102.6	495	502		506			516
141	2.971	149.2	80.1	102.8	498	505		511			520
142	2.961	150.3	80.5	103	502	509		517			524

（续表）

143	2.951	151.4	81.1	103.3	505	512		524			529
144	2.940	152.5	81.5	103.5	509	515		530			533
145	2.931	153.6	81.9	103.7	512	519		538			537
146	2.921	154.7	82.2	103.9	516	522		546			542
147	2.911	155.7	82.6	104.1	519	526		555			546
148	2.901	156.8	83	104.3	523	529		264			550
149	2.892	157.9	83.4	104.5	526	533		575			555
150	2.882	159	83.9	104.8	530	537		586			559
151	2.873	160.1	84.3	105	533	541					
152	2.864	161.2	84.7	105.2	537	545					
153	2.855	162.2	85.1	105.4	540	550					
154	2.846	163.3	85.5	105.6	544	554					
155	2.837	164.4	85.8	105.8	547	559					
156	2.828	165.5	86.2	106	551	564					
157	2.819	166.6	86.6	106.2	554	570					
158	2.810	167.7	86.8	106.3	558	576					
159	2.801	168.7	87.2	106.5	561	582					
160	2.793	169.8	87.5	106.7	565	588					
161	2.784	170.9	87.9	106.9		595					
162	2.776	172	88.3	107.1		602					
163	2.767	173.1	88.7	107.3		610					
164	2.759	174.2	89.3	107.6		617					
165	2.751	175.2	89.6	107.8		625					
166	2.743	176.3	90	108		634					
167	2.735	177.4	90.4	108.2		643					
168	2.727	178.5	90.8	108.4		651					
169	2.719	179.6	91.3	108.7		660					
170	2.711	180.7	91.7	108.9		669					

参考文献

[1] GB/T228.1,金属材料拉伸试验,第1部分:室温试验方法.

[2] GB/T231.1,金属材料布氏硬度试验,第1部分:试验方法.

[3] GB/T4340.1,金属维氏硬度试验,第1部分:试验方法.

[4] GB/T230.1,金属洛氏硬度试验,第1部分:试验方法.

[5] YS/T420,铝合金韦氏硬度试验方法.

[6] ASTM B 648,用巴氏压痕仪测定铝合金压痕硬度的试验方法.

[7] GB/T4341,金属材料肖氏硬度试验方法.

[8] GB/T17394,金属里氏硬度试验方法.

[9] 林光磊.6063铝合金型材维氏硬度与强度的线性关系.轻合金加工技术,2002,1.

[10] 肖亚庆,谢水生,刘静安,等.铝加工技术实用手册.北京:冶金工业出版社,2005.

[11] GB/T16475,变形铝合金状态代号.

[12] GB/T1172,黑色金属硬度与强度换算值.

[13] GB/T3771,铜合金硬度与强度换算值.

[14] GBN166,铝合金硬度与强度换算值.

[15] 林肇琦.有色金属材料学.沈阳:东北工学院出版社,1991.

[16] 谢建新,刘静安.金属挤压理论与技术.北京:冶金工业出版社,2001.

[17] 邓小民.铝合金无缝管生产原理与工艺.北京:冶金工业出版社,2007.

[18] 中国有色金属工业总公司.铝及铝、镁合金挤压型材图册.北京:冶金部标准化研究所出版,1984.

[19] 杨如柏,张胜华.CONFORM连续挤压译文集.长沙:中南工业大学出版社,1989.

[20] 马怀宪.金属塑性加工学—挤压拉拔与管材冷轧.北京:冶金工业出版社,1991.

[21] 温景林.金属挤压与拉拔工艺学.沈阳:东北大学出版社,2003.

[22] Avitgur B. Handbook of Metal-forming Processes. JOHN WILEY&

SONS,1983,114－126,153－171.

[23] 金相图谱编写组．变形铝合金金相图谱．北京:冶金工业出版社,1975.

[24] 刘静安,谢水生．铝合金材料的应用与技术开发．北京:冶金工业出版社,2004.

[25] В. И. 多巴特金,В. И. 耶拉金,Ф. В. 图良金,等．铝合金半成品的组织与性能．洪永先,谢继三,关学丰,等,译．北京:冶金工业出版社,1984.

[26] 王祝堂,田荣璋．铝合金及其加工手册．长沙:中南工业大学出版社,1989.

[27] 邓小民．挤压温度对2A12铝合金T4状态管材力学性能的影响．轻合金加工技术,2004,2,33－34.

[28] 崔国栋,张成久．铝合金反挤压工艺研究．轻合金文集．中国金属学会有色金属材料与加工学术委员会,中国有色金属加工工业协会轻金属分会,1983,170－175.

[29] 重有色金属材料加工手册编写组．重有色金属材料加工手册(第4分册)．北京:冶金工业出版社,1980.

[30] 王明亮．提高6063合金挤压速度的生产实践．河南冶金,2000,6:24－25.

[31] 郭志斌,杨素珍．Al－Mg－Si系合金中Mg_2Si含量及铸锭均匀化对挤压速度的影响．轻合金加工技术,1996,3:25－27.

[32] 日本塑性加工学会．押出し加工－基础から先端技术まで－．东京:コロナ社,1992.

[33] GB3247－82. 铝及铝合金加工制品低倍组织检验方法．

[34] 陈存中．有色金属熔炼与铸锭．北京:冶金工业出版社,1988.

[35] 暨调和．铸锭质量对铝型材质量的影响．轻合金加工技术,1999,2:13.

[36] 丁道廉,梁宝仁．析出退火对LY12挤压性和制品性能的影响．轻合金加工技术,1997,2:17－21.

[37] 邓小民．铸锭热剥皮技术在反向挤压中的应用．中国有色工程,2005,11:17－20.

[38] 邓小民．铸锭均匀化退火对2A12合金薄壁管冷加工性能的影响．铝加工,2004, 1:6－8.

[39] 邓小民．5A05、5A06合金薄壁管冷轧开裂原因分析．轻合金加工技术,2002,1:36－38.

[40] 刘静安．铝合金挤压工具与模具(上)．北京:冶金工业出版社,1990.

[41] FRANCO BERTAZZOLI(意大利)．铝合金挤压模的氮冷．轻合金加工技术,1995,7:20－22.

[42] Selines R J, Lauricella F D. Proc. 3rd Int. Al. Extru. Tech. Semi, 1984, 1:221.

[43] Marchese M A, Coston J J. Proc. 4th Int. Al. Extru. Tech. Semi, 1988, 2:83.

[44] Fiorention R J, Smith E G. Proc. 4th Int. Al. Extru. Tech. Semi, 1988, 2:79.

[45] 田中数则．アルミニゥム合金押出形材の生产性と品质の向上．日本轻金属学会,1992.

[46] Ruppin D, Strehmel W. Aluminum, 1983, 59: E285.

[47] 邓小民．润滑挤压时的穿孔针摩擦拉力．有色金属加工,2003,12:17－18.

[48] GB/T3191,铝及铝合金挤压棒材．

[49] Q/XL602－97,热挤压纯铝排材．

[50] Q/XL611－97,热挤压铝合金排材．

[51] GB/T14846,铝及铝合金挤压型材尺寸偏差．

[52] GB/T4436,铝及铝合金管材外形尺寸及允许偏差．

[53] GJB1694－1993,变形铝合金热处理规范．

[54] 崔甫．矫直理论与参数计算．北京:机械工业出版社,1994.

[55] 邓小民．铝合金挤压材麻面缺陷产生机制的研究．轻合金加工技术,2001,12:25－27.

[56] 邓小民．铝合金管材内表面纵向直条擦伤缺陷研究．轻合金加工技术,2000,10:28－31.

[57] 邓小民．铝合金挤压管内表面螺旋纹状擦伤缺陷研究．轻合金加工技术,2000,11:26－29.

[58] 邓小民．铝合金管挤压时内表面点状擦伤缺陷的研究．轻合金加工技术,2001,2:28－30.

[59] 邓小民．铝合金管挤压时内表面石墨压入缺陷的研究．轻合金加工技术,2000,12:22－24.

[60] 刘静安．铝型材挤压模具设计、制造、使用及维修．北京:冶金工业出版社,2002.

[61] 西北铝加工厂．铝合金挤压工具讲义(内部资料),1985.

[62] 贾俐俐．金属挤压工艺及模具．北京:机械工业出版社,2006.